"十四五"职业教育国家规划教材

建筑CAD

主　编　王毅芳

副主编　陆　华　邵　慧

参　编　陈嘉熙　高　杰　刘寅胤

　　　　徐雪君　孙书娟　王孟圆

　　　　周　叶　朱　敏

北京理工大学出版社
BEIJING INSTITUTE OF TECHNOLOGY PRESS

内 容 提 要

本书为"十四五"职业教育国家规划教材。全书共分为软件使用基础、二维平面建模、二维平面编辑、二维增强与辅助功能、文字与表格、尺寸标注、项目协同、绘制建筑施工图、图形的输入输出和打印、绘制和编辑三维模型、综合测试题11个模块。本书采用模块化方式编写，并对教学内容的编排顺序进行了重新整合。内容由简单到复杂、由通用到专业，循序渐进，绘图步骤详细，配套图形到位，符合高等院校学生知识学习和技能提高的规律，也大大提升了教材的通用性，具有较好的适用性。学生先认识软件，学习软件的基础操作；再学习绘图和编辑命令，学会创建和处理图形元素；其后学习文字、标注、表格等注写；具有独立绘图能力后，进行项目协同模块的学习，提升团队协同工作能力；软件操作能力扎实后，进行建筑施工图绘制和图纸打印等环节的学习；最后根据各类学校、各专业人才培养方案和课程标准要求，选学三维建模。

本书可作为高等院校土木工程和建筑类专业CAD课程教材，也可作为CAD社会培训教材，还可作为建筑行业相关技术人员的CAD自学用书。

图书在版编目（CIP）数据

建筑CAD / 王毅芳主编.---北京：北京理工大学出版社，2021.7（2024.2重印）
ISBN 978-7-5763-0119-9

Ⅰ.①建⋯ Ⅱ.①王⋯ Ⅲ.①建筑制图－高等学校－教材 Ⅳ.①TU204

中国版本图书馆CIP数据核字（2021）第152867号

责任编辑：钟 博		**文案编辑**：钟 博	
责任校对：周瑞红		**责任印制**：边心超	

出版发行 / 北京理工大学出版社有限责任公司

社　　址 / 北京市丰台区四合庄路6号

邮　　编 / 100070

电　　话 / （010）68914026（教材售后服务热线）
　　　　　 （010）68944437（课件资源服务热线）

网　　址 / http：//www.bitpress.com.cn

版印次 / 2024年2月第1版第7次印刷

印　　刷 / 北京紫瑞利印刷有限公司

开　　本 / 787 mm×1092 mm　1/16

印　　张 / 20

字　　数 / 524千字

定　　价 / 59.00元

出版说明

五年制高等职业教育（简称五年制高职）是指以初中毕业生为招生对象，融中高职于一体，实施五年贯通培养的专科层次职业教育，是现代职业教育体系的重要组成部分。

江苏是最早探索五年制高职教育的省份之一，江苏联合职业技术学院作为江苏五年制高职教育的办学主体，经过20年的探索与实践，在培养大批高素质技术技能人才的同时，在五年制高职教学标准体系建设及教材开发等方面积累了丰富的经验。"十三五"期间，江苏联合职业技术学院组织开发了600多种五年制高职专用教材，覆盖了16个专业大类，其中178种被认定为"十三五"国家规划教材，学院教材工作得到国家教材委员会办公室认可并以"江苏联合职业技术学院探索创新五年制高等职业教育教材建设"为题编发了《教材建设信息通报》（2021年第13期）。

"十四五"期间，江苏联合职业技术学院将依据"十四五"教材建设规划进一步提升教材建设与管理的专业化、规范化和科学化水平。一方面将与全国五年制高职发展联盟成员单位共建共享教学资源，另一方面将与高等教育出版社、凤凰职业教育图书有限公司等多家出版社联合共建五年制高职教育教材研发基地，共同开发五年制高职专用教材。

本套"五年制高职专用教材"以习近平新时代中国特色社会主义思想为指导，落实立德树人的根本任务，坚持正确的政治方向和价值导向，弘扬社会主义核心价值观。教材依据教育部《职业院校教材管理办法》和江苏省教育厅《江苏省职业院校教材管理实施细则》等要求，注重系统性、科学性和先进性，突出实践性和适用性，体现职业教育类型特色。教材遵循长学制贯通培养的教育教学规律，坚持一体化设计，契合学生知识获得、技能习得的累积效应，结构严谨，内容科学，适合五年制高职学生使用。教材遵循五年制高职学生生理成长、心理成长、思想成长跨度大的特征，体例编排得当，针对性强，是为五年制高职教育量身打造的"五年制高职专用教材"。

江苏联合职业技术学院
教材建设与管理工作领导小组
2022 年 9 月

前 言

党的二十大报告提出，我们要"推进新型工业化，加快建设制造强国、质量强国、航天强国、交通强国、网络强国、数字中国。"随着现代化经济体系信息化进程的推进，建筑行业也在不断创新发展和转型升级，CAD绘图不仅早已成为土木工程和建筑类专业学生的必备技能和建筑行业的专业技术人员需要掌握的一项基础性技能，更是提升现代化建设人才信息化水平的一项基础训练，不仅要会用，还要规范用、高效用、精准用。我们遵循高等教育教学改革的要求，结合建筑行业对CAD的实际使用情况和需求情况，根据多年CAD教学及工程实践的经验，编写本书。

本书编者均为多年从事教学、竞赛和研究的专业人员，在制图理论、CAD教学实践、行业企业实践方面均具有丰富的经验。本书结合当前我国高等教育的教学实际和行业实际需求，采用模块化编写方式和任务驱动式结构，内容循序渐进，由简单到复杂、由通用到专业，并提供了大量绘图实例和绘图步骤示范，将制图理论、CAD技术、行业需求三者有机融合，将知识学习和技能训练有机结合，以实现知识建构和技能提升的双重效果。

全书共分11个模块，包括软件使用基础、二维平面建模、二维平面编辑、二维增强与辅助功能、文字与表格、尺寸标注、项目协同、绘制建筑施工图、图形的输入输出和打印、绘制和编辑三维模型、综合测试题。

（1）基础学习（模块1）：主要学习软件的基础知识和入门操作，适合从未接触过AutoCAD的学习者从零开始学习。

（2）平面建模学习（模块2～模块4）：主要学习二维图形元素的绘制（建模）、编辑和增强、辅助功能，注重个人能力的提升，以小图练习和单项训练为主。

（3）注写学习（模块5、模块6）：主要学习二维图元的注写，包括义字、标注、表格等。

（4）项目协同学习（模块7）：主要学习外部参照、设计中心、工具选项板、样板文件等内容，注重团队协同工作能力的提升。

（5）专业学习（模块8、模块9）：学习建筑施工图的绘制和出图，注重提升专业绘图能力。

（6）三维学习（模块10）：学习三维建模和三维操作，适合对三维建模有要求或后期BIM实践需求的学习者，注重三维绘图能力的提升。

（7）综合测试题（模块11）：提供综合测试套题，便于对学习者综合考核。

本书由苏州建设交通高等职业技术学校王毅芳、孙书娟、徐雪君、高杰、朱敏，江苏省宜兴中等专业学校邵慧、王孟圆、周叶，江苏省海门中等专业学校陈嘉熙，江苏省如东中等专业学校陆华、刘寅胤等编写。

编者在编写过程中投入了大量的精力，也参考了近些年的制图、CAD教材和专著，但受编写时间和编写水平所限，书中难免有不足和挂一漏万之处，恳请使用本书的读者和同行批评指正。

编 者

目录

模块 1 软件使用基础

知识目标：通过本模块的学习，学生应正确理解"Design"理念，初步了解 CAD 的概念和软件基本情况，熟悉 CAD 操作界面，熟悉 CAD 命令使用规则，掌握状态行命令中的对象捕捉、正交等原理及其软件设定，熟悉其他状态行命令的相关知识，了解功能键，掌握图形界限原理和方法。

技能目标：通过上机练习，学生应学会 CAD 软件的基础使用，正确使用常见输入、输出设备进行人机互动，掌握 CAD 文件管理命令的软件操作方法，掌握常用状态行命令的使用，熟悉图形界限和视图显示命令的使用，并在练习过程中学会合理分配右手、左手的工作。

素质目标：从 CAD 的历史追溯到设计图纸的历史传承，使学生感悟技术的力量和信息化带来的改变；使学生建立规范化操作的认知，养成良好的学习和软件操作习惯，培养细致的观察能力，开拓"Design"理念背后的创新思维。

项目 1.1 CAD 概述

教学要求：通过本项目的学习，了解 CAD 的历史，理解 CAD 设计理念，熟悉 CAD 的基本功能。

教学要点：

教学重点：CAD 软件的基本功能。

教学难点：正确理解 CAD 的"Design"理念。

■ 1.1.1 CAD 的概念

20 世纪 60 年代，美国麻省理工学院提出了交互式图形学的研究计划，CAD 得以诞生。由于当时的硬件设施相当昂贵，最开始只有通用汽车公司和波音航空公司使用这种自行开发的交互式绘图系统，受限于当时的计算机软硬件水平，系统功能也不够强大。这一时期，CAD 是"Computer Aided Drafting"的缩写，"Drafting"一词形象地反映出当时的 CAD 使用更多地用于基础性绘图和手绘图纸的 CAD 翻绘，因此，该阶段的 CAD 称为"计算机辅助绘图"。

随着计算机技术的发展和计算机软硬件的持续开发和升级，CAD 软件的功能越来越强大，有了更高的性能和更低的价格，逐渐进入民用领域。其主要应用也已经不仅仅是绘图和图形显示，而是涉足"设计"这一更"智能"的工作区域，可以帮助设计人员担负计算、信息存储和计算机制图等工作；可以使设计人员更直观、更高效地完成方案的计算、比对和最优方案选择；可以更快速、更精准地完成设计方案的数据加工和图形修改。现在，CAD 是"Computer Aided Design"的缩写，即"计算机辅助设计"，是工程技术人员以计算机及其图形设备为工具，对产品和工程进行设计、绘图、造型、分析和编写技术文档等设计活动的总称。

■ 1.1.2 CAD 的发展历史……………………………………………………………………………

1. 发展历史与国内现状

二十世纪六十年代，交互式图形处理技术的出现和计算机图形学的发展，为 CAD 技术的诞生与发展奠定了基础。二十世纪八十年代初，美国 Autodesk 公司为在微机上应用 CAD 技术而开发了 AutoCAD 绘图程序软件包。

经过几十年的完善和发展，不管在国际上还是在国内，AutoCAD 软件都是广为使用的绘图和设计工具，并在我国国内形成了 AutoCAD 和国产 CAD(如中望 CAD、浩辰 CAD、纬衡 CAD、华途 CAD 等)共享同一市场的现象。但是 AutoCAD 作为老牌 CAD 软件，具有出色的软件稳定性、兼容性、开放性和强大的软件开发实力，在国内几十年的使用影响持续存在，其仍然活跃在国内市场。

2. 软件发展主要阶段

根据 AutoCAD 软件的发展特点并参考软件版本编号变化，AutoCAD 的发展过程可分为 1.0 时代、2.0 时代、Rx 时代、2K 时代四个阶段。

1.0 时代也称为初级阶段，以 1982 年 11 月推出 R1.0 为标志。这一阶段的电脑操作系统为 DOS 系统，软件没有命令菜单，命令需要提前记忆并以英文字符的形式输入电脑，类似于执行 DOS 命令。

从 2.0 版本开始，进入 2.0 时代，为早期发展阶段。这一阶段的 AutoCAD 的绘图能力有所增强，兼容性有所提升，能在更多类型的硬件上运行，DWG 文件格式也得到了增强和完善。

从 1988 年开始的版本，版本号没有延续之前的 x. x 形式，而是改用了 Rx 形式。这一阶段也称为发展完善阶段，以 R9 版本的推出为标志。这一时期，用户已经可以使用软件进行 3D 模型的创建，而且从 R13 开始，AutoCAD 逐步由 DOS 平台转向 Windows 平台，R13 是最后一个能同时在 Unix、MS-DOS 和 Windows3.1 上共同发布的 AutoCAD 版本。

2K 时代称为完善增强阶段，以 1999 年 AutoCAD2000 的发布为标志。从 AutoCAD2001 开始，Autodesk 公司每年都会发布以第二年年份命名的 AutoCAD 新版本，不断改进性能，增强功能，提升智能，优化用户界面，提升工作效率，将 AutoCAD 从简单的绘图平台发展成高效的综合设计平台，并在与其他软件的交互性、兼容性、共享性等方面均有着持续改进。

3. 传承与技术的力量

1983 年，考古工作者在河北省平山县中山国古墓中发掘出一块铜版地图，即兆域图。中山国铜版兆域图的长为 94cm，宽为 48cm，厚为 1cm，重达 29.5kg。这份设计图已距今 2400 多年，采用 1∶500 的比例缩制而成，是迄今为止世界现存最早的建筑设计平面图，比国外最早的罗马帝国时代的地图还要早 600 多年，如图 1-1 所示。

十七世纪末，一个南方匠人雷发达来到北京，参加清朝皇宫营造工作。此后 200 余年，雷氏家族长期执掌皇宫"样式房"，先后 8 代人都是皇家御用建筑师，圆明园、颐和园、景山、天坛、北海、中南海，乃至京外的避暑山庄、清东陵、清西陵，这些多半已成为世界文化遗产的著名建筑，其设计都出自这个家族之手。没有电脑、没有绘图软件的年代，"样式雷"家族用图档(包括各个历史阶段的草图、正式图)和烫样模型的形式保存下珍贵的设计和施工图纸(图 1-2)，这些图样

图 1-1　中山国铜版兆域图

和烫样的存放占满了三间房子。但是在战火纷乱的年代，一部分图样因不能及时转移而有所损毁，甚为可惜。

图 1-2　"样式雷"建筑烫样

　　二十世纪中期，梁思成夫妇走遍中国 15 个省、190 多个县，考察测绘了 2 000 多处古建筑物，并手工绘制了大量建筑手稿(图 1-3)。在当时测绘只有简陋的测量工具，影像只有照相机的条件下，图纸全都要手工一笔一线绘制，颇为耗时耗力。为做好这件事，梁思成夫妇用了十几年时间。

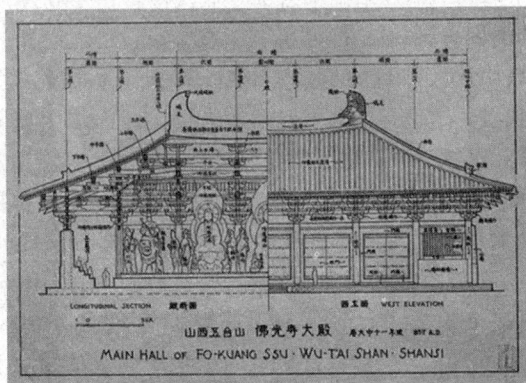

图 1-3　梁思成建筑手稿

在没有电脑和绘图软件的年代，我们的前辈匠人和建筑大师凭借聪明才智和创造力，不畏困难，献身事业，将文明、艺术和建筑工程技术合为一体，创造了一个又一个建筑奇迹。随着 AutoCAD 软件的推广和普及使用，将工程人从繁复的手工制图中解放出来，方案调整只需要在绘图软件中局部修改，同时，通过网络互联还能使团队协同工作和远程协同得以实现，平面和三维同步建模使设计和施工变得更为直观，工程图的保存也更为方便，一个小小的 U 盘，就能容下山河、建筑、江河、湖海，中国古代神话中有"袖里乾坤"，技术的力量让我们实现了"盘里乾坤"。

■ 1.1.3 CAD 的基本功能和用途 ……………………………………………………………

1. 基本功能

（1）绘制和编辑二维图形。可以创建基本图形对象，并对图形对象进行编辑。绘制和编辑过程中可以方便地使用正交、对象捕捉、极轴追踪等绘图辅助工具，提升效率和精确度，实现精准设计。

（2）创建和编辑三维模型。可以创建和编辑三维模型，使用视图、视口、相机、动态观察等对三维模型进行全方面观察，并能对三维模型进行视觉样式设置、着色、渲染等操作，使其显示出三维视觉效果。

（3）尺寸标注。可以按需求设置标注样式，创建符合标注样式设定的多种类型的尺寸标注，将图形尺寸和图形关系标注在图上。

（4）文字注写和表格使用。可以在图形中进行文字注写，文字可以写在图中指定的任意位置，可以沿设定的方向书写，可以通过文字样式或特性修改文字的字体、倾斜角度、宽度因子等属性，可以插入表格并进行表格编辑。

（5）图层管理。可以使用图层对图中不同的要素进行归类，按图层设置不同的颜色、线型、线宽和图层状态，完成图形要素的分层化管理。

（6）项目协同管理。可以使用图块工具、设计中心等完成不同图形文件之间的数据传递和共享。可以制作样板文件，避免每次新建项目时通用设置的重复操作。可以使用外部参照，实现分类型、分专业多人协同设计完成项目。

（7）图形信息的输入输出。可以使用输入方法从其他软件导入图形数据，也可以用输出方式导出或打印出包含图形信息的不同文件格式，实现 DWG 文件与其他软件的数据共享、互通和交换。可以将图形发布至网络，或者通过网络访问 CAD 资源。

2. 主要用途

CAD 软件具有两种常见的使用方式：一是直接使用 CAD 基础平台软件，常用于简单的建模和基础性建模；二是使用基于 CAD 基础平台的专业软件，在专业性领域中使用较多。

（1）工程制图。在工程制图方面，CAD 可用于建筑工程、装饰设计、工程施工、测绘勘察等工程领域。在建筑设计领域中比较多见的是基于 CAD 基础平台的天正建筑、中望建筑和浩辰建筑。传统的工程施工涉及很多非定型化的节点和细部绘制，因 CAD 基础平台的使用相对容易，一般情况下使用 CAD 基础平台软件即可满足工作要求。随着装配式等新型建筑的推广，建筑信息化模型大行其道，产生了一批专业建模软件，但 CAD 仍是从业人员必须掌握的基础性制图软件。

（2）工业制图。在工业制图方面可用于机械配件、精密零件、模具、设备制图、设计等工业领域。工业制图的标准与工程制图的标准不完全相同，因此，发展出与工业标准相对应的一系列专业性软件，有些软件甚至集成了设计、制造、分析等多重功能，如 MASTERCAM、UG（Unigraphics NX）。在工业生产中，通常将计算机用于生产制造的控制和管理的过程称为 CAM（Computer Aided Manufacturing，计算机辅助制造）。

教学提示：

(1)当前的 CAD 软件在二维建模和三维建模领域均有不错表现，其使用理念从"绘图"向"设计"拓展，与软件越来越强大的功能、越来越好的兼容性密不可分。

(2)CAD 软件在工程和工业两大领域使用最广泛，在其他涉及制图、绘图的领域也有使用，如服装设计、电工电子等。

项目 1.2 CAD 的程序管理和界面管理

教学要求：通过本项目的学习，学生应了解 CAD 的工作空间，熟悉 CAD 的程序管理方法和软件界面，掌握 CAD 的命令的使用，掌握的方法。

教学要点：

教学重点：CAD 的界面管理。

教学难点：正确认识工作空间。

■ 1.2.1 CAD 程序管理 ·······························

1.2.1.1 启动 CAD 程序

启动 CAD 软件程序的方法主要有以下 3 种。

1. 桌面快捷方式启动

安装 CAD 软件时，默认在计算机的桌面生成程序启动快捷方式图标（图 1-4），双击该图标即可启动程序。启动 CAD 程序时，系统出现 Auto-CAD 屏幕界面，并弹出"欢迎"对话框（图 1-5）。

"欢迎"对话框包含工作、学习、扩展 3 部分内容，工作部分可以执行新建、打开、打开样例文件 3 种操作，同时罗列出本软件最近使用的文件。如果不希望该对话框自动弹出，可在该对话框左下角 的方形框中设置，勾选表示启动时显示，去除勾选表示启动时不显示。

图 1-4 CAD 程序启动桌面快捷方式图标

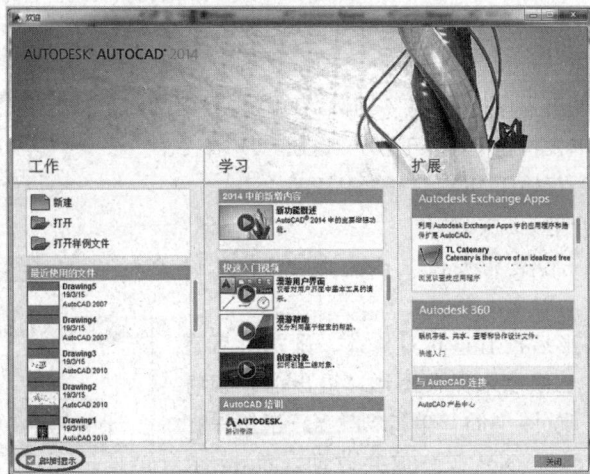

图 1-5 "欢迎"对话框

2."开始"菜单启动

计算机的"开始"菜单通常位于显示器屏幕的左下角,在"开始"菜单中找到"所有程序",在其程序列表中找到 AutoCAD 软件目录,可以发现代表程序启动的菜单行(图 1-3),单击该行即可启动程序。

3.安装目录可执行文件启动

如图 1-6 所示,当鼠标指针在 AutoCAD 2014 - 简体中文 位置停留片刻时,会弹出相关的提示: AutoCAD 2014 - 简体中文 (Simplified Chinese) 启动 acad.exe ,该提示显示,"开始"菜单启动的方法实质上是启动可执行文件 acad.exe,因此,在"我的计算机"或"计算机"中找到 acad.exe 文件,双击打开该文件,同样可以实现 CAD 软件的启动。一般情况,安装目录位于安装盘,如图 1-7 所示。

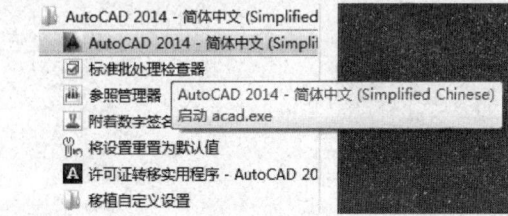

图 1-6 计算机开始菜单启动示意

图 1-7 安装目录位置举例

1.2.1.2 最小化/恢复窗口大小程序

最小化/恢复窗口大小程序按钮位于 CAD 软件界面的右上角位置(图 1-8)。

1.最小化

最小化将程序窗口隐藏到显示器屏幕的任务栏中。

2.恢复窗口大小

恢复窗口大小使程序窗口在最大化和浮动两种状态中切换。处于最大化状态时,程序窗口的大小不能调整;处于浮动状态时,可以将鼠标指针移动到窗口边角处用鼠标左键拖放来调整窗口大小,也可以将鼠标指针移动到程序窗口标题栏处调整窗口位置。

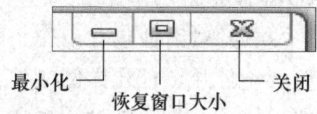

最小化 恢复窗口大小 关闭

图 1-8 最大/最小化程序和关闭程序

1.2.1.3 退出程序

退出 CAD 软件程序的方法主要有以下 4 种:

(1)标题栏按钮。退出程序按钮 ⊠ 位于 CAD 软件界面的右上角位置(图 1-8)。

(2)菜单栏。在菜单栏执行"文件(F)"→"退出(Q)"命令。

(3)命令行。在命令行输入"EXIT"或"QUIT"。

(4)组合键。按组合键 Ctrl+Q。

☆注:组合键 Ctrl+Q 是指按住 Ctrl 键的同时按住键盘上的 Q 键,下同。

如果自上次保存图形后没有进行过修改,则执行后直接退出程序。如果存在已修改未保存图形,退出前系统将提示用户是否要保存修改(图 1-9),单击"是(Y)"按钮保存改动到相应文件,单击"否(N)"按钮放弃改动,单击"取消"按钮放弃退出程序的操作。

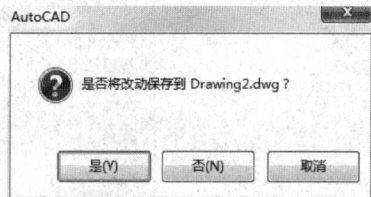

图 1-9 "是否将改动保存"提示框

■ 1.2.2 工作空间和用户界面 ···

工作空间是由分组组织的菜单栏、工具栏、选项板和功能区控制面板等组成的集合。使用某一工作空间时，只会显示该工作空间中事先设定好的菜单栏、工具栏、选项板和功能区。用户可以直接使用系统中存在的现有工作空间，也可以创建新的工作空间，通过设置和控制菜单、工具栏、选项板功能区等在绘图区域中的显示，设计出适用指定任务或需求的集合作为用户自定义工作空间。

1.2.2.1 工作空间相关知识

本版本的 CAD 软件已定义了草图与注释、三维基础、三维建模、AutoCAD 经典 4 种工作空间(图 1-10)。

图 1-10 "工作空间控制"下拉框
(a)下拉框位置示意；(b)下拉框内容

面向二维绘图任务时，选择"AutoCAD 经典"和"草图与注释"这两种工作空间为佳。"AutoCAD 经典"工作空间是最早、也是最传统的工作空间，以工具栏平铺混排、菜单下拉命令组和工具选项板组合为特点；"草图与注释"工作空间模仿了 Office 的界面风格，以按工作流程划分和功能分组按钮为特征，取消了下拉式菜单，改用按钮组式选项卡和面板。

"三维基础"和"三维建模"这两种工作空间多用于三维任务。"三维基础"更侧重于从基础的二维线段或曲面使用各种建模工具生成对应的三维模型；"三维建模"更侧重于直接创建三维实体并使用各种实体编辑工具进行模型编辑的情况。

用户可以使用"工作空间控制"下拉列表轻松方便地在 4 种现有工作空间中自由切换，也可以进行自定义。"工作空间控制"下拉列表通常位于软件界面顶部的标题栏内。

1.2.2.2 工作空间的界面组成

1. "AutoCAD 经典"工作空间

"AutoCAD 经典"工作空间的界面主要由应用程序按钮、快速访问工具栏、标题栏、菜单栏、工具栏、工具选项板、图形显示区域、模型/布局选项卡、命令提示窗口、状态栏、视图控制等部分组成，如图 1-11 所示。

(1)应用程序按钮。应用程序按钮主要包括文件操作命令、最近使用文档列表和选项设置。

(2)快速访问工具栏。快速访问工具栏主要包括常用文件操作命令、工作空间切换、自定义快速访问工具栏。

(3)标题栏。标题栏显示 CAD 程序名称、文件名称和文件保存路径。

(4)菜单栏。菜单栏也称下拉菜单，该部分把 CAD 命令按不同功能分为文件(F)、编辑(E)、视图(V)、插入(I)、格式(O)、工具(T)、绘图(D)、标注(N)、修改(M)、参数(P)、窗口(W)、帮助(H)12 个菜单组(图 1-12)。菜单中包括了 CAD 中的绝大部分功能和命令。

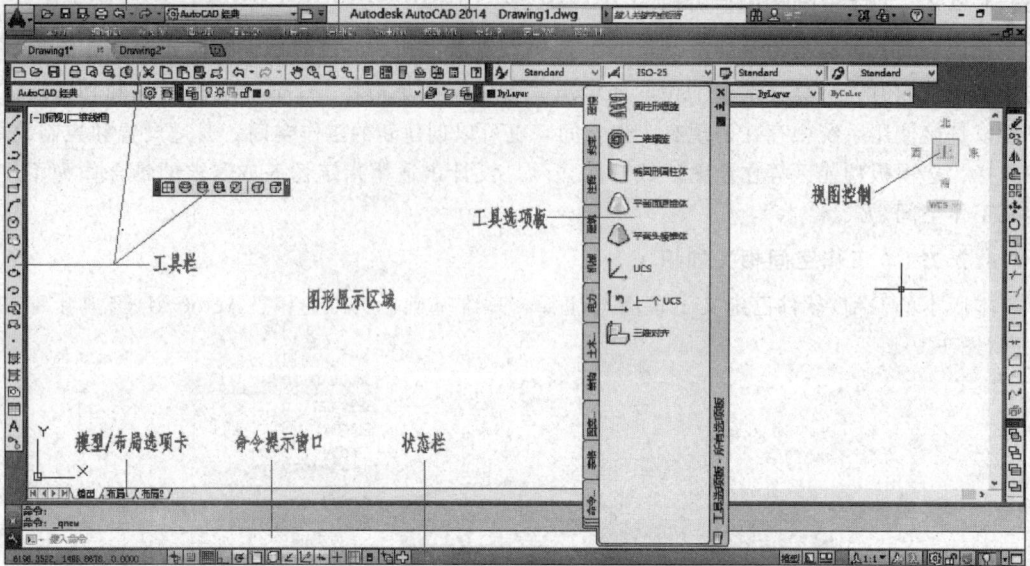

图 1-11 "AutoCAD 经典"工作空间

| 文件(F) | 编辑(E) | 视图(V) | 插入(I) | 格式(O) | 工具(T) | 绘图(D) | 标注(N) | 修改(M) | 参数(P) | 窗口(W) | 帮助(H) |

图 1-12 菜单栏

(5)工具栏。对命令进行分组，以快捷工具按钮集合的方式形成长条状工具栏。工具栏可以自由浮动在图形显示区域中，也可以附着到程序窗口的上方或者侧面。可以对每一工具栏单独进行显示或不显示的操作。

(6)工具选项板。工具选项板由许多有"名称"的选项板组成，每个选项板里包含若干工具，可以是"块"图形，也可以是几何图形(如直线、圆、多段线)、填充、外部参照、光栅图像甚至是命令；可以按功能分类，如绘图、修改等；也可以按专业分类，如建筑、机械、电力等。

执行"TOOLPALETTES"命令，或者执行菜单"工具(T)"→"选项板"→"工具选项板(T)"命令，或者使用组合键 Ctrl+3，都可以打开工具选项板。

可以单击工具选项板左侧的选项板名称快速切换不同的选项板，用户可以根据当前设计任务选择合适的选项板。选项板数量较多时，不能同时显示全部选项板，而是在工具选项板左下角呈现叠加状态[图 1-13(a)]，单击该叠加

图 1-13 工具选项板

(a)选项板叠加；(b)选项板名称列表

位置，展开如图1-13(b)所示全部选项卡名称列表，想要使用哪一个选项板，就单击列表中相应的名称，即切换到目标选项板。

（7）图形显示区域。图形显示区域也称为绘图窗口，是位于屏幕中间的大片空白区域，用户可以在该区域内进行图形绘制和修改。AutoCAD 2014的起始绘图窗口为具有方格状底纹的黑色区域，其中方格状底纹是栅格显示的效果（栅格将在项目1.5中进行详细讲解），黑色是图形显示区域的默认底色。底色可以执行"工具(T)"菜单的"选项(N)"命令，弹出"选项"对话框后，在"显示"卡片里单击 颜色(C)... 按钮进行修改（图1-14）。

（8）模型/布局选项卡。CAD有两种不同的工作环境，分别为"模型空间"和"布局空间"。模型空间用于完成绘图、建模、设计等工作，布局空间主要用于图形和模型的打印出图。在默认情况下，CAD的起始绘图界面处于模型空间，用户可以在模型空间中创建二维和三维模型。如果准备对创建的模型进行打印，通常需要切换到布局空间。

图 1-14　通过"选项"命令修改
图形显示区域的颜色

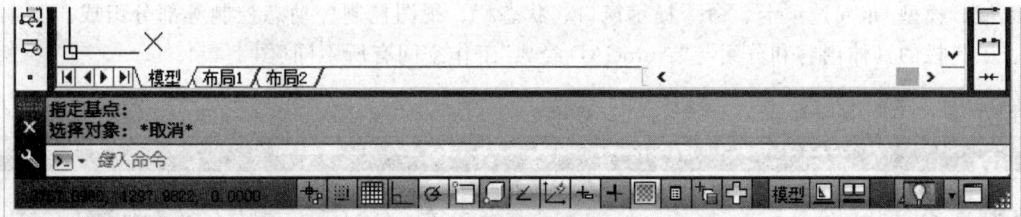

模型空间可以从"模型"选项卡访问，图纸空间可以从"布局"选项卡访问，这两种选项卡均位于工作空间的左下位置（图1-15）。每一个CAD图形文件只有一个"模型"选项卡，但可以有多个"布局"选项卡，起始界面包括"布局1"和"布局2"，用户可以根据需要对现有布局进行设置或新建更多的布局。

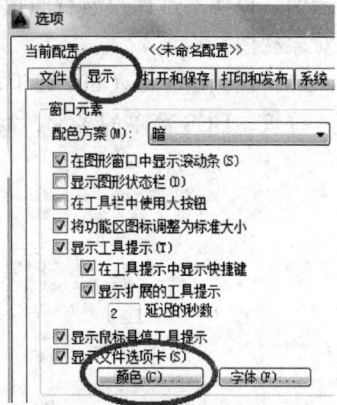

图 1-15　命令提示窗口的附着状态

（9）命令提示窗口。命令提示窗口也称命令提示行，可进行键盘命令的输入，能显示命令的提示信息和当前步骤，也能显示状态变化信息。用户可以通过关注命令提示窗口中的信息变化，获取即时信息，并按信息提示响应CAD软件的要求，完成下一步操作。该部分具有强大的提示作用，对初学者尤其重要。

命令提示窗口可以附着到"模型/布局选项卡"区域的下方，呈通长条状（图1-15）；可以使用鼠标左键调整命令提示窗口的高度；也可以拖动鼠标左键将命令提示窗口拖至图形显示区域，使其呈浮动窗口状态。

（10）状态栏。应用程序状态栏，简称状态栏，位于命令提示窗口的下方。状态栏从左往右分为3个区域：显示光标位置区、绘图状态区、绘图环境工具区。绘图工具区是状态栏里使用和设置最频繁的区域，AutoCAD 2014的状态栏包括推断约束、捕捉、栅格、正交、极轴追踪、对象捕捉、对象捕捉追踪等（状态栏将在项目1.5中进行详细讲解）。

（11）视图控制。视图控制是用户在二维模型空间或三维视觉样式中处理图形时显示的导航工具，通常称为ViewCube，即视立方体（图1-16）。用户可以拖动或者单击ViewCube的不同位置完成如下操作：将视图切换到预设视图（上、下、前、后、左、右）、滚动当前视图、定义或更改模型主视图、完成标准视图和等轴测视图切换。

　　ViewCube 有"活动"和"不活动"两种状态。当其处于不活动状态时，默认情况下会显示为部分透明，以便不遮挡模型空间视图；当其处于活动状态时，为不透明，有可能会遮挡模型空间的对象视图。

　　除可以控制 ViewCube 处于非活动状态时的不透明度级别外，还可以控制 ViewCube 的大小、位置、UCS 菜单的显示、默认方向、指南针显示等特性。

(a)　　　　　　　　　　(b)　　　　　　　　　(c)

图 1-16　ViewCube

(a)单击面显示标准视图；(b)单击角点显示等轴测视图；(c)单击边显示边视图

　　2."草图与注释"工作空间

　　"草图与注释"工作空间的界面组成与"AutoCAD 经典"工作空间相比少了工具选项板，增加了动态控制工具，主要由应用程序按钮、快速访问工具栏、标题栏、菜单栏、工具栏、图形显示区域、模型/布局选项卡、命令提示窗口、状态栏、视图控制、动态控制等部分组成。其菜单栏、工具栏的具体内容和分组与"AutoCAD 经典"工作空间有所不同(图 1-17)。

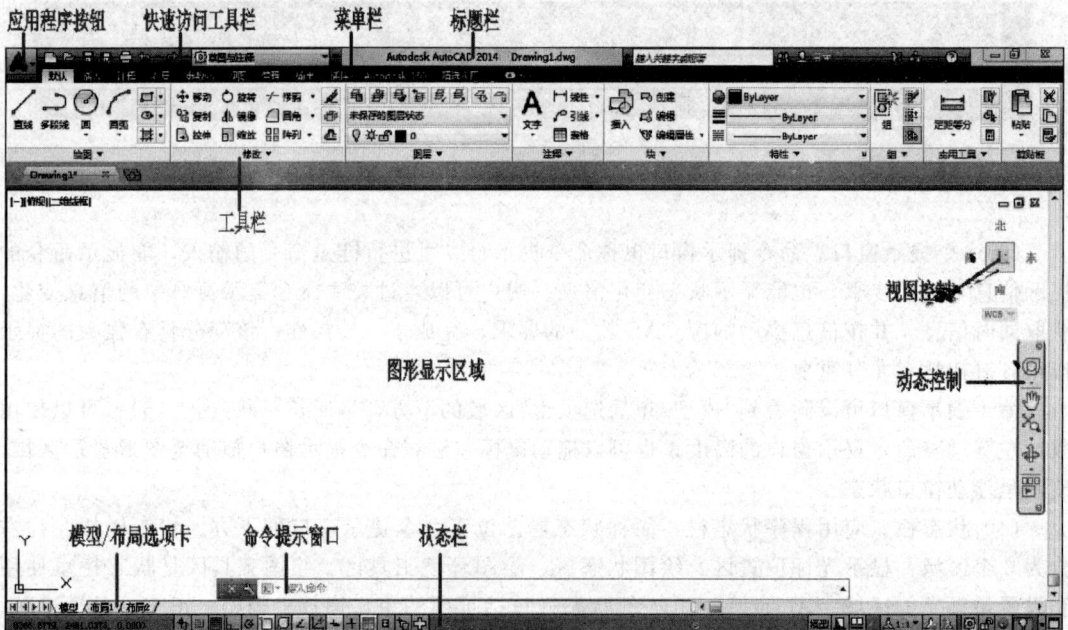

图 1-17　"草图与注释"工作空间

　　(1)菜单栏。菜单栏包括默认、插入、注释、布局、参数化、视图、管理、输出、插件、

Autodesk 360、Performance、精选应用 12 个菜单组。

菜单组右侧的 █▲█ 按钮用于切换面板显示状态，单击朝下的白色三角，可以将其下拉查看当前显示设置(图 1-18)。

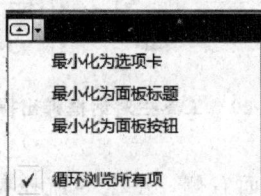

图 1-18 "草图与注释"面板切换按钮

(2)工具栏。不同的菜单组，包含不同的工具栏组合(表 1-1)。

表 1-1 "草图与注释"各菜单组及其工具栏表

菜单组	包含工具栏
默认	绘图、修改、图层、注释、块、特性、组、实用工具、剪贴板
插入	块、块定义、参照、点云、输入、数据、链接与提取、位置
注释	文字、标注、引线、表格、标记、注释缩放
布局	布局、布局视口、创建视图、修改视图、更新、样式和标准
参数化	几何、标注、管理
视图	二维导航、视图、视觉样式、模型视口、选项板、用户界面
管理	动作录制器、自定义设置、应用程序、CAD 标准
输出	打印、输出为 DWF/PDF
插件	内容、App Manager、输入 SKP
Autodesk 360	访问、自定义同步、共享与协作
Performance	Performance Recorder、Feedback
精选应用	Exchange、精选应用

如果工具栏名称右侧有一个朝下的黑色三角▾，表示该工具栏名称可以下拉。单击工具栏名称条，即可将其下包含的全部按钮一起显示出来(图 1-19)。

图 1-19 工具栏名称条下拉操作

如果工具栏名称条最右端有一个斜向下的箭头，单击该箭头可以弹出工具栏对话框(图 1-20)。

图 1-20 工具栏对话框弹出操作

(3)动态控制。动态控制位于界面右侧，由全导航控制盘、平移、范围缩放、动态观察、Show motion(快照)等工具组成。

3. "三维基础"工作空间

"三维基础"工作空间的界面组成与"草图与注释"工作空间相类似(图 1-21)，但其菜单组和工具栏的数量、分组、内容有所不同(表 1-2)。

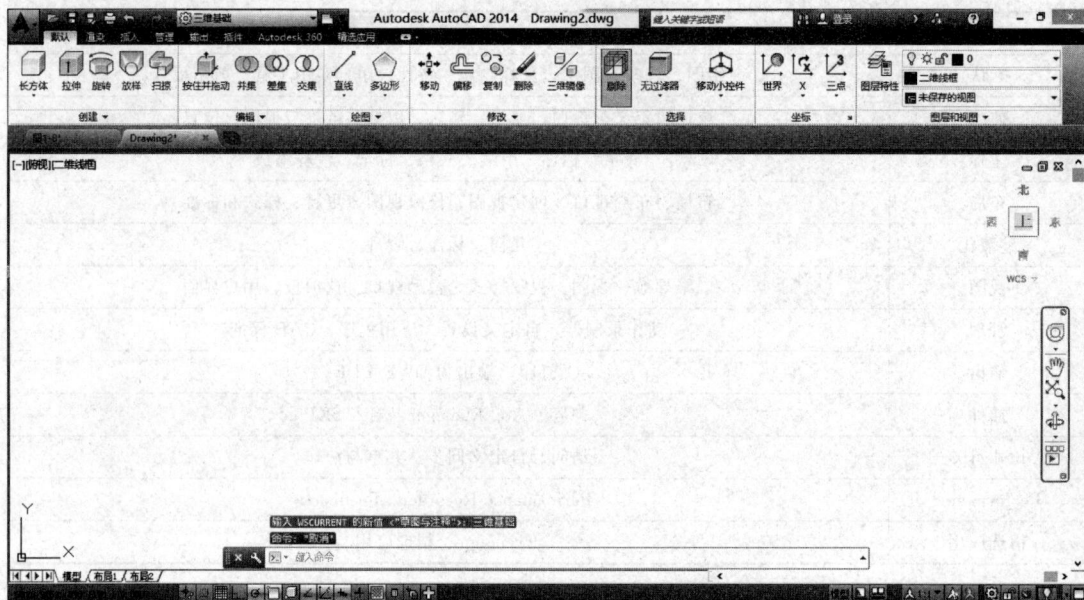

图 1-21 "三维基础"工作空间

表 1-2 "三维基础"各菜单组及其工具栏表

菜单组	包含工具栏
默认	创建、编辑、绘图、修改、选择、坐标、图层和视图
渲染	光源、阳光和位置、材质、渲染、Autodesk 360
插入	块、参照、输入、位置
管理	动作录制器、自定义设置、应用程序、CAD 标准
输出	打印、输出为 DWF/PDF、三维打印
插件	内容、App Manager、输入 SKP
Autodesk 360	访问、自定义同步、共享与协作
精选应用	Exchange、精选应用

4. "三维建模"工作空间

"三维建模"工作空间的界面组成与"草图与注释"工作空间相类似(图 1-22),但其菜单组和工具栏的数量、分组、内容有所不同(表 1-3)。

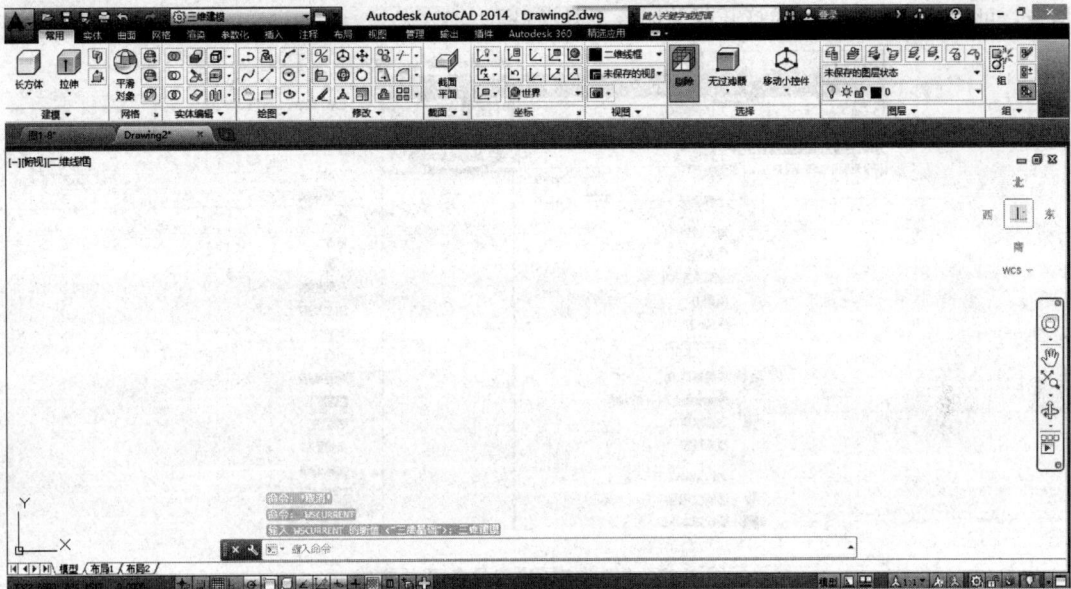

图 1-22 "三维建模"工作空间

表 1-3 "三维建模"各菜单组及其工具栏表

菜单组	包含工具栏
常用	建模、网格、实体编辑、绘图、修改、截面、坐标、视图、选择、图层、组
实体	图元、实体、布尔值、实体编辑、截面、选择
曲面	创建、编辑、控制点、曲线、投影几何图形、分析
网格	图元、网格、网格编辑、转换网格、截面、选择
渲染	光源、阳光和位置、材质、渲染、Autodesk 360
参数化	几何、标注、管理
插入	块、块定义、参照、输入、数据、链接与提取、位置、点云
注释	文字、标注、引线、表格、标记、注释缩放
布局	布局、布局视口、创建视图、修改视图、更新、样式和标准
视图	导航、视图、坐标、视觉样式、模型视口、选项板、用户界面
管理	动作录制器、自定义设置、应用程序、CAD 标准
输出	打印、输出为 DWF/PDF、三维打印
插件	内容、App Manager、输入 SKP
Autodesk 360	访问、自定义同步、共享与协作
精选应用	Exchange、精选应用

1.2.2.3 工作空间的管理与使用

1. "工作空间"工具

(1)"工作空间"工具条。在"AutoCAD 经典"工作空间中，有可以单独显示的"工作空间"工具条，可以通过勾选的方式打开或关闭该工具条(图 1-23)。

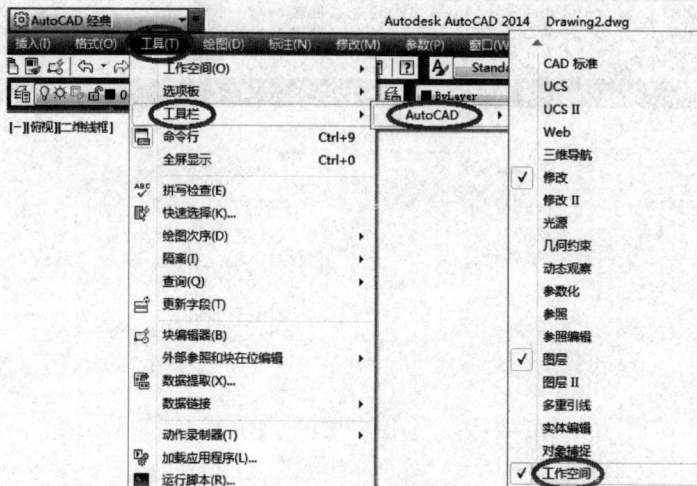

图 1-23 "工作空间"工具条开关方式

(2)"工作空间"下拉条。在任意一个工作空间中，顶部的"快速访问工具栏"中包含"工作空间"下拉条，可以单击 草图与注释 右侧朝下的黑色三角显示下拉列表(图 1-24)。

(3)"工作空间"图标。在工作空间界面右下角，"状态栏"的绘图环境工具区中，可以找到"切换工作空间"图标，单击该图标弹出"工作空间"快捷列表。该列表中多一项"显示工作空间标签"，可以设置工作空间标签的显示与不显示(图 1-25)。

图 1-24 "工作空间"工具条的下拉列表

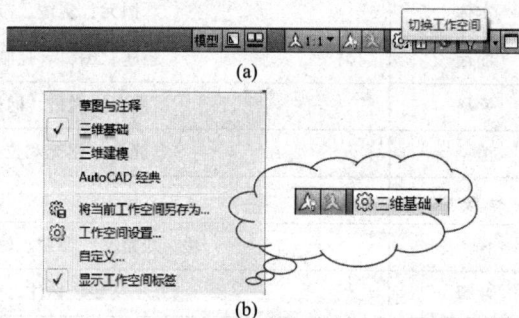

图 1-25 工作空间标签的显示设置

(a)不显示工作空间标签；(b)显示工作空间标签

2. 切换工作空间

在如图 1-24 所示的下拉列表中，单击想要切换的工作空间，即可进行工作空间切换。

3. 更改工作空间设置

在如图 1-24 所示的下拉列表中，单击"工作空间设置"，弹出"工作空间设置"对话框(图 1-26)，可以切换工作空间，也可以调整工作空间菜单显示及顺序。

4.保存工作空间

在如图 1-24 所示的下拉列表中选择"将当前工作空间另存为",跳出"保存工作空间"对话框（图 1-27）。

图 1-26　"工作空间设置"对话框　　　　图 1-27　"保存工作空间"对话框

（1）输入新工作空间的名称后单击"保存"按钮,则创建新的工作空间;

（2）从下拉列表中选择一个已有名称后单击"保存"按钮,则修改已有工作空间。

5."WORKSPACE"命令

可以使用"WORKSPACE"命令创建、修改和保存工作空间,并将其设定为当前工作空间。表 1-4 所示为"WORKSPACE"命令的使用示例。

表 1-4　WORKSPACE 命令

绘图步骤与命令行提示	步骤说明
命令：WORKSPACE✓ 输入工作空间选项[置为当前(C)/另存为(SA)/编辑(E)/重命名(R)/删除(D)/设置(SE)/?] 〈置为当前〉：sa✓ 将工作空间另存为 〈AutoCAD 经典〉：新建一✓	创建"新建一"工作空间

☆**注**：本书中,"✓"标记表示输入命令、参数或数据（可以采用"按键盘 Enter 键"完成输入,大部分命令还可采用"按 Space 键"等方法）,下同。

教学提示：

（1）"AutoCAD 经典"工作空间与其他几种工作空间的理念有所不同。例如,有一套房子,"AutoCAD 经典"相当于把所有的家具都集中放在客厅里,拿东西非常方便,但现场比较凌乱,而且有些家具可能很长时间都用不到;而其他三种工作空间相当于把家里的家具按照功能分区分别放置在不同房间,每个房间都整齐有条理,但经常要换到其他房间才能拿到想要的东西。同时,考虑到家里不同时期有不同的使用需求,设计了几种不同的布置方案,如一家三口生活起居,就按"草图与注释"布置;周末约同事来家里放映电影,就按"三维基础"布置;春节招待亲戚,就按"三维建模"布置。

（2）有兴趣的同学还可以通过"自定义用户界面"对话框来管理工作空间。用户界面的自定义是通过使用自定义用户界面(CUI)编辑器修改基于 XML 的自定义(CUIx)文件来完成的,可以在命令提示行中执行 CUI 命令,在跳出的对话框中进行个性化设置。

项目 1.3 命令操作入门

教学要求： 通过本项目的学习，学生应了解命令的输入方式，了解图形和信息的输出方式（含打印输出），熟悉命令的中止、撤销与重复执行，掌握鼠标、键盘在 CAD 中的正确使用方式，初步掌握菜单、工具栏在 CAD 中的正确使用方式。

教学要点：

教学重点：命令的输入与输出。

教学难点：鼠标左、中、右三键的不同用处；组合键和功能键的使用。

■ 1.3.1 CAD 的输入方式 ··

1.3.1.1 定点设备输入

定点设备(Pointing Device)是一种计算机外置输入装置，在 CAD 中主要用于对操作界面上显示的指针或图标等进行操作，是计算机与人进行信息互换的人机接口装置。定点设备种类很多，如鼠标、数字化仪、控制球、触摸屏、光笔等。鼠标是 CAD 中最常用的定点设备，本书仅就鼠标的使用进行详细介绍。

1. 鼠标的基本操作

(1)移动：移动鼠标，直至屏幕上的鼠标指针指向某个对象或某个位置。

(2)单击：点击鼠标左键一次然后放开。一般用于选定对象、按动按钮等操作。

(3)拖动：按住鼠标左键、中键或者右键不放的同时移动鼠标。

(4)右击：点击鼠标右键一次然后放开。一般用于弹出快捷功能菜单等操作。

(5)双击：用手指快速、连续单击鼠标左键或右键两次然后放开。

(6)滚动：用手指将鼠标中间的滚轮进行上、下滚动。

2. 鼠标左键的使用

鼠标左键主要起拾取作用，主要用途如下：

(1)指定位置；

(2)指定编辑对象；

(3)选择菜单选项、对话框按钮和字段。

3. 鼠标右键的使用

鼠标右键通常用于以下几种操作：

(1)结束正在进行的命令或命令的一个步骤。如在命令行提示"选择对象："时单击鼠标右键，则选择对象的步骤结束，进入命令的下一个步骤。

(2)显示快捷菜单。如在命令行提示"命令："时单击鼠标右键，弹出快捷菜单；在命令执行过程中单击鼠标右键，大部分情况也会弹出快捷菜单。快捷菜单方便用户直观且快捷地选用命令和辅助工具。使用"SHORTCUTMENU"系统变量可以控制快捷菜单是否可用。

(3)显示"对象捕捉"菜单。同时按下 Ctrl 键和鼠标右键，弹出"对象捕捉"菜单，可以为当前步骤选用对象捕捉方式。同时按下 Shift 键和鼠标右键亦同。

4. 鼠标中键的使用

鼠标中键位于左、右两个键之间，通常为可滚动的滑轮形状，故常称为滚轮。

可以使用滚轮在图形中进行平移和缩放，而无须使用任何命令。默认情况下，缩放比例设定为60%；每次转动滑轮都将按60%的增、减量改变缩放级别。可以使用"ZOOMFACTOR"系统变量更改滚轮的增量值，设置的数字越大，滚动时的增量变化就越大。滚轮常见用途和鼠标动作见表1-5。

表1-5 滚轮鼠标动作表

滚轮用途	鼠标动作	使用说明
放大或缩小	前后滚动滚轮	向前时放大，向后时缩小。使用"ZOOMWHEEL"系统变量可改变转动滚轮时缩放操作的方向
缩放到图形范围	双击滚轮按钮	
平移	按住滚轮按钮并拖动鼠标	"MBUTTONPAN"系统变量设定为1时此功能可用
弹出对象捕捉快捷菜单	单击滚轮一次后放开	"MBUTTONPAN"系统变量设定为0时，此功能可用
旋转相机	同时按住 Ctrl 键和滚轮按钮并拖动鼠标	"MBUTTONPAN"系统变量设定为0时，此功能可用
自由动态观察	同时按住 Ctrl、Shift 键及滚轮按钮并拖动鼠标	
显示"对象捕捉"菜单	单击滚轮按钮	"MBUTTONPAN"系统变量必须设定为0

1.3.1.2 命令行输入

命令输入方式是从工作空间的命令提示窗口输入命令或数据，通常使用键盘。

1. 单键输入

使用键盘的打字键区进行输入。其包括数字键、字母键、常用运算符、标点符号键以及几个必要的常用控制键，主要用于字母、数字和符号的输入。

2. 组合键输入

按住键盘上的 Ctrl 键、Alt 键或 Shift 键的同时输入字母、数字、符号，也能输入 CAD 命令，这种方法称为组合键输入。

CAD 中，使用 Ctrl 键的组合键最多，可与功能键组合，如 Ctrl+F2，用于显示文本窗口；可与数字组合，如 Ctrl+8，用于"快速计算器"选项板的切换；可与字母组合，如 Ctrl+C，用于将对象复制到 Windows 剪贴板；Ctrl+V，用于粘贴 Windows 剪贴板中的对象；还可以与 Shift 键组合成 Ctrl+Shift+S，用于显示"另存为"对话框。其他 Ctrl+组合键可查看本书附录1。

3. 功能键输入

功能键区位于键盘最上方，共 12 个，分别用 F1~F12 表示。功能键的作用详见项目 1.5 状态行和功能键。

1.3.1.3 菜单输入

菜单输入方式通常要结合鼠标或键盘使用。

1. 结合鼠标

以"视图(V)"菜单为例,在"视图(V)"菜单位置单击,打开下拉菜单,如再次单击,则可收回下拉菜单;在下拉菜单中具体命令处单击,则执行该命令。下拉菜单中命令最右侧有","标记时,表示该命令有下拉子菜单,如"缩放(Z)"命令;下拉菜单中命令文字后无"下拉菜单中命令可打开一个对话框"标记时,表示该命令没有下拉子菜单,只可打开当前一个对话框,如"命名视图(N)"…,如图1-28所示。

2. 结合键盘

在菜单栏下拉(子)菜单命令中,其括号内的英文字符均可作为下拉(子)菜单或执行命令的标识字符。仍以"视图(V)"菜单(图1-28)为例,该菜单名()中字符为"V",可使用Ctrl+V的组合键方式打开下拉菜单,如拟执行"缩放(Z)"命令下的"全部(A)"子命令,只需用键盘依次按组合键Alt+V+Z+A即可。

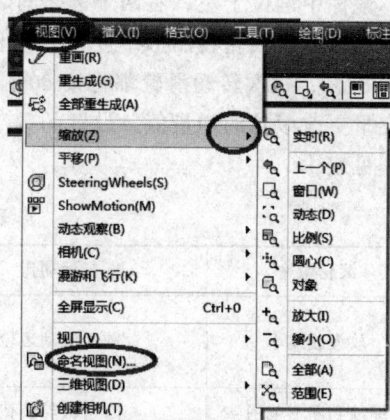

图1-28 菜单输入

1.3.1.4 工具栏输入

1. 常用工具栏

CAD学习初期常用的工具栏包括标准、特性、图层、绘图、修改、标注等,如图1-29所示。

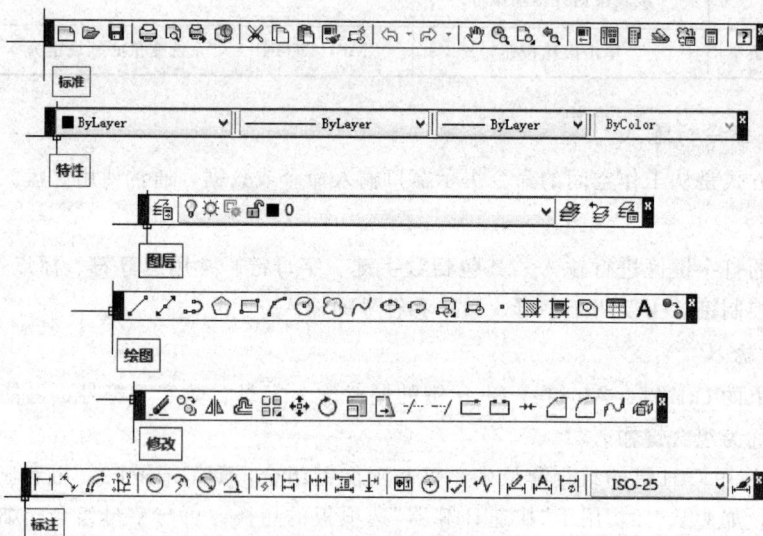

图1-29 初学者常用工具栏

2. 工具栏命令集

若工具栏命令按钮的右下角有黑三角标记,表示该按钮为工具栏命令集,如"标准"工具栏中的，将鼠标指针移至该命令按钮上并长按鼠标左键,即可看到其所包含的所有命令,如图1-30所示。

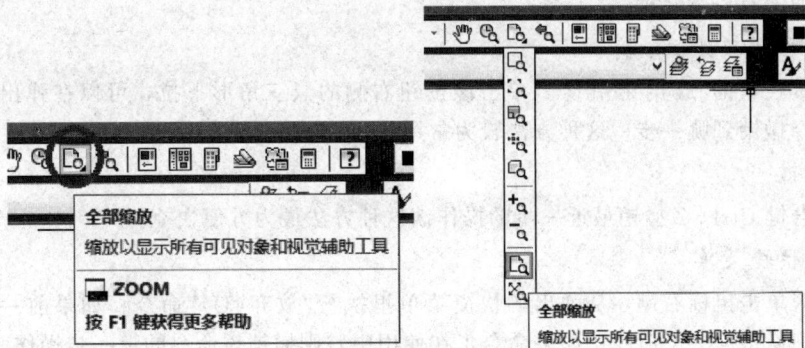

图 1-30　工具栏命令集

1.3.1.5　选项板输入

选项板也称选项卡。执行"TOOLPALETTES(TP)"命令，或者执行菜单栏中的"工具(T)命令"→"选项板"→"工具选项板(T)"命令，或者使用组合键 Ctrl+3，都可以打开工具选项板。选项板的使用详见项目 1.2 CAD 的程序管理和界面管理。

☆注："TOOLPALETTES(TP)"括号中的"TP"表示通过键盘输入该命令时可以不输入命令全名"TOOLPALETTES"，仅输入命令缩写"TP"即可执行该命令。下同。

■ 1.3.2　命令的结束与撤销 ··

1.3.2.1　命令的终止

1. 完成绘制后自动终止

有些命令在完成绘制后会自动终止。如圆命令，当完成一个圆的绘制以后，圆命令自动终止。

2. 通过软件操作终止

有些命令在完成绘制后，不会自动终止，需使用者操作 CAD 软件终止。如直线命令，当绘制完一条直线以后，命令行将提示"指定下一点"，等待使用者提供新的数据后绘制下一段直线。如果不想继续绘制直线，可以按 Space 键或 Enter 键结束命令。

1.3.2.2　命令的中止

1. 使用 Esc 键中止

在命令的执行过程中，可以随时按键盘左上角的 Esc 键退出该命令。但使用"多行文字"命令时，不建议使用 Esc 键退出，因为此操作会导致新输入的文字全部丢失。

2. 使用快捷菜单中止

在绘图区域内单击鼠标右键，从弹出的快捷菜单中选择"取消"命令从而中止命令，如图 1-31 所示。

1.3.2.3　命令的撤销

使用完一个命令后，如果执行效果不符合需求，可以通过命令的撤销，取消前一个或前几个命令的执行效果。撤销

图 1-31　使用快捷菜单中止命令

命令的方法通常有以下几种：

1. 快速访问工具栏

单击工具栏里的"放弃"按钮 *c*。单击该按钮右侧的黑三角形下拉，可以在弹出的下拉列表中精确地选择撤销到哪一步。这种方法较为常用。

2. 组合键

使用组合键 Ctrl＋Z 撤销最近一步的操作。这种方法最为方便快捷。

3. 右键快捷菜单

在绘图区单击鼠标右键，从弹出的快捷菜单里执行"放弃（U）"命令。如果前一个命令已经执行完毕，则撤销前一个命令；如果命令正在使用中，则撤销该命令的上一步操作。

4. 菜单

执行菜单栏里的"编辑"→"放弃"命令。

5. "U"或"UNDE"命令

在命令提示行中执行"U"命令或者"UNDO"命令。执行"U"命令只能撤销前一个或上一步的操作；执行"UNDO"命令，命令行将弹出如下所示的提示，此时，在命令行中输入要放弃的操作数目，也可以使用列表中的其他选项。

```
命令：UNDO
当前设置：自动＝开，控制＝全部，合并＝是，图层＝是
输入要放弃的操作数目或［自动 (A) /控制 (C) /开始 (BE) /结束 (E) /标记 (M) /后退 (B)]〈1〉：
```

■ 1.3.3 命令的重复执行与恢复 ···

1.3.3.1 命令的重复

1. Space 键或 Enter 键

执行完一个命令后，按 Space 键或 Enter 键可重复执行该命令。这种方法最为常用。

2. 右键快捷菜单

执行完一个命令后，在绘图区单击鼠标右键，在弹出的快捷菜单里执行"重复…（R）"命令。如用"圆"命令绘制了一个圆后，在绘图区单击鼠标右键，在弹出的快捷菜单里选择"重复 CIR-CLE(R)"，即可重复执行圆命令。

3. 命令提示行快捷菜单

在命令提示行中单击鼠标右键，在弹出的快捷菜单中"最近使用的命令"选项后找到最近执行过的多个命令，左键单击命令即可执行，如图 1-32 所示。

图 1-32 命令提示行中的右键快捷菜单

4. "MULTIPLE"命令

如果需要多次重复执行同一个命令，可以在命令提示行中执行"MULTIPLE"命令。例如，想重复绘制几个圆，但又不想总是按 Space 键/Enter 键。此时，在命令行中输入"MULTIPLE"或其缩写"PLE"，按 Enter 键确认，命令行将提示"输入要重复的命令名："，输入要重复的圆命令的缩写"C"（注：输入命令全名或缩写均可），按 Enter 键确认，就开始执行圆的绘制命令，且会重复执行圆命令，直到按 Esc 键终止"MULTIPLE"命令的生效为止。

1.3.3.2 命令的恢复

恢复命令是与撤销命令相反的操作，它可以恢复前一次或者前几次已经撤销的操作。恢复命令的方法有以下几种：

1. 工具栏

单击"快速访问"工具栏里的"重做"按钮↶。单击该按钮后的黑三角下拉，可以在弹出的下拉列表中，精确地选择恢复到哪一步。此方法为最常用的方法。

2. 组合键

按 Ctrl＋Y 组合键重做。用于重做刚用"U"命令撤销的命令，如果刚连续做了多次"U"命令，则可以连续重做多次。

3. 菜单

执行 CAD 菜单栏里的"编辑"→"重做"命令。

4. "REDO"命令

在命令提示行中执行"REDO"命令。"REDO"命令必须在执行"U"命令或"UNDO"命令后立即执行，而且只能重做最后一次"U"或"UNDO"命令撤销的命令。

5. "OOPS"命令

在命令提示行中执行"OOPS"命令，即可恢复由上一个"ERASE"命令删除的图形对象。"OOPS"命令不需要紧跟在"ERASE"命令后立即执行，两个命令中间可以存在其他 CAD 操作和命令执行。

教学提示：CAD 系统中自带的工具栏多达 52 个（图 1-33），随着学习的深入，使用者应熟悉更多的常用工具栏，并能够根据不同的绘图目标和绘图要求设计工作空间，在工作空间中打开不同的工具栏以方便使用。

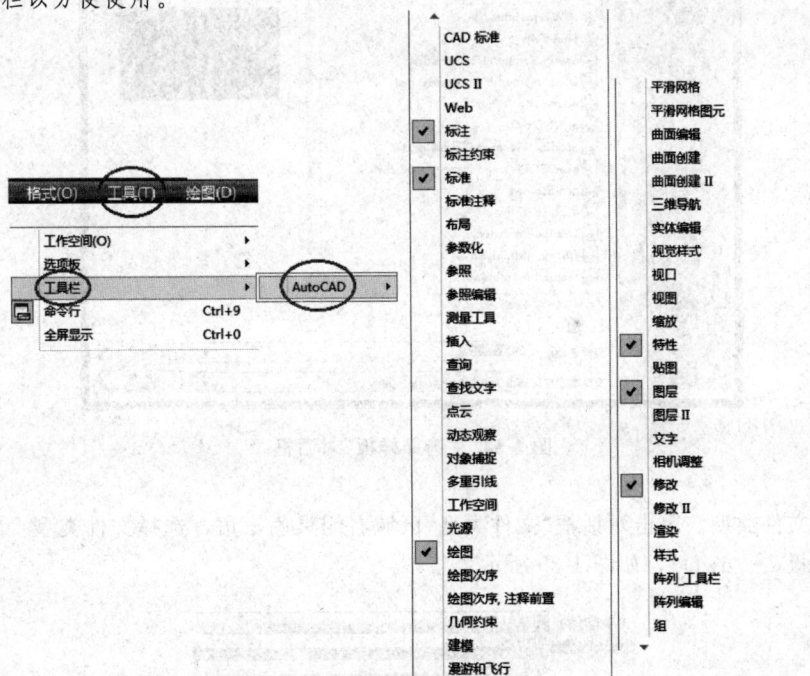

图 1-33　CAD 系统自带的工具栏

项目 1.4　CAD 文件管理

教学要求：通过本项目的学习，学生应掌握文件管理命令的命令访问，熟悉新建文件、打开文件、保存文件的使用方法，了解其他文件管理命令的命令使用方法。

教学要点：

教学重点：文件管理命令的命令访问方式。

教学难点：图形样板、图形后缀。

■ 1.4.1　新建文件(NEW)

1. 命令访问

(1)菜单栏。在菜单栏中执行"文件(F)"→"新建(N)"命令。

(2)工具栏。"新建"按钮 □，位于"快速访问工具栏"。

(3)命令行。在命令行中输入"NEW"或"QNEW"。

(4)组合键。Ctrl+N。

2. 命令使用说明

(1)执行命令。执行新建命令后弹出"选择样板"对话框，如图 1-34 所示。

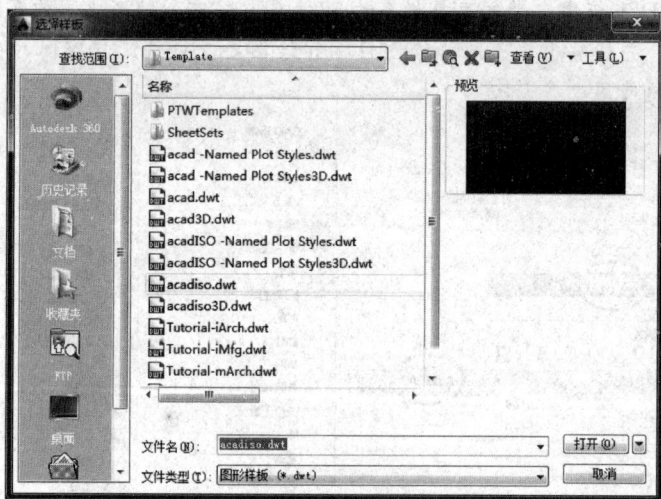

图 1-34　"选择样板"对话框

(2)确定文件类型。单击对话框"文件类型"区域右侧黑色三角，选择文件类型。默认文件类型为"图形样板(＊.dwt)"，如图 1-35 所示。

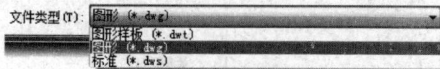

图 1-35　"文件类型"下拉列表

（3）选择图形样板文件。在对话框的"名称"区域里选择合适的图形样板文件。

（4）打开模式设置。单击对话框右下角"打开"区域右侧黑色三角，选择合适的打开模式，如图1-36所示。

（5）创建新文件。单击对话框右下角"打开"按钮，完成新文件创建。新文件将继承样板文件中的设置。

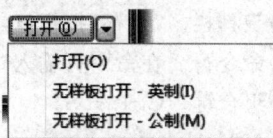

图1-36 新建文件的"打开"下拉列表

■ 1.4.2 打开文件(OPEN)

1. 命令访问

（1）菜单栏。在菜单栏中执行"文件(F)"→"打开(O)"命令。

（2）工具栏。"打开"按钮，位于"快速访问工具栏"中。

（3）命令行。在命令行中输入"OPEN"。

（4）组合键。Ctrl ＋ O。

2. 命令使用说明

（1）执行命令。执行"打开"命令后弹出"选择文件"对话框，如图1-37所示。

（2）确定文件类型。单击对话框"文件类型"区域右侧黑色三角，选择文件类型。默认文件类型为"图形(　.dwg)"。

（3）选择图形文件。在对话框的"名称"列表中选择要打开的图形文件。

（4）打开模式设置。单击对话框右下角"打开"区域右侧黑色三角，选择合适的打开模式，如图1-38所示。

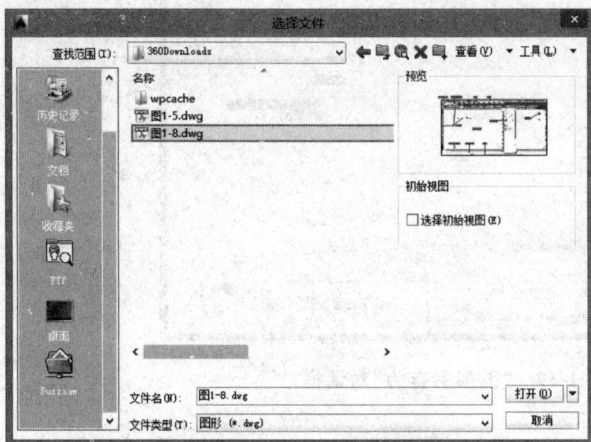

图1-37 "选择文件"对话框

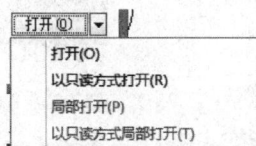

图1-38 打开文件的
"打开"下拉列表

（5）打开新文件。单击对话框右下角"打开"按钮，完成新文件创建。新文件将继承样板文件中的设置。

■ 1.4.3 保存文件(SAVE)

1. 命令访问

（1）菜单栏。在菜单栏中执行"文件(F)"→"保存(S)"命令。

(2)工具栏。"保存"按钮■，位于"快速访问工具栏"中。

(3)命令行。在命令行输入"SAVE"或"QSAVE"。

(4)组合键。Ctrl + S。

2. 命令使用说明

如果当前图形文件已经保存过，执行保存命令后，就会将当前图形文件的信息保存到后缀为".dwg"的当前图形文件中，覆盖掉原来的文件信息，同时，将原来的文件信息转移到与图形文件同名的后缀为".dwt"的CAD备份文件中。

如果当前图形文件是新建文件，第一次执行保存命令时会要求指定保存的目录和名称，此时，相当于执行"文件另存为"命令。

■ 1.4.4 文件另存为(SAVE AS)

1. 命令访问

(1)菜单栏。在菜单栏中执行"文件(F)"→"另存为(A)"命令。

(2)命令行。在命令行中输入"SAVE AS"。

(3)组合键。Ctrl + Shift + S。

2. 命令使用说明

(1)执行命令。执行文件另存为命令后弹出"图形另存为"对话框，如图1-39所示。

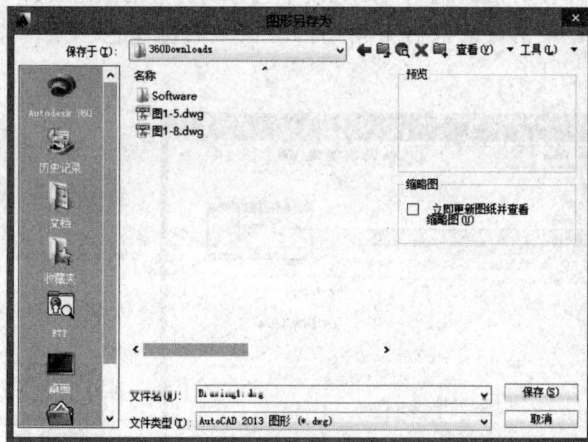

图 1-39　"图形另存为"对话框

(2)确定保存路径。单击对话框中的"保存于"右侧的向下箭头，选择合适的保存路径。对话框左侧有"历史纪录""文档""收藏夹""桌面"等按钮，可以单击按钮快速确定保存路径。

(3)确定文件类型。"文件另存为"命令的"文件类型"下拉列表如图1-40所示，使用单击的方法选择合适的类型。因为，有时候会在其他计算机上打开本软件保存的CAD文件，为提高版本兼容性，建议选择比2014版本稍低的类型，即使用Autocad 2010/LT2010图形(∗.dwg)类型或者Autocad 2007/LT2007图形(∗.dwg)类型。

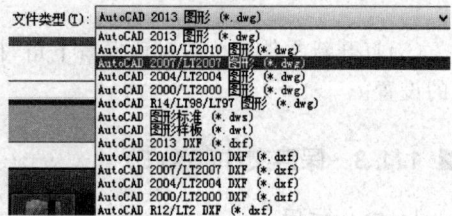

图 1-40　另存为的"文件类型"下拉列表

（4）输入文件名。在对话框的"文件名"中输入另存后的文件名。如果文件名和已有文件名称相近，可在"名称"列表中单击已有文件后在"文件名"中修改。例如，单击已有文件"图1-8.dwg"，则在"文件名"框中显示"图1-8.dwg"，将"1-8"改成"1-9"，则文件将被保存为"图1-9.dwg"。

（5）保存该文件。单击对话框的"保存"按钮，将文件按设置好的文件类型、目录和名称进行保存。

■ 1.4.5　关闭文件(CLOSE) ···

关闭文件的方法主要有以下三种：

（1）单击当前文件名称右侧的 ⊠ 按钮即可关闭文件。

（2）菜单栏。在菜单栏中执行"文件(F)"→"关闭(C)"命令。

（3）命令行。在命令行中输入"CLOSE"。

教学提示： 图形样板文件存储着图形的所有设置信息，包含预定义的图层、样式、视图和其他数据等，其文件扩展名为".dwt"，通常保存在 template 目录中。可以通过图形样板文件创建新的 CAD 图形文件，新图形文件能够继承样板文件中已保存的设置。CAD 软件有默认的图形样板文件，用户也可以创建自定义图形样板文件。

项目 1.5　状态栏和功能键

教学要求： 通过本项目的学习，学生应了解捕捉、栅格、显示/隐藏线宽的设置和使用方法，熟悉极轴、对象追踪的设置和方法，熟悉常用的功能键的意义和使用，掌握正交、对象捕捉的设置和使用方法。

教学要点：

教学重点：对象捕捉的使用。

教学难点：对象捕捉、极轴追踪。

■ 1.5.1　状态栏绘图工具 ···

状态栏包括推断约束、捕捉模式、栅格显示、正交模式、极轴追踪、对象捕捉、三维对象捕捉、对象捕捉追踪、允许/禁止动态 UCS、动态输入、显示/隐藏线宽、显示/隐藏透明度、快捷特性、选择循环、注释监视器(图1-41)，本书就常用的状态栏工具做重点讲解。

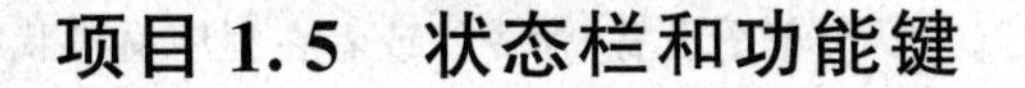

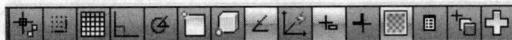

图 1-41　状态栏工具

1. 草图设置

执行"DSETTINGS(DS)"命令，弹出"草图设置"对话框，该对话框包括捕捉和栅格、极轴追踪、对象捕捉、三维对象捕捉、动态输入、快捷特性、选择循环 7 个选项卡，可以通过各个选项卡对相应状态进行设置，也可以通过在复选框"□"中打"√"或取消打"√"实现状态的开启和关闭，如图 1-43 所示。

2. 捕捉与栅格

捕捉与栅格需配套使用效果最好，故在本书中同时讲解。

通过之前的学习，已经掌握了通过移动光标来指定点的位置的方法，但这种方法很难精确指定点的某一位置。在 AutoCAD 中，可以使用"捕捉"和"栅格"功能精确地定位点，提高绘图效率。

(1)打开或关闭"捕捉和栅格"。"捕捉"用于设定鼠标光标移动的间距。"栅格"是一些标定位置的小点，起坐标的作用，可以给使用者提供直观的距离参照和位置参照。打开或关闭"捕捉"和"栅格"功能，可以选择以下几种方法：

图 1-42 "草图设置"对话框

1)在"草图设置"对话框的"捕捉和栅格"选项卡中选择相应复选框。

2)在 AutoCAD 程序窗口的状态栏中，单击"捕捉"和"栅格"按钮。

3)按 F7 功能键打开或关闭栅格，按 F9 功能键打开或关闭捕捉。

(2)设置"捕捉和栅格"。执行"草图设置"命令，或者在程序窗口状态栏的"捕捉模式"或状态栏"栅格显示"按钮处单击鼠标右键选择"设置"，均可以弹出"草图设置"对话框，在"捕捉和栅格"选项卡(图 1-42)中设置捕捉和栅格的相关参数。各选项的功能说明如下：

1)"启用捕捉"复选框：打开或关闭捕捉方式。在该复选框中打"√"，即为启用捕捉。

2)"捕捉"设置组：包括设置捕捉间距、极轴间距、捕捉类型等。"捕捉类型"默认为矩形捕捉，此时，需要在"捕捉间距"中设置捕捉 X 轴间距和捕捉 Y 轴间距两个参数。

3)"启用栅格"复选框：打开或关闭栅格的显示。在该复选框中打"√"，即可以启用栅格。

4)"栅格"设置组：包括设置栅格样式、栅格间距、栅格行为等。在"栅格间距"中设置栅格 X 轴间距和栅格 Y 轴间距两个参数，以调整栅格的间距。如果 X 轴间距和 Y 轴间距值设置为 0，则栅格采用捕捉 X 轴和 Y 轴间距的值，使用的效果相当于未启用栅格。

3. 正交模式

正交模式可以将光标限制在用户坐标系(UCS)的水平或垂直方向上，可以控制用户保持水平或垂直方向绘制线、移动位置，便于精确地创建和修改对象。

对象捕捉模式高于正交模式，当对象捕捉功能启用时，如果光标捕捉到对象上的对象捕捉点，则正交模式暂时失效。

正交模式无须设置，只需打开或关闭"捕捉"和"栅格"功能，方法如下：

(1)在 AutoCAD 程序窗口的状态栏中，单击"正交模式"按钮。

(2)按 F8 功能键打开或关闭正交。

(3)在命令行中输入"ORTHO"。

4. 极轴追踪

启用极轴追踪功能在命令中指定点，当光标移动到指定角度附近时，系统会自动锁定角度、显示追踪线并提示光标当前的方位，在追踪线上可以移动光标进行精确绘图。

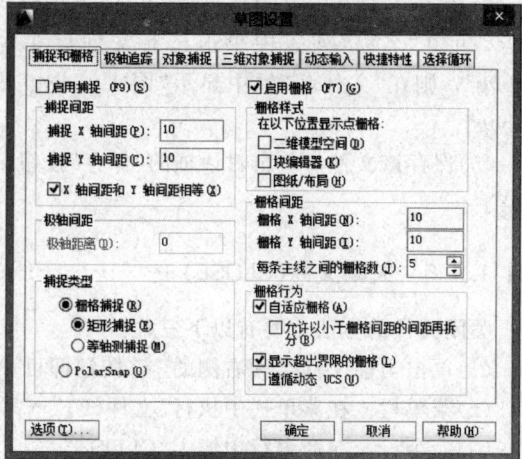

（1）打开或关闭极轴追踪。打开或关闭"极轴追踪"功能，可以选择以下几种方法：

1）在"草图设置"对话框的"极轴追踪"选项卡中设置相应复选框。

2）在 AutoCAD 程序窗口的状态栏中，单击"极轴追踪"按钮。

3）按 F10 功能键打开或关闭"极轴追踪"。

（2）设置极轴追踪。使用者可以在"草图设置"对话框的"极轴追踪"选项卡中修改或增加极轴的角度或数量，如图 1-43 所示。

选项卡中各选项的功能说明如下：

1）"启用极轴追踪"复选框：打开或关闭极轴追踪。在该复选框中打"√"，即为启用极轴追踪；反之，则为不启用极轴追踪。

2）"极轴角设置"：用于设定极轴追踪的对齐角度，包括增量角和附加角两种类型。增量角是指在所设增量角角度整数倍的方向获得极轴追踪，可以从列表中选择 90°、45°、30°、22.5°、18°、15°、10°、5° 这些常用角度，也可以自行输入任何角度，系统的默认值为 90°，即在 0°、90°、180°、270°的方向获得追踪。附加角需自行设置，最多设置 10 个

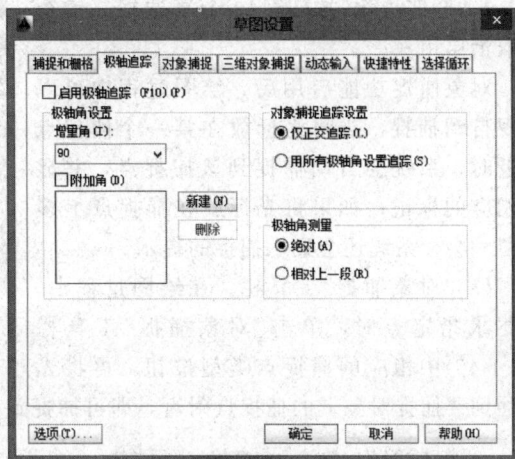

图 1-43 "极轴追踪"选项卡

附加角，每个附加角产生一次追踪效果，即仅在 0°起算的附加角角度方向获得追踪。

3）"对象捕捉追踪设置"：用于设定对象捕捉追踪选项，方便极轴功能与对象捕捉功能的配套使用，包括"仅正交追踪"和"用所有极轴角设置追踪"两种选择，根据需要选用。

4）"极轴角测量"：设定测量极轴追踪对齐角度的基准。默认为"绝对"，即根据当前用户坐标系（UCS）确定极轴追踪角度，不建议修改。

☆注："正交模式"和"极轴追踪"不能同时打开。

5. 对象捕捉

绘图过程中经常要使用到现有对象上的已有点，例如，直线的端点、圆的圆心、两个对象的交点、两个对象的切点等。如果只凭观察进行拾取，不能准确地定位到这些点。在 AutoCAD 中，可以通过设置对象捕捉功能，迅速、准确地捕捉到已有点，从而精确地绘制图形。

（1）打开或关闭对象捕捉。打开或关闭"对象捕捉"功能，可以选择以下几种方法：

1）在"草图设置"对话框中设置"启用对象捕捉"复选框。

2）在 AutoCAD 程序窗口的状态栏中，单击"对象捕捉"按钮。

3）按 F3 功能键打开或关闭"极轴追踪"。

（2）设置对象捕捉。执行"草图设置"命令，或者在程序窗口状态栏的"对象捕捉"按钮处单击鼠标右键选择"设置"，均可弹出"草图设置"对话框，在"对象捕捉"选项卡（图 1-44）中设置捕捉和栅格的相关参数。

选项卡中各选项的功能如下：

1）"启用对象捕捉"复选框：打开或关闭对象捕捉方式。在该复选框中打"√"，即为"启用对象捕捉"；反之，则不启用。

2）"对象捕捉模式"设置组：包括端点、中点、圆心、节点、象限点、交点、延长线、插入点、垂足、切点、最近点、外观交点、平行线 13 个复选框，每个复选框可以分别设置启用（打

"√")或不启用(取消打"√"),用户可以根据绘图需要自由组合。

3)"全部选择"按钮：13 个复选框一键全部启用。

4)"全部清除"按钮：13 个复选框一键全部取消启用。

对象捕捉功能启用后，绘图过程中可以实现自动捕捉：当将光标放在某一个捕捉点附近时，系统会自动捕捉到该捕捉点，并显示相应的标记；如果将光标放在捕捉点上多停留一会，系统还会显示捕捉的提示。

(3)"对象捕捉"工具栏。在绘图过程中，当要求指定点时，单击"对象捕捉"工具栏(图 1-45)中相应的捕捉点类型按钮，再将光标移到要捕捉对象上的捕捉点附近，即可捕捉到相应类型的捕捉点。

图 1-44 "对象捕捉"选项卡

图 1-45 "对象捕捉"工具栏

(4)对象捕捉快捷菜单。当明确要求使用某一类型捕捉点时，可以使用 Shift＋或 Ctrl＋鼠标右键，即左手按下 Shift 键或者 Ctrl 键，同时鼠标右击，打开对象捕捉快捷菜单，如图 1-46 所示。选择需要的子命令，再将光标移到要捕捉对象的特征点附近，即可捕捉到相应的对象特征点。

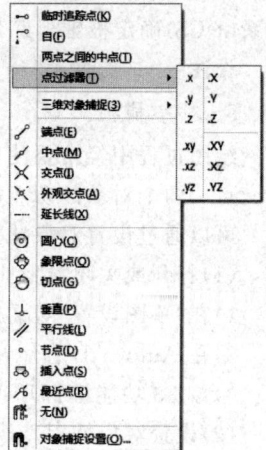

6. 对象捕捉追踪

打开或关闭"对象捕捉追踪"功能，可以选择以下几种方法：

(1)在"草图设置"对话框的"对象捕捉"选项卡中设置相应复选框。

(2)在 AutoCAD 程序窗口的状态栏中，单击"对象捕捉追踪"按钮。

(3)按 F11 功能键打开或关闭"对象捕捉追踪"。

图 1-46 "对象捕捉"
快捷菜单

当对象捕捉追踪处于打开状态，在命令中指定点时，可以通过捕捉对象上的特征捕捉点(如端点、中点、圆心等)沿正交方向或极轴方向移动光标，系统将显示光标当前位置与捕捉点之间的关系。找到符合要求的点时，单击获得该点。

在默认情况下，对象捕捉追踪将设定为正交。对齐路径将显示在开始时已获取对象点的 0°、90°、180°和 270°方向上。如果需要使用极轴追踪角度，在"草图设置"对话框的"极轴追踪"选项卡中修改"对象捕捉追踪设置"。

7. 显示/隐藏线宽

"显示/隐藏线宽"按钮可以在图形中打开和关闭线宽显示，在模型空间和图纸布局空间中的显示规则有所不同：

(1)在模型空间中，线宽为 0(零)时则显示为 1 个像素的宽度，其他线宽使用成比例的像素宽度。在模型空间中，显示的线宽与设置的像素宽度有关，与缩放比例无关，即线宽显示不随缩放比例而变化。

(2)在布局空间中，线宽使用真实单位显示，即线宽显示将随缩放比例而变化。

☆注："线宽"的显示/隐藏状态不影响打印线宽，默认情况下，使用已设置好的线宽值的精确宽度打印线宽。

8. 其他不常用工具

(1)推断约束(Ctrl＋Shift＋I)：可以在创建和编辑几何对象时自动应用几何约束。该工具不支持交点、外观交点、延伸、象限的对象捕捉。

(2)三维对象捕捉(F4)：控制三维对象的对象捕捉设置，在"草图设置"对话框中，有名为"三维对象捕捉"的选项卡。

(3)允许/禁止动态 UCS(F6)：允许动态 UCS 功能并创建对象时，可以使 UCS 的 XOY 平面自动与实体模型上的平面临时对齐。

(4)动态输入(F12)：在"草图设置"对话框中，有名为"动态输入"的选项卡。当"动态输入"处于启用状态时，工具提示将在光标附近动态显示更新信息，如图 1-47 所示。

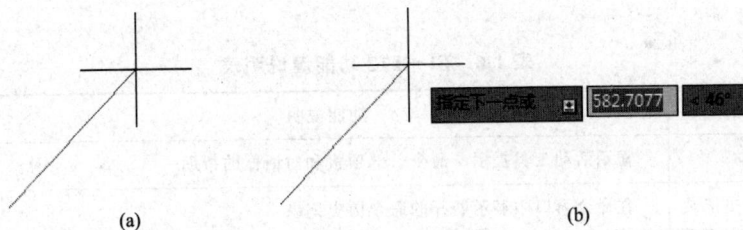

图 1-47　动态输入关闭/启用对比

(a)关闭时；(b)启用时

(5)显示/隐藏透明度：透明度效果可以提高图形质量。例如，可以使放置在建筑或操作机械中的人物图像变得透明使其弱化。透明度也可以用于减少仅供参照的对象和图层的可见性。默认情况下，透明度在打印时处于禁用状态。

(6)快捷特性(Ctrl＋Shift＋P)：在"草图设置"对话框中，有名为"快捷特性"的选项卡。当快捷特性处于启用状态并在选择对象时，显示对象的"快捷特性"选项板有以下两种情况：

1)选择单个对象时，显示该对象特性。

2)选择多个对象时，仅显示多个对象相同的特性，如图 1-48 所示。

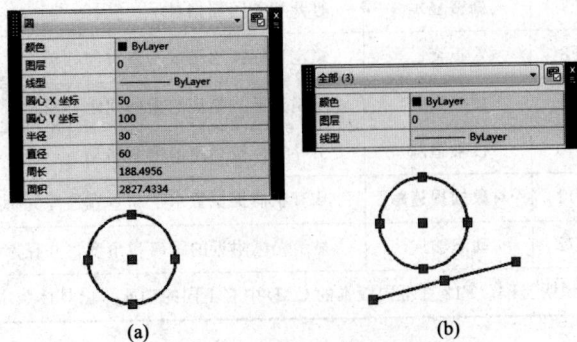

图 1-48　"快捷特性"启用后示例

(a)选择单个对象时；(b)选择多个对象时

(7)选择循环(Ctrl+W)：在"草图设置"对话框中，有名为"选择循环"的选项卡，用于设置在重叠对象上显示选择对象，如三条重叠在一起的直线，启用选择循环后的操作效果如图1-49所示。

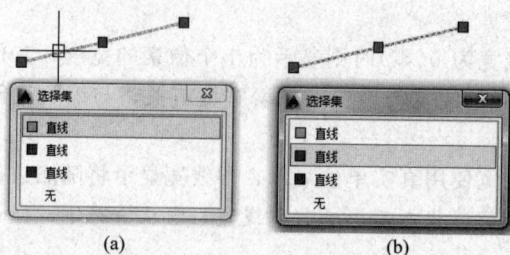

(a)　　　　　　　　　　(b)

图1-49 "选择循环"启用后示例

(a)右键单击直线后显示重叠对象选择集；(b)单击选择集中的对象，则选中该对象

(8)注释监视器：CAD中的注释监视器用于监视程序在运行的过程中，各个变量值的变化。例如，在尺寸标注时，启用注释监视器即可监视尺寸标注的参数，可以辅助使用者检查标注的尺寸是否正确。

■ 1.5.2 功能键

在上述状态栏工具的学习中，已经掌握了部分功能键的使用，现将F1～F12的功能键进行汇总，见表1-6。

表1-6 F1～F12功能键说明表

功能键	功能	功能说明	Ctrl+组合键
F1	帮助	显示活动工具提示、命令、选项板和对话框的帮助	
F2	展开的历史记录	在命令窗口中显示展开的命令历史记录	
F3	对象捕捉	打开和关闭对象捕捉	Ctrl+F
F4	三维对象捕捉	打开和关闭其他三维对象捕捉	
F5	等轴测平面	循环浏览二维等轴测平面设置	Ctrl+E
F6	动态UCS	打开和关闭UCS与平面曲面的自动对齐	Ctrl+D
F7	栅格显示	打开和关闭栅格显示	Ctrl+G
F8	正交	锁定光标按水平或垂直方向移动	Ctrl+L
F9	栅格捕捉	限制光标按指定的栅格间距移动	Ctrl+B
F10	极轴追踪	引导光标按指定的角度移动	Ctrl+U
F11	对象捕捉追踪	从对象捕捉位置水平和垂直追踪光标	
F12	动态输入	显示光标附近的距离和角度，并在字段之间使用Tab键时接受输入	
说明：F4、F12在不同版本的CAD中有不同的功能，以具体版本为准			

教学提示：在本项目中重点介绍了状态栏中的绘图状态工具区，在该区域左右两侧各有一块区域，需要在以后的学习过程中逐步熟悉和学会使用：

左侧为图形坐标显示区，用于显示光标所在位置的坐标，当其处于启用状态时，该位置实时动态显示光标位置的坐标变化；右侧为绘图环境工具区，包括模型、图纸空间等绘图环境设置工具(图 1-50)。

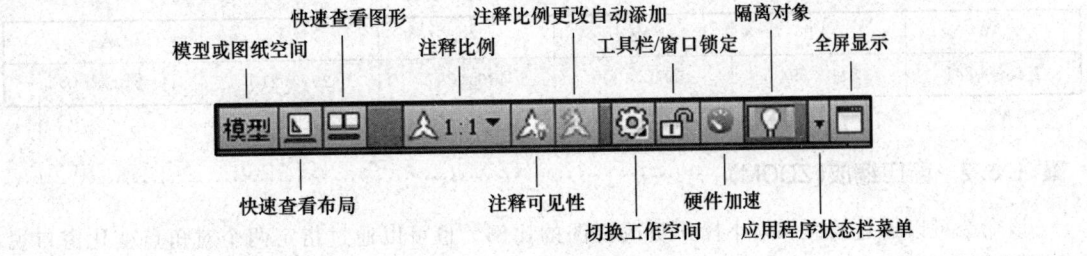

图 1-50　绘图环境工具区

项目 1.6　图形界限和视图显示

教学要求：通过本项目的学习，学生应了解模型空间界限的含义，熟悉视口缩放命令的"A"选项的使用，掌握模型空间界限的设置方法。

教学要点：

教学重点：模型空间界限、视口缩放。

教学难点：模型空间界限的设置。

■ 1.6.1　图形界限(LIMITS) ···

在 AutoCAD 中，用户不仅可以通过设置参数选项和图形单位来设置绘图环境，还可以设置绘图图限。使用"LIMITS"命令可以在模型空间中设置一个想象的矩形绘图区域，也称为图限。它确定的区域是可见栅格指示的区域，也是决定视图界限的重要参数。

1. 命令访问

(1)菜单栏。在菜单栏中执行"绘图格式(O)"→"图形界限(I)"命令。

(2)命令行。在命令行输入"LIMITS"。

2. 命令提示

```
命令：LIMITS↙
重新设置模型空间界限：
指定左下角点或[开(ON)/关(OFF)]〈0.0000, 0.0000〉：↙
指定右上角点〈420.0000, 297.0000〉：                    Enter 键保持〈〉中的 420,
                                                    297 设置或输入新的坐标
```

3. 选项和参数说明

指定左下角点/右上角点：指定左下角、右上角 2 个对角点，框定的矩形范围即为设置的模型空间界限。

在绘制施工图时，应参考标准图纸尺寸作为设置图形界限的参考数据，常用标准图纸尺寸见表1-7。

表1-7　国家标准图纸尺寸

A0	A1	A2	A3	A4	A5
1 189×841	841×594	594×420	420×297	297×210	210×148

■ 1.6.2　窗口缩放(ZOOM)

该命令可以通过放大和缩小操作更改视图的比例，也可以通过指定两个对角点变化窗口视图的显示范围。使用"ZOOM"命令仅更改视图的显示比例，不会更改图形中对象的绝对大小。

1. 命令访问

(1)菜单栏。在菜单栏中执行"视图(V)"→"缩放(Z)"命令。

(2)工具栏。🔍为实时缩放图标，🔍为窗口缩放图标，光标放在窗口缩放图标上，按住鼠标左键，可以出现如图1-51所示的下拉列表。

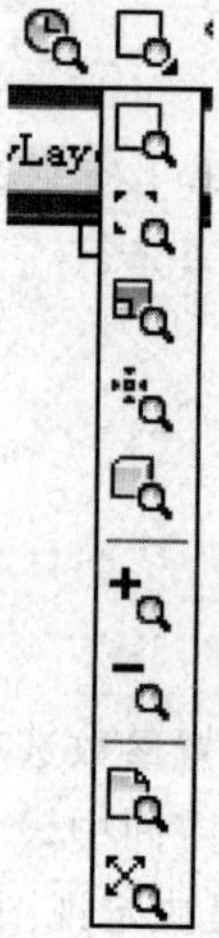

图1-51　窗口缩放下拉列表

(3)命令行。在命令行中输入"ZOOM(Z)"。

2. 命令提示

```
命令：ZOOM↙
    指定窗口的角点，输入比例因子 (nX 或 nXP)，或者[全部 (A)/中心 (C)/动态 (D)/范围 (E)/
上一个 (P)/比例 (S)/窗口 (W)/对象 (O)]〈实时〉：a↙
    正在重生成模型。
```

3. 选项和参数说明

(1)指定窗口的角点/对角点：依次指定需要放大区域的第一个角点和对角点，将该两点所确定的矩形区域放大到绘图区域中。

(2)输入比例因子(nX 或 nXP)：该命令以当前视口中心作为中心点，并依据输入的相关参数值进行缩放。输入值必须为下列三类之一：输入不带任何后缀的数值，表示相对于图限缩放图形；数值后面跟字母 X，表示相对于当前视图进行缩放；数值后面跟 XP，表示相对于图纸空间单位(通常是毫米或英寸)放大图形。

(3)全部(A)：在当前视口中显示整个图形，包括图形中的所有可见对象和视觉辅助工具。全部对应的范围和图形界限与有效绘图区域有关。

(4)中心(C)：指定一中心点，将该点作为视口中图形显示的中心。在随后的提示中，要求给出缩放系数或高度，AutoCAD 根据给定的缩放系数(nX)和欲显示的高度进行缩放。

(5)动态(D)：在视图中产生一个浮动的矩形的小观察框，用户可以拖动它到适当的位置；也可以单击使其进入可编辑状态，此时，出现一个向右的箭头，可用于调整观察框的大小。小观察框所框定的范围将在 CAD 图形文件的当前视口中放大显示，并与小观察框的调整保持同步。

(6)范围(E)：缩放图形显示范围，使图形在当前视口中显示所有对象。

(7)上一个(P)：返回上一个视图显示范围。最多可恢复 10 次。

(8)窗口(W)：指定两个点，缩放以这两个点为对角点确定的矩形区域。

(9)对象(O)：缩放图形显示范围，使其显示所有对象，并位于当前视口的中心位置。

(10)实时：缩放当前图形窗口，拖动鼠标向上或向左移动放大视图，拖动鼠标向下或向右缩小视图。

教学提示：设置模型空间界限时，左下角点应与坐标系原点重合，即左下角点坐标为(0,0)，默认值与要求相符时，不做修改；右上角点根据绘制图形对象占用图面尺寸来确定，所有图形对象绘制在设置好的图形界限范围内，即以右下角点和右上角点为对角点框定的矩形范围内。

课后练习

一、填空题

1. CAD 是_____的缩写，翻译成中文称为_____。

2. AutoCAD 2014 定义了_____、_____、_____、_____ 4 种工作空间，二维绘图任务以选择_____和_____工作空间为佳，三维绘图任务以选择_____和_____工作空间为佳。

3. 在 CAD 中，".dwg"后缀的文件为_____文件，".dwt"后缀的文件为_____文件，".bak"后缀的文件为_____文件。

二、简答题

1. "AutoCAD 经典"工作空间的菜单栏包括哪些菜单组?

2. 试比较图形样板 acadiso.dwt 和 acad.dwt 的区别。

模块2　二维平面建模

知识目标：从人才培养目标和学生实际出发，以 CAD 基础知识和基本命令入手，重点讲授 CAD 基本绘图命令的功能、输入、参数、应用和使用要点。

技能目标：通过上机练习，学生应获得二维平面作图的图形分解、尺寸相关性分析、图形综合整合等能力，能够使用 CAD 基础绘图命令完成二维平面图形建模。

素质目标：提升学生图形分析和想象能力，培养学生勤奋、认真的良好学习习惯和细致、严谨的科学学习态度，培养学生具备自学能力和自我拓展能力。

项目 2.1　坐标和坐标系

教学要求：通过本项目的学习，学生应了解球坐标和柱坐标基本原理，熟悉直角坐标和极坐标相关知识，掌握直角坐标和极坐标在 CAD 中的表达方法，掌握相对坐标和绝对坐标的知识及其 CAD 表达方法。

教学要点：

教学重点：直角坐标和极坐标。

教学难点：相对坐标和绝对坐标。

在某一参照系(如平面、三维空间)中，按规定的方法选取有次序的一组数据(含符号)，用来确定空间某一点的位置，这组数据就叫作"坐标"，规定坐标的方法就是"坐标系"。坐标系的种类很多，常用的坐标系有直角坐标系、极坐标系、柱坐标系和球坐标系等。CAD 中常用的坐标为直角坐标和极坐标。

■ 2.1.1　直角坐标系 ···

2.1.1.1　直角坐标系相关知识

1. 平面直角坐标系

在一个平面内画两条互相垂直、通过同一个点的数轴，就在该平面上组成了平面直角坐标系(Rectangular Coordinate System)，也称二维直角坐标系。

坐标系所在平面叫作坐标平面；两条数轴中的水平数轴称为横轴或 X 轴($x-$axis)，取水平向右为 X 轴的正方向；另一条相垂直的数轴称为纵轴或 Y 轴($y-$axis)，取向上方向为 Y 轴的正方向；两个坐标轴的交点为平面直角坐标系的原点，通常用字母 O 表示，如图 2-1(a)所示。

2. 空间直角坐标系

在平面直角坐标系的基础上根据右手法则增加通过原点并与 X 轴和 Y 轴均垂直的第三根数

轴（Z 轴），就形成空间直角坐标系。该坐标系中的三根数轴两两相互垂直，且均通过原点 O，分别称为 X 轴（横轴）、Y 轴（纵轴）和 Z 轴（竖轴），如图 2-1（b）所示。

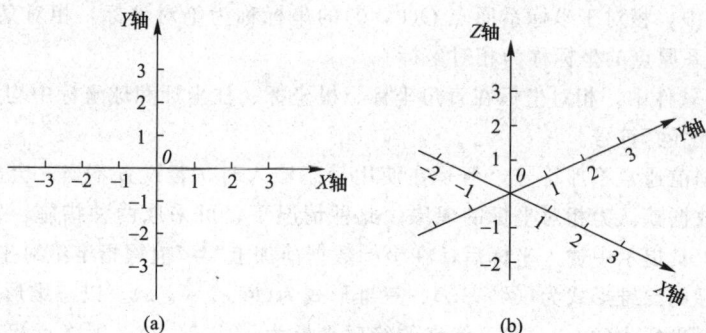

图 2-1　直角坐标系
(a)平面直角坐标系；(b)空间直角坐标系

　　计算机屏幕中，X、Y 和 Z 轴的相互位置和正轴方向采用右手法则确定，即将右手背对着屏幕握拳放置，然后水平向右伸出拇指，拇指即指向 X 轴的正方向；再垂直向上伸出食指，食指即指向 Y 轴的正方向；最后伸出中指指向自己，中指所指示的方向即 Z 轴的正方向，如图 2-2（a）所示，也称右手直角法则。

　　要确定三根数轴的正旋转方向，也采用右手法则，即用右手的大拇指指向某一根轴的正方向，弯曲其余四指，那么其余四指的弯曲方向即是该轴的正旋转方向，如图 2-2（b）所示，也称右手螺旋法则。

图 2-2　右手法则
(a)右手直角；(b)右手螺旋

2.1.1.2　直角坐标在 CAD 中的表达与使用

1. 二维空间

　　任意一点都可以用直角坐标 (x, y) 的形式表示，其中 x、y 分别表示该点在 X 轴、Y 轴上的坐标值。例如，点 $(6, 5)$ 表示一个沿 X 轴正方向 6 个单位，沿 Y 轴正方向 5 个单位的点。

　　☆注：上述坐标数据两侧的"（　　）"仅用于坐标数据和前后文文字的分隔，在软件中进行坐标输入时仅输入括号内的数据，无须输入"（　　）"，下同。

2. 三维空间

　　任意一点都可以用直角坐标 (x, y, z) 的形式表示，其中 x、y 和 z 分别表示该点在三维坐标系中 X 轴、Y 轴和 Z 轴上的坐标值。例如，点 $(6, 5, 4)$ 表示一个沿 X 轴正方向 6 个单位，沿 Y 轴正方向 5 个单位，沿 Z 轴正方向 4 个单位的点。

3. 绝对直角坐标和相对直角坐标

在 CAD 制图中，相对于坐标系原点 $O(0，0)$ 的坐标称为绝对坐标。相对某一指定点(或上一点)而不是坐标系原点的坐标称为相对坐标。

在 AutoCAD 软件中，相对坐标在直角坐标、极坐标、柱坐标和球坐标中均可以使用，但要在坐标数据前加上"@"符号。

绝对坐标数据前通常不加符号，但是在使用动态输入时，若设置不当，会出现软件将不加"@"符号的坐标数据默认为相对坐标的现象，此种情况下，可采取两种措施：暂时关闭动态输入；或者在光标工具提示中输入坐标后，在坐标数据前加上"♯"前缀指定绝对坐标。

相对直角坐标的二维形式为 $(@x，y)$，三维形式为 $(@x，y，z)$。以三维形式进行举例：某条直线起点的绝对坐标为 $(3，2，4)$，终点的绝对坐标为 $(8，7，7)$，则终点相对于起点的相对坐标为 $(@5，5，3)$，如图 2-3 所示。

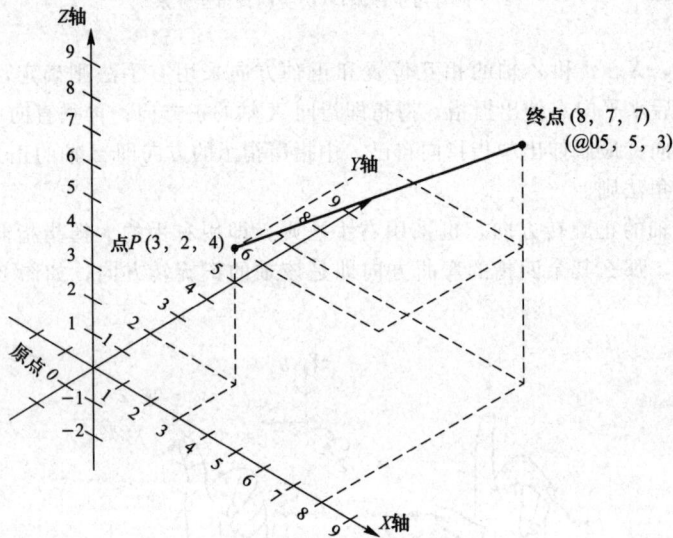

图 2-3　相对直角坐标示意

绝对直角坐标和相对直角坐标的比较见表 2-1。

表 2-1　绝对直角坐标和相对直角坐标的比较(以二维为例)

名称	参照点	含义	正负值判断	表达形式
绝对直角坐标	坐标系原点	以原点 $(0，0)$ 为起点，所要表示的点相对于 X 轴、Y 轴的位移	向 X、Y 轴正方向位移的点取正值，向 X、Y 轴负方向位移的点取负值	$x，y$
相对直角坐标	某一点(上一点)	相对于某一点(上一点)，所要表示的点在 X 轴、Y 轴方向的坐标平移	向 X、Y 轴正方向平移取正值，向 X、Y 轴负方向平移取负值	$@x，y$

2.1.1.3　直角坐标的绘制任务和绘制示例

1. 绝对直角坐标

【例 2-1】　完成图 2-4 所示图形对象的绘制。

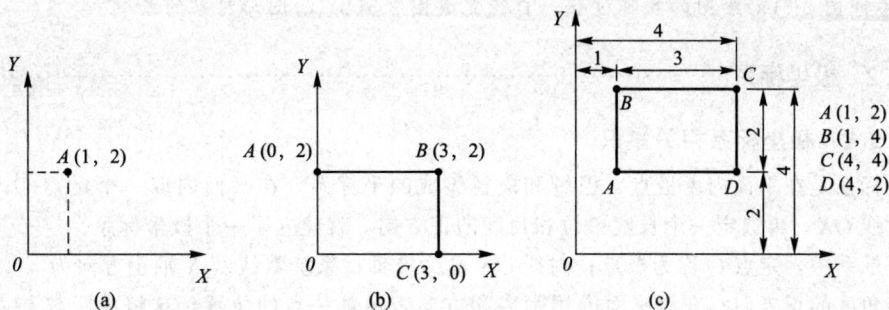

图 2-4　绝对直角坐标绘制任务

(a)绘制点 A；(b)绘制相交直线 AB、BC；(c)绘制四边形 $ABCD$

(1)图 2-4(a)绘图的操作过程：

命令：PO✓

POINT

当前点模式：PDMODE＝0　PDSIZE＝0.0000

指定点：1, 2✓

☆**注**：上述绘图示例中，"✓"标记表示输入命令、参数或数据(可以采用按 Enter 键等方法)，下同。

(2)参照图 2-4(a)绘图的操作过程，自行完成图 2-4(b)(c)图形对象的绘制。

2. 相对直角坐标

【例 2-2】 完成图 2-5 所示图形对象的绘制。

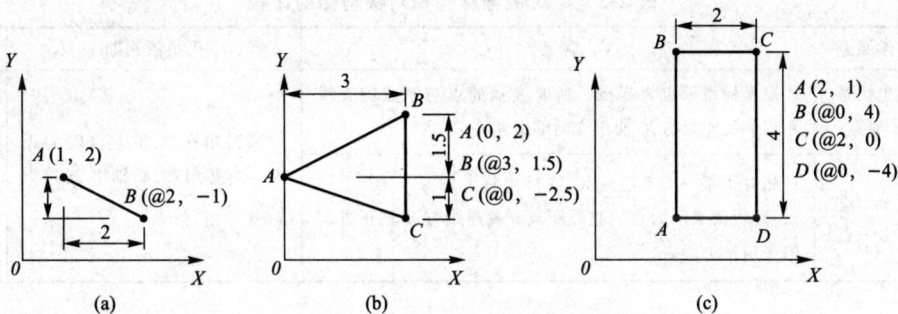

图 2-5　相对直角坐标绘制任务

(a)绘制直线 AB；(b)绘制三边形 ABC；(c)绘制四边形 $ABCD$

(1)图 2-5(a) 的操作过程如下：

命令：L✓

LINE

指定第一个点：1, 2✓

指定下一点或[放弃(U)]：@2, - 1✓

指定下一点或[放弃(U)]：✓

(2)参照图 2-5(a)绘图的操作过程，自行完成图 2-5(b)(c)图形对象的绘制。

■ 2.1.2 极坐标系 ···

2.1.2.1 极坐标系相关知识

极坐标系是在平面内由极点、极轴和极径组成的坐标系。在平面内取一个定点 O，从定点引一条射线 OX，再选定一个长度单位和角度的正方向，就建立了一个极坐标系。

极坐标系中，定点 O 称为极点；射线 OX 称为极轴；系统默认以 X 轴正方向为°，以逆时针方向作为角度的正方向；在该平面内用距离和方向表示某一点的位置，这组由距离和方向组成的数据就是极坐标。极坐标系如图 2-6 所示。

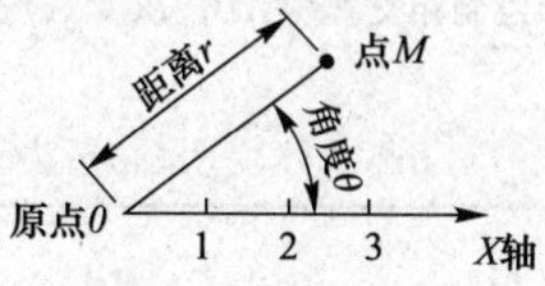

图 2-6　极坐标系

2.1.2.2 极坐标在 CAD 中的表达和使用

任意一点都可以用极坐标($r<\theta$)的形式表示，其中，r 表示该点与坐标原点的直线距离，θ 表示原点到该点的直线与 X 轴正方向之间的夹角。例如，点 $A(6<35)$ 表示点 A 与原点 O 相距 6 个单位，且直线 OA 与 X 轴正方向间的夹角为 35°。

极坐标也有绝对坐标和相对坐标之分，与直角坐标相似，相对极坐标也是在坐标数据前加上"@"符号。绝对极坐标和相对极坐标的比较见表 2-2。

表 2-2　绝对极坐标和相对极坐标的比较

名称	参照点	含义	正负值判断	表达形式
绝对极坐标	坐标系原点	以坐标系原点为起点，所要表示的点与原点的直线距离 r 及连线与 X 轴正方向的夹角 θ	当夹角在 X 轴上方时为正角，当夹角在 X 轴下方时为负角	$r<\theta$
相对极坐标	某一点（上一点）	相对于某一点（上一点）的极坐标，即某一点（上一点）到所要表示的点的直线距离 r 及连线与 X 轴正方向的夹角 θ		$@r<\theta$

2.1.2.3 极坐标的绘制任务和绘制示例

1. 绝对极坐标

【例 2-3】完成图 2-7 所示图形对象的绘制。

(1)图 2-7(a)绘图的操作过程如下：

```
命令：PO↙
POINT
当前点模式：PDMODE＝0  PDSIZE＝0.0000
指定点：2＜45↙
```

(2)参照图 2-7(a)绘图的操作过程，自行完成图 2-7(b)图形对象的绘制。

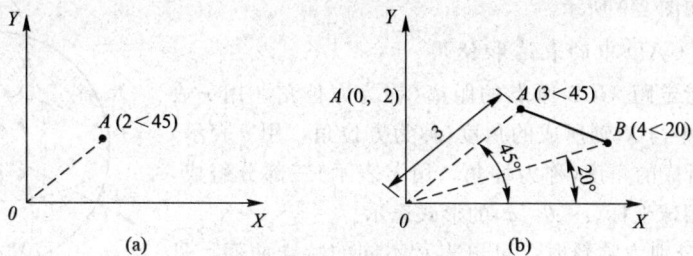

图 2-7　绝对极坐标绘制任务

(a)绘制点 A；(b)绘制直线 AB

2. 相对极坐标

【例 2-4】　完成图 2-8 所示图形对象的绘制。

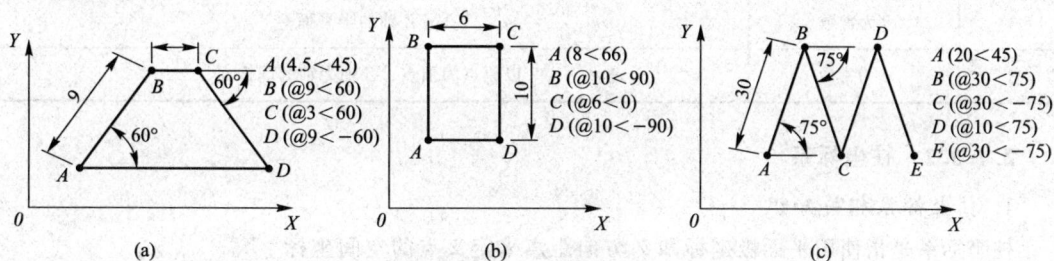

图 2-8　相对极坐标绘制任务

(a)绘制等腰梯形 ABCD；(b)绘制四边形 ABCD；(c)绘制字母 M

(1)图 2-8(a)绘图的操作过程如下：

```
命令：L↙
LINE
指定第一个点：4.5＜45↙
指定下一点或[放弃(U)]：@9＜60↙
指定下一点或[放弃(U)]"@3＜0↙
指定下一点或[闭合(C)/放弃(U)]：@9＜-60↙
指定下一点或[闭合(C)/放弃(U)]：c↙
```

(2)参照图 2-8(a)绘图的操作过程，自行完成图 2-8(b)(c)图形对象的绘制。

■ 2.1.3　三维球坐标系和柱坐标系 ···

将平面极坐标系扩展为三维，可以形成三维柱坐标和三维球坐标两种类型，因此，可以认为球坐标系和柱坐标系均为平面极坐标系的一种三维扩展。

2.1.3.1　球坐标系

1.球坐标系相关知识

球坐标系以坐标原点 O 为参考点，将空间内任意一点均看作以原点为球心的圆球面上的一个点。球坐标系如图 2-9 所示。

2. 球坐标在 CAD 中的表达和使用

球坐标通过指定距 UCS 原点的距离（称为方位角，用 r 表示）、在 XY 平面中与 X 轴所成的角度（称为方位角，用 θ 表示）以及与 XY 平面所成的角度（称为仰角，用 φ 表示）三部分组成，任意一点都可以用球坐标($r<\theta<\varphi$)的形式表示。

当 r、θ 或 φ 分别为常数时，可以表示不同的特殊曲面，见表 2-3。

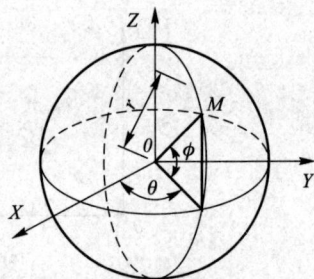

图 2-9　球坐标系

表 2-3　球坐标中 r、θ 或 φ 分别为常数时的特殊曲面

序号	参数特点	点集描述
1	r 为常数	以原点为球心、r 为半径的球面
2	θ 为常数	过 Z 轴的半平面
3	φ 为常数	以原点为顶点、Z 轴为轴的圆锥面

2.1.3.2　柱坐标系

1. 柱坐标系相关知识

柱坐标系是指使用平面极坐标和 Z 方向距离来定义点的空间坐标的坐标系，将空间内任意一点均看作以 Z 轴为旋转轴、l 为旋转半径的圆柱面上的一个点。柱坐标系如图 2-10 所示。

2. 柱坐标在 CAD 中的表达和使用

柱坐标通过空间点在 XY 平面中投影点与坐标系原点之间的距离（用 l 表示）、点在 XY 平面中投影点和原点两点的连线与 X 轴的角度（用 θ 表示），以及点的 Z 值（用 z 表示）来指定点的位置。任意一点都可以用柱坐标($l<\theta,z$)的形式表示，相对球坐标使用"@"符号作为前缀。

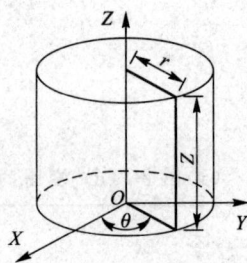

图 2-10　柱坐标系

当 l、θ、z 分别为常数时，可以表示不同的特殊曲面，见表 2-4。

表 2-4　柱坐标中 l、θ、z 分别为常数时的特殊曲面

序号	参数特点	点集描述
1	l 为常数	以 r 为旋转半径、绕 Z 轴旋转形成的圆柱面
2	θ 为常数	过 Z 轴的半平面
3	z 为常数	与水平面平行、高度为 z 的平面

教学提示：坐标的熟悉与使用，是学习和使用制图命令、编辑命令时的一项必要能力，对精确制图、快速制图均能起到很好的基础支撑作用。本项目的学习以坐标系基本知识打底，使学生在理解坐标和坐标系的基础上，掌握 AutoCAD2014 中常用坐标的输入形式和使用方法，能够快速计算并熟练地进行绝对(相对)直角(极)坐标的数据输入。

项目 2.2　点样式和点

教学要求：通过本项目的学习，学生应了解点样式及其设置方法，熟悉点的大小的修改方法，掌握点、定数等分、定距等分命令的使用。

教学要点：

教学重点：点命令(包括定数等分、定距等分)的使用。

教学难点：点的显示状态的更新、定距等分的等分起点。

■ 2.2.1　点样式(DDPTYPE)

在项目 2.1 中绘制图 2-4(a)和图 2-7(a)时，已经发现，AutoCAD 软件默认状态下的点在显示器屏幕中比较难以辨别。可以通过"点样式"对话框指定当前点样式和点大小，使其能以一种较容易辨别的图像方式显示出来。

2.2.1.1　命令访问

(1)菜单栏。在菜单栏中执行"格式(O)"→"点样式(P)"命令。

(2)工具栏。/。

(3)命令行。在命令行输入"DDPTYPE(DDP)"。

☆注：此处的"/"表示该项命令不在较常用的几种工具栏中。下同。

2.2.1.2　选项和参数说明

执行"DDPTYPE"命令，系统弹出"点样式"对话框，如图 2-11 所示。

1. 点样式显示

点样式有 4 行 5 列，共 20 种图像，用于控制点对象的显示样式。通过选择不同的图像更改点的显示样式，同一个文件中只能存在一种图像标志。

点样式存储在 PDMODE 系统变量中，因此，也可以通过 PDMODE 变量直接更改：值 0、2、3 和 4 提供点对象的不同几何表示，其中值 1 指定不显示任何图形；将值指定为 32、64 或 96 等，除绘制通过点的几何图形外，还可以指定在点的周围绘制几何图形，如图 2-12 所示。

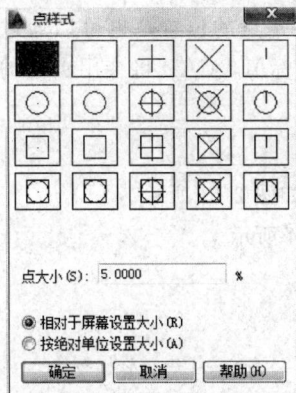

图 2-11　"点样式"对话框

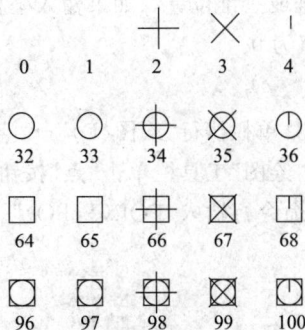

图 2-12　点的显示样式与"PDMODE"变量的值

【例 2-5】 设置"×"作为点的显示样式。

绘图步骤与命令行提示	步骤说明
命令：POINT↙ 当前点模式：PDMODE＝0　PDSIZE＝0.0000 指定一点或［设置(S)/多次(M)］：绘图区域任意位置单击	绘制一个点便于观察样式效果
命令：PDMODE↙ 输入 PDMODE 的新值〈0〉：3↙	输入命令并执行 输入显示样式对应值 3

2. 点大小

点大小用于设定点的显示大小。可以相对于屏幕设定点的大小，也可以用绝对单位设定点的大小。以后绘制的点对象将使用新值并即时显示变化，更改前已绘制的点按如下两种情况显示：

(1)相对于屏幕设定大小。按屏幕尺寸的百分比(默认为 5%)设定点的显示大小。当进行缩放时，现有点的显示大小并不改变。

(2)按绝对单位设定大小。按对话框中"点大小"右侧指定的实际单位(默认为 5 个单位)设定点显示的大小。进行缩放时，显示的点大小随之改变。

点的绝对显示大小存储在"PDSIZE"系统变量中，即"点大小"可以通过"PDSIZE"变量更改。

☆注：更改 PDMODE 和 PDSIZE 后，现有点的外观大小通常在屏幕上实时更新。若因计算机或系统设置原因未能自动更新，可以使用重画(REDRAW)或重生成(REGEN)命令，在重新生成图形时更新设置。

2.2.1.3 点样式和点大小的设置任务

任务要求：按照如下步骤完成点的设置。

(1)依次执行菜单"格式→点样式"命令。

(2)在"点样式"对话框中选择一种点样式。

(3)在"点大小"对话框中，相对于屏幕或以绝对单位指定一个大小。

(4)单击"确定"按钮。

■ 2.2.2 点(POINT) ··

创建点对象。可以直接在屏幕的绘图区域中单击确定某一点的位置，也可以通过坐标输入的方法指定点的二维或三维位置，如果输入坐标时省略 Z 坐标值，CAD 将会用当前的高度作为 Z 轴坐标值，默认值为 0。

1. 命令访问

(1)菜单栏。在菜单栏执行"绘图(D)"→"点(O)"命令，如图 2-13 所示。

(2)工具栏。在"绘图"工具栏单击"点"按钮，如图 2-14 所示。

(3)命令行。在命令行输入"POINT(PO)"。

	点(O)	▶		单点(S)
▨	图案填充(H)...		·	多点(P)
▤	渐变色...		⚉	定数等分(D)
▱	边界(B)...		⚌	定距等分(M)

图 2-13　点命令菜单

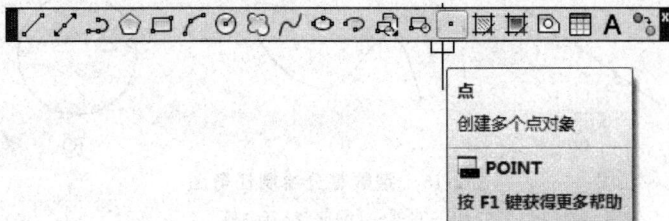

图 2-14　工具栏"点"按钮

2. 命令说明

在下拉菜单中可以看到，在 AutoCAD 2014 中，点对象有单点、多点、定数等分和定距等分 4 种：

(1)单点：通过菜单栏"绘图(D)→点(O)→单点(S)"访问，执行一次命令指定一个点。

(2)多点：通过菜单栏"绘图(D)→点(O)→多点(P)"访问，执行一次命令指定多个点。

(3)定数等分：通过菜单栏"绘图(D)→点(O)→定数等分(O)"访问，可以在指定的对象上绘制等分点或在等分点处插入块。

(4)定距等分：通过执行菜单栏"绘图(D)→点(O)→定距等分(M)"命令，可以在指定的对象上按指定的长度绘制点或插入块。

☆注：定数等分和定距等分还可以通过"DIVIDE"和"MEASURE"命令单独执行。

■ **2.2.3　定数等分(DIVIDE)** ··

创建沿对象的长度或周长等间隔排列的点对象或块。

1. 命令访问

(1)菜单栏。在菜单栏执行"绘图(D)"→"点(O)"→"定数等分(D)"命令。

(2)命令行。在命令行输入"DIVIDE(DIV)"。

2. 命令提示

```
命令：DIV↙
DIVIDE
选择要定数等分的对象：                                        选择对象
输入线段数目或[块(B)]：                              输入数目，应为整数
```

3. 选项和参数说明

(1)选择要定数等分的对象：指定单个几何对象，可以是直线、多段线、圆弧、圆、椭圆或样条曲线等。

(2)输入线段数目：沿选定对象等间距放置点对象。创建的点对象数比指定的线段数少 1 个。

(3)块(B)：沿选定对象等间距放置指定的块。

4. 定数等分的绘制任务和绘制示例

【例 2-6】　分别将图 2-15 所示几个图形 5 等分。

(1)打开练习 2-6.dwg 文件，完成图 2-15(a)所示图形绘制。

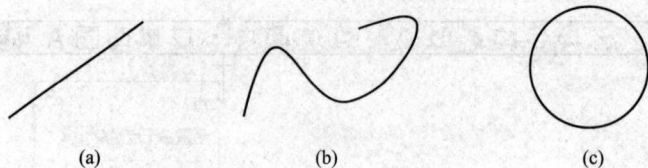

图 2-15 定数等分绘制任务图
(a)直线；(b)曲线；(c)圆

绘图步骤、命令行提示及步骤说明如下，绘制结果如图 2-16 所示。

绘图步骤与命令行提示	步骤说明
命令：DIV✓ DIVIDE 选择要定数等分的对象：　　　鼠标左键选择对象 输入线段数目或[块(B)]：5✓	输入命令并执行 左键单击直线 输入等分数 5，得到图 2-16

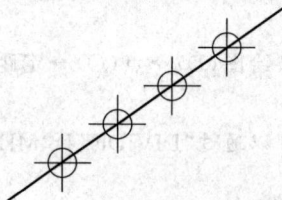

图 2-16 直线定数等分绘制结果图

(2)参照图 2-15(a)所示的绘图步骤，自行完成图 2-15(b)(c)所示图形的定数等分。

■ 2.2.4 定距等分(MEASURE) ···

沿对象的长度或周长按指定长度创建点对象或块。

1. 命令访问

(1)菜单栏。在菜单栏执行"绘图(D)"→"点(O)"→"定距等分(M)"命令。

(2)命令行。在命令行输入"MEASURE(ME)"。

(3)选项卡。"默认"选项卡→"绘图"面板→定距等分("草图与注释"空间)。

☆注：使用点命令时，菜单、工具栏、命令行这几种命令访问方式并不完全一样(菜单中可以直接找到单点、多点、定数等分、定距等分 4 种方式，工具栏按钮对应的是多点命令，命令提示行对应的是单点命令)。

2. 命令提示

命令：ME✓ MEASURE 　选择要定距等分的对象：　　　　　　　　　　　　　　　　　　　　　　　选择对象 　指定线段长度或[块(B)]： 　　　　　　　　直接输入长度值完成定距等分，或在绘图区域单击第一点提示如下信息 　指定第二点：　　　　在绘图区域单击第二点，两点间直线距离将被称为"指定线段长度"

3. 选项和参数说明

(1)选择要定距等分的对象。指定单个几何对象，可以是直线、多段线、圆弧、圆、椭圆或样条曲线等。

(2)指定线段长度。指定第二点：沿选定对象按指定间隔放置点对象，从最靠近用于选择对象的点的端点处开始放置。闭合多段线的定距等分从它们的初始顶点(绘制的第一个点)处开始。

(3)块(B)。沿选定对象按指定间隔放置指定的块。

☆注：提示"指定线段长度："时可以输入长度数字，也可以输入点的位置，软件会从提供的信息里筛选出符合提示需要的长度信息。

1)输入长度数字，则按该长度执行命令；

2)输入点的位置，则判断其为第一点，更新提示为"指定第二点："时，应输入第二点的位置，按第一点到第二点的直线距离作为指定线段长度。

4. 定距等分的绘制任务和绘制示例

【例2-7】 分别将图2-17所示的两个图形5等分。

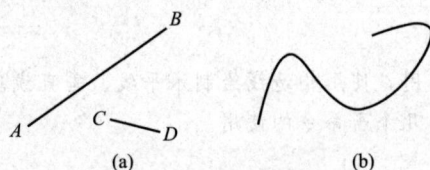

图 2-17　定距等分绘制任务图

(a)直线 AB 以直线 CD 的长度为间隔定距等分；(b)曲线按间隔 6 定距等分

(1)打开练习 2-7.dwg 文件，完成图 2-17(a)所示图形的 5 等分

绘图步骤、命令行提示及步骤说明如下，绘制结果如图 2-18 所示。

绘图步骤与命令行提示	步骤说明
命令：ME✓ MEASURE	输入命令并执行
选择要定距等分的对象：　鼠标左键选择对象	左键单击直线 AB
指定线段长度或[块(B)]：　左键单击 C 点	此处指定 C、D 两个点，软件将两点间
指定第二点：　左键单击 D 点	的直线距离匹配为指定线段长度

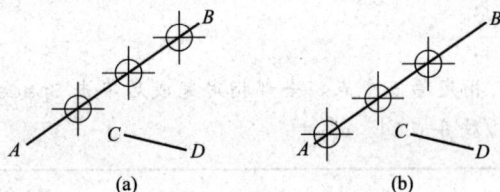

图 2-18　直线定距等分绘制结果

(a)单击直线 AB 时单击位置靠近 A 点；(b)单击直线 AB 时单击位置靠近 B 点

☆注：提示"选择要定距等分的对象："时，单击直线 AB 选取直线，单击的位置不同时，

定距等分的起点也不同。通常从靠近单击位置最近的端点作为等分的起点。

（2）参照图 2-17(a) 所示的绘图步骤完成图 2-17(b) 图形的绘制任务。

教学提示：点（单点、多点）及点相关的命令（定数等分、定距等分）在后续图形绘制过程中，常用作绘图的辅助命令，用以标记某些特征点位。本项目不仅能够学习到点及其相关命令的知识和使用方法，也能使学生了解一些 CAD 软件的"样式"知识，通过样式设置过程及设置后图形显示的观察，加深学生对 CAD 人机互动、个性化等特色的认知。

项目 2.3　直线形对象

教学要求：通过本项目的学习，学生应能够区分直线、射线和构造线，了解射线的绘制，熟悉构造线绘制角平分线、绘制指定角度线的方法，掌握直线命令的使用，掌握构造线绘制水平线和垂直线的方法。

教学要点：

教学重点：直线命令的使用，使用构造线绘制水平线、垂直线。

教学难点：构造线命令中几个子命令的使用。

■ 2.3.1　直线(LINE) ···

直线是绘图中最常用和最简单的一类的图形对象，"直线"命令通过指定线段起点和终点的方式创建直线段。可以多个直线段连续绘制，并且每条线段都是可以单独进行编辑的独立直线对象。

1. 命令访问

（1）菜单栏。在菜单栏执行"绘图(D)"→"直线(L)"命令。

（2）工具栏。在"绘图"工具栏单击"直线"按钮／。

（3）命令行。在命令行输入"LINE (L)"。

2. 命令提示

```
命令：L↙
LINE
指定第一个点：                                     指定直线的第一个端点
指定下一点或[放弃(U)]：                                   指定第二个点
指定下一点或[放弃(U)]：
                  指定第三个点，全部指定完成后单击 Space 键或 Enter 键结束命令
指定下一点或[闭合(C)/放弃(U)]：↙
```

3. 选项和参数说明

（1）指定第一个点/指定下一点：指定点的位置来绘制直线段。

（2）闭合(C)：以第一条线段的起始点作为最后一条线段的端点，形成一个闭合的线段环。在绘制了一系列线段（两条或两条以上）之后，才可以使用"闭合"选项。

（3）放弃（U）：删除一系列直线段中最近绘制的线段，每次执行删除一段。多次输入"U"则按绘制次序的逆序逐个删除线段。

4. 绘制任务和绘制示例

【例2-8】 使用直线命令绘制如图2-19所示图形。

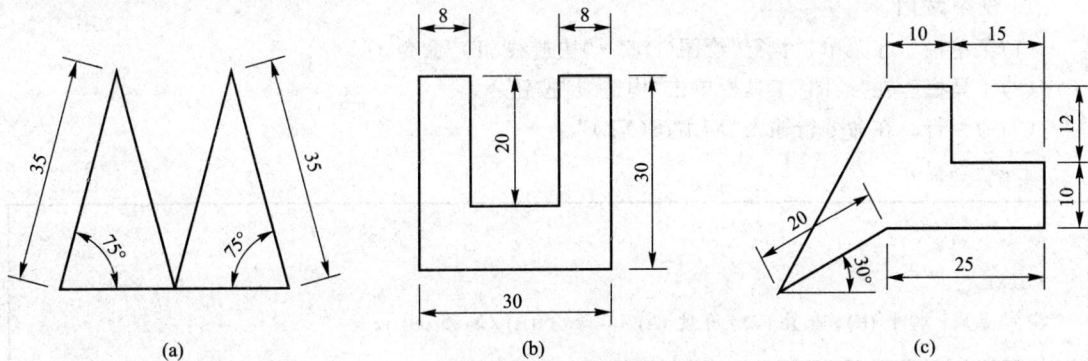

图 2-19 直线命令绘图任务

（1）打开练习2-8. dwg文件，完成图2-19（a）所示图形绘制。

绘图步骤、命令行提示及步骤说明如下：

绘图步骤与命令行提示	步骤说明
命令：L↵ LINE 指定第一个点： 指定下一点或[放弃(U)]：@35<75↵ 指定下一点或[放弃(U)]：@35<-75↵ 指定下一点或[闭合(C)/放弃(U)]：@35<75↵ 指定下一点或[闭合(C)/放弃(U)]：@35<-75↵ 指定下一点或[闭合(C)/放弃(U)]：C↵	输入命令并执行 单击确定左下角角点 依次输入第2~5个点绘制4段斜线段 闭合，第5点和第1点首尾相连

（2）参照图2-20所示绘图步骤自行完成图2-19（b）（c）所示图形的绘制。

图 2-20 绘制点位顺序示意

■ 2.3.2 构造线(XLINE) ···

构造线为两端可以无限延伸的直线，没有起点和终点，可以放置在三维空间的任何地方，主要用于辅助线。

1. 命令访问

(1)菜单栏。在菜单栏执行"绘图(D)"→"构造线(T)"命令。

(2)工具栏。在"绘图"工具栏单击"构造线"按钮✓。

(3)命令行。在命令行输入"XLINE(XL)"。

2. 命令提示

```
命令：XL↙
XLINE
指定点或[水平(H)/垂直(V)/角度(A)/二等分(B)/偏移(O)]：
```

3. 选项和参数说明

(1)指定点：创建通过指定点的构造线。两点可以定义一条构造线的位置。

(2)水平(H)：创建一条通过指定点的水平构造线，该线平行于 X 轴。常用于创建水平线。

(3)垂直(V)：创建一条通过指定点的垂直构造线，该线垂直于 X 轴。常用于创建垂直线。

(4)角度(A)：创建一条沿给定角度向两端无限延伸的构造线。常用于创建带有倾斜角度的斜线。

(5)二等分(B)：创建一条构造线，其经过选定角的顶点，并将选定的两条线之间的夹角平分。常用于创建角平分线。

(6)偏移(O)：创建平行于另一个直线对象的构造线。有以下两种方法创建平行线：

1)偏移距离：创建平行于选定直线对象、与直线对象偏移指定距离的构造线；

2)通过(T)：创建平行于选定直线对象、并通过指定点的构造线。

4. 绘制任务和绘制示例

【例2-9】已知两个视图，使用构造线命令，补绘第三视图(图2-21)。

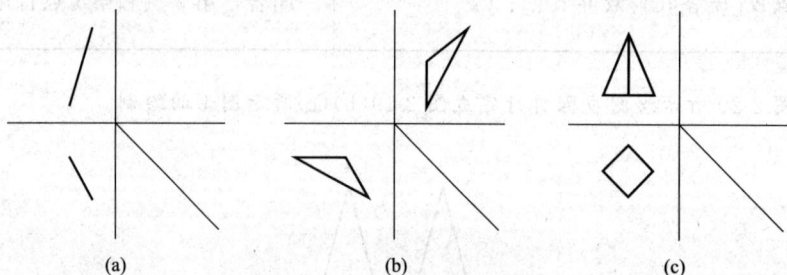

(a)　　　　　　　　　(b)　　　　　　　　　(c)

图 2-21　构造线命令绘图任务

(1)打开练习2-9.dwg文件，完成图2-21(a)所示图形绘制。

绘图步骤、命令行提示及步骤说明如下，绘制结果如图2-22所示。

(2)参照图2-22(a)所示绘图步骤自行完成图2-21(b)(c)所示图形的绘制。

绘图步骤与命令行提示	步骤说明
命令：XL↙	输入命令并执行
XLINE 指定点或［水平 (H)／垂直 (V)／角度 (A)／ 二等分 (B)／偏移 (O)］：h↙	切换到绘制水平构造线模式 依次单击绘制 4 条水平线，如图 2-22(a) 所示
指定通过点：　　　　　　　单击 a 点	
指定通过点：　　　　　　　单击 b 点	
指定通过点：　　　　　　　单击 a′点	
指定通过点：　　　　　　　单击 b′点	
指定通过点：↙	结束命令
命令：↙	重复执行"构造线"命令
XLINE 指定点或［水平 (H)／垂直 (V)／角度 (A)／ 二等分 (B)／偏移 (O)］：v	切换到绘制垂直构造线模式 依次单击左键绘制 2 条垂直线，如 图 2-22(a)所示
指定通过点：　　　　　　　单击 M 点	
指定通过点：　　　　　　　单击 N 点	结束命令
指定通过点：↙	
命令：PO↙	执行"画点"命令，确定第 1 个点 a'' 的位 置(辅助确定补绘投影图的连线点的位置， 以免连线错误)
POINT	
当前点模式：PDMODE＝3　PDSIZE＝0.0000	
指定点：　　　　　　　单击 a'' 交点	
命令：↙	重复执行"画点"命令，确定第 2 个点 b'' 的位置
POINT　　当前点模式：PDMODE＝3　PDSIZE＝ 0.0000	
指定点：　　　　　　　单击 b'' 交点	
命令：L↙	执行"直线"命令将 a'' 和 b'' 两点连线
LINE	
指定第一个点：　　　　　　　单击 a'' 点	
指定下一点或［放弃 (U)］：　　　单击 b'' 点	
指定下一点或［放弃 (U)］：↙	
命令：E↙	删除辅助用的 6 条构造线和 2 个 POINT 点，共计 8 个对象
ERASE	
选择对象：指定对角点：找到 1 个	
选择对象：指定对角点：找到 1 个，总计 2 个	
选择对象：指定对角点：找到 4 个，总计 6 个	
选择对象：指定对角点：找到 2 个，总计 8 个	
选择对象：↙	拟删除对象全部选中后，使用 Space 键 或 Enter 键删除选中对象

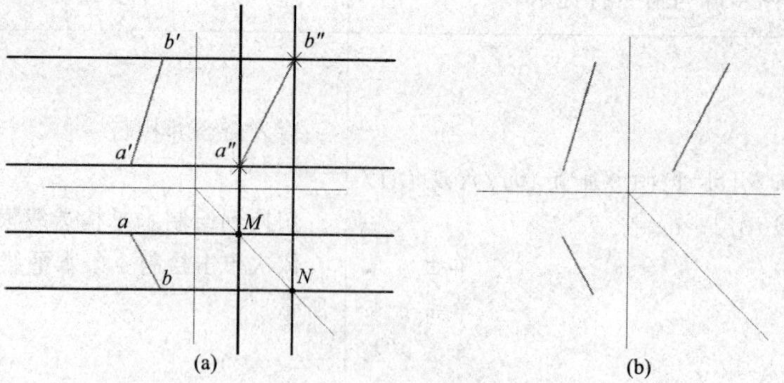

图 2-22 绘制过程和结果

(a)过程；(b)结果

【例 2-10】 完成如下任务。

(1)使用构造线的"角度(A)"选项，绘制一条倾斜 $65°$ 的构造线 L_1。

(2)绘制任意三角形 ABC，使用构造线的"二等分(B)"选项，找到三角形的内心，即其内切圆的圆心 O。

(3)使用构造线的"偏移(O)"选项，绘制平行于 L_1、通过三角形内心 O 的构造线 L_2。

(4)使用构造线的"偏移(O)"选项，绘制平行于 L_1、向下部偏移距离 10 的构造线 L_3。

■ 2.3.3 射线(RAY)

射线为一端固定，另一端无限延伸的线性对象。指定射线的起点和通过点即可定义一条射线。射线主要用于辅助线，因该命令中没有设置角度的选项，所以，通常与极轴设置一起使用。

1. 命令访问

(1)菜单栏。在菜单栏执行"绘图(D)"→"射线(R)"命令。

(2)工具栏。在"绘图"工具栏单击"射线"按钮 ✓。

(3)命令行。在命令行输入"RAY"。

2. 命令提示

```
命令：RAY↙
指定起点：
指定通过点：
```

3. 选项和参数说明

(1)指定起点：创建通过指定点的构造线。两点可以定义一条构造线的位置。

(2)指定通过点：创建一条通过指定点的水平构造线，该线平行于 X 轴。该参数常用于创建水平线。

4. 绘制任务和绘制示例

【例 2-11】 使用射线命令完成楼梯转角踏步设计任务。

如图 2-23 所示，将 $90°$ 的楼梯转角部分设计成 6 个踏步。

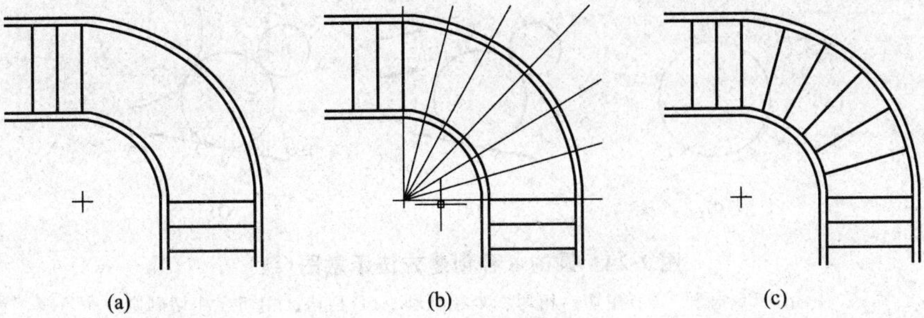

图 2-23   楼梯转角踏步补绘

(a)绘制任务图;(b)绘制过程图;(c)绘制结果图

步骤提示:

(1)打开练习 2-11. dwg 文件;

(2)根据任务要求设置极轴追踪的极轴角为 15°;

(3)使用射线命令绘制踏步分界线;

(4)使用直线命令绘制踏步线;

(5)删除起辅助作用的射线,完成绘制。

教学提示:直线命令是最常用且最基本的命令,强调正确输入坐标和熟练使用直线命令的有机结合。构造线命令和射线命令多用于辅助线,辅助线可以有效地提高绘图效率和绘图精确度,本项目的学习应使学生认识到辅助线的作用,初步领会精确作图理念。

项目 2.4   曲线形对象

教学要求:通过本项目的学习,学生应了解 4 个常用弧形对象绘图命令的相关知识,熟悉椭圆弧的绘制,熟悉连续法的原理和运用,熟练掌握圆、圆弧、椭圆的 CAD 绘制常用方法。

教学要点:

教学重点:CAD 中 4 个常用的弧形绘图命令的使用。

教学难点:命令使用过程中涉及的参数、连续法。

■ 2.4.1   圆(CIRCLE)

该命令用于创建圆,共有 6 种创建方法,分别为圆心、半径画圆,圆心、直径画圆,两点画圆,三点画圆,相切、相切、半径画圆和相切、相切、相切画圆,如图 2-24 所示。

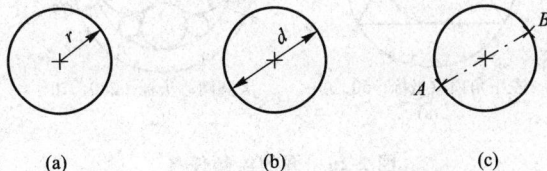

图 2-24   圆的 6 种创建方法示意图

(a)圆心、半径画圆;(b)圆心、直径画圆;(c)两点画圆

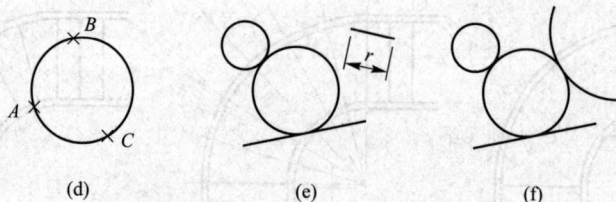

图 2-24　圆的 6 种创建方法示意图(续)

(d)三点画圆；(e)相切、相切、半径画圆；(f)相切、相切、相切画圆

1. 命令访问

(1)菜单栏。在菜单栏执行"绘图(D)"→"圆(C)"命令，如图 2-25 所示。

(2)工具栏。在"绘图"工具栏单击"圆"按钮⊘。

(3)命令行。在命令行输入"CIRCLE(C)"。

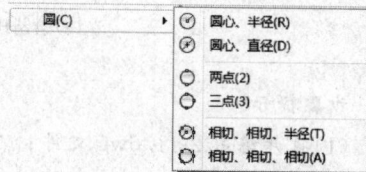

图 2-25　圆命令菜单

2. 命令提示

```
命令：C↙

CIRCLE

指定圆的圆心或[三点(3P)/两点(2P)/切点、切点、半径(T)]：
```

3. 选项和参数说明

(1)圆心：基于圆心和直径/半径绘制圆。圆心可以通过鼠标左键指定或坐标输入。半径/直径可以直接输入值；也可以鼠标左键指定点，将圆心到指定点的距离作为半径/直径。

(2)三点(3P)：指定圆周上的任意 3 点绘制圆。

(3)两点(2P)：指定圆直径上的两个端点绘制圆。

(4)切点、切点、半径(T)：指定两个相切对象和半径绘制圆。可以与圆建立相切关系的对象主要为直线、圆、圆弧。

(5)相切、相切、相切(A)：创建与三个对象同时相切的圆。

4. 绘制任务和绘制示例

【例 2-12】 完成图 2-26 所示图形的绘制。

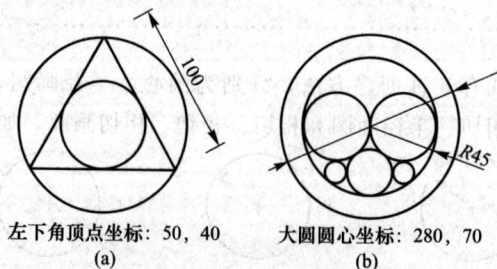

左下角顶点坐标：50，40
(a)

大圆圆心坐标：280，70
(b)

图 2-26　圆的绘制任务

(1)完成图 2-26(a)所示图形绘制，绘图步骤、命令行提示及步骤说明如下：

绘图步骤与命令行提示	步骤说明
命令：L↙ LINE 指定第一个点：50, 40↙ 指定下一点或[放弃(U)]：@100<0↙ 指定下一点或[放弃(U)]：@100<120↙ 指定下一点或[闭合(C)/放弃(U)]：c↙ 命令：_ CIRCLE 指定圆的圆心或[三点(3P)/两点(2P)/切点、切点、半径(T)]：_ 3p指定圆上的第一个点：_ tan 到单击第一条边 指定圆上的第二个点：_ tan 到　　　单击第二条边 指定圆上的第三个点：_ tan 到　　　单击第三条边 命令：↙ CIRCLE指定圆的圆心或[三点(3P)/两点(2P)/切点、切点、半径(T)]：3p↙ 指定圆上的第一个点：　　单击三角形第一个顶点 指定圆上的第二个点：　　单击第二个顶点 指定圆上的第三个点：　　单击第三个顶点	执行"直线"命令绘制三角形 输入左下角顶点坐标 确定第二个顶点 确定第三个顶点 闭合 从菜单中执行"相切、相切、相切(A)画圆"命令绘制三角形内部小圆 依次单击三角形三条边完成绘制 重复画圆命令 指定三点画圆方法 依次单击三角形的三个顶点，完成外侧大圆的绘制

(2)参照图 2-26(a)图形绘图步骤自行完成图 2-26(b)所示图形的绘制。

绘制提示：结合对象捕捉，将"圆心""象限点"的对象捕捉模式设置成打开状态。

【例 2-13】 绘制与图 2-27 中两圆相切且半径为 80 的圆。

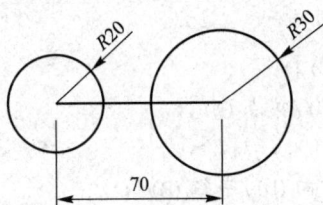

图 2-27　相切圆绘制任务

绘制提示：本题可以绘制出 8 个符合条件的相切圆，各圆与已知 R20、R30 两圆的关系整理见表 2-5。

表 2-5　拟求相切圆与已知圆关系表

符合条件的圆	与 R20 的圆的关系	与 R30 的圆的关系
圆 1、圆 2	外切	外切
圆 3、圆 4	内接	内接
圆 5、圆 6	外切	内接
圆 7、圆 8	内接	外切

■ 2.4.2 圆弧(ARC) ···

该命令用于创建圆弧，可以指定圆心、端点、起点、半径、角度、弦长和方向值的各种组合形式，共有10种创建方法；也可以使用连续法从最近一次绘制的可用对象中获取部分信息进行创建。

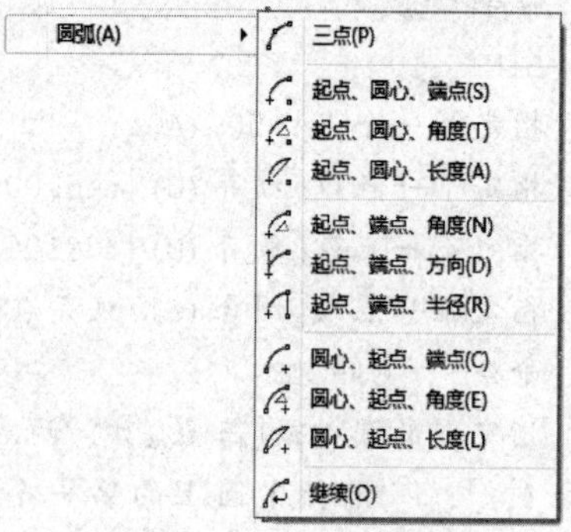

1. 命令访问

(1)菜单栏。在菜单栏执行"绘图(D)"→"圆弧(A)"命令，如图2-28所示。

(2)工具栏。在"绘图"工具栏单击"圆弧"按钮 ⌒。

(3)命令行。在命令行输入"ARC(A)"。

(4)功能区。默认→绘图→圆弧。

2. 命令提示

圆弧(A) ▸	三点(P)
	起点、圆心、端点(S)
	起点、圆心、角度(T)
	起点、圆心、长度(A)
	起点、端点、角度(N)
	起点、端点、方向(D)
	起点、端点、半径(R)
	圆心、起点、端点(C)
	圆心、起点、角度(E)
	圆心、起点、长度(L)
	继续(O)

图2-28 相切圆绘制任务

命令提示	对应创建圆弧方法
命令：A↵ ARC 指定圆弧的起点或[圆心(C)]： 指定圆弧的第二个点或[圆心(C)/端点(E)]： 指定圆弧的端点：	三点
命令：A↵ ARC 指定圆弧的起点或[圆心(C)]： 指定圆弧的第二个点或[圆心(C)/端点(E)]：C↵　指定圆弧的圆心 指定圆弧的端点或[角度(A)/弦长(L)]：	起点＋圆心＋端点/角度/长度
命令：A↵ ARC 指定圆弧的起点或[圆心(C)]： 指定圆弧的第二个点或[圆心(C)/端点(E)]：e 指定圆弧的端点： 指定圆弧的圆心或[角度(A)/方向(D)/半径(R)]：	起点＋端点＋角度/方向/半径
命令：A↵ ARC 指定圆弧的起点或[圆心(C)]：　　c指定圆弧的圆心 指定圆弧的起点： 指定圆弧的端点或[角度(A)/弦长(L)]：	圆心＋起点＋端点/角度/长度

3. 选项和参数说明

(1)指定圆弧的起点：指定圆弧的起始点。

(2)指定圆弧的第二个点：指定一个点作为圆弧上中间位置的某一点。

(3)指定圆弧的端点：指定圆弧的终止点。如依次提供起点、第二个点、端点，则按三点法创建一个新的圆弧。

(4)圆心(C)：指定圆弧的圆心。

（5）角度（A）：指定圆弧的圆心角。角度为正时，逆时针绘制圆弧；角度为负时，顺时针绘制圆弧。

（6）长度：指定圆弧的弦长。弦长为正时，绘制圆心角小于180°的圆弧，即绘制劣弧；弦长为负时，绘制大于180°的圆弧，即绘制优弧。

（7）方向（D）：指定圆弧的起点切向。可以用鼠标指定切向的朝向，也可以键盘输入起点切向的方向角。

（8）半径（R）：指定圆弧的半径。默认按逆时针方向绘制圆弧，半径为正时，绘制圆心角小于180°的圆弧；半径为负时，绘制圆心角大于180°的圆弧。

（9）继续：指定圆弧的起点为上一个圆弧的端点或上一段直线的端点，且所绘圆弧与上一圆弧/上一直线相切。"继续"参数指采用连续法绘制圆弧。

4. 连续法

在绘制直线或圆弧过程中，要求使用者提供点的信息时，如果不指定点的信息而是直接按Enter键或Space键，则启动"连续法"规则，之前最后一次绘制的直线、圆弧或多段线的最后一个定位点将会作为新直线或新圆弧的起点，且最后一次绘制的对象与新绘制的对象相切，这种方法称为连续法。连续法将创建一条与最后一次绘制的直线、圆弧或多段线首尾相连且相切的新圆弧。"直接按Enter键或Space键"的操作，相当于指定了新直线/新圆弧的两个条件：

（1）首尾相连：最后一次绘制的直线/圆弧/多段线的最后一个定位点作为新圆弧的起点；

（2）相切：新圆弧与最后一次绘制的直线/圆弧/多段线相切。

此时，只要给出后续条件，就能完成新直线/新圆弧的创建。

（1）连续法绘制圆弧。在命令行提示"指定圆弧的起点"时，不指定圆弧的起点而是直接按Enter键或Space键，则上一命令中的最后一个定位点将会作为新圆弧的起点，并立即提示"指定圆弧的端点"，此时，只要提供出新圆弧的终点信息，圆弧的3个绘制条件充足，即可完成新圆弧的创建。

（2）连续法绘制直线。直线的绘制也可以采用连续法，在提示"指定第一个点："时直接按Enter键或Space键启动连续法，新直线与之前最后一次绘制的直线、圆弧或多段线首尾相连且相切，此时，命令行提示"直线长度："，用户提供直线长度后，即可完成新直线的创建。

5. 绘制任务和绘制示例

【例2-14】 完成图2-29所示图形的绘制。

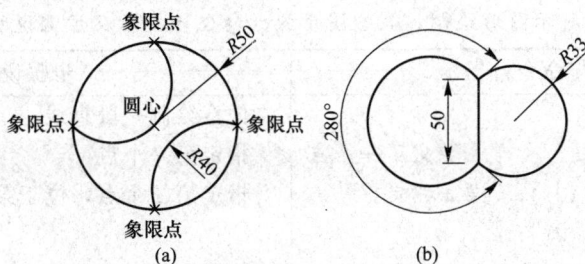

图 2-29　圆弧的绘制任务

（1）完成图2-29（a）所示图形绘制，绘图步骤、命令行提示及步骤说明如下：

（2）参照图2-29（a）绘图步骤自行完成图2-29（b）所示图形的绘制。

绘制提示：右侧圆弧的圆心角大于180°，该弧为优弧，半径值应输入负值。

绘图步骤与命令行提示	步骤说明
命令：C✓	执行"圆"命令绘制半径 50 的圆
CIRCLE 指定圆的圆心或[三点 (3P)/两点 (2P)/切点、切点、半径 (T)]：　　　左键单击或输入坐标确定圆心	输入任意坐标或单击左键确定圆心
指定圆的半径或[直径 (D)]〈0.0000〉：50✓	输入半径
命令：_ ARC	菜单中选用三点法绘制上部圆弧
圆弧创建方向：逆时针 (按住 Ctrl 键可切换方向)	
指定圆弧的起点或[圆心 (C)]：　　　单击左侧象限点	依次单击象限点、圆心、象限点
指定圆弧的第二个点或[圆心 (C)/端点 (E)]：　单击圆心	
指定圆弧的端点：　　　　　　单击上侧象限点	
命令：_ ARC	起点、端点、半径法绘制下部圆弧
圆弧创建方向：逆时针 (按住 Ctrl 键可切换方向)	
指定圆弧的起点或[圆心 (C)]：　　　单击右侧象限点	依次单击右侧象限点和下侧象限点
指定圆弧的第二个点或[圆心 (C)/端点 (E)]：_ e	
指定圆弧的端点：　　　　　单击下侧象限点	
指定圆弧的圆心或[角度 (A)/方向 (D)/半径 (R)]：_ r	
指定圆弧的半径：40✓	输入半径值

【例 2-15】　用连续法完成图 2-30 所示图形的绘制。

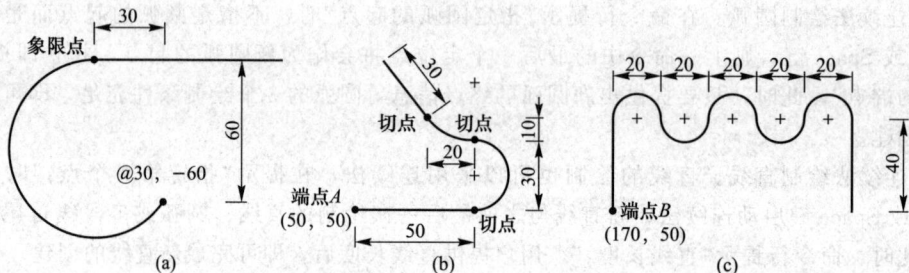

图 2-30　圆弧的绘制任务

(1)完成图 2-30(a)所示图形绘制，其绘图步骤、命令行提示及步骤说明如下：

绘图步骤与命令行提示	步骤说明
命令：L✓	任意绘制一段直线
LINE 指定第一个点：　　　单击指定第一个点	指定第一个点
指定下一点或[放弃 (U)]：　单击指定下一点	指定第二个点，位于第一个点的左侧
指定下一点或[放弃 (U)]：✓	
命令：A✓	执行"画圆弧"命令
ARC 圆弧创建方向：逆时针 (按住 Ctrl 键可切换方向)。	
指定圆弧的起点或[圆心 (C)]：✓	直接按 Enter 键或 Space 键启用连续法
指定圆弧的端点：@30,－60✓	输入端点相对于起点的相对坐标@30,－60，以指定端点

(2)完成图 2-30(b)所示图形绘制，其绘图步骤、命令行提示及步骤说明如下：

绘图步骤与命令行提示	步骤说明
命令：L✓	执行"直线"命令
LINE 指定第一个点：50，50✓	指定第一个点
指定下一点或[放弃(U)]：@50，0✓	指定第二个点
指定下一点或[放弃(U)]：✓	结束命令
命令：A✓	执行"圆弧"命令
ARC 圆弧创建方向：逆时针(按住 Ctrl 键可切换方向)	依次左键单击象限点、圆心、象限点
指定圆弧的起点或[圆心(C)]：✓	直接按 Enter 键或 Space 键启用连续法
指定圆弧的端点：@30＜90✓	指定圆弧端点，成功创建新圆弧
命令：✓	重复执行"圆弧"命令
ARC 圆弧创建方向：逆时针(按住 Ctrl 键可切换方向)	
指定圆弧的起点或[圆心(C)]：✓	按 Enter 键或 Space 键启用连续法，连续
指定圆弧的端点：@- 20，10✓	法绘制下一段圆弧
命令：L✓	执行"直线"命令
LINE 指定第一个点：✓	按 Enter 键或 Space 键启用连续，用连续
直线长度：30✓	法绘制最后一段直线
指定下一点或[放弃(U)]：✓	

(3)参照图 2-30(a)(b)绘图步骤，自行完成图 2-30(c)所示图形的绘制。

■ 2.4.3 椭圆(ELLIPSE)

通常通过定义长轴和短轴确定椭圆的形状，长轴确定椭圆的长度，短轴确定椭圆的宽度，如图 2-31 所示。在 CAD 中，椭圆绘制方法包括轴、端点法和圆心法两种，如图 2-32 所示。

图 2-31 椭圆的长轴与短轴

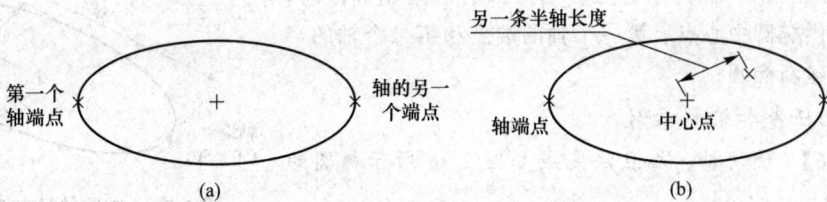

(a)   (b)

图 2-32 椭圆的两种创建方法示意

(a)轴、端点法；(b)圆心法

1．命令访问

（1）菜单栏。在菜单栏执行"绘图（D）"→"椭圆（E）"命令，如图2-33所示。

椭圆(E)	▶	○	圆心(C)
块(K)	▶	○	轴、镳点(E)
表格...		◠	圆弧(A)

图2-33　"椭圆"菜单栏

（2）工具栏。在"绘图"工具栏单击 ○ "椭圆"按钮。

（3）命令行。在命令行中输入"ELLIPSE（EL）"。

2．命令提示

（1）轴、端点法。

```
命令：EL↙
ELLIPSE　指定椭圆的轴端点或[圆弧(A)/中心点(C)]：a↙
指定命令轴的另一个端点：
指定另一条半轴长度或[旋转(R)]：
```

（2）圆心法。

```
命令：EL↙
ELLIPSE 指定椭圆的轴端点或[圆弧(A)/中心点(C)]：c↙
指定椭圆的中心点：
指定轴的端点：
指定另一条半轴长度或[旋转(R)]：
```

3．选项和参数说明

（1）指定椭圆的轴端点：使用轴、端点法绘制椭圆时提供的第一条轴的轴端点。轴、端点法要求依次提供第一条轴的轴端点、第一条轴的另一个端点、第二条轴的半轴长度来创建新椭圆。

（2）旋转（R）：通过绕第一条轴旋转圆的方式创建椭圆。输入的旋转角度范围为0°～89.4°，89.4°～90.6°的值无效，因为，此时椭圆将显示为一条直线。在有效范围内，旋转角度值越接近0°时，绘制出来的椭圆就越接近圆；值越大，椭圆短轴就越短，绘制出来的椭圆越是细瘦。

（3）圆弧（A）：绘制椭圆弧。

（4）中心点（C）：椭圆中心点。使用圆心法绘制椭圆时，要求依次提供椭圆中心点、第一个轴的端点和第二个轴的半轴长度来创建新椭圆。

4．绘制任务和绘制示例

【例2-16】　使用轴、端点法完成如图2-34所示椭圆的绘制。

绘图步骤、命令行提示及步骤说明如下：

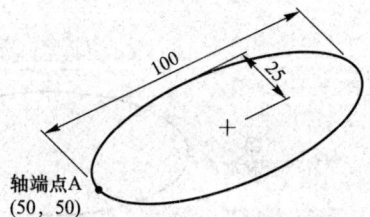

图2-34　椭圆的绘制任务一

绘图步骤与命令行提示	步骤说明
命令：EL✓	执行"椭圆"命令
ELLIPSE 指定椭圆的轴端点或[圆弧(A)/中心点(C)]：50,50✓	指定椭圆第一条轴的轴端点
指定轴的另一个端点：@100<35✓	指定椭圆第一条轴的另一个端点
指定另一条半轴长度或[旋转(R)]：25✓	指定椭圆第二条轴的半轴长度

【例 2-17】 使用圆心法完成如图 2-35(b)所示图形的绘制。

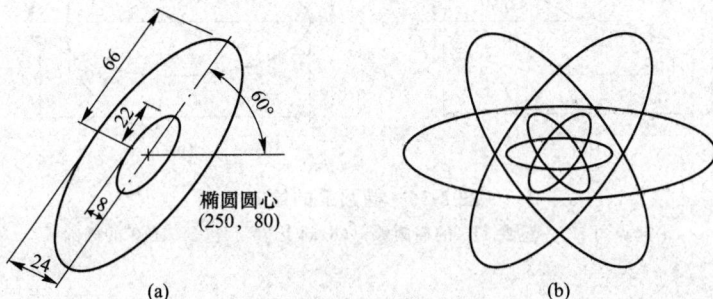

图 2-35 椭圆的绘制任务二

(a)尺寸和定位要求；(b)结果图

参照【例 2-17】，根据所学椭圆绘制方法自行完成。

绘制要求和提示：

(1)以圆心方法绘制一个大椭圆，圆心为(250，80)，长轴端点为@66<60，短半轴长度为24，如图 2-35(a)所示。

(2)以同样的方法绘制一个小椭圆，两根半轴长度分别为 22 和 8，如图 2-35(a)所示。

(3)以同样的方法绘制另外两个大椭圆，长轴端点分别为@66<0 和@66<120。

(4)以同样的方法绘制另外两个小椭圆。

■ 2.4.4 椭圆弧(ELLIPSE) ···

1. 命令访问

(1)菜单栏。在菜单栏执行"绘图(D)"→"椭圆(E)"→"圆弧(A)"命令。

(2)工具栏。在"绘图"工具栏单击"椭圆弧"按钮 🔾 。

(3)命令行。在命令行输入"ELLIPSE(EL)"，选择"圆弧(A)"方式。

2. 命令提示

```
命令：EL✓
ELLIPSE 指定椭圆的轴端点或[圆弧(A)/中心点(C)]：a✓
指定椭圆弧的轴端点或[中心点(C)]：
指定轴的另一个端点：
指定另一条半轴长度或[旋转(R)]：
指定起点角度或[参数(P)]：
指定端点角度或[参数(P)/包含角度(I)]：
```

3. 选项和参数说明

(1)指定起点角度/端点角度：提供椭圆圆心到椭圆弧起点/端点直线方向的角度，以确定椭圆弧的起点/端点。椭圆弧从起点到端点按逆时针方向绘制。

(2)包含角度(I)：椭圆弧从起点角度到端点角度之间的夹角。包含角度可正可负，当为正值时，按包含角度逆时针绘制一段椭圆弧；当为负值时，绘制去除顺时针包含角度部分后剩余的椭圆弧，如图 2-36 所示。

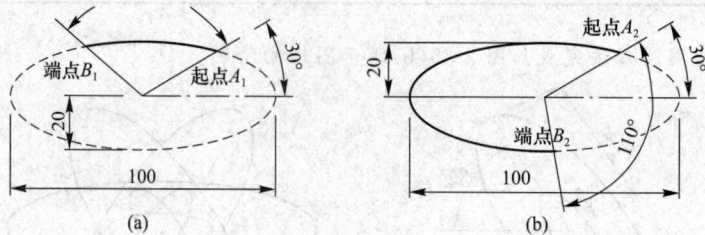

图 2-36　椭圆弧的绘制

(a)起点角 30°、包含 110°的椭圆弧；(b)起点 30°、包含−110°的椭圆弧

4. 绘制任务和绘制示例

【例 2-18】　完成如图 2-36 所示椭圆弧的绘制。

根据所学椭圆弧绘制方法自行完成。

教学提示：随着 CAD 学习的加深，掌握的命令和方法会越来越多，同样的绘图任务，能够有多种完成方法。如【例 2-17】在学习了模块 3 中的阵列命令后，只需绘制一个大椭圆和一个小椭圆，然后使用阵列命令(选用"环形阵列"选项，以椭圆圆心为阵列中心点，将大小椭圆沿 360°圆周均匀阵列 3 份)，即可完成绘制任务。在当前学习阶段，重要的是让学生学好每一个命令和每一种使用方法，才能在学习累积到一定程度之后，实现从量变到质变的突破，灵活选择最恰当的命令完成相关任务。

项目 2.5　多段线形对象

教学要求：通过本项目的学习，学生应能够进行矩形、正多边形、多段线的常用参数设置，了解多段线对象的特点，熟练使用矩形、正多边形、多段线命令，熟练进行多段线命令中线形和弧线形的切换。

教学要点：

教学重点：矩形、正多边形、多段线的绘制。

教学难点：参数设置、多段线绘制过程中的状态切换。

■ 2.5.1　矩形(RECTANG)

该命令用于创建矩形多段线，绘制出的对象是一个多段线线框。

1. 命令访问

(1)菜单栏。在菜单栏执行"绘图(D)"→"矩形(G)"命令。

（2）工具栏。在"绘图"工具栏单击"矩形"按钮▭。

（3）命令行。在命令行输入"RECTANG（REC）"。

2. 命令提示

命令：REC↙

RECTANG 指定第一个角点或［倒角 (C)／标高 (E)／圆角 (F)／厚度 (T)／宽度 (W)］：

指定另一个角点或［面积 (A)／尺寸 (D)／旋转 (R)］：

3. 选项和参数说明

根据给定不同的矩形参数，可绘制出倒角矩形、圆角矩形、有厚度的矩形、有宽度的矩形等多种矩形，如图 2-37 所示。

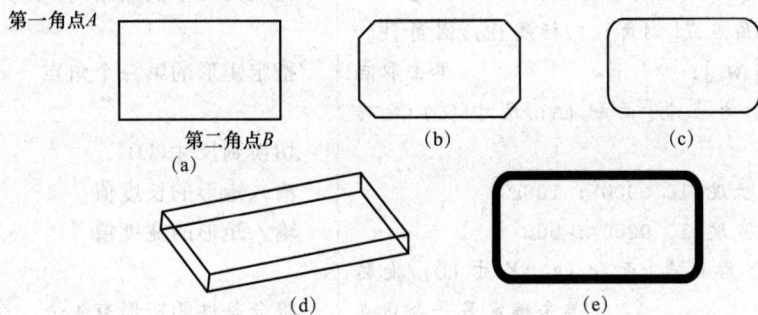

图 2-37　矩形的绘制

(a)基础矩形；(b)倒角矩形；(c)圆角矩形；(d)有厚度矩形；(e)有宽度矩形

（1）指定第一个角点：指定矩形的一个角点。

（2）指定另一个角点：提供第一个角点的对角点创建矩形。

（3）倒角（C）：设定矩形的倒角距离。

（4）标高（E）：设定矩形的标高。

（5）圆角（F）：设定矩形的圆角半径。

（6）厚度（T）：设定矩形的厚度。厚度体现 Z 方向中。

（7）宽度（W）：为要绘制的矩形指定多段线的宽度。

（8）面积（A）：用矩形的面积、长度参数、宽度参数创建矩形。如果"倒角"或"圆角"选项被激活，则该矩形面积按倒角或圆角在矩形角点上的实际效果计算。

（9）尺寸（D）：用矩形的长度、宽度两个参数创建矩形。

（10）旋转（R）：按指定的旋转角度创建矩形。

4. 绘制任务和绘制示例

【例 2-19】 完成如下 8 个矩形的绘制。

矩形一：绘制倒角尺寸一 10、倒角尺寸二 5、长 100、宽 50 的矩形；

矩形二：绘制圆角半径 7、长 100、宽 50 的矩形；

矩形三：绘制边框宽度 10、长 100、宽 50 的矩形；

矩形四：绘制厚度 80、长 100、宽 50 的矩形；

矩形五：绘制面积 1 000，长度 50 的矩形；

矩形六：绘制面积 1 000，宽度 25 的矩形；

矩形七：绘制长 100，宽 50、倾斜角 33°的矩形；

矩形八：绘制厚度 80、边框宽度 0、面积 1 635、长度 54、圆角半径 9、倾斜度 25°的矩形。

(1)完成矩形一的绘制，其绘图步骤、命令行提示及步骤说明如下：

绘图步骤与命令行提示	步骤说明
命令：REC✓ RECTANG 指定第一个角点或[倒角(C)/标高(E)/圆角(F)/厚度(T)/宽度(W)]：c✓	执行"矩形"命令 切换到倒角(C)
指定矩形的第一个倒角距离〈0.0000〉：10✓	输入第一个倒角距离
指定矩形的第二个倒角距离〈10.0000〉：5✓	输入第二个倒角距离
指定第一个角点或[倒角(C)/标高(E)/圆角(F)/厚度(T)/宽度(W)]： 　　　　　　　　　　单击取点	指定矩形的第一个角点
指定另一个角点或[面积(A)/尺寸(D)/旋转(R)]：d✓	切换到尺寸(D)
指定矩形的长度〈10.0000〉：100✓	输入矩形的长度值
指定矩形的宽度〈10.0000〉：50✓	输入矩形的宽度值
指定另一个角点或[面积(A)/尺寸(D)/旋转(R)]： 　　　　　　单击确定另一个角点	符合条件的矩形有 4 个，对角点分别位于矩形第一个角点的右上、左上、右下、左下四个方位，在相应方位绘图区域空白处单击，则创建该方位的矩形

(2)参照矩形一的绘制方法自行完成矩形二 ～ 矩形八的绘制。

■ 2.5.2 正多边形(POLYGON)

"正多边形"命令用于创建等边闭合多段线，绘制出的对象也是一个多段线线框。在 CAD 中，创建正多边形的方法有两种：中心点法和边创建法。

1. 命令访问

(1)菜单栏。在菜单栏执行"绘图(D)"→"多段线(Y)"命令。

(2)工具栏。在"绘图"工具栏单击"多边形"按钮⬠。

(3)命令行。在命令行输入"POLYGON(POL)"。

2. 命令提示

(1)中心点法创建正多边形。

命令：POL✓ POLYGON 输入侧面数〈5〉：✓ 指定正多边形的中心点或[边(E)]： 输入选项[内接于圆(I)/外切于圆(C)]〈I〉： 指定圆的半径：	指定正多边形的中心点 输入 I 或 C

(2)边创建法创建正多边形。

命令：POL↙
POLYGON 输入侧面数〈5〉：↙
指定正多边形的中心点或[边(E)]：e↙
指定边的第一个端点：   指定正多边形边的第一个端点
指定边的第二个端点：   指定正多边形边的第二个端点
以指定的边为第一条边，逆时针绘制完成正多边形

3. 选项和参数说明

(1)侧面数：指定正多边形的边数，边数在3～1 024范围内有效。

(2)指定正多边形的中心点：此时，提供正多边形中心点的位置，下一步需要使用者确定该正多边形内接于圆还是外切于圆。

(3)边(E)：给定一条直线，以该直线作为正多边形的一条边来创建正多边形。

(4)内接于圆(I)：创建的正多边形内接于假想的圆，如图2-38(a)所示。

(5)外切于圆(C)：创建的正多边形外切于假想的圆，如图2-38(b)所示。

(6)指定圆的半径：内接于圆时，指定半径值对应圆心到正多边形中心到顶点的距离；外切于圆时，指定半径值对应从正多边形中心到各边中点的距离。

(a)   (b)

图 2-38　边创建法

(a)内接于圆；(b)外切于圆

4. 绘制任务和绘制示例

【例 2-20】 完成如图2-39所示图形的绘制。

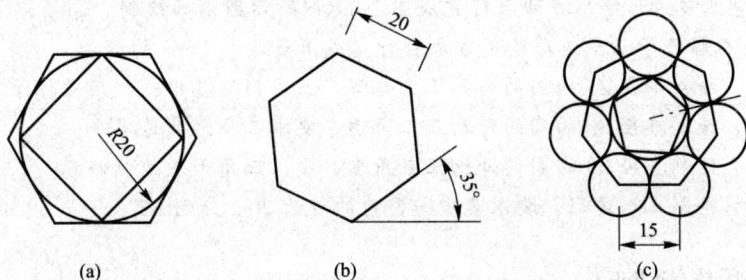

(a)   (b)   (c)

图 2-39　内接/外切于圆

(1)完成图2-39(a)所示图形绘制，绘图步骤、命令行提示及步骤说明如下：

绘图步骤与命令行提示	步骤说明
命令：C✓ CIRCLE 指定圆的圆心或[三点(3P)/两点(2P)/切点、切点、半径(T)]：　　　　　单击取点 指定圆的半径或[直径(D)]〈10.0000〉：20✓ 命令：POL✓ POLYGON 输入侧面数〈4〉：6✓ 指定正多边形的中心点或[边(E)]：　点取圆心 输入选项[内接于圆(I)/外切于圆(C)]〈C〉：C✓ 指定圆的半径：　　点取圆的上方象限点 命令：✓ POLYGON 输入侧面数〈6〉：4✓ 指定正多边形的中心点或[边(E)]：　点取圆心 输入选项[内接于圆(I)/外切于圆(C)]〈C〉：I✓ 指定圆的半径：@20<0✓	执行"画圆"命令 指定圆心 输入半径值，创建半径为 10 的圆 执行"正多边形"命令 输入边数 指定圆心为正多边形的中心点 确定正多边形外切于圆 以圆心到上方象限点的距离为半径，完成正多边形创建 按 Space 键或 Enter 键重复"正多边形"命令 输入边数 指定圆心为正多边形的中心点 确定正多边形内接于圆 以和圆心相对坐标@10<0 的点作为正多边形的一个顶点创建正多边形

(2)完成图 2-39(b)所示图形绘制，其绘图步骤、命令行提示及步骤说明如下：

绘图步骤与命令行提示	步骤说明
命令：POL✓ POLYGON 输入侧面数〈4〉：6✓ 指定正多边形的中心点或[边(E)]：E✓ 指定边的第一个端点：　　　　单击取点 指定边的第二个端点：@20<35✓	执行"正多边形"命令 输入边数 选用边创建法 给定两个端点，以此两点连线作为正多边形的一条边，创建正多边形

(3)按照已学正多边形绘制方法自行完成图 2-39(c)所示图形的绘制。

【例 2-21】 根据已学正多边形绘制方法自行完成正多边形 1~4 的绘制。

正多边形 1：绘制半径 25 的圆的内接正五边形，五边形的其中一个顶点位于下方象限点。

正多边形 2：绘制直径 30 的圆的外切正三角形，要求三角形底边水平。

正多边形 3：绘制直径 30 的圆的外切正三角形，要求三角形底边倾斜 60°。

正多边形 4：绘制正八边形，要求其中一条边的边长 20、倾斜 32°。

■ 2.5.3　多段线(PLINE) ···

　　"多段线"命令用于创建一个由多段直线段和圆弧段组合成的单个二维对象。组合成多段线的直线段和圆弧段相互连接，既可以几段一起编辑，也可以每一段分别编辑，还可以设置成不同的宽度。

1. 命令访问

(1)菜单栏。在菜单栏执行"绘图(D)"→"多段线(P)"命令。

(2)工具栏。在"绘图"工具栏单击"多段线"按钮 ⌐⊃。

(3)命令行。在命令行输入"POLYLINE"或"PLINE(PL)"。

2. 命令提示

命令提示	说明
命令：PL↙	执行命令
PLINE 指定起点：　　　　　　　　　　　　指定直线段起点	输入起点
当前线宽为 0.0000	命令行提示
指定下一个点或[圆弧(A)/半宽(H)/长度(L)/放弃(U)/宽度(W)]： 　　　　　　　　　　　　　　　指定直线段的下一个点	输入第二点绘制 直线段
指定下一点	
或[圆弧(A)/闭合(C)/半宽(H)/长度(L)/放弃(U)/宽度(W)]：a↙	切换到圆弧模式
指定圆弧的端点	
或[角度(A)/圆心(CE)/闭合(CL)/方向(D)/半宽(H)/直线(L)/半径 (R)/第二个点(S)/放弃(U)/宽度(W)]：　　完成绘制圆弧的操作	绘制圆弧(绘制方 法参看项目2.4)
指定圆弧的端点	
或[角度(A)/圆心(CE)/闭合(CL)/方向(D)/半宽(H)/直线(L)/半径 (R)/第二个点(S)/放弃(U)/宽度(W)]：l↙	切换到直线模式， 可再次绘制直线段

3. 选项和参数说明

(1)指定起点：设置多段线的起点。

(2)指定下一个点：如果指定第二个点，则绘制一段直线段；如果输入"a"，则切换到绘制圆弧段状态。

(3)半宽(H)：设置下一段多段线的宽度半值，以该值的 2 倍作为线的宽度。设置半宽时，命令行会出现如下提示：

命令提示	说明
指定起点半宽〈0.0000〉：1↙ 指定端点半宽〈0.0000〉：0↙	依次设置起始点半宽为 1、终点半宽为 0。起点半宽和终点半宽可以设置为相同值，也可以设置为不相同

(4)宽度(W)：设置下一段多段线的宽度值，以该值作为多段线的宽度。

(5)放弃(U)：放弃上一段多段线的创建，返回到前一段线或圆弧的终点。该项操作可连续使用，直至回到多段线的最初起点。利用此项操作，可及时修改在绘制多段线的过程中所出现的错误。

(6)直线模式的其他参数。

1)圆弧(A)：在绘制直线段状态时才会出现此提示，可用于切换到绘制圆弧段状态。

2)闭合(C)：多段线上的最后一个点连接到第一个点，形成首尾相连的闭合多段线。

3)长度(L)：设置下一段多段线的长度值。该可选项优先级高于追踪功能，使用该可选项时，下一段多段线只能以最近一次定位的方向作为起点切线方向进行创建。若前一段为直线，则所绘制的直线在其延长线上；若前一段为圆弧，则所绘制的直线在其切线方向上。

(7)圆弧模式的其他参数。

1)直线(L)：在绘制圆弧段状态时才会出现此提示，可用于切换到绘制直线段状态。

2)圆弧的端点/角度(A)/圆心(CE)/方向(D)/第二个点(S)/半径(R)：均与绘制圆弧命令中的参数说明和使用方法一致，可参看项目 2.4 弧形对象。

3)闭合(CL)：多段线上的最后一个点连接到第一个点形成首尾相连的闭合多段线。

4. 绘制任务和绘制示例

【例 2-22】 完成如图 2-40 所示图形的绘制。

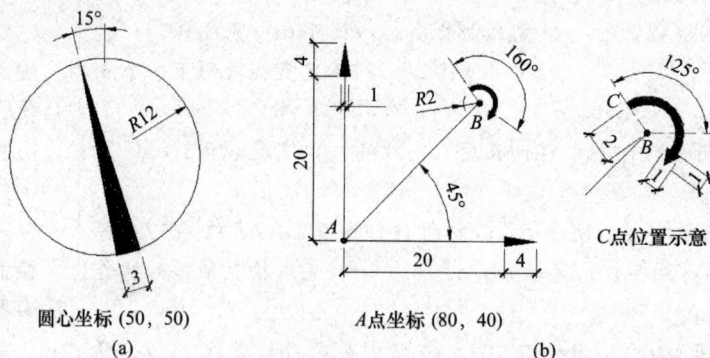

图心坐标 (50, 50)　　　　　　　A点坐标 (80, 40)

(a)　　　　　　　　　　　　　　(b)

图 2-40　绘制多段线

(1)完成图 2-40(a)所示图形绘制，其绘图步骤、命令行提示及步骤说明如下：

绘图步骤与命令行提示	步骤说明
命令：C✓	执行"画圆"命令
CIRCLE 指定圆的圆心或[三点 (3P)/两点 (2P)/切点、切点、半径(T)]：50, 50✓	指定圆心
指定圆的半径或[直径 (D)]〈49.7301〉：12✓	输入半径值，创建半径为 12 的圆
命令：PL✓	执行"多段线"命令
PLINE 指定起点：_ from 基点：　　　　单击圆心	使用捕捉"自"方法，基点为圆心
〈偏移〉：@12＜285✓	指定目标点自圆心偏移的相对极坐标，
当前线宽为 0.0000	定位到箭头下方点作为起点
指定下一个点或[圆弧 (A)/半宽 (H)/长度 (L)/放弃 (U)/宽度 (W)]：w✓	选用"宽度(W)"可选项
指定起点宽度〈0.0000〉：3✓	输入直线段的起点宽度值
指定端点宽度〈3.0000〉：0✓	输入直线段的终点宽度值
指定下一个点或[圆弧 (A)/半宽 (H)/长度 (L)/放弃 (U)/宽度 (W)]：@24＜105✓	确定直线段上方点
指定下一点或[圆弧 (A)/闭合 (C)/半宽 (H)/长度 (L)/放弃 (U)/宽度 (W)]：✓	结束命令

(2)按照已学多段线绘制方法自行完成图 2-40(b)所示图形的绘制。

绘制提示：旋转箭头的绘制方法：启动"多段线"命令，起点 C 相对角平分线端点 B 的坐标为@2＜125，起点和终点宽度均设为 0.5，选择圆弧选项后，再选择圆心(CE)选项，捕捉角平分线端点 B，再选择角度选项，输入－160，画出圆弧段部分。再次设置宽度，起点宽度为 1，终点宽度为 0，切换到画直线段状态，再选择长度(L)选项，输入 1，画出直线段部分，最后结束该"多段线"命令。

教学提示：在 AutoCAD 中，"多段线"是一种非常有用的命令。应强调多段线的特点，通过与直线命令的操作实践和结果比较(图 2-41)，引导学生发现直线和多段线的不同之处，学习归纳和发现多段线的更多用途，以提升学生独立思考和总结分析的能力。

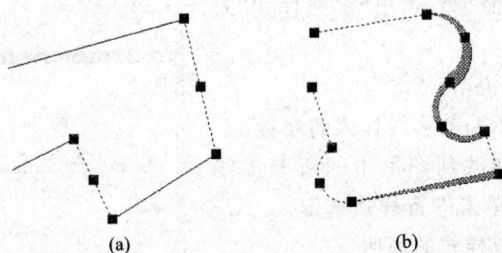

图 2-41　直线与多段线的比较
(a)使用"直线"命令创建的对象；(b)使用"多段线"命令创建的对象

比较图 2-41 的(a)(b)两图后，尝试总结出多段线与直线的不同之处如下：

(1)多段线是所有直线和弧线段组合成一个单一的多段线对象；直线是每一段线作为一个独立的直线单体。

(2)多段线可以创建直线段、弧线段或两者的组合线段；直线不能创建弧线。

(3)多段线可以对每一段单独设置不同的线宽，也可以将多段设置成一样的线宽；直线不能设置这种线宽。

(4)多段线的直线段每一段只有两个夹点(端点、端点)，圆弧段有三个夹点(起点、第二点、端点)；直线的每一段均有三个夹点(端点、中点、端点)。

项目 2.6　多线样式和多线

教学要求：通过本项目的学习，学生应对 CAD 中的样式建立简单的认知，熟悉多线样式设置，掌握多线的绘制技巧。

教学要点：
教学重点：多线的绘制。
教学难点：参数设置。

多线由多条平行线组成，这些平行线称为元素或图元，多线由多个图元组合形成一个单一的对象。可以先通过执行"MLSTYLE"命令打开"多线样式"对话框创建、修改、保存和加载多线样式，并选择一个已创建的多线样式"置为当前"以作为当前多线样式；然后执行"MLINE"命令用当前多线样式创建新的多线对象；还可以执行"MLEDIT"命令编辑已创建的多线。

■ 2.6.1 多线样式(MLSTYLE) ·····························

2.6.1.1 命令访问

(1)菜单栏。在菜单栏执行"格式(O)"→"多段样式(M)"命令。

(2)命令行。在命令行输入"MLSTYLE"。

2.6.1.2 设置步骤

1. 打开"多线样式"对话框

(1)执行"MLSTYLE"命令后弹出"多线样式"对话框，如图 2-42 所示。

(2)"多线样式"对话框说明。

1)当前多线样式：显示当前多线样式的名称。

2)样式(S)：显示已加载到图形中的所有多线样式列表，可以在列表中单击进行样式选定。

3)说明：显示选定多线样式的说明。

4)预览：显示选定多线样式的名称和图像。

5)置为当前(U)：后续创建的多线以当前多线样式绘制。

6)新建(N)：显示"创建新的多线样式"对话框，以创建新的多线样式。

7)修改(M)：显示"修改多线样式"对话框，以修改选定的多线样式。

图 2-42 "多线样式"对话框

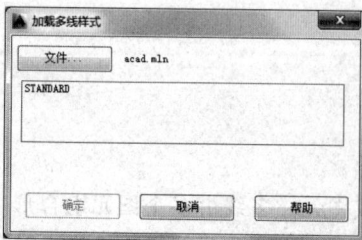

8)重命名(R)：重命名当前选定的多线样式。不能重命名"STANDARD"多线样式。

9)删除(D)：从"样式"列表中删除当前选定的多线样式。

10)加载(L)：显示"加载多线样式"对话框(图 2-43)，可以将指定多线库文件(* . mln 文件)中的多线样式加载到当前 CAD 图形文件中。

11)保存：将多线样式保存或复制到多线库文件。可以加入已存在的多线库文件中，也可以新建多线库文件。默认保存在 acad. mln 文件中。

☆注：(1)如果某样式已被使用绘制过多线，则该样式不能被编辑。

(2)不能删除"STANDARD"多线样式、当前多线样式或被使用的多线样式。

2."新建"多线样式

(1)单击"新建(N)"按钮，跳出"创建新的多线样式"对话框，如图 2-44 所示。

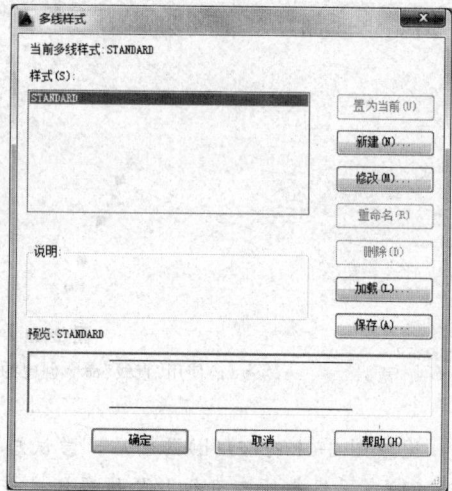

图 2-43 "加载多线样式"对话框

图 2-44 "创建新的多线样式"对话框

在"新样式名"栏里填写新样式名字(如取名为"墙"),然后在"基础样式"栏选择新样式拟参照的已有样式,再单击"继续"按钮,则创建一个名为"墙"的新样式。

(2)"新建多线样式"对话框说明。

1)说明(P):为多线样式添加说明。

2)封口:设置多线两端封口样式,包括直线、外弧、内弧三种样式,如图 2-45 所示。

①直线(L):显示封闭多线端点所有元素的直线段。

②外弧(O):显示多线最外端两个元素之间的圆弧。圆心角为 180°。

③内弧(R):成对显示多线内部元素之间的圆弧。圆心角为 180°。如果元素个数为奇数,则不连接中心线。例如,有 6 个元素,内弧则连接元素 2 和 5、元素 3 和 4;有 7 个元素,内弧则连接元素 2 和 6、元素 3 和 5,不连接元素 4。

④角度(N):指定多线端点封口的角度。

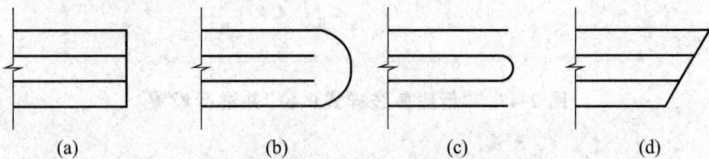

图 2-45　封口示意
(a)直线封口;(b)外弧封口;(c)内弧封口;(d)设置角度的封口

3)填充颜色(F):无。

4)显示连接(J):控制每条多线所有线段顶点处连接的显示。

5)图元(E):设置多线各元素的元素特性,例如,偏移、颜色和线型,每个元素需分别设置。

①偏移(S):设置每一个元素的偏移值。此数值控制元素所在的位置,所有元素根据偏移值从大到小依次排列。

②颜色(C):设置每一个元素的颜色。

③线型:设置每一个元素的线型。

3. 设置多线样式

在跳出的"新建多线样式:墙"对话框中(图 2-46)修改样式设置,可以输入样式的说明,也可以设置样式的封口、填充颜色、图元(包括图元数量、偏移、颜色、线型等参数)。完成修改后单击"确定"按钮返回"多线样式"对话框,再次单击"确认"按钮保存刚才的设置。

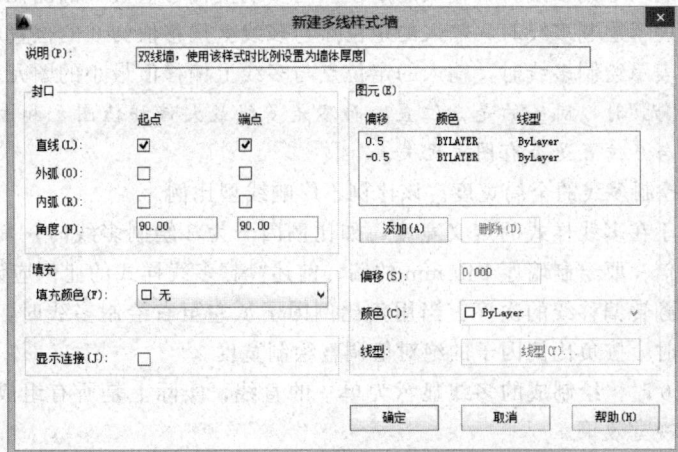

图 2-46　"新建多线样式:墙"对话框

2.6.1.3 绘制任务和绘制示例

【例2-23】 新建名为"窗"的多线样式，其特征和参数如图2-47所示。

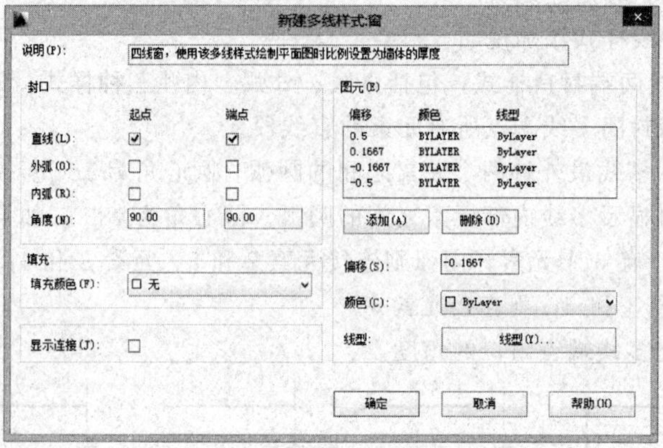

图2-47 "新建多线样式：窗"并进行设置

■ 2.6.2 多线(MLINE) ···

1. 命令访问

(1)菜单栏。在菜单栏执行"绘图(D)"→"多线(M)"命令。

(2)命令行。在命令行输入"MLINE(ML)"。

2. 命令提示

```
命令：ML↙
MLINE  当前设置：对正＝上，比例＝20.00，样式＝STANDARD
指定起点或[对正(J)/比例(S)/样式(ST)]:
```

3. 选项和参数说明

(1)对正(J)：输入"J"，可确定绘制多线时输入的定位点与多线哪个位置对齐。对正方式分为以下三种：

1)上：该选项表示绘制多线时，输入的定位点与多线上偏移值最大的图元对齐。

2)无：该选项表示绘制多线时，输入的定位点与多线上偏移值为0的位置对齐。

3)下：该选项表示绘制多线时，输入的定位点与多线上偏移值最小的图元对齐。

☆注：设置为"无"时，对齐的是0位置，而不是多线最大偏移值图元和最小偏移值图元两者的对称线位置，与0位置是否有图元无关。

(2)比例(S)：控制多线的全局宽度。该比例不影响线型比例。

多线的比例基于在多线样式的定义宽度，如比例因子为2绘制多线时，其绘制宽度是多线样式定义宽度的两倍；要绘制墙厚240 mm的墙，前述"墙"多线样式的比例应设为240。

负比例因子将翻转偏移线的次序：当用负比例因子从左至右绘制多线时，偏移最小的多线将绘制在顶部，同时，按负比例因子的绝对值调整绘制宽度。

比例因子设为0时，绘制成的多线显示为单一的直线，实际上是所有组成多线的图元叠加在同一位置造成的视觉效果。

(3)样式(ST)：指定多线的样式。输入"ST"后命令行提示"输入多线样式名或[?]:"。

1)多线样式名：指定已加载的样式名或创建的多线库文件(*.mln)中已定义的样式名。

2)[?]：列出已加载的所有多线样式供使用者选用。

4.绘制任务和绘制示例

【例2-24】 完成图2-48中墙体和窗的绘制。

绘制要求：墙和窗分别使用之前新建的"墙""窗"多线样式。

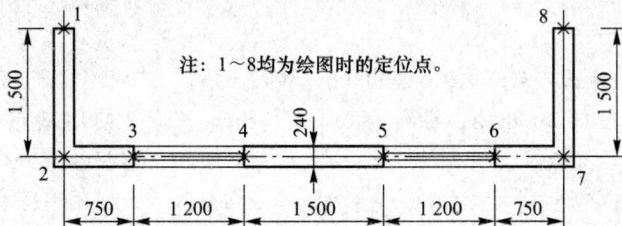

图2-48 多线绘制

绘图步骤、命令行提示及步骤说明如下：

绘图步骤与命令行提示	步骤说明
命令：LIMITS✓ 重新设置模型空间界限： 指定左下角点或[开(ON)/关(OFF)]〈0.0000, 0.0000〉：✓ 指定右上角点〈420.0000, 297.0000〉：8400, 5940✓	使用"LIMITS"命令设置模型空间界限
命令：z✓ 指定窗口的角点，输入比例因子(nX或nXP)，或者 [全部(A)/中心(C)/动态(D)/范围(E)/上一个(P)/比例(S)/窗口(W)/对象(O)]〈实时〉：a✓ 正在重生成模型。	使用"ZOOM"命令进行视口缩放，"a"表示视口缩放的"ALL"选项，可以将所有可见对象显示在当前窗口中
命令：ML(MLINE)✓ 当前设置：对正=上，比例=20.00，样式=STANDARD 指定起点或[对正(J)/比例(S)/样式(ST)]：J✓ 输入对正类型[上(T)/无(Z)/下(B)]〈上〉：z✓ 当前设置：对正=无，比例=20.00，样式=STANDARD 指定起点或[对正(J)/比例(S)/样式(ST)]：S✓ 输入多线比例〈20.00〉：240✓ 当前设置：对正=无，比例=240.00，样式=STANDARD 指定起点或[对正(J)/比例(S)/样式(ST)]：ST✓ 输入多线样式名或[?]：墙✓ 当前设置：对正=无，比例=240.00，样式=墙 指定起点或[对正(J)/比例(S)/样式(ST)]： 左击点1 指定下一点：〈正交 开〉1500✓ 指定下一点或[放弃(U)]：750✓ 指定下一点或[闭合(C)/放弃(U)]：✓	执行"多线"命令 当前设置提示，下同 设置对正 修改对正类型为"无" 设置比例 修改比例为墙厚"240" 设置样式 修改当前样式为"墙" 确定定位点1 正交状态打开，鼠标追踪线调整好绘制方向后输入线段长度，绘制定位点1-2-3确定的墙段

命令：↙	重复执行"多线"命令
MLINE 当前设置：对正＝无，比例＝240.00，样式＝墙	
指定起点或[对正(J)/比例(S)/样式(ST)]：_ from 基点：左击点 3〈偏移〉：@1200, 0↙	使用基点方法，从定位点 3 偏移@1 200, 0 确定定位点 4
指定下一点：1500↙	鼠标追踪线调整好绘制方向后输入 1 500，绘制 4－5 墙段
指定下一点或[放弃(U)]：↙	重复执行"多线"命令
命令：↙	
MLINE 当前设置：对正＝无，比例＝240.00，样式＝墙	
指定起点或[对正(J)/比例(S)/样式(ST)]：_ from 基点：〈偏移〉：@1200, 0↙	使用基点方法，从定位点 5 偏移@1 200, 0 确定定位点 6
指定下一点：750↙	使用追踪状态绘制 6－7 墙段
指定下一点或[放弃(U)]：1500↙	使用追踪状态绘制 7－8 墙段
指定下一点或[闭合(C)/放弃(U)]：↙	结束命令
命令：↙	重复执行"多线"命令
MLINE 当前设置：对正＝无，比例＝240.00，样式＝STANDARD	
指定起点或[对正(J)/比例(S)/样式(ST)]：st↙	修改当前样式为"窗"
输入多线样式名或[?]：窗↙	
当前设置：对正＝无，比例＝240.00，样式＝窗	
指定起点或[对正(J)/比例(S)/样式(ST)]：　　左击点 3	绘制定位点 3－4 确定的窗
指定下一点：1200↙	调整好追踪线后输入窗长 1 200
指定下一点或[放弃(U)]：↙	
命令：↙	重复执行"多线"命令
MLINE 当前设置：对正＝无，比例＝240.00，样式＝STANDARD	
当前设置：对正＝无，比例＝240.00，样式＝窗	
指定起点或[对正(J)/比例(S)/样式(ST)]：　　左击点 5	绘制定位点 5－6 确定的窗
指定下一点：1200↙	调整好追踪线后输入窗长 1 200
指定下一点或[放弃(U)]：↙	结束命令

教学提示：观察【例 2-24】的绘图步骤提示不难发现，"多线（MLINE，ML）"命令使用时，命令行会出现"当前设置：对正＝上，比例＝20.00，样式＝STANDARD"的提示，且该提示随着参数的修改一直在实时更新。要培养学生养成随时关注命令提示行的好习惯，持续观察提示变化的过程，更好地理解"对正(J)""比例(S)""样式(ST)"三个参数的意义和使用。

项目 2.7 实体填充型命令

教学要求：通过本项目的学习，学生应了解实体填充型对象的特点，了解二维填充命令的使用，熟悉圆环的绘制。

教学要点：

教学重点：圆环的绘制。

教学难点：FILL 命令的使用。

■ 2.7.1 圆环(DONUT)

"圆环"命令通过指定内径值、外径值和中心点位置创建较宽的圆环或实心圆，所创建的圆环分别为填充环或实体填充圆，即带有宽度的实际闭合多段线，如图 2-49 所示。

图 2-49 圆环

1. 命令访问

(1)菜单栏。在菜单栏执行"绘图(D)"→"圆环(D)"命令。

(2)命令行。在命令行输入"DONUT"或"DO"。

2. 命令提示

命令：DO↙

指定圆环的内径 <0.5000>：

指定圆环的外径 <1.0000>：

指定圆环的中心点或〈退出〉：

3. 选项和参数说明

(1)内径：指定圆环的内径，如图 2-49 所示。当内径不为 0 时，创建圆环；当内径为 0 时，创建实体填充圆。

(2)外径：指定圆环的外径。

(3)中心点：基于中心点指定圆环的位置。在每个指定的中心点上绘制一个圆环，直到按 Enter 键或 Space 键结束命令。

■ 2.7.2 二维填充(SOLID) ···

二维填充，又叫作二维线框，该命令用于创建实体填充的三角形和四边形。

1. 命令访问

在命令行输入：SOLID(SO)。

2. 命令提示

命令：SO↙
指定第一点：
指定第二点：
指定第三点：
指定第四点或〈退出〉：

3. 选项和参数说明

(1)指定第一点：在二维实体中设置第一个点。

(2)指定第二点：设置第二个点确定二维实体的第一条边。

(3)指定第三点：设置与第二个点相对的角点。

(4)指定第四点：设置与第一个点相对的角点。

二维填充命令默认提供 4 个点确定一个二维填充图形。如果 4 点的走向呈"之"字形，则填充图形为四边形，如图 2-50(a)所示；如果呈顺时针或逆时针走向，则填充图形为两个成对顶角的三角形，如图 2-50(b)所示。

第一轮的第一～四 4 个点全部提供后，软件自动进入第二轮的填充图形绘制，第一轮的第三、四点变成第二轮的第一、二点，系统从"指定第三点"开始新一轮的提示。连续指定第三和第四点将在一个二维填充命令中创建更多相连的填充三角形和四边形。

如果在"指定第四点"提示下按 Enter 键，软件认为第三点和第四点重叠成一个点，创建的填充图形为实心三角形。

图 2-50 二维填充
(a)4 点的走向呈"之"字形；(b)4 点的走向呈顺时针或逆时针

教学提示：实体填充型命令创建的图形，均可通过设置"FILL"参数值控制是否填充：

(1)"FILL"参数值从"开"状态修改为"关"状态，其操作步骤如下：

命令："FILL"↙
输入模式[开(ON)/关(OFF)]〈开〉：off↙

(2)"FILL"参数值从"关"状态修改为"开"状态，其操作步骤如下：

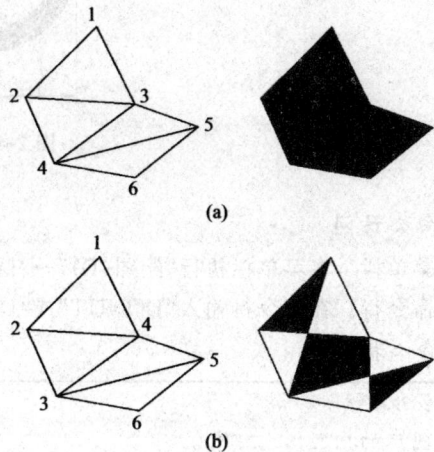

```
命令：FILL↙
输入模式[开(ON)/关(OFF)]〈关〉：on↙
```

也可使用"填充模式系统变量(FILLMODE)"，将其设置为"开"或"关"状态，与设置"FILL"的参数值效果相同。

开启"填充(Fill=ON)"时，圆环、二维填充等命令均显示为填充状态；关闭"填充(Fill=OFF)"时，均显示为不填充状态，如图2-51所示。

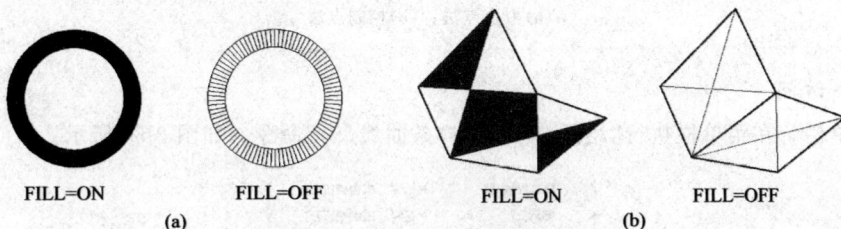

FILL=ON   FILL=OFF   FILL=ON   FILL=OFF
　　(a)　　　　　　　　　　(b)

图 2-51　用"FILL"参数控制填充显示
(a)圆环；(b)二维填充

项目 2.8　手绘命令

教学要求：通过本项目的学习，学生应了解样条曲线和修订云线，了解"样条曲线"命令的使用方法，"熟悉修订"命令云线的使用方法。
教学要点：
教学重点：修订云线。
教学难点：样条曲线的拟合。

■ 2.8.1　样条曲线(SPLINE)···

样条曲线是一种拟合曲线，通过给定一组控制点，创建通过或接近这些控制点的一条光滑曲线，通常用于表达具有不规则变化的曲线，如反映地形特征的等高线，如图2-52所示。

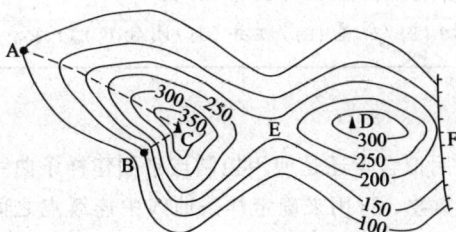

图 2-52　用样条曲线表达的等高线

在 AutoCAD 2014 中，可以用拟合点和控制点两种方法创建样条曲线，如图2-53所示。

图 2-53　创建样条曲线的方法

(a)拟合点法；(b)控制点法

1. 命令访问

(1)菜单栏。在菜单栏执行"绘图(D)"→"样条曲线(S)"命令，如图 2-54 所示。

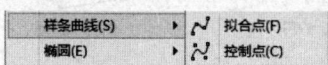

图 2-54　样条曲线菜单

(2)工具栏。在"绘图"工具栏单击"样条曲线"按钮〜。

(3)命令行。在命令行输入"SPLINE(SPL)"。

2. 命令提示

```
命令：SPLINE↙
当前设置：方式＝拟合  节点＝弦
指定第一个点或[方式(M)/节点(K)/对象(O)]：m↙
输入样条曲线创建方式[拟合(F)/控制点(CV)]〈拟合〉：cv↙
当前设置：方式＝控制点  阶数＝3
指定第一个点或[方式(M)/阶数(D)/对象(O)]：d↙
输入样条曲线阶数〈3〉：4↙
当前设置：方式＝控制点  阶数＝4
指定第一个点或[方式(M)/阶数(D)/对象(O)]：           指定点
输入下一个点或[起点切向(T)/公差(L)]：                指定点
输入下一个点或[端点相切(T)/公差(L)/放弃(U)]：        指定点
输入下一个点或[端点相切(T)/公差(L)/放弃(U)/闭合(C)]：↙
```

3. 选项和参数说明

(1)方式(M)：控制是使用拟合点还是使用控制点来创建样条曲线。

(2)节点(K)：指定节点参数，可用来确定样条曲线中连续点之间的曲线如何过渡。节点参数化的方式有三种：弦(C)、平方根(S)和统一(U)。

(3)对象(O)：将二维多段线或三维多段线转换成等效的样条曲线。

(4)指定第一个点：指定样条曲线的起始点，即第一个拟合点或者是第一个控制点。

(5)输入下一个点：指定样条曲线的下一个点，直到按 Enter 键或 Space 键为止。

(6)起点切向(T)：指定在样条曲线起点的切线方向。

(7)端点切向(T)：指定在样条曲线终点的切线方向。

(8)公差(L)：指定样条曲线可以偏离指定拟合点的距离。输入的值越大，绘制的曲线偏移指定的点越远；反之，样条曲线距指定的点越近。

(9)阶数：用于控制样条曲线的光滑程度。阶数越高，样条曲线上的控制点越多。

(10)放弃(U)：删除最后一个指定的点。

(11)闭合(C)：设置与第一个点相对的角点。样条曲线的最后一个点和第一个点重合，形成闭合的曲线。

■ 2.8.2 修订云线(REVCLOUD) ··

修订云线是由连续圆弧组成的多段线。在查看或圈阅图形时，可以使用修订云线功能进行标记，提醒用户注意图形的某个部分；绘制竣工图时，经常用修订云线标记出图纸修改内容。可以通过拖动光标创建一条新的修订云线，也可以将原有对象(例如圆、椭圆、多段线或样条曲线)转换为修订云线。

1. 命令访问

(1)菜单栏。在菜单栏执行"绘图(D)"→"修订云线(V)"命令。

(2)工具栏。在"绘图"工具栏单击"修订云线"按钮⬭。

(3)命令行。在命令行输入"REVCLOUD"。

2. 命令提示

```
命令：REVCLOUD↙
最小弧长：0.5  最大弧长：1.5  样式：普通
指定起点或[弧长(A)/对象(O)/样式(S)]〈对象〉：
沿云线路径引导十字光标…
修订云线完成。
```

3. 选项和参数说明

(1)指定起点：指定修订云线的第一个点。

(2)弧长(A)：控制最小和最大圆弧长度。默认值均为0.5。最大弧长不能大于最小弧长的三倍，如图2-55所示。

(3)对象(O)：指确定要转换为修订云线的对象。

(4)样式(S)：确定修订云线的样式，包括普通和手绘两种。

(a)   (b)

图 2-55 创建样条曲线的方法

(a)最小和最大圆弧长度不相同；(b)最小和最大圆弧长度相同

教学提示：通过本项目的学习，了解样条曲线和修订云线，能够灵活使用这两个命令。

一、简答题

1. 什么是绝对坐标? 什么是相对坐标?
2. 在直角坐标系中如何判断位移的正负值?
3. 在极坐标系中如何判断夹角的正负值?
4. 如何设置"FILL"命令和"FILLMODE"变量?
5. 用拟合点和控制点两种方法创建的样条曲线有什么不同?
6. 什么是修订云线?

二、专项练习

1. 完成图 2-56 所示图形的绘制。

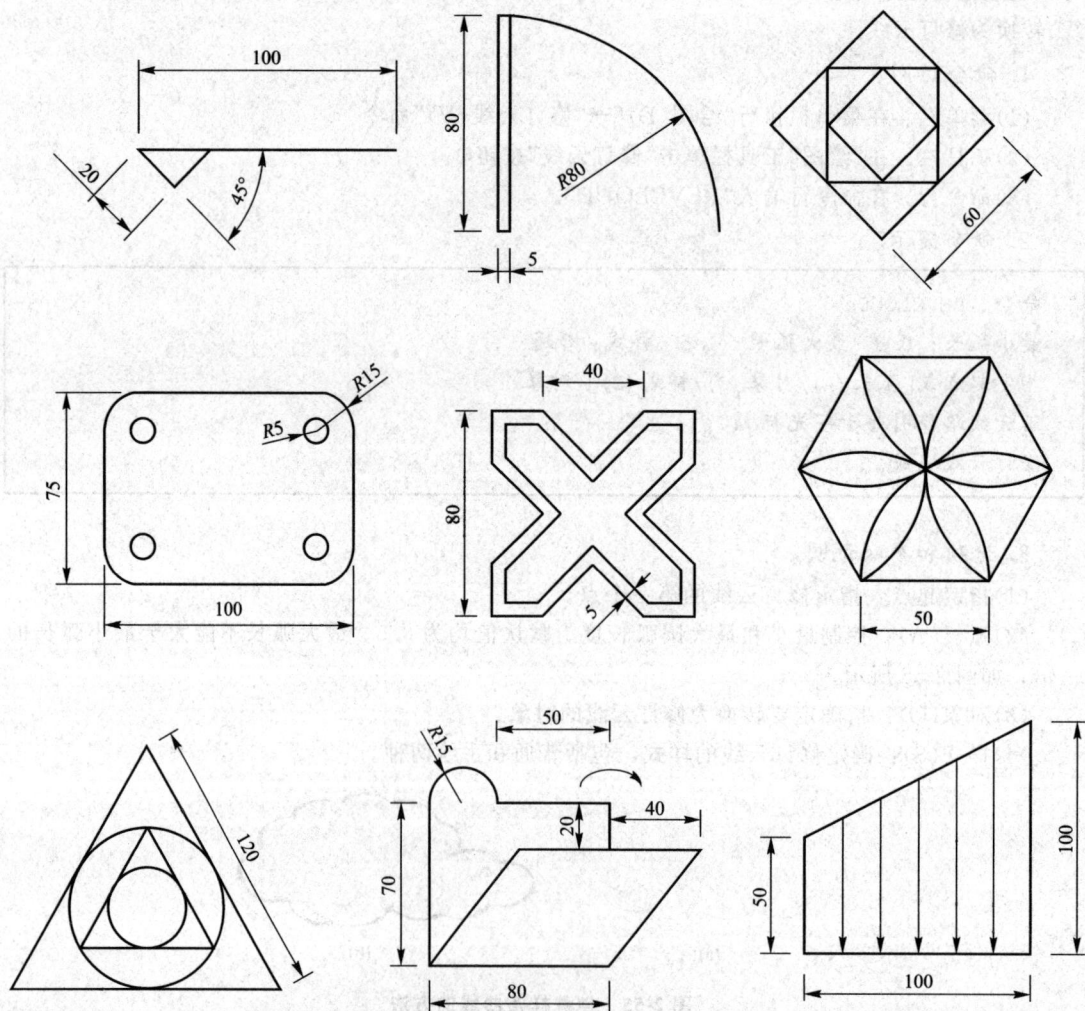

图 2-56　专项练习 1 图

图 2-56　专项练习 1 图(续)

2. 完成图 2-57 所示图形的绘制。

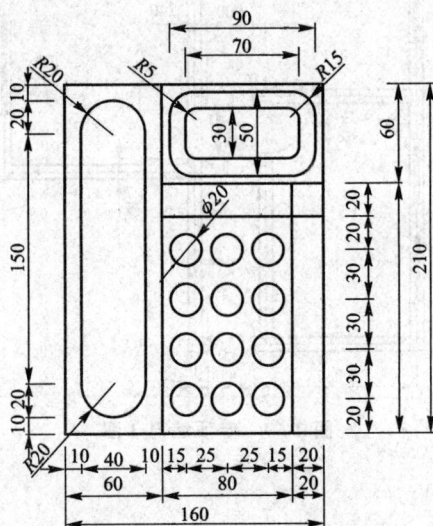

图 2-57　专项练习 2 图

3. 完成图 2-58 所示图形的绘制。

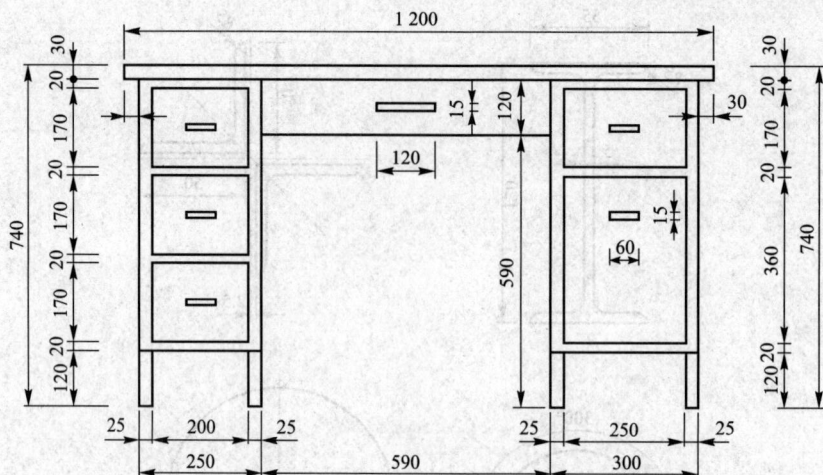

图 2-58　专项练习 3 图

4. 使用多线等命令完成图 2-59 所示图形的绘制。

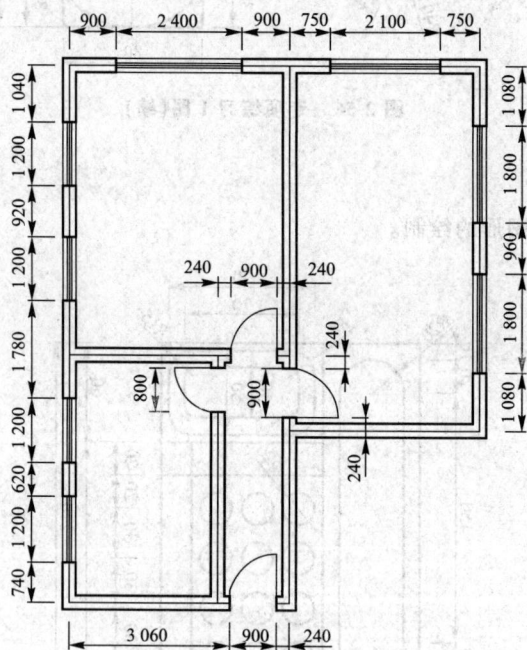

图 2-59　专项练习 4 图

模块 3　二维平面编辑

知识目标：通过本模块的学习，学生应掌握 AutoCAD 2014 中常见的编辑图形的工具、方法和命令。

技能目标：能熟练运用各种编辑命令对二维图形进行修改。

素质目标：培养严谨认真的绘图作风；严格执行与绘图相关的标准、规范。

项目 3.1　对象选择方法

教学要求：通过本项目的学习，学生应了解并掌握选择图形对象的方法。

教学要点：

教学重点：选择图形对象的方法。

教学难点：选择方式的设置。

■ 3.1.1　构造选择集

在编辑图形过程中，所要进行编辑的图形对象的集合称为选择集。AutoCAD 选择对象的方法很多，可以单击点选对象；可以拉矩形框用窗口模式或窗交（交叉窗口）模式选择对象；可以选择最近创建的对象、前面的选择集或图形中的所有对象，也可以向选择集中添加对象或从中删除对象。

构造选择集是对图形进行编辑的基础，选择集中可以包含单个对象，也可以包含更复杂的编组。

在执行命令的过程中，当系统要求选择对象时，光标变成拾取框"□"，即进入对象选择状态并提示"选择对象："，用户可以用各种方法在绘图区以交互的方式选择对象。被选中的对象将以虚线加亮显示，"选择对象："提示反复出现，用 Space 键、Enter 键或右击回答后完成选择集构造并结束选择操作。按 Esc 键将中断选择操作，以废除该选择集。若输入"?"则将显示对象选择方法信息。

1. 命令访问

执行任何需要选择对象命令，当命令提示行提示"选择对象："时，输入"?"，则命令提示行中列出可选用的选择对象的方法：

选择对象:? ↙

需要点或窗口(W)/上一个(L)/窗交(C)/框(BOX)/全部(ALL)/栏(F)/圈围(WP)/圈交(CP)/编组(G)/添加(A)/删除(R)/多个(M)/前一个(P)/放弃(U)/自动(AU)/单个(SI)/子对象(SU)/对象(O)

2.选项说明

(1)需要点:默认方式,是最常用的对象选择方式,可以键入坐标,也可以用鼠标指针移动拾取框,逐个单击要选的对象,此方法称为"点选"。"点选"法是最简单、也是最常用的一种选择对象的方法。

(2)窗口(W):默认方法,指定一个角点后,随着光标的移动屏幕将显示一个浅蓝色底的实线矩形窗口,输入第二点后,AutoCAD只选择所有被包含在窗口内的可见对象,而只有部分落入窗口内的可见对象不被选择。默认时,可直接用此方式选择,但是此方式与鼠标相对第一点的移动方位有关,第二点只能处于第一点的右方,与上下无关,否则将是"窗交"选择方式。采用窗口方式选择对象的过程与选择结果如图3-1所示。

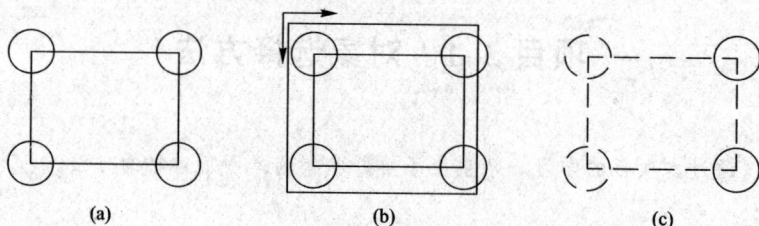

图3-1 窗口选择对象

(a)原有图形;(b)拾取矩形窗口;(c)选择结果

(3)上一个(L):选择上一个创建的可见对象,可多次使用,直接选到存盘前的可见对象。

(4)窗交(C):默认方式,操作过程与"窗口"类似,随着光标的移动屏幕将显示一个浅绿色底的虚线矩形窗口,该方式将选择所有包含在窗口内和部分窗口内的可见对象。采用窗交方式选择对象的过程与选择结果如图3-2所示。

图3-2 窗交选择对象

(a)原有图形;(b)拾取矩形窗口;(c)选择结果

(5)框(BOX):提示输入矩形框的两个对角点,自动引用"窗口(W)"方式或"窗交(C)方"式。

(6)全部(ALL):选择非冻结层上的所有可见与不可见对象。

(7)栏选(F):要求输入折线的各定点,所有与折线相接处的对象都会被选择。采用"栏选"方式选择对象的过程与选择结果如图3-3所示。

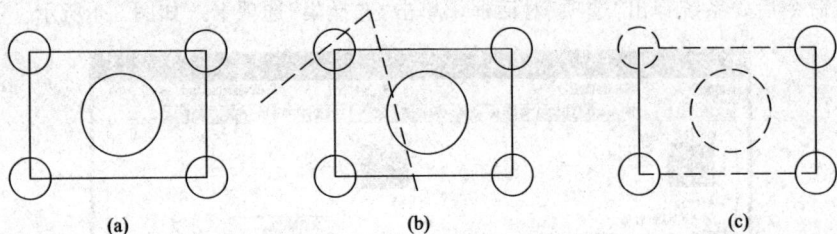

图 3-3 栏选折线选择对象

(a)原有图形；(b)确定栏选折线；(c)选择结果

(8)圈围(WP)：要求绘制一个封闭的多边形框，只能选择完全落入多边形框的对象。此方式与窗选(W)方式类似。

(9)圈交(CP)：要求绘制一个封闭的多边形框，在多边形内或与多边形的边相交的所有对象都被选择。此方式与窗交(C)方式类似。

(10)编组(G)：选择指定编组中的所有对象。

(11)添加(A)：从"撤销"方式切换到"添加"方式，此后所选的对象都将被添加到选择集中，系统每次提示"选择对象:"时都自动采用添加方式。

(12)删除(R)：从"添加"方式切换到"撤销"方式，系统提示变成"删除对象:"后，用户可用各种方式选择对象，所选择的对象将从选择集中撤销，不再是选择集的成员。用户可根据需要随机使用"A"或"R"选项，在"添加"和"撤销"两种方式间切换。

(13)多个(M)：点选多次而不亮显对象，直至按 Enter 键。此后系统才对多个指定点选对象进行一次性扫描，搜索选择的对象，从而节省了时间。

(14)前一个(P)：选择最近构建的选择集。从图中删除对象时，将清除"前一个(P)"选项设置。AutoCAD 自动记住选择集所在的空间，当在模型空间和图纸空间切换时，将忽略"前一个(P)"选择集。

(15)放弃(U)：取消最近一次的选择操作，可一步一步地将选择集内的对象移出。

(16)自动(AU)：切换到自动选择方式(默认方式)。若在对象上单击，则选择该对象；若在空白处单击，则该点作为选择窗口的第一个角点。当右移鼠标时，有绿色底的虚线框将跟随光标移动，确定第二个对角点，自动采用"窗交(C)"方式。自左至右为实线框，自右至左为虚线框。

(17)单个(SI)：切换到单选方式，选择一个或一个组对象后立即执行编辑操作，不再要求继续选择。

(18)子对象(SU)：选择对象的底层信息，如复合实体的一部分或三维实体的顶点。

(19)对象(O)：结束选择子对象功能，进入对象选择状态。

■ 3.1.2 选择方式的设置 ···

选择方式设置的目的是使对象选择方式更符合用户的操作习惯，让操作变得方便、快捷、得心应手。

1. 命令访问

(1)菜单栏。在菜单栏执行"工具(T)"→"选项"→"选项"对话框→"选择集"命令。

(2)命令行。在命令行输入"OPTION(OP)"。

执行该命令后，系统弹出"选项"对话框，单击"选择集"选项卡，如图 3-4 所示。

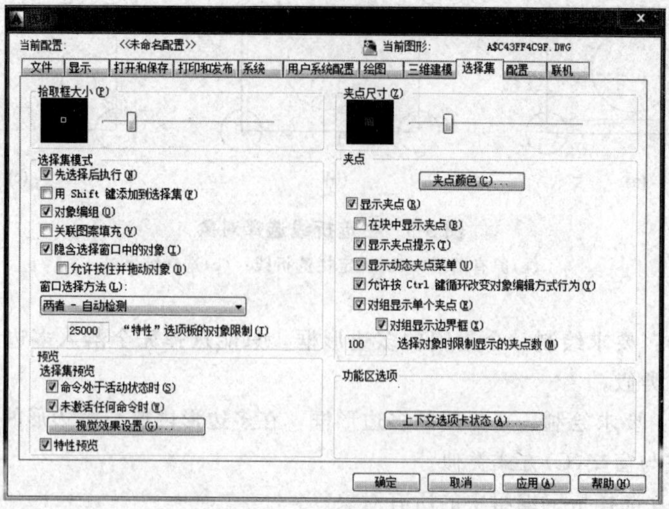

图 3-4 "选择集"选项卡

2.选项说明

"选择集"选项卡中共有 6 个选项组，其中左侧的 3 个选项组"拾取框大小""选择集模式"和"预览"与构造选择集有关，右上的两个选项组"夹点尺寸"和"夹点"用于夹点编辑，最后一个选择组"功能区选项"用来控制单击或双击对象时功能区上下文选项卡的显示方式。

（1）"拾取框大小"选项组：移动滑块，可以调整拾取框的大小。

（2）"预览"选项组：设置"命令处于激活状态时"和"未激活任何命令时"情况下，被选择对象的显示视角效果和选择窗口的底色与透明度。

（3）"选择集模式"选项组：

1）先选择后执行：先组建选择集然后使用它。AutoCAD 的许多命令允许先选择对象或输入命令。

☆注意：即使在该复选框打开的情况下，也依然可以先给出命令，然后选择被编辑的对象。

2）用 Shift 键添加到选择集：如果打开此项，则类似 Windows 的操作风格，可以按住 Shift 键，用构造选择集的任何基本方法向选择集中增加对象。就是说，必须按住 Shift 键再选择对象，才能将所选对象加入选择集，否则所选对象将替代原选择集。若关闭此项，则所选对象自动加入选择集。

3）对象编组：如果打开此项，当选择组中的任一个成员时，若该组设为可选择的，则该组的全部成员都被选择。关于对象编组在本模块的后面讨论。

4）关联图案填充：如果打开此项，当选择具有关联性的填充图案时，则填充图案的周围轮廓线也将被选中。

5）隐含选择窗口中的对象：如果打开此项，当执行编辑命令并提示构造选择集时，如果在屏幕的空白处拾取一点，则认为要采用窗口或窗交方式构造选择集，会接着提示输入对角点。

6）允许按住并拖动：如果打开此项，也类似 Windows 的操作风格，必须一直按住鼠标左键才能拖动出窗口，而第二个点在松开鼠标左键时确定。若关闭此项，则应分别指定窗口的两个对角点。

(4)"功能区选项"选项组。

所谓"上下文选项卡"就是每当选择一个对象(如图案填充)时,将会在功能区中提供用于处理该对象的特殊工具。在 AutoCAD 2014"草图与注释"工作空间中除了标准的选项卡外,还包含一些上下文选项卡。

单击 上下文选项卡状态(A) ... 按钮,将打开如图 3-5 所示的"功能区上下文选项卡状态选项"对话框,用鼠标点选"上下文选项卡"下"选择时不切换到上下文选项卡""单击时显示""双击时显示"进行设置。

图 3-5 "功能区上下文选项卡状态选项"对话框

■ 3.1.3 循环选择对象

在图形对象非常密集或重叠时,拾取框接触到的对象不止一个,系统选择的对象往往是距离靶心最近的对象,此对象可能不是自己想要的,这时不需要放大视图或调整拾取框的大小或进行其他操作,可以利用 AutoCAD 提供的循环选择对象功能,直到选择到目标对象为止。

(1)在提示"选择对象:"时,将光标置于最前面的对象上,然后按住 Shift 键,并反复按 Space 键,会遍历拾取框中的对象,出现目标对象后,松开 Shift 键并单击确认。此方法操作烦琐。

(2)启用状态栏上的"辅助工具循环选择"按钮,在选择密集或重叠的对象时,系统将弹出选择对象框,框中将列出所有可能被选对象,移动光标到列表中对象上,该对象将高亮显示并单击进行选择。

■ 3.1.4 快速选择对象(QSELECT)

在 AutoCAD 中,当用户需要选择具有某些共同特性的对象时,可利用"快速选择"对话框,根据对象的图层、线型、颜色和图案填充等特性构造选择集。按照要选择对象的特性或类型建立过滤标准,从整个图形或当前选择集中过滤出符合标准的对象,用以替代当前选择集或者加入当前选择集中。

1.命令访问

(1)菜单栏。在菜单栏执行"工具(T)"→"快速选择(K)"→"快速选择"命令。

(2)快捷菜单。在绘图区单击鼠标右键,在弹出的右键菜单执行快速选择(Q)→"快速选择"命令。

(3)命令行。在命令行输入"QSELECT"。

执行该命令后,系统弹出如图 3-6 所示的"快速选择"对话框。

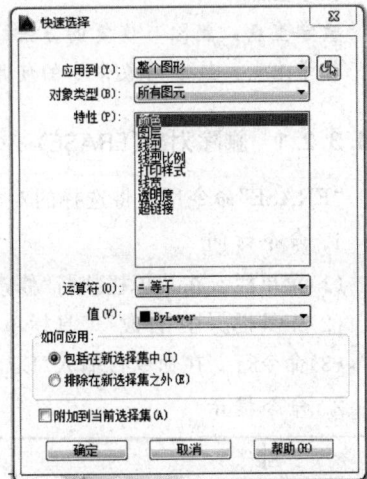

图 3-6 "快速选择"对话框

2. 选项说明

"快速选择"对话框中各选项功能如下：

(1)应用到(Y)：指定过滤标准的作用范围：本次选择是当前选择集还是整个图形，取决于"附加到当前选择集"选项的关与开。

(2)"选择对象"按钮：单击该按钮将返回到图形显示窗口，由用户选择对象建立当前选择集，供过滤器做进一步选择。选择结束返回时，AutoCAD 将"应用到"当前选择集。仅当打开"包括在新的选择集中"，且关闭"附加到当前选择集"后，此按钮才可用。

(3)对象类型：列出可过滤的对象类型，默认为所有图元。

(4)特性：用于指定过滤对象的特性，如颜色、线型和图层等，表中列出所选择对象类型的可搜索特性。

(5)运算符：取决于所选的对象，可选择"相等""不等""大于""小于"或"*"(通配符)。

(6)值：指定过滤的特性值，可以从列表中选择或输入特性值，如特性为颜色，则可以在值中设定希望的颜色。可以在特性、运算符和值中设定多个表达式表达的条件，各条件为逻辑"与"的关系。

(7)"如何应用"选项组：该选项组中有两个选项：

1)包括在新选择集中：按设定的条件创建新的选择集。

2)排除在新的选择集之外：符合设定条件的对象被排除在选择集之外。

(8)附加到当前选择集(A)：若打开该选项，由"快速选择"所建立的新选择集添加到当前选择集中，否则新选择集将替代当前选择集。

教学提示：通过本项目的学习，掌握了 AutoCAD 2014 中对象选择的方法，并且能够灵活选用合适的选择方法。

项目 3.2 删除与恢复

教学要求：通过本项目的学习，学生应掌握删除与恢复的方法。

教学要点：

教学重点：删除与恢复的方法。

教学难点：恢复对象命令的使用。

■ 3.2.1 删除对象(ERASE) ···

"ERASE"命令用于将选择的对象清除，执行该命令，将选中的对象删除。

1. 命令访问

(1)菜单栏。在菜单栏执行"修改(M)"→"删除(E)"命令。

(2)工具栏。在"修改"工具栏单击"删除"按钮∥。

(3)命令行。在命令行输入"ERASE(E)"。

2. 命令提示

```
命令：E↙
ERASE
选择对象：
```

3. 命令说明

(1)使用"删除"命令时,被删除的图形对象不会被剪切到剪贴板,即无法通过粘贴的方式将被删除的对象粘贴到其他位置。

(2)如果"删除"命令处理的是三维对象,则既可以删除整个三维对象,也可以只删除三维对象的某些面、网格、顶点等子对象。

(3)在"选择对象:"后面输入不同的字符,可以产生不同的删除结果,详见"项目3.1 对象选择方法"。举例如下:

1)输入"ALL":删除所有对象;

2)输入"L":删除绘制的上一个对象;

3)输入"P":删除前一个选择集;

4)输入"?":获得所有选项的列表。

■ 3.2.2 恢复对象(OOPS)

执行"恢复对象"命令可以恢复最近一次"ERASE"命令删除的对象。

1. 命令访问

命令行。在命令行输入"OOPS"。

2. 命令说明

(1)只能用"OOPS"命令恢复一次,即如果使用了两次"ERASE"命令删除对象,则前面一次删除的对象无法用"OOPS"命令恢复。

(2)该命令没有参数。

(3)在执行"ERASE"命令和"OOPS"命令之间,可以进行其他非删除操作。

(4)在执行"BLOCK(块)"命令后,也可以使用"OOPS"命令恢复因定义为块而被删除的对象。

教学提示:在"项目1.3 命令操作入门"学习的基础上,通过本项目的学习进一步掌握删除与恢复图形的方法。

☆**注意**:删除对象、恢复对象这两种命令均对具体的图形对象起作用。

项目3.3 放弃与重做

教学要求:通过本项目的学习,学生应掌握放弃与重做的方法。

教学要点:

教学重点:放弃与重做的方法。

教学难点:放弃与重做的方法。

■ 3.3.1 放弃(U、UNDO)

需要放弃已进行的操作,可以通过"放弃"命令来执行。放弃有两个命令,即"U"和"UNDO"。"U"命令没有参数,每执行一次,自动放弃上一个操作,但是存盘、图纸重生成等操作是不可以放弃的。"UNDO"命令有一些参数,功能较强。

在命令正在进行时要终止其执行，一般按 Esc 键，若执行了其他非透明命令，则 AutoCAD 将结束原命令，转而执行新命令。

1. 命令访问

(1)菜单栏。在菜单栏执行"编辑(E)"→"放弃(U)"命令。

(2)工具栏。在"快速访问"工具栏单击"放弃"按钮 ⇜·。

(3)命令行。在命令行输入"U"或"UNDO"。

(4)组合键。Ctrl+Z。

2. 命令说明

(1)"U"命令用于放弃单个操作。

(2)"UNDO"命令可用于放弃单个操作，也可用于放弃多个操作。

(3)许多命令内部包含针对本命令子步骤的 U(放弃)选项，无须退出此命令即可更正错误。例如，创建直线或多段线的命令使用过程中，输入"U"即可放弃上一个线段。

■ 3.3.2 重做(REDO、MREDO)

"重做"命令是将刚刚放弃的操作重新恢复。

1. 命令访问

(1)菜单栏。在菜单栏执行"编辑(E)"→"重做(R)"命令。

(2)工具栏。在"快速访问"工具栏单击"重做"按钮 ⇝·

(3)命令行。在命令行中输入"REDO"或"MREDO"。

(4)组合键。Ctrl+Y。

2. 命令提示

(1)"REDO"命令。

命令提示 (以放弃/重做"LINE"命令操作为例)	命令说明
命令：U↙ LINE 命令：REDO LINE	"U"命令放弃了上一次绘制直线的"LINE"命令操作 "REDO"紧跟在"U"命令后执行，恢复"LINE"命令操作

(2)"MREDO"命令。

命令：MREDO↙ 输入动作数目或[全部(A)/上一个(L)]：

3. 选项和参数说明

(1)输入动作数目：确定重做命令/操作的数目。

(2)全部(A)：重做之前做过的所有命令/操作。

(3)上一个(L)：只重做上一个命令/操作。

4. 命令说明

(1)"REDO"命令可恢复单个"UNDO"或"U"命令放弃的效果。"REDO"命令必须紧跟在"U"

或"UNDO"命令之后方能生效。

(2)"MREDO"命令可恢复之前几个"UNDO"或"U"命令放弃的操作。

教学提示：通过本项目的学习，在"项目 1.3 命令操作入门"学习的基础上进一步掌握放弃与重做的方法。

☆**注意**：放弃、重做这两类命令均对命令或操作起作用。

项目 3.4　移动与复制

教学要求：通过本项目的学习，学生应掌握移动和复制命令编辑对象的方法。

教学要点：

教学重点：移动和复制编辑对象的方法。

教学难点：灵活运用移动和复制命令编辑对象。

■ 3.4.1　移动(MOVE)

使用"MOVE"命令可将所选择对象平移到指定位置。

1. 命令访问

(1)菜单栏。在菜单栏执行"修改(M)"→"移动(V)"命令。

(1)工具栏。在"修改"工具栏中单击移动按钮✛

(3)命令行。在命令行输入"MOVE(M)"。

2. 命令提示

命令：M↙	
MOVE	
选择对象：	(选取要移动的对象)
指定基点或[位移(D)]〈位移〉：	(输入基点或位移)
指定第二点或〈使用第一个点作为位移〉：	(输入第二点，或按 Enter 键)

3. 选项和参数说明

(1)指定基点：指定移动的起点。

(2)指定第二点：指定移动的第二点，系统以从基点到第二点的矢量作为位移矢量平移对象。当用鼠标指针在屏幕上指定第二点时，屏幕上会显示拖曳线。

(3)位移：指定移动的相对距离和方向。若在"指定第二点："提示后按 Enter 键"↙"，则以从原点到基点的矢量作为位移矢量平移对象。

4. 绘制任务和绘制示例

【**例 3-1**】　将圆移到矩形中心，要求圆心和矩形中心重合，如图 3-7 所示。

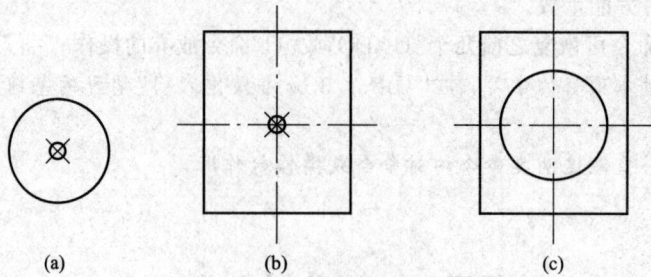

图 3-7 对象的移动

(a)选择对象指定基点；(b)指定第二点；(c)平移结果

■ 3.4.2 复制(COPY)

对图形中相同的对象，无论其复杂程度如何，只要绘制完成一个后，便可以通过复制命令生成其他相同的对象。

1. 命令访问

(1)菜单栏。在菜单栏执行"修改(M)"→"复制(Y)"命令。

(2)工具栏。在"修改"工具栏中单击"复制"按钮 %。

(3)命令行。在命令行输入"COPY(CO/CP)"。

2. 命令提示

```
命令：COPY↙

选择对象：

选择对象：

当前设置：复制模式＝多个

指定基点或[位移(D)/模式(O)]〈位移〉：

指定第二个点或[退出(E)/放弃(U)]〈退出〉：
```

3. 选项和参数说明

(1)指定基点：复制对象的参考点。

(2)位移(D)：源对象和目标对象之间的位移矢量。

(3)模式(O)：设置单一复制或多重复制。

(4)指定第二个点：指定第二个点来确定位移矢量，第一点为基点。

(5)退出(E)：结束操作。

(6)放弃(U)：放弃前一次复制。

教学提示：通过本项目的学习，能灵活运用平移和复制命令编辑图形。

项目 3.5 旋转与镜像

教学要求：通过本项目的学习，学生应掌握旋转和镜像等命令编辑对象的方法。

教学要点：

教学重点：旋转和镜像编辑对象的方法。

教学难点：灵活运用旋转和镜像命令编辑图形。

■ 3.5.1　旋转(ROTATE) ···

将某一对象绕指定基点(旋转中心)旋转到一定角度或参照一对象进行旋转。

1. 命令访问

(1)菜单栏。在菜单栏执行"修改(M)"→"旋转(R)"命令。

(2)工具栏。在"修改"工具栏中单击"旋转"按钮◌。

(3)命令行。在命令行输入"ROTATE(RO)"。

2. 命令提示

(1)指定角度旋转。

```
命令：RO↙
ROTATE
UCS 当前的正角方向：ANGDIR＝逆时针    ANGBASE＝0
选择对象：                                          选取要旋转的对象
指定基点：                                          拾取旋转的基点
指定旋转角度，或［复制 (C)/参照 (R)]〈0〉：          输入旋转角度 R
```

(2)参照旋转。

```
命令：RO↙
 ROTATE
UCS 当前的正角方向：ANGDIR＝逆时针    ANGBASE＝0
选择对象：                                          选择需要旋转的对象
选择对象：
指定基点：                                          提供点坐标或单击确定点位
指定旋转角度，或［复制 (C)/参照 (R)]〈45〉：r
指定参照角〈0〉：指定第二点：
指定新角度或［点 (P)]〈0〉：
```

3. 选项和参数说明

(1)指定基点：指定旋转中心。

(2)指定旋转角度：输入角度值或者在屏幕上指定一点。当输入角度值时，正值表示按逆时针方向旋转对象，负值表示按顺时针方向旋转对象。当在屏幕上指定一点时，基点到指定点连线的倾斜角度即为旋转角度。

(3)参照：参照需要指定绝对角度(参照角)，将对象从指定旋转角度旋转到指定的绝对角度。

(4)指定参照角：如果采用参照方式，需指定参照角。可直接输入角度值，也可指定两点由两点连线的角度确定参照角的值。

(5)指定新角度［点(P)]：如果输入新角度值，该值为指定的旋转绝对角度值。如果输入点坐标或单击确定点位置，则以指定参照角的第一个点到该点连线的角度作为新角度。

(6)复制：使用该选项，则将要旋转的选定对象进行复制，再将复制对象进行旋转。

4. 绘制任务和绘制示例

【例 3-2】 已有图形如图 3-8(a)所示，现要将其编辑成如图 3-8(b)所示图形。

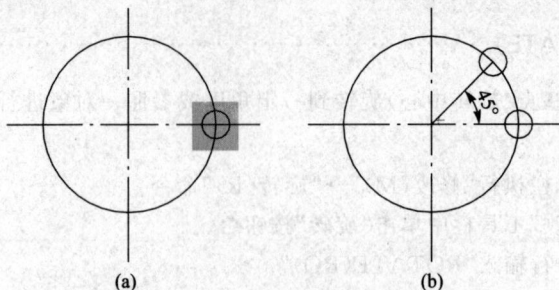

图 3-8 按指定旋转角度旋转复制图形

(a)已有图形与选择对象；(b)结果图形

绘图步骤、命令行提示及步骤说明如下：

绘图步骤与命令行提示	步骤说明
命令：ROTATE↙	执行"旋转"命令
UCS 当前的正角方向：ANGDIR＝逆时针 ANGBASE＝0	命令状态的提示
选择对象： 选中图 3-8(a)中小圆	
选择对象：找到 1 个	选择对象
选择对象：↙	找到对象的提示
指定基点： 捕捉大圆的圆心	按 Enter 键/Space 键等方式表示
指定旋转角度，或[复制(C)/参照(R)]〈0〉：c↙	无新对象要选择
旋转一组选定对象。	旋转时复制所选对象
指定旋转角度，或[复制(C)/参照(R)]〈0〉：45↙	命令行的提示
	输入旋转角度，完成图形编辑

■ **3.5.2 镜像(MIRROR)** ···

对于对称的图形，可以制绘制一半，然后采用"镜像"命令产生与其对称的另一部分。

1. 命令访问

(1)菜单栏。在菜单栏执行"修改(M)"→"镜像(I)"命令。

(2)工具栏。在"修改"工具栏中单击"镜像"按钮。

(3)命令行。在命令行输入"MIRROR(MI)"。

2. 命令提示

命令：MIRROR↙	
选择对象：	(选择镜像对象)按 Enter 键或 Space 键结束对象选择
指定镜像线的第一点：	输入镜像线上的一点
指定镜像线的第二点：	输入镜像线上的另一点
要删除源对象吗？[是(Y)/否(N)]〈N〉：	根据是否保留原图，输入 Y 或 N

3. 选项和参数说明

(1)指定镜像线的第一点：确定镜像轴的第一点。

(2)指定镜像线的第二点：确定镜像轴的第二点。

(3)要删除源对象吗？［是(Y)/否(N)］〈N〉：选择是否删除源对象，Y 为删除，N 为保留。

4. 绘制任务和绘制示例

【例 3-3】 图 3-9(a)所示，已绘制部分图形，将其编辑成完整图形，如图 3-9(d)所示。

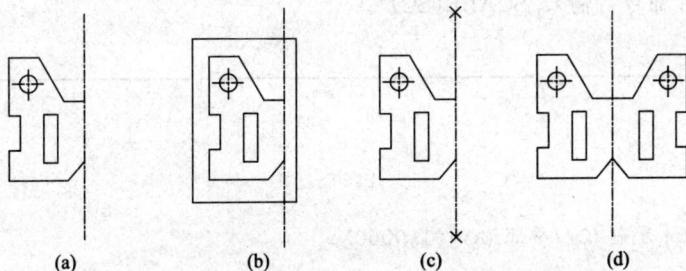

图 3-9 镜像复制对象

(a)已绘图形；(b)选择对象；(c)指定镜像线；(d)镜像结果

绘图步骤、命令行提示及步骤说明如下：

绘图步骤与命令行提示	步骤说明
命令：MIRROR↙ 选择对象：　　指定矩形选择框的第一个角点 指定对角点：　　指定矩形选择框的对角点 找到 14 个 选择对象：↙ 指定镜像线的第一点：　　　指定第一个点 指定镜像线的第二点：　　　指定第二个点 要删除源对象吗？［是(Y)/否(N)］〈N〉：n↙	执行"镜像"命令 使用矩形选择框的方式批量选择对象 命令行的提示 按 Enter 键/Space 键等方式表示无其他 对象要选择 指定 2 个点以确定镜像线 输入"n"，保留源对象

教学提示：通过本项目的学习，能灵活运用旋转和镜像命令编辑图形。

项目 3.6　比例缩放、拉伸、拉长

教学要求：通过本项目的学习，学生应掌握比例缩放、拉伸、拉长等命令编辑对象的方法。

教学要点：

教学重点：比例缩放、拉伸、拉长等命令编辑对象的方法。

教学难点：拉伸与拉长命令编辑对象的区别。

■ 3.6.1 比例缩放(SCALE)

"SCALE"命令用于按给定的基点和缩放比例，沿 X、Y、Z 方向等比例缩放选定对象。

1. 命令访问

(1)菜单栏。在菜单栏执行"修改(M)"→"缩放(L)"命令。

(2)工具栏。在"修改"工具栏中单击"缩放"按钮🗗。

(3)命令行。在命令行输入"SCALE(SC)"。

2. 命令提示

```
命令：SCALE↙
选择对象：
指定基点：
指定比例因子或[复制(C)/参照(R)]〈1.0000〉：
```

3. 选项和参数说明

(1)指定比例因子：以给定比例因子缩放所选对象。比例因子大于1时，放大对象；比例因子在0与1之间时，缩小对象。

(2)参照(R)：通过指定当前长度和新长度进行缩放，即使用绝对长度进行缩放。

(3)指定参照长度〈1.0000〉：如果采用参照方式，需指定参照长度。

(4)指定新的长度或[点(P)]：如果采用参照方式，指定新的长度值。

(5)复制(C)：复制状态时，在缩放对象的同时对源对象进行复制。

4. 绘制任务和绘制示例

【例3-4】 试作出如图3-10(a)所示大小的正六边形。

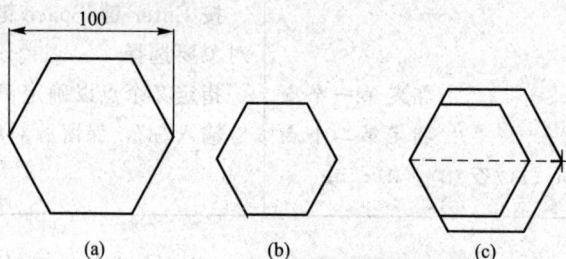

(a)   (b)   (c)

图3-10 参照缩放的应用

(a)作图目标；(b)任一正六边形；(c)参照缩放

■ 3.6.2 拉伸(STRETCH)

"STRETCH"命令是调整图形大小、形状、位置的一种十分灵活的工具。

1. 命令访问

(1)菜单栏。在菜单栏执行"修改(M)"→"拉伸(H)"命令。

(2)工具栏。在"修改"工具栏中单击"拉伸"按钮🗗。

(3)命令行。在命令行输入"STRETCH(S)"。

2. 命令提示

```
命令：STRETCH↙
以交叉窗口或交叉多边形选择要拉伸的对象……
选择对象：指定对角点：找到 1 个
选择对象：
指定基点或[位移(D)]〈位移〉：
指定第二个点或〈使用第一个点作为位移〉：
```

3. 选项和参数说明

(1)选择对象：选择拉伸的对象。必须采用交叉窗口或交叉多边形的方式选择对象，拉伸的结果还与交叉窗口/交叉多边形范围内包含的特征点数量有关。

(2)指定基点：指定拉伸的基点。

(3)位移(D)：指定拉伸的相对距离和方向。

(4)指定第二个点：定义第二个点来确定位移。系统以从基点到第二点的矢量作为位移矢量拉伸对象。

4. 绘制任务和绘制示例

【例 3-5】 图 3-11(a)所示的原图，现使用拉伸命令移动门的位置，保持门和墙的连接关系不变。

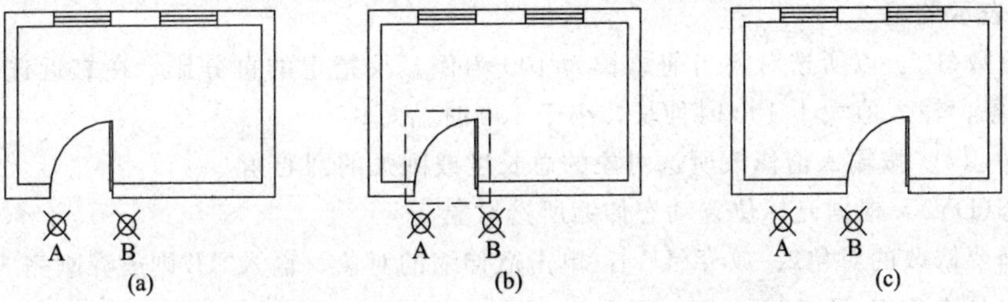

图 3-11 用拉伸改变门的位置(基点 A、位移点 B)

(a)原始位置；(b)窗交方式选择对象；(c)拉伸结果

绘图步骤、命令行提示及步骤说明如下：

绘图步骤与命令行提示	步骤说明
命令：STRETCH↙	执行"拉伸"命令
以交叉窗口或交叉多边形选择要拉伸的对象……	命令行的提示
选择对象： 指定交叉窗口的第一个角点	选择拟拉伸对象
指定对角点： 指定交叉窗口的对角点	
找到 10 个	命令行的提示
选择对象：↙	按 Enter 键/Space 键等方式结束选择对象步骤
指定基点或[位移(D)]〈位移〉： 指定基点 A	指定基点
指定第二个点或〈使用第一个点作为位移〉：	指定位移点，基点到位移点的距离
指定位移点 B	和方向作为拉伸的相对距离和方向

■ 3.6.3 拉长(LENGTHEN) ···

"LENGTHEN"命令用于修改线段的长度、圆弧的长度、圆弧的包含角。

1. 命令访问

(1)菜单栏。在菜单栏执行"修改(M)"→"拉长(G)"命令。

(2)命令行。在命令行输入"LENGTHEN(LEN)"。

2. 命令提示

```
命令：LENGTHEN
选择对象或[增量(DE)/百分数(P)/全部(T)/动态(DY)]：DE↙
输入长度增量或[角度(A)]<0.0000>：
选择要修改的对象或[放弃(U)]：
```

3. 选项和参数说明

(1)选择对象：选择被编辑的对象，CAD中将显示其长度和圆弧所包含的角度，并再次显示该提示。

(2)增量(DE)：按输入的增量，在靠近选择点的一端伸缩所选对象。增量为正值表示增长，增量为负值表示缩短。

(3)百分数(P)：以所选对象当前总长为100为例，按指定的百分比，在靠近选择点的一端伸缩所选对象，输入值大于100时伸长，小于100时缩短。

(4)全部(T)：按输入值修改所选对象的总长度或圆弧的圆心角。

(5)动态(DY)：根据光标位置动态伸缩所选对象。

(6)选择要修改的对象或[放弃(U)]：单击欲伸缩的对象，输入"U"则放弃刚完成的操作。

4. 绘制任务和绘制示例

【例3-6】 在绘图过程中，通常以图形轮廓线修剪点画线，现已绘出如图3-12所示的图形，将各点画线的两端外延3 mm。

提示：采用"IENGTHEN"命令的"增量(DE)"选项完成任务。

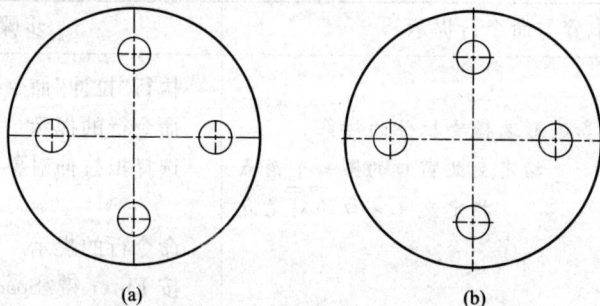

图3-12 增量拉长对象

(a)原有图形；(b)单击线段的每个拟延长端

绘图步骤、命令行提示及步骤说明如下：

绘图步骤与命令行提示	步骤说明
命令：LENGTHEN↙ 选择对象或[增量(DE)/百分数(P)/全部(T)/动态(DY)]：de↙ 输入长度增量或[角度(A)]〈0.0000〉：3↙ 选择要修改的对象或[放弃(U)]：在要延长的每条线段的延长端单击	执行"拉长"命令 使用"增量"模式 指定增量为3 每个单击过的延长端端部自动增长3

教学提示：通过本项目的学习，能灵活运用比例缩放、拉伸、拉长命令编辑图形。

项目 3.7　夹点原理和使用

教学要求：通过本项目的学习，学生应掌握夹点的原理和夹点的使用方法。
教学要点：
教学重点：夹点的原理和使用方法。
教学难点：夹点的编辑过程。

■ 3.7.1　夹点的概念 ···

　　每个图形都有若干个几何特征点，一般称这些特征点为"夹点"，也称为"夹持点"，直接编辑修改这些夹点可提高编辑效率，可快捷、方便地改变图形的对象和位置。不同的图形对象夹点数量和几何特征也不一样，如直线以端点和中点为夹点，圆以4个象限点和圆心为夹点。常用图形对象夹点的数量和位置如图 3-13 所示。默认情况下，选取对象后夹点变为蓝色小方框标记。

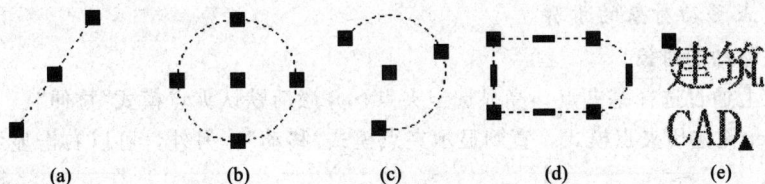

图 3-13　显示对象夹点
(a)直线；(b)圆；(c)圆弧；(d)多段线；(e)文本

■ 3.7.2　启用关闭夹点 ···

　　1. 打开夹点的方法
　　(1)菜单栏。在菜单栏执行"工具(T)"菜单→"选项(N)……"命令，从"选项"对话框的"选择集"选项卡中选择"启用夹点"，单击"确定"按钮。

(2)修改系统变量"GRIPS"值为 1。"GRIPS"变量值可以设为 0、1、2，每个值对应作用见表 3-1。

表 3-1　"GRIPS"变量赋值表

GRIPS 值	对应作用
0	隐藏夹点
1	显示夹点
2	在多段线线段上显示其他中点夹点

2. 取消夹点的步骤

(1)在"选择集"中去掉"启用夹点"复选。

(2)修改系统变量"GRIPS"值为 0。

■ 3.7.3　夹点编辑过程 ···

1. 使用多个夹点拉伸的步骤

(1)选择要拉伸的几个对象。

(2)松开 Shift 键并单击几个夹点使其亮显。

(3)松开 Shift 键并通过单击选择一个夹点作为基点。激活默认夹点模式"拉伸"。

(4)移动定点设备并单击。选定夹点行动一致，选定对象被拉伸。

2. 选用夹点拉伸对象的步骤

(1)选择要拉伸的对象。

(2)在对象上选择基夹点。亮显选定夹点，并激活默认夹点模式"拉伸"。

(3)移动定点设备并单击。随着夹点的移动拉伸选定对象。

此时，命令行提示如下：

```
＊＊拉伸＊＊
指定拉伸点或[基点(B)/复制(C)/放弃(U)/退出(X)]：
```

3. 使用夹点移动对象的步骤

(1)选择要移动的对象。

(2)在对象上通过选择基夹点，亮显选定夹点，并激活默认夹点模式"拉伸"。

(3)按 Enter 键遍历夹点模式，直到显示夹点模式"移动"。另外，可以右击显示模式和选项的快捷菜单。

(4)移动定点设备并单击，选定对象随夹点移动。

此时，命令行提示如下：

```
＊＊移动＊＊
指定移动点或[基点(B)/复制(C)/放弃(U)/退出(X)]：
```

4. 使用夹点旋转对象的步骤

(1)选择要旋转的对象。

(2)在对象上通过选择基夹点，亮显选定夹点，并激活默认夹点模式"拉伸"。

(3)按 Enter 键遍历夹点模式，直到显示夹点模式"旋转"。另外，可以右击显示模式和选项的快捷菜单。

(4)移动定点设备并单击。选定对象随夹点移动。

此时，命令行提示如下：

```
＊＊旋转＊＊
指定旋转角度或[基点(B)/复制(C)/放弃(U)/退出(X)]：
```

5. 使用夹点缩放对象的步骤

(1)选择要缩放的对象。

(2)在对象上通过选择基夹点，亮显选定夹点，并激活默认夹点模式"拉伸"。

(3)按 Enter 键遍历夹点模式，直到显示夹点模式"缩放"。另外，可以右击显示模式和选项的快捷菜单。

(4)移动定点设备并单击，完成操作。

此时，命令行提示如下：

```
＊＊比例缩放＊＊
指定比例因子或[基点(B)/复制(C)/放弃(U)/退出(X)]：
```

6. 使用夹点为对象创建镜像步骤

(1)选择要镜像的对象。

(2)在对象上通过选择基夹点，亮显选定夹点，并激活默认夹点模式"拉伸"。

(3)按 Enter 键遍历夹点模式，直到显示夹点模式"镜像"。另外，可以右击显示模式和选项的快捷菜单。

(4)单击指定镜像的第二点，完成镜像。

此时，命令行提示如下：

```
＊＊镜像＊＊
指定第二点或[基点(B)/复制(C)/放弃(U)/退出(X)]：
```

7. 以任意一种夹点模式创建副本的步骤

(1)选择要复制的对象。

(2)在对象上通过选择基夹点，亮显选定夹点，并激活默认夹点模式"拉伸"。

(3)按 Enter 键遍历夹点模式，直到显示所需的夹点模式。另外，可以右击显示模式和选项的快捷菜单。

(4)输入"C(复制)"。系统将创建副本直到夹点关闭。

(5)输入或指定当前的夹点模式所需的附加输入。

(6)按 Enter 键、Space 键或 Esc 键关闭夹点。

8. 绘制任务和绘制示例

【例 3-7】 用夹点拉伸三角形，具体过程如图 3-14 所示。

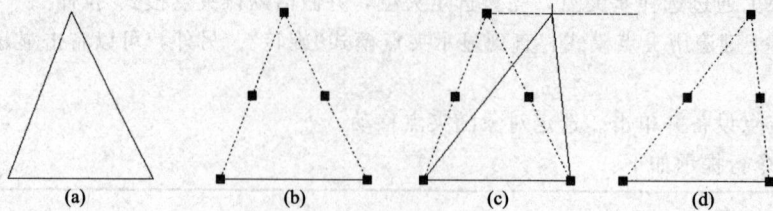

图 3-14　用夹点拉伸三角形

(a)"LINE"绘制直线；(b)选择对象；(c)选中夹点进行拉伸；(d)拉伸结果

教学提示：通过本项目的学习，应掌握夹点的原理和夹点的使用方法。

项目 3.8　阵列与偏移

教学要求：通过本项目的学习，学生应掌握阵列与偏移命令编辑对象的方法。

教学要点：

教学重点：阵列与偏移命令编辑对象的方法。

教学难点：灵活运用阵列与偏移命令编辑图形。

■ 3.8.1　阵列(ARRAY)

对于呈矩形或环形均匀分布的相同图形，可以通过"阵列"命令快速产生。在 AutoCAD 2014 中，根据形成阵列方式的不同，陈列可分为矩形阵列、路径阵列、环形阵列三种。

1. 命令访问

(1)菜单栏。在菜单栏执行"修改(M)"→"阵列"命令，如图 3-15 所示。

图 3-15　阵列菜单栏

(2)工具栏。在"修改"工具栏中单击"矩形阵列"按钮 。

(3)命令行。在命令行输入"ARRAY(AR)"。

2. 命令提示

```
命令：ARRAY↙
选择对象：
输入阵列类型［矩形 (R)/路径 (PA)/极轴 (PO)］〈矩形〉：
```

3. 矩形阵列

矩形阵列将选定对象的副本按指定行数、列数、层数形成阵列，可选用"ARRAY"中的"矩形(R)"可选项进入该模式，也可直接执行"ARRAYRECT"命令。

(1)命令提示。选择矩形阵列后，将出现矩形阵列预览，如图3-16所示，同时，命令行继续提示如下：

```
命令：ARRAYRECT↙
选择对象
类型＝矩形  关联＝是
选择夹点以编辑阵列或［关联(AS)/基点(B)/计数(COU)/间距(S)/列数(COL)/行数(R)/层数(L)/退出(X)］〈退出〉：
```

(2)夹点说明。以图3-16为例，在矩形阵列预览中出现6个夹点，其功能基本上对应命令提示中"基点(B)/计数(COU)/间距(S)/列数(COL)/行数(R)/层数(L)"，拖动夹点以调整间距及行数和列数，同样也可以通过命令提示交互来调整矩形阵列参数。

1)A夹点：即基点，悬停该夹点，可以实现移动阵列和设定层数。图3-16设置了3层的阵列，显然是三维阵列，可以看出又多了两个夹点，该两夹点的功能与D和C或D和E的功能类似。单击该夹点将进入夹点编辑模式。

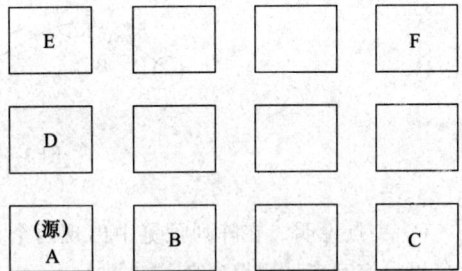

图3-16　矩形阵列预览

2)B夹点：设置列间距。

3)C夹点：悬停该夹点，可以对列数、列总间距和轴间角进行设置。所谓轴间角就是矩形阵列的两个方向矢量X、Y轴的夹角，缺省时为90°，通过它可以改变X轴对Y轴的夹角，注意Y轴是不变的，只改变X轴。单击拖动可以动态设置列数。

4)D夹点：设置行间距。

5)E夹点：该夹点功能及操作与C夹点类似，只不过是对行数、行总间距和轴间角进行设置。同样，轴间角只改变Y轴。

6)F夹点：悬停该夹点，可以对行数和列数、行和列总间距进行设置。单击拖动可以动态设置行数和列数。

除B、D两夹点外，其余4点都是多功能夹点。

(3)选项和参数说明。

1)关联(AS)：阵列的所有图形是单个阵列对象，因此，可以对阵列特性进行编辑，如改变间距、项目数和轴间角等。同时，编辑项目的源对象，其他各项目也会随其改变或采用暂代项目特性进行编辑。相反，非关联是指阵列中的项目为独立的对象，更改一个项目不影响其他项目。

2)基点(B)：阵列对象的基准点，缺省时为单一对象的中心，也可以设置其他的点。

3)计数(COU)：确定行数和列数。

4)其他选项：同对应的夹点。

4. 路径阵列

路径阵列将选定对象的副本沿路径或部分路径均匀分布形成阵列，可选用"ARRAY"中的"路径(PA)"可选项进入该模式，也可直接执行"ARRAYPATH"命令。

（1）命令提示。选择路径阵列后，将出现路径阵列预览，如图3-17所示，同时，命令行继续提示如下：

```
命令：ARRAYPATH✓
选择对象：
类型＝路径关联＝是
选择路径曲线：
选择夹点以编辑阵列或[关联(AS)/方法(M)/基点(B)/切向(T)/项目(I)/行(R)/基线(L)/对齐项目(A)/Z方向(Z)/退出(X)]〈退出〉：
```

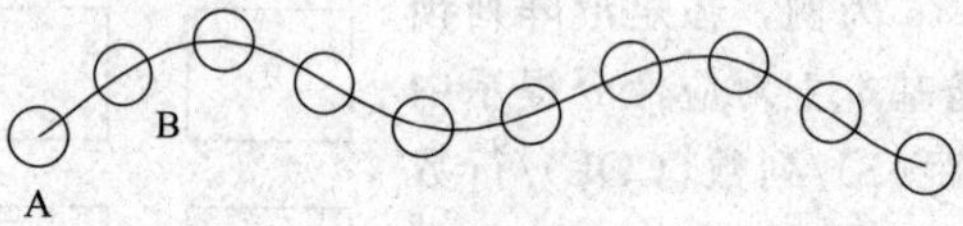

图3-17 路径阵列预览

（2）夹点说明。在阵列预览中出现两个夹点，利用夹点可以调整路径阵列参数，也可以通过命令提示交互来调整路径阵列参数。

1）A夹点：即基点，悬停该夹点，可以实现移动阵列、设定行数和层数。

2）B夹点：设置项目间距。

（3）选项和参数说明。

1）路径曲线：路径可以是直线、多段线、三维多段线、样条曲线、螺旋、圆弧、圆或椭圆。

2）方法（M）：设置项目沿路径是等距分布还是定数分布。

3）切向（T）：设置项目对路径的相位，有切向和法向两种。

4）项目（I）：指定项目间的距离和项目数。

5）行（R）：设置项目的行数、行间距和标高增量。

6）对齐项目（A）：设置阵列项目是否与路径对齐。

7）方向（Z）：设置阵列项目是否保持同方向。

5．环形阵列

环形阵列将选定对象的副本均匀地围绕中心点或旋转轴分布形成阵列，可选用"ARRAY"中的"极轴（PO）"可选项进入该模式，也可直接执行"ARRAYPOLAR"命令。

（1）命令提示。选择环形阵列后，将出现环形阵列预览，如图3-18所示，同时，命令行继续提示如下：

```
命令ARRAYPOLAR✓
选择对象：
类型＝极轴　关联＝是
指定阵列的中心点或[基点(B)/旋转轴(A)]：
选择夹点以编辑阵列或[关联(AS)/基点(B)/项目(I)项目间角度(A)/填充角度(F)/行(ROW)/层(L)/旋转项目(ROT)/退出(X)]〈退出〉：
```

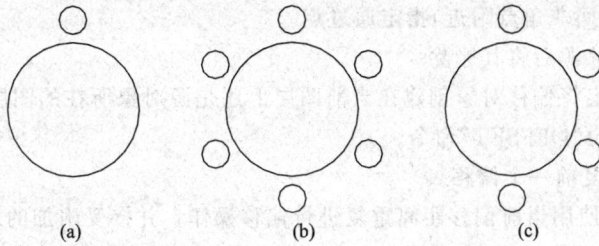

图 3-18 环形阵列

(a)已知两圆；(b)6 个项目圆周均分；(c)4 个项目－180°填充

说明：图 3-18 表示了环形阵列一些参数的设置对阵列的影响：(a)图为已知大圆和阵列源对象（小圆）；(b)图的设置为：项目数 6、填充角度 360°；(c)图的设置为：项目数 4、填充角度－180°。

(2)夹点说明。在环形阵列预览中出现 3 个或 4 个夹点，利用夹点可以调整环形阵列参数；同样也可以通过命令提示交互来调整环形阵列参数。

1)A 夹点：即基点，悬停该夹点，可以对环形阵列的半径、行数和层数等参数进行设置。

2)B 夹点：单击拖动或输入项目间角度。

3)C 夹点：环形阵列中心，单击移动和复制环形阵列。

4)D 夹点：悬停该夹点，可以对环形阵列的项目数和填充角度等参数进行设置。

(3)选项和参数说明。

1)项目(I)：输入阵列中的项目数。

2)项目间角度(A)：指定项目间的角度。

3)填充角度(F)：指定填充角度。

4)行(ROW)：输入行数、行间距和标高增量。

5)旋转项目(ROT)：设置是否旋转阵列项目。

■ **3.8.2 偏移(OFFSET)** ···

"OFFSET"命令用于创建一个与选择对象形状相同，但有一定偏距的新对象。

1. 命令访问

(1)菜单栏。在菜单栏执行"修改(M)"→"偏移(S)"命令。

(2)工具栏。在"修改"工具栏中单击"偏移"按钮 ⚏。

(3)命令行。在命令行输入"OFFSET(O)"。

2. 命令提示

```
命令：OFFSET↙
当前设置：删除源＝否　图层＝源　OFFSETGAPTYPE＝0
指定偏移距离或[通过(T)/删除(E)/图层(L)]〈4.0000〉：
选择要偏移的对象，或[退出(E)/放弃(U)]〈退出〉：
指定要偏移的那一侧上的点，或[退出(E)/多个(M)/放弃(U)]〈退出〉：
```

3. 选项和参数说明

(1)指定偏移距离：输入偏移距离，可以键入，也可以单击两点之间的距离来定义。

(2)通过(T)：创建通过指定点的对象。注意在对带角点的多段线偏移时想获得最佳效果，请在直线段中点附近(而非角点附近)指定通过点。

  (3)删除(E)：偏移源后将其删除。

  (4)图层(L)：确定将偏移对象创建在当前图层上还是源对象所在的图层上。

  (5)退出(E)：退出"OFFSET"命令。

  (6)放弃(U)：恢复前一个偏移。

  (7)多个(M)：将使用当前偏移距离重复进行偏移操作，并接受附加的通过点。

4．绘制任务和绘制示例

【例3-8】 使用"偏移"命令将图示3-19已有图形中的小圆进行偏移，分别通过A、B两点。

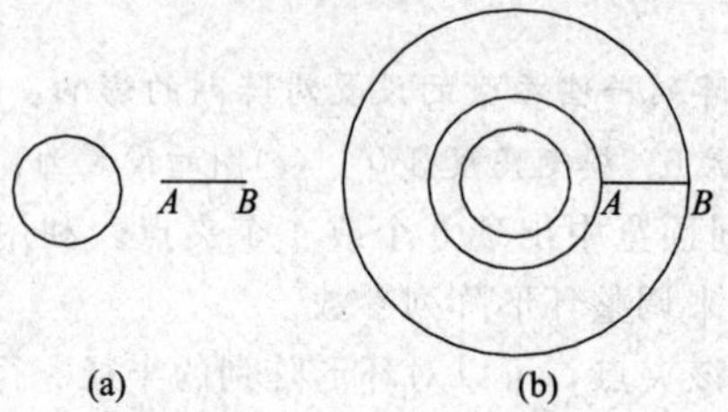

图 3-19　通过定点的偏移

(a)已有图形；(b)偏移结果

绘图步骤、命令行提示及步骤说明如下：

绘图步骤与命令行提示		步骤说明
命令：OFFSET✓		执行"偏移"命令
当前设置：删除源＝否 图层＝源 OFFSETGAPTYPE＝0		命令行提示当前状态
指定偏移距离或[通过(T)/删除(E)/图层(L)]〈通过〉：t✓		使用"通过"模式
选择要偏移的对象，或[退出(E)/放弃(U)]〈退出〉：	选小圆	选择拟偏移对象
指定通过点或[退出(E)/多个(M)/放弃(U)]〈退出〉：	选点A	偏移得到通过A点的圆
选择要偏移的对象，或[退出(E)/放弃(U)]〈退出〉：	选小圆	选择拟偏移对象
指定通过点或[退出(E)/多个(M)/放弃(U)]〈退出〉：	选点B	偏移得到通过B点的圆

教学提示：通过本项目的学习，应能灵活运用阵列和偏移命令编辑图形。

项目 3.9　修剪与延伸

教学要求：通过本项目的学习，学生应掌握修剪与延伸命令编辑对象的方法。

教学要点：

教学重点：修剪与延伸命令编辑对象的方法。

教学难点：灵活运用修剪与延伸命令编辑图形。

■ 3.9.1 修剪(TRIM)···

  "TRIM"命令是用指定的一个或多个对象作为边界剪切被修剪对象，使它们精确地终止于剪切边界线。可以被修剪的对象包括圆弧、圆、椭圆弧、直线、射线、构造线、多线、样条曲线、文字和图案填充等。

1. 命令访问

(1)菜单栏。在菜单栏执行"修改(M)"→"修剪(T)"命令。

(2)工具栏。在"修改"工具栏中单击"修剪"按钮∕⊢。

(3)命令行。在命令行输入"TRIM(TR)"。

2. 命令提示

命令：TRIM↙

当前设置：投影＝UCS，边＝无

选择剪切边...

选择对象或〈全部选择〉：(选取修剪的对象)

选择要修剪的对象，或按住 Shift 键选择要延伸的对象，或[栏选(F)/窗交(C)/投影(P)/
边(E)/删除(R)/放弃(U)]：P↙

输入投影选项[无(N)/UCS(U)/视图(V)]〈UCS〉：

选择要修剪的对象，或按住 Shift 键选择要延伸的对象，或[栏选(F)/窗交(C)/投影(P)/
边(E)/删除(R)/放弃(U)]：E↙

输入隐含边延伸模式[延伸(E)/不延伸(N)]〈延伸〉：

3. 选项和参数说明

(1)选择边界的边...选择对象或〈全部选择〉：选择一个或多个对象，或者按 Enter 键选择所有显示的对象。使用选定对象来定义对象修剪的剪切边界。

(2)选择要修剪的对象：指定欲修剪的对象。选择修剪对象提示将会重复，因此，可以选择多个修剪对象，按 Enter 键退出命令。

(3)按住 Shift 键选择要延伸的对象：延伸选定对象而不是修剪它们。此选项提供了一种在修剪和延伸之间切换的简便方法。

(4)栏选(F)：选择与选择栏相交的所有修剪对象。选择栏是一系列临时线段，它们是用两个或多个栏选点指定的，无须构成闭合环。

(5)窗交(C)：以交叉窗口方式选择欲修剪的对象。注意某些要修剪的对象的交叉选择不确定，此时，"TRIM"将沿着矩形交叉窗口从第一个点以顺时针方向选择首先遇到的对象端为依据。

(6)投影(P)：指定修剪对象时使用的投影方式。选择该项后出现"输入投影选项"的提示：

输入投影选项[无(N)/UCS(U)/视图(V)]〈当前〉：　　　　　　　　输入选项或按 Enter 键

1)无(N)：指定无投影，该选项只能修剪与三维空间中的剪切边相交的对象。

2)UCS(U)：指定在当前用户坐标系 XOY 平面上的投影(交叉线的重影点)。该选项能修剪不与三维空间中的剪切边相交的对象。

3)视图(V)：以当前视图为投影方向，该选项将修剪与当前视图中的边界相交的对象。

(7)边(E)：按边的模式修剪，选择该项后，继续提示要求"隐含边延伸模式"：

输入隐含边延伸模式[延伸(E)/不延伸(N)]〈当前〉：　　　　　　定义隐含边延伸模式

1)延伸(E)：选择的剪切边界无须与修剪对象相交，剪切边自然延长线与修剪对象的交点可作为剪切点。即当所选的修剪对象与修剪边界的交点在修剪边界的延长线上时，也被修剪。

2)不延伸(N)：剪切边和要修剪的对象必须相交才可修剪，不与剪切边直接相交的对象不被修剪。

(8)删除(R)：删除不需要修剪的选中对象。此选项提供了一种用来删除不需要的对象的简便方式，而无须退出"TRIM"命令。

(9)放弃(U)：撤销由"TRIM"命令所做的最近一次修改。

4. 绘制任务和绘制示例

【例 3-9】 将图 3-20(a)所示图形修剪成图 3-20(c)所示图形。

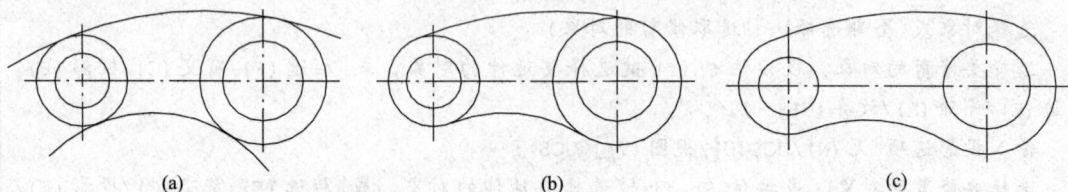

(a)　　　　　　　　　　　　　(b)　　　　　　　　　　　　　(c)

图 3-20 修剪图形

(a)已有图形；(b)修剪圆弧；(c)继续修剪，修剪结果

■ 3.9.2 延伸(EXTEND)

"EXTEND"命令用于在图中延伸现有对象，使其端点精确地落在指定的边界线上。

1. 命令访问

(1)菜单栏。在菜单栏执行"修改(M)"→"延伸(EX)"命令。

(2)工具栏。在"修改"工具栏中单击"延伸"按钮￢。

(3)命令行。在命令行输入"EXTEND(EX)"。

2. 命令提示

```
命令：EXTEND↙
当前设置：投影＝UCS，边＝无
选择边界的边……
选择对象或〈全部选择〉：
选择对象：↙
选择要延伸的对象，或按住 Shift 键选择要修剪的对象，或
[栏选(F)/窗交(C)/投影(P)/边(E)/放弃(U)]：P
输入投影选项[无(N)/UCS(U)/视图(V)]〈UCS〉：
选择要延伸的对象，或按住 Shift 键选择要修剪的对象，或
[栏选(F)/窗交(C)/投影(P)/边(E)/放弃(U)]：E
输入隐含边延伸模式[延伸(E)/不延伸(N)]〈不延伸〉：
```

3. 选项和参数说明

(1)选择边界的边…选择对象或〈全部选择〉：选择一个或多个对象，或者按 Enter 键选择所

有显示的对象。使用选定对象来定义对象延伸到的边界。

(2)选择要延伸的对象：选择欲延伸的对象。对象延伸端是离选择点最近的一段。图线按它原来方向延伸（直线段沿直线方向，弧线段沿着弧的方向），直到与指定边界线之一准确相交。如果指定了多个边界，对象延伸到最近的边界，还可有再次选取该对象以延伸到下一个边界。

(3)按住 Shift 键选择要修剪的对象：将选定对象修剪到最近的边界而不是将其延伸。这是在修剪和延伸之间切换的简便方法。

(4)栏选（F）/窗交（C）/投影（P）/边（E）：选项与"TRIM"命令相同，此处不再赘述。

(5)放弃（U）：放弃最近由"EXTEND"命令所做的更改。

4. 绘制任务和绘制示例

【例 3-10】 已知图 3-21(a)，将其编辑成所示图形 3-21(b)。

教学提示：通过本项目的学习，应能灵活运用修剪和延伸命令编辑图形。

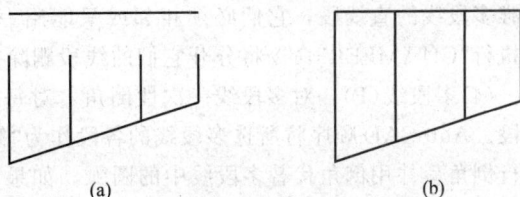

(a)   (b)

图 3-21 延伸图形
(a)已绘图形；(b)延伸结果

项目 3.10 倒角与圆角

教学要求：通过本项目的学习，学生应掌握倒角与圆角编辑对象的方法。

教学要点：

教学重点：倒角与圆角命令编辑对象的方法。

教学难点：灵活运用倒角与圆角命令编辑图形。

■ 3.10.1 倒角（CHAMFER）

"CHAMFER"命令是用指定的倒角距离对两直线、多段线、构造线、射线和三维实体边进行倒角。

1. 命令访问

(1)菜单栏。在菜单栏执行"修改（M）"→"倒角（C）"命令。

(2)工具栏。在"修改"工具栏中单击"倒角"按钮◁。

(3)命令行。在命令行"CHAMFER(CHA)"。

2. 命令提示

命令：CHAMFER↙
("修剪"模式)当前倒角距离 1＝0.0000，距离 2＝0.0000
选择第一条直线或［放弃(U)/多段线(P)/距离(D)/角度(A)/修剪(T)/方式(E)/多个(M)］：
选择第二条直线，或按住 Shift 键选择直线以应用角点或［距离(D)/角度(A)/方法(M)］：

3.选项和参数说明

(1)"修剪"模式:该模式控制对象在倒角时是否被修剪。也可以通过系统变量"TRIMMODE"命令控制;TRIMMODE=1时,"TRIMMODE"命令会将相交的直线修剪至倒角直线的端点,如果选定的直线不相交,"CHAMFER"命令将延伸或修剪这些直线,使它们相交;TRIMMODE=0,则创建倒角而不修剪选定的直线。

(2)选择第一条直线:默认选项,指定第一倒角边。

(3)选择第二条直线:选择第二倒角边后,即按设定的方式和值创建倒角。如果选定对象是二维多段线的直线段,它们必须相邻或只能用一条线段分开。如果它们被另一条多段线分开,则执行"CHAMFER"命令将分开它们的线段删除并代之倒角。

(4)多段线(P):对多段线一次性倒角,对每个多段线顶点进行倒角,倒角成为多段线的新线段。AutoCAD顺序将所选多段线的各段作为"第一倒角边"、尾随的直线段作为"第二倒角边"进行倒角,并用倒角代替多段线中的圆弧。如果多段线包含的线段过段以至于无法容纳倒角距离时,则不对这些线段倒角。对于闭合多段线,当到达最后一条线段时,最初的第一线段就被当成"第二倒角边"进行倒角。

(5)距离(D):通过定义距离进行倒角。以两倒角边交点到倒角顶点的距离定义倒角。从两线交点到第一、第二倒角边上倒角顶点的距离,分别称为第一、第二倒角距离,如图3-22所示。

所设定的倒角距离在再次设定之前保持有效。输入零倒角距离,可以将不平行的两直线延伸相交或修剪相交。

选择对象时若按住 Shift 键,则用 0 值替代当前的倒角距离。

(6)角度(A):通过定义角度和距离进行倒角。

角度为倒角线与第一倒角边的夹角;距离为原角点沿第一倒角边到倒角顶点的距离,如图 3-23 所示。

倒角的距离和角度设定后,在再次设定之前保持有效。

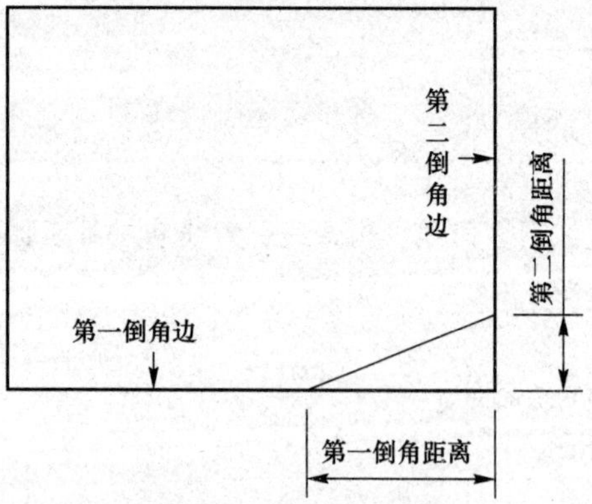

图 3-22　距离方式倒角 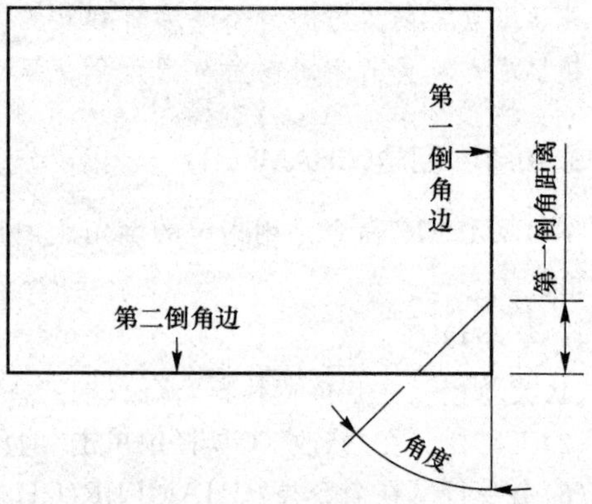　　　　　图 3-23　角度方式倒角

(7)修剪(T):指定修剪或不修剪方式切换。

(8)方式(E):距离法和角度法切换。

(9)多个(M):使用此选项可以对多组对象倒角而无须结束命令。

4.绘制任务和绘制示例

【例 3-11】　将图示 3-24(a)的左上角进行等距离为 10 的倒角。

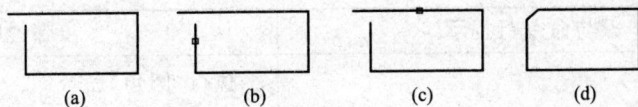

图 3-24 一般倒角

(a)已绘图形；(b)选定第一倒角边；(c)选定第二倒角边；(d)倒角结果

■ **3.10.2 圆角(FILLET)** ···

"FILLET"命令是用指定半径的圆弧光滑连接相交两直线、弧或圆，还可以对多段线的各定点一次性倒角。

1. 命令访问

(1)菜单栏。在菜单栏执行"修改 M"→"圆角 F"命令。

(2)工具栏。在"修改"工具栏单击"圆角"按钮◯。

(3)命令行。在命令行输入"FILLET(F)"。

2. 命令提示

```
命令：FILLET↙
当前设置：模式＝修剪，半径＝0.0000
选择第一个对象或[放弃(U)/多段线(P)/半径(R)/修剪(T)/多个(M)]：
选择第二个对象，或按住 Shift 键选择对象以应用角点或[半径(R)]：
```

3. 选项和参数说明

(1)当前设置：模式＝修剪；提示当前倒角模式。

(2)选择第一个对象：默认选项，指定倒圆角的第一个边。

(3)选择第二个对象：指定倒圆角的第二个边。

(4)多段线(P)：对多段线一次性倒圆角。多段线中原有的圆弧段被倒角圆弧代替，如果不想用倒角圆弧代替原来的圆弧段，就不要使用多段线倒圆角方式，而要在每个需要倒圆角处分别选择多段线的两线段。

(5)半径(R)：指定倒圆半径，此半径在重新指定前一直保持有效。若指定倒圆半径为 0，则将不相交线段延长相交或修剪相交。选择对象时，也可以按住 Shift 键，以便使用 0 值替代当前圆角半径。

(6)修剪(T)：用于设置修剪方式，意义同"CHAMFER"命令。

(7)多个(M)：给多个对象集加圆角。"FILLET"将重复显示主提示和"选择第二个对象"提示，直到用户按 Enter 键结束该命令。

4. 绘制任务和绘制示例

【例 3-12】 两种模式的相交直线的圆角，如图 3-25 所示。

绘图步骤、命令行提示及步骤说明如下：

(1)修剪模式。

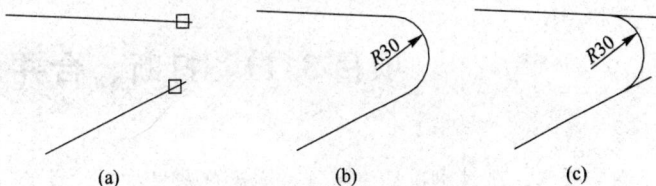

图 3-25 相交直线圆角

(a)圆角前；(b)修剪方式圆角；(c)非修剪方式圆角

绘图步骤与命令行提示	步骤说明
命令：F↙ FILLET 当前设置：模式＝修剪，半径＝0.0000 选择第一个对象或[放弃(U)/多段线(P)/半径(R)/修剪(T)/多个(M)]：r↙ 指定圆角半径〈0.0000〉：10↙ 选择第一个对象或[放弃(U)/多段线(P)/半径(R)/修剪(T)/多个(M)]：　　　选择第一条直线 选择第二个对象，或按住Shift键选择对象以应用角点或[半径(R)]：　　　选择第二条直线	执行"圆角"命令 进入半径设置 设置圆角半径为10 依次选择两条直线，用半径为10且与两直线均相切的圆弧段连接两直线，并将超出圆弧的直线部分修剪掉，将未连到圆弧的直线缺口补全

(2)非修剪模式。

绘图步骤与命令行提示	步骤说明
命令：FILLET↙ 当前设置：模式＝修剪，半径＝30.0000 选择第一个对象或[放弃(U)/多段线(P)/半径(R)/修剪(T)/多个(M)]：R↙ 指定圆角半径〈0.0000〉：30↙ 选择第一个对象或[放弃(U)/多段线(P)/半径(R)/修剪(T)/多个(M)]：T↙ 输入修剪模式选项[修剪(T)/不修剪(N)]〈修剪〉：N↙ 选择第一个对象或[放弃(U)/多段线(P)/半径(R)/修剪(T)/多个(M)]：　　　选择第一条直线 选择第二个对象，或按住Shift键选择对象以应用角点或[半径(R)]：　　　选择第二条直线	执行"圆角"命令 进入半径设置 设置圆角半径为30 进入修剪命令的模式设置 设置成非修剪模式 依次选择两条直线，用半径为30且与两直线均相切的圆弧段连接两直线，并将超出圆弧的直线部分修剪掉，将未连到圆弧的直线缺口补全

教学提示：通过本项目的学习，应能灵活运用倒角和圆角命令编辑图形。

项目3.11　打断、合并、分解

教学要求：通过本项目的学习，学生应掌握打断、合并、分解命令编辑对象的方法。

教学要点：

教学重点：打断、合并、分解命令编辑对象的方法。

教学难点：灵活运用打断、合并、分解命令编辑图形。

■ 3.11.1 打断对象(BREAK)

"BREAK"命令可以打断直线、多段线、椭圆、样条曲线、构造线和射线,使用该命令可以将对象在指定的两点间的部分删掉,或将一个对象打断成两个具有同一端点的对象。"BREAK"命令无法打断块、尺寸标注、多行文字和面域等对象。

1. 命令访问

(1)菜单栏。在菜单栏中执行"修改(M)"→"打断(BR)"命令。

(2)工具栏。在"修改"工具栏中单击"打断"按钮🗂。

(3)命令行。在命令行输入"BREAK(BR)"。

2. 命令提示

命令:BREAK↙

选择对象:

指定第二个打断点,或[第一点(F)]:

3. 选项和参数说明

(1)选择对象:选择欲打断的对象,AutoCAD默认将选择对象的选择点作为第一点,用户也可以通过"F"选项重新指定第一切断点。

(2)指定第二个打断点:系统将用选择点作为起点、用指定第二切断点作为终点,删除两点间部分的线段。如果输入@指定第二切断点和第一切断点重合,则对象被打断分成两段,而不删除任何一段。

(3)第一点(F):输入F,重新定义第一切断点。

图3-26～图3-28展示了常见打断情况和操作步骤,其中P1为选择点,P2为第二打断点。

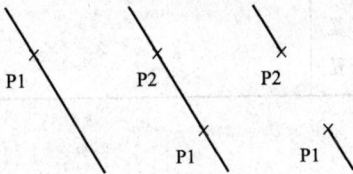

图 3-26　去除中间段　　　　　　　　　　图 3-27　去除一端

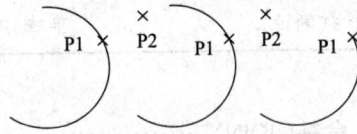

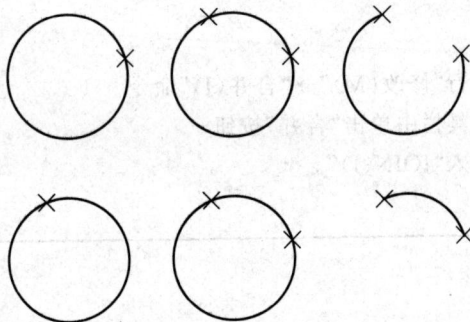

图 3-28　去除圆的中间段(逆时针)

4. 绘制任务和绘制示例

【例3-13】 将图3-29所示的墙中门洞打断。

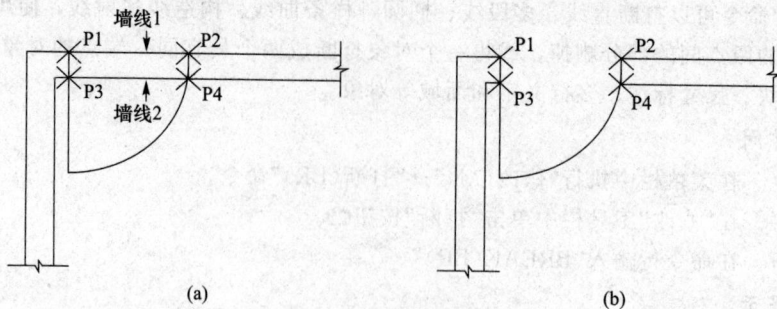

图3-29 墙中门洞打断
(a)打断前；(b)打断后

绘图步骤、命令行提示及步骤说明如下：

绘图步骤与命令行提示		步骤说明
命令：BREAK↙		执行"打断"命令
选择对象：	选择墙线1	选择要打断的对象
指定第二个打断点或[第一点(F)]：F↙		输入F重新选择打断的第一个点
指定第一个打断点：	单击P1点位置	指定对象上的两个点，此两点间被
指定第二个打断点：	单击P2点位置	打断并删除
命令：BREAK↙		
选择对象：	选择墙线2	
指定第二个打断点或[第一点(F)]：F↙		
指定第一个打断点：	单击P3点位置	
指定第二个打断点：	单击P4点位置	

■ 3.11.2 合并(JOIN)

"JOIN"命令可以将多段线、直线、圆弧、椭圆弧和样条曲线等独立的线段合并为一个实体对象。

1. **命令访问**

(1)菜单栏。在菜单栏执行"修改(M)"→"合并(J)"命令。

(2)工具栏。在"修改"工具栏中单击"合并"按钮┅。

(3)命令行：在命令行输入"JOIN(J)"。

2. **命令提示**

```
命令：JOIN↙
选择对象：
指定第二个打断点 或[第一点(F)]
```

3. 操作说明

(1)直线对象必须共线(位于同一无限长的直线上),但是它们之间可以有间隙。

(2)多段线对象之间不能有间隙,并且必须位于与 UCS 的 XOY 平面平行的同一平面上。

(3)圆弧对象必须位于同一假想的圆上,但是它们之间可以有间隙。"闭合"选项可将源圆弧转换成圆。合并两条或多条圆弧时,将从源对象开始逆时针方向合并圆弧。

(4)样条曲线对象必须位于同一平面内,并且必须首尾相邻(端点到端点放置)。

■ 3.11.3 分解对象(EXPLODE) ··

将复合对象分解为单一对象。

1. 命令访问

(1)菜单栏。在菜单栏执行"修改(M)"→"分解(X)"命令。

(2)工具栏。在"修改"工具栏中单击"分解"按钮。

(3)命令行。在命令行输入"EXPLODE(X)"。

2. 命令提示

```
命令: EXPLODE↙
选择对象:                                                        选取要分解的对象
```

3. 操作说明

复合对象被分解后,变成直线、圆弧等单一对象,但其图层、线型、颜色等属性依旧保留。

教学提示:通过本项目的学习,应能灵活运用打断、合并、分解命令编辑图形。

项目 3.12 多段线编辑

教学要求:通过本项目的学习,学生应掌握多段线编辑的方法。

教学要点:

教学重点:编辑多段线的方法。

教学难点:灵活运用多段线编辑命令编辑图形。

■ 3.12.1 单个多段线编辑(PEDIT) ··

"PEDIT"命令常见于合并二维多段线、将线条和圆弧转换为二维多段线、将多段线转换为近似样条曲线(拟合多段线)。

1. 命令访问

(1)菜单栏。在菜单栏执行"修改(M)"→"对象(O)"→"多段线(P)"命令。

(2)命令行。在命令行输入"PEDIT(PE)"。

2. 命令提示

(1)合并二维多段线。以合并二维多段线为例，已知如图 3-30(a)所示，ABCD 由直线 AB、BC、CD 组成，拟将 ABCD 合并为一条多段线[图 3-30(b)]，其命令提示如下：

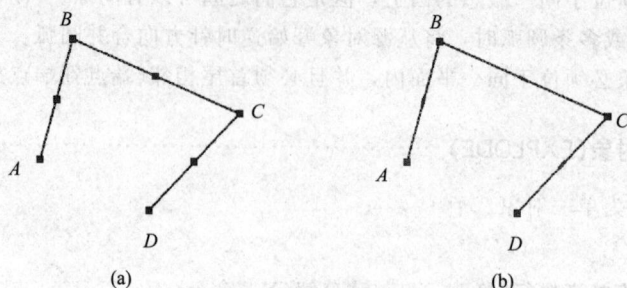

图 3-30　合并二维多段线

(a)合并前；(b)合并后

```
命令：PE↙
PEDIT 选择多段线或[多条(M)]:                              选取直线 AB
选定的对象不是多段线
是否将其转换为多段线？〈Y〉↙
输入选项[闭合(C)/合并(J)/宽度(W)/编辑顶点(E)/拟合(F)/样条曲线(S)/非曲线化(D)/
线型生成(L)/反转(R)/放弃(U)]:j↙
   选择对象：找到 1 个                                    选取直线 BC
   选择对象：找到 1 个,总计 2 个                          选取直线 CD
   选择对象:↙
   多段线已增加 2 条线段
输入选项[闭合(C)/合并(J)/宽度(W)/编辑顶点(E)/拟合(F)/样条曲线(S)/非曲线化(D)/
线型生成(L)/反转(R)/放弃(U)]:↙
```

(2)将多段线转换为近似样条曲线。已知图 3-31(a)所示为合并后的多段线，将该多段线转换成近似样条曲线[图 3-31(b)]，将该多段线转换成近似拟合曲线[图 3-31(c)]，其命令提示如下：

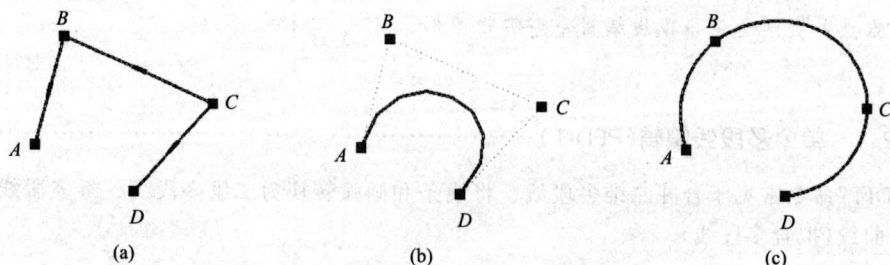

图 3-31　将多段线转换为近似曲线

(a)转换前；(b)转换为样条曲线；(c)转换为拟合曲线

```
命令: PE↙
PEDIT 选择多段线或[多条(M)]:                                              选取多段线 ABCD
    输入选项[闭合(C)/合并(J)/宽度(W)/编辑顶点(E)/拟合(F)/样条曲线(S)/非曲线化
(D)/线型生成(L)/反转(R)/放弃(U)]: s↙
    多段线 ABCD 转换为样条曲线,并继续如下提示
    输入选项[闭合(C)/合并(J)/宽度(W)/编辑顶点(E)/拟合(F)/样条曲线(S)/非曲线化(D)/
线型生成(L)/反转(R)/放弃(U)]: f↙
    转换为拟合曲线,并继续如下提示
    输入选项[闭合(C)/合并(J)/宽度(W)/编辑顶点(E)/拟合(F)/样条曲线(S)/非曲线化(D)/
线型生成(L)/反转(R)/放弃(U)]: ↙
```

3. 选项和参数说明

(1)选择多段线:如果选择直线、圆弧或样条曲线,系统将提示"是否将其转换为多段线?",输入 Y 表示"是",输入 N 表示"否"。如果选择的对象是多段线,则跳过该提示。

(2)闭合/打开:当选取的多段线为首尾不相连的开放状态,提示"闭合(C)",执行该命令可使多段线首尾相连,形成闭合线框。当选取的多段线为闭合的多段线,提示"打开(O)",执行该命令将使多段线最后一个点和第一个点之间的连接段被删除,使多段线首尾断开,变成开放状态。

(3)合并(J):将多个直线、圆弧、多段线合并成一个多段线对象。

(4)宽度(W):编辑多段线的宽度。

(5)编辑顶点(E):编辑多段线的顶点。可以通过"下一个(N)""上一个(P)"指定要编辑的顶点,对某个顶点或某两个顶点间的对象进行编辑。

```
命令: PE↙
PEDIT 选择多段线或[多条(M)]:
    输入选项[闭合(C)/合并(J)/宽度(W)/编辑顶点(E)/拟合(F)/样条曲线(S)/非曲线化(D)/
线型生成(L)/反转(R)/放弃(U)]: e↙
    输入顶点编辑选项
[下一个(N)/上一个(P)/打断(B)/插入(I)/移动(M)/重生成(R)/拉直(S)/切向(T)/宽度
(W)/退出(X)]〈N〉:
```

1)下一个(N):将标记点移动到下一个顶点。

2)上一个(P):将标记点移动到上一个顶点。

3)打断(B):指定两个顶点,执行"打断"命令后将位于两个标记顶点中间的那部分多段线删除,剩余多段线被打断成两个多段线。

4)插入(I):在多段线的标记顶点后添加新的顶点。

5)移动(M):移动标记顶点的位置。

6)重生成(R):重生成多段线。

7)拉直(S):将位于两个标记顶点中间的那部分多段线拉直成直线段。

8)切向(T):将切线方向附着到标记顶点。该切线方向将用于曲线拟合时。

9)宽度(W):指定一个标记顶点,可修改该标记顶点下一段多段线的起点宽度和端点宽度。

修改宽度后必须执行"重生成"命令才能显示新的宽度。

10)退出(X)：退出"编辑顶点"模式。

(6)拟合(F)：将多段线转换成拟合曲线。

(7)样条曲线(S)：将多段线转换成样条曲线。

(8)非曲线化(D)：将多段线从拟合曲线或样条曲线状态转换成直线段状态。

(9)线型生成(L)：生成经过多段线顶点的连续图案线型。以多段线为点画线线型为例，关闭(N)此选项时，顶点处不能以点画线的空白段显示，将在每个顶点处以点画线的实线段开始和结束生成线型。"线型生成"不能用于带变宽线段的多段线。

(10)反转(R)：反转多段线顶点的顺序。使用此选项可反转使用包含文字线型的对象的方向。例如，根据多段线的创建方向，线型中的文字可能会倒置显示。

(11)放弃(U)：还原操作，可一直返回到"PEDIT"任务开始时的状态。

4. 绘制任务和绘制示例

【例 3-14】 使用多段线编辑命令将图 3-32(a)所示图形修改为图 3-32(b)所示图形。

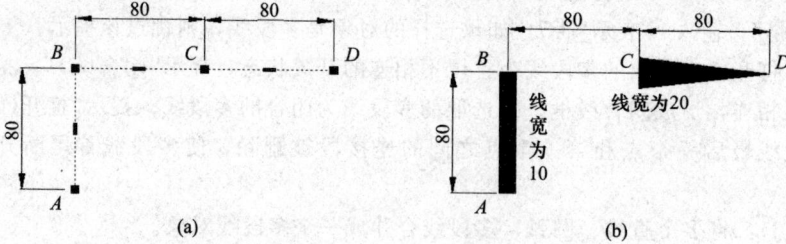

图 3-32 多段线编辑

(a)编辑前；(b)编辑后

■ 3.12.2 多个多段线编辑

该命令用于编辑多个多段线，还可用于将多个直线和圆弧对象转换为多段线对象。

1. 命令访问

(1)在命令行输入"PEDIT"，选择"M"模式。

(2)在命令行输入"MPEDIT"。

2. 命令提示

以图 3-33 为例，已知如图 3-33(a)所示 4 条直线，拟将 4 条直线合并为一条多段线[图 3-33(b)]，其命令提示如下：

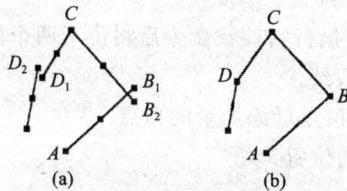

图 3-33 多个多段线编辑

(a)编辑前；(b)编辑后

命令：PE↙

PEDIT 选择多段线或[多条(M)]：m↙

选择对象：指定对角点：　　　　　　　　　　　　　找到 4 个(选取 4 段直线)

选择对象：↙

是否将直线、圆弧和样条曲线转换为多段线？[是(Y)/否(N)]?〈Y〉↙

输入选项[闭合(C)/打开(O)/合并(J)/宽度(W)/拟合(F)/样条曲线(S)/非曲线化(D)/线型
生成(L)/反转(R)/放弃(U)]：j↙

合并类型＝延伸

输入模糊距离或[合并类型(J)]〈625.6564〉：↙

多段线已增加 3 条线段

输入选项[闭合(C)/打开(O)/合并(J)/宽度(W)/拟合(F)/样条曲线(S)/非曲线化(D)/线型
生成(L)/反转(R)/放弃(U)]：↙

3. 选项说明

该命令的操作类似"PEDIT"命令，但是在"选择对象："时可以同时选中多个对象，并增加了模糊因子的设置。

(1)多条(M)：可以同时选中多个对象进行多段线编辑。

(2)模糊距离：指定一个数值，该值允许将具有不重合端点的对象[图 3-33(a)中的 B_1 和 B_2、D_1 和 D_2]合并为一条多段线。该结果等效于在要合并的对象上执行半径为 0 的圆角操作。

教学提示：通过本项目的学习，应能灵活运用多段线的编辑方法。

项目 3.13　多线编辑

教学要求：通过本项目的学习，学生应掌握多线编辑的方法。

教学要点：

教学重点：多线编辑的方法。

教学难点：灵活运用多线编辑的方法。

多线是由多条平行线束组成的复合对象，可以用于建筑中墙体、道路和管线等。在使用多线之前，首先应定义合适的多线样式，并且要采用专门的多线编辑命令。

■ 3.13.1　多线编辑(MLEDIT)

多线编辑用专门的"多线编辑"命令进行，以对多线的交点和定点进行编辑。AutoCAD 2014 中也可以用"TRIM"命令对多线进行修剪。

1. 命令访问

(1)菜单栏。在菜单栏执行"修改(M)"→"对象(O)"→"多线(M)"命令。

(2)命令行。在命令行输入"MLEDIT"。

2."多线编辑工具"对话框

执行命令后，AutoCAD 将打开如图 3-34 所示的"多线编辑工具"对话框，利用该对话框提供的 12 种工具对多线进行编辑。

12 种多线编辑工具可分为以下四类：

(1)"十"字形(十字闭合、十字打开、十字合并)。可以消除各种相交线，当选用上述一种工具后，还需要选取两个多线对象，AutoCAD 总是切断所选的第一个多线对象，并根据所用工具切断第二个多线对象。

(2)T 形(T 形闭合、T 形打开、T 形合并)及角点结合。可以消除各种相交线，使用工具选取两个多线对象时，应单击多线上要保留的那部分，AutoCAD 就会将多线修剪或延伸到它们的相交点。

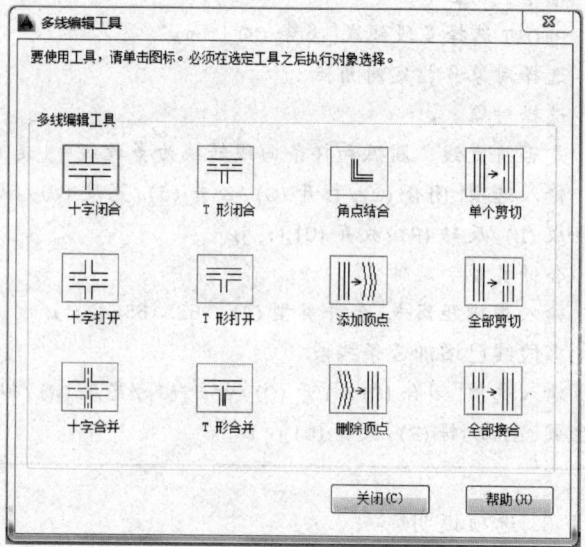

图 3-34 "多线编辑工具"对话框

(3)顶点的编辑工具。包括"添加顶点"和"删除顶点"工具，可以删除多线中现有顶点，或者在多线中添加新的顶点。

(4)线段的编辑工具(单个剪切、全部剪切、全部接合)。可以切断多线和恢复切断的多线。其中"单个剪切"用于切断多线中的一条，只需拾取要切断的多线某一元素上的两点，则这两点中的连线即被"删除"(实际上是不显示)；"全部剪切"用于切断整条多线；"全部接合"可以重新显示所选两点间的任何切断部分。

3. 命令提示

在"多线编辑工具"对话框中单击选择好的多线的编辑方式后，依次出现"选择第一条多线"和"选择第二条多线"的命令提示。

选择第一条多线：

选择第二条多线：

■ 3.13.2 编辑多线的其他方法 ··

多线不可以执行"BREAK"命令，但可以使用"COPY""MOVE""STRETCH""MIRROR"等命令对多线进行编辑。

多线可以使用"EXPLODE"命令进行分解，分解后的多线成为直线、圆弧，实心填充将会消失。但直线和多段线不能被转化成多线。

用"修剪(TRIM)"命令编辑多线，能实现"多线编辑(MLEDIT)"命令中的 T 形闭合、T 形打开和 T 形合并的功能。

教学提示：通过本项目的学习，应能灵活运用多线编辑的方法。

项目 3.14　样条曲线编辑

教学要求：通过本项目的学习，学生应掌握样条曲线编辑的方法。

教学要点：

教学重点：绘制样条曲线的方法。

教学难点：灵活运用样条曲线编辑的方法。

在模块 2 中，已使用"SPLINE"命令创建新的样条曲线。已经创建好的样条曲线，可以通过"样条曲线编辑（SPLINEDIT）"命令进行修改。

1. 命令访问

(1)菜单栏。在菜单栏执行"绘图(D)"→"样条曲线(S)"命令。

(2)工具栏。在"绘图"工具栏单击"样条曲线"按钮 ∿。

(3)命令行。在命令行输入"SPLINEDIT(SPE)"。

2. 命令提示

```
命令: SPE↙
SPLINEDIT
选择样条曲线:                                    选取需要修改的样条曲线
输入选项[闭合(C)/合并(J)/拟合数据(F)/编辑顶点(E)/转换为多段线(P)/反转(R)/放弃
(U)/退出(X)]〈退出〉:
```

3. 选项和参数说明

"SPLINEDIT"命令的部分操作（如闭合、合并、反转、放弃、退出）类似"PEDIT"命令，可参考项目 3.12，下文重点对拟合数据、编辑顶点、转换为多段线进行说明。

(1)拟合数据(F)：输入"F"选项，可以编辑拟合曲线上的拟合点数据。适用于使用拟合点创建的样条曲线。

```
命令: SPE↙
SPLINEDIT 选择样条曲线:                              选取需要修改的样条曲线
输入选项[闭合(C)/合并(J)/拟合数据(F)/编辑顶点(E)/转换为多段线(P)/反转(R)/放弃
(U)/退出(X)]〈退出〉: f↙
输入拟合数据选项[添加(A)/闭合(C)/删除(D)/扭折(K)/移动(M)/清理(P)/切线(T)/公差
(L)/退出(X)]〈退出〉:
```

1)添加(A)：将拟合点添加到样条曲线。选择一个拟合点后，请指定要以下一个拟合点（将自动亮显）方向添加到样条曲线的新拟合点。

如果在开放的样条曲线上选择了最后一个拟合点，则新拟合点将添加到样条曲线的端点。

如果在开放的样条曲线上选择第一个拟合点，则可以选择将新拟合点添加到第一个点之前或之后。

2)闭合/打开：选定的样条曲线为开放状态时，该可选项显示"闭合(C)"；选定的样条曲线为闭合状态时，该可选项显示"打开(O)"。

闭合：将样条曲线最初创建时指定的第一个点与最后一个点重合，将开放的样条曲线修改为闭合状态。

打开：通过删除最初创建样条曲线时指定的第一个点和最后一个点之间的曲线段，可打开闭合的样条曲线。

3)删除(D)：在样条曲线中删除选定的拟合点。

4)扭折(K)：在样条曲线上的指定位置添加节点和拟合点。

5)移动(M)：将拟合点移动到新位置。

```
输入拟合数据选项[添加(A)/闭合(C)/删除(D)/扭折(K)/移动(M)/清理(P)/切线(T)/公差
(L)/退出(X)]〈退出〉：m✓
指定新位置或[下一个(N)/上一个(P)/选择点(S)/退出(X)]〈下一个〉：
```

新位置：将选定的拟合点移动到指定的新位置。

下一个(N)：激活下一个拟合点使其处于可被移动状态。

上一个(P)：激活上一个拟合点使其处于可被移动状态。

选择点(S)：在样条曲线上激活任意拟合点。

6)清理(P)：使用控制点替换样条曲线的拟合数据。

7)切线(T)：变更样条曲线的起点和端点(最后一个点)的切线方向。如果样条曲线为闭合状态，则在闭合点处指定新的切线方向。

如果选定的样条曲线处于开放状态，命令提示如下：

```
指定起点切向或[系统默认值(S)]：
指定端点切向或[系统默认值(S)]：
```

如果选定的样条曲线处于闭合状态，命令提示如下：

```
指定切向或[系统默认值(S)]：
指定端点切向或[系统默认值(S)]：
```

系统默认值。按系统默认的参数或变量计算默认端点的切线方向。

8)公差(L)：指定新的公差值将样条曲线重新拟合，现有拟合点位置不变。

9)退出(X)：返回到前一个命令提示。

(2)编辑顶点(E)：编辑拟合曲线上的顶点(控制点)数据。适用于使用控制点法创建的样条曲线。

```
命令：SPE✓
SPLINEDIT选择样条曲线：                        选取需要修改的样条曲线
输入选项[闭合(C)/合并(J)/拟合数据(F)/编辑顶点(E)/转换为多段线(P)/反转(R)/放弃
(U)/退出(X)]〈退出〉：e✓
输入顶点编辑选项[添加(A)/删除(D)/提高阶数(E)/移动(M)/权值(W)/退出(X)]〈退出〉：
```

1)添加(A)：在两个现有顶点之间的指定位置添加一个新顶点。

2)删除(D)：删除选定的顶点。

3)提高阶数(E)：指定一个新的整数以变更阶数。新阶数的值不得小于原阶数的值，即只能提高样条曲线的多项式阶数。阶数值提高时，会根据CAD软件预设的方法进行后台计算，增加整个样条曲线的顶点的数量。

输入顶点编辑选项[添加(A)/删除(D)/提高阶数(E)/移动(M)/权值(W)/退出(X)]〈退出〉：e↙

输入新阶数〈5〉：

CAD的阶数最大值为26，即新阶数必须为原阶数与26之间的整数，上述命令提示示例中原阶数值为5。

4)移动(M)：重新定位选定的顶点。其操作类似"拟合数据"中的"移动"操作。

5)权值(W)：给指定顶点指定一个新权值，根据新权值重新计算样条曲线。权值越大，样条曲线越接近控制点。

6)退出(X)：返回到前一个提示。

(3)转换为多段线(P)：将样条曲线转换为多段线。

转换成的多段线与样条曲线的接近程度取决于精度值。精度值的有效值为0～99的任意整数。系统变量"PLINECONVERTMODE"和"DELOBJ"能够控制转换后的效果。

1)"PLINECONVERTMODE"系统变量：可决定是使用线性线段还是使用圆弧段绘制多段线。

2)"DELOBJ"系统变量：可决定原始样条曲线是否保持不变。

☆注：精度值过高会大大增加计算机后台运算量，会降低使用性能，应综合衡量指定合适的精度值。

教学提示：通过本项目的学习，能灵活运用样条曲线编辑的方法。

📖 **课后练习**

一、简答题

1. 选择对象的方法有哪些？

2. 什么叫夹点？利用夹点可以执行哪些操作？

3. 由一个图形生成若干个与该图形相同的命令有哪些？

4. 哪些命令可以改变图形的大小？

5. "拉长""拉伸"及"比例缩放"命令的区别？

6. 阵列的形式有哪几种？分别需要进行哪些参数设置？

二、专项练习

1. 绘制图形如图3-35所示，矩形大小为100×25，样条曲线顶点间距相等，左端点切线与垂直方向的夹角$45°$，右端点切线与垂直方向的夹角$135°$。

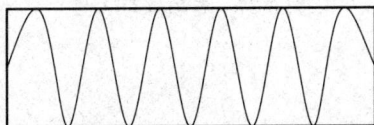

图3-35　专项练习1图

2. 绘制图形如图 3-36 所示，尺寸自定。

图 3-36　专项练习 2 图

3. 绘制图形如图 3-37 所示。

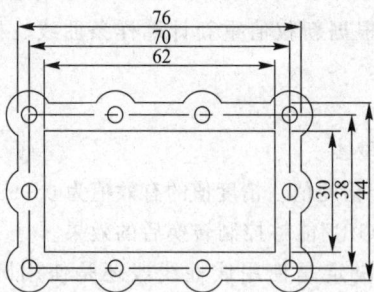

(a)

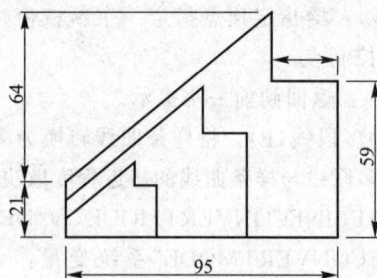

（说明：底边三等分）

(b)

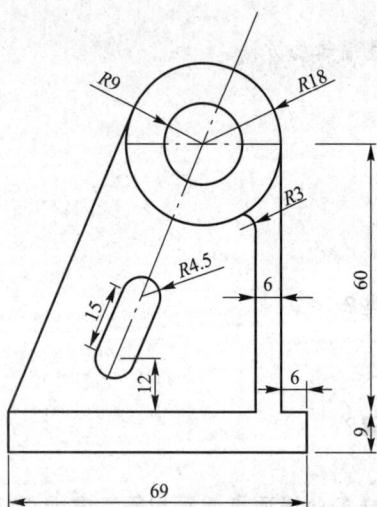

(c)

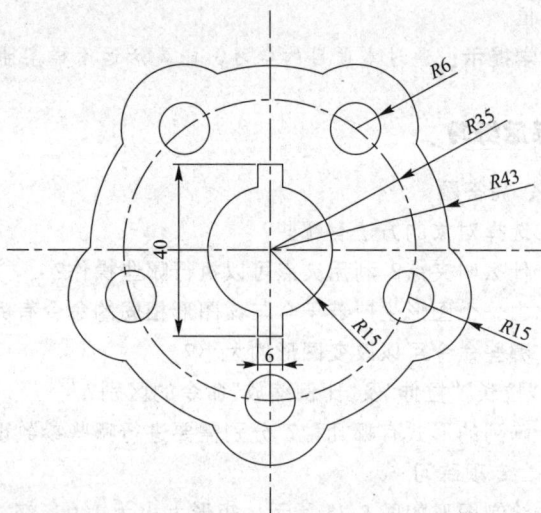

(d)

图 3-37　专项练习 3 图

(e)

(f)

(g)

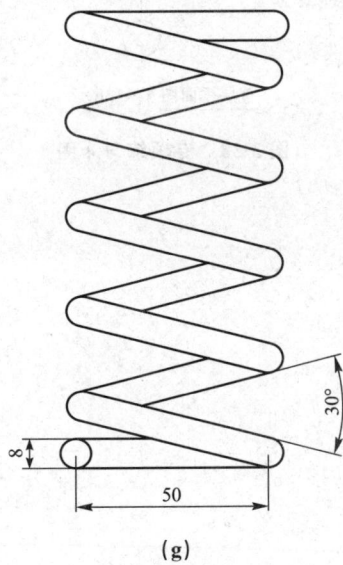

图 3-37　专项练习 3 图(续)

4. 绘制如图 3-38 所示的某建筑首层平面图，不注尺寸。

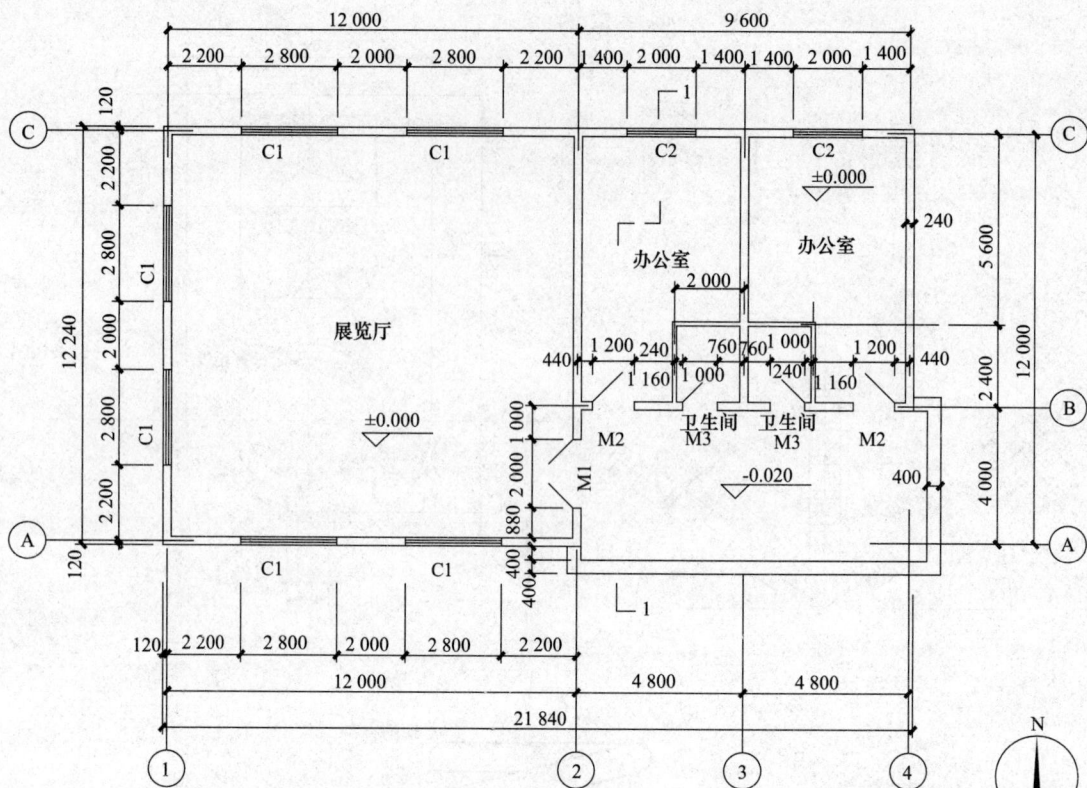

首层平面图 1:100

图 3-38 专项练习 4 图

模块 4　二维增强与辅助功能

知识目标：通过本模块的学习，学生应熟悉特性的概念、图层的使用、图案填充、图块的属性及使用；了解屏幕显示控制及工具查询功能。

技能目标：能准确设置、管理和修改图层；能准确进行图案填充；掌握常见和编辑图块、属性块的方法，能够创建和利用图块快速绘制图形。

素质目标：培养严谨认真的绘图作风；严格执行与绘图相关的标准、规范。

项目 4.1　对象特性

教学要求：通过本项目的学习，学生应了解对象的特性和特性匹配的概念。

教学要点：

教学重点：对象特性的概念。

教学难点：对象特性匹配的运用。

对象特性包括基本特性和几何特性。对象的基本特性包括对象的图层、颜色、线型、线宽、透明度和打印样式等，适用绝大多数对象；对象的几何特性包括对象的几何尺寸和空间位置坐标。用户可以直接在"特性"选项板设置和修改对象的某些特性。

"特性"选项板会列出选定对象的特性，当选择多个对象时，将显示它们共有特性。用户可以修改单个对象的特性，也可以快速修改多个对象的共有特性。

■ 4.1.1　特性(PROPERTIES) ·············

1. 命令访问

(1)菜单栏。在菜单栏执行"修改(M)"→"特性(P)"命令。

(2)工具栏。在"标准"工具栏单击"特性"按钮▤。

(3)组合键。Ctrl+1。

2. 操作说明

执行"特性"命令，系统展开"特性"选项板，如图 4-1 所示。

■ 4.1.2　特性匹配(MATCHPROP) ·············

"MATCHPROP"命令将选定对象的特性应用于其他对象，这就是通常所说的格式刷。

1. 命令访问

(1)菜单栏。在菜单栏执行"修改(M)"→"特性匹配(M)"命令。

图 4-1　"特性"选项板

(2)工具栏。在"标准"工具栏单击"标准"按钮 ⧉ 。

(3)命令行。在命令行输入"MATCHPROP"。

2. 命令提示

命令：MATCHPROP↙

选择源对象：   选择一个源对象

当前活动设置：颜色 图层 线型 线型比例 线宽 透明度 厚度 打印样式 标注 文字 图案填充 多段线 视口 表格 材质 阴影显示 多重引线

选择目标对象或[设置(S)]：

---

3. 选项和参数说明

(1)选择源对象：选择一个特性要被匹配的对象。

(2)选择目标对象：选择要匹配的对象。

(3)设置(S)：打开"特性设置"对话框，从中选择要匹配的特性参数，如图 4-2 所示。如果对要匹配的特性参数无特殊要求，按软件默认设置即可。

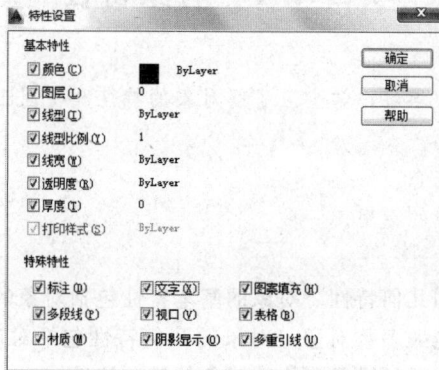

图 4-2 "特性设置"对话框

教学提示：通过本项目的学习，应掌握特性的概念及特性匹配的运用。

项目 4.2 图层的使用

教学要求：通过本项目的学习，学生应掌握图层的使用，包括图层的设置、管理和修改的方法。

教学要点：

教学重点：图层的设置。

教学难点：图层的管理。

在 AutoCAD 中，所绘制的每个对象都具有图层、颜色、线型及线宽等基本特性。通过图层可以方便地管理对象，图层也是组织项目的需要。

图层也有其特性，图层的特性是指图层的颜色、线型、线宽、打印样式、可打印性等图层的属性。用户对图层的特性进行设置后，该图层上的对象的特性就会随之发生改变。

■ 4.2.1　图层的概念

图层是计算机绘图的一个重要特性，可以把图层理解为没有厚度的透明纸，可以把图形的不同部分画在不同的透明纸上，最终将这些透明纸叠加在一起就是一个完整的图形。AutoCAD 2014 增强了图层管理功能，对图层可以设定颜色和采用线型，并可对图层进行打开或关闭、冻结或解冻、锁定或解锁等状态控制，还可以对图层进行图层匹配、图层合并等操作。

图层具有以下特性：

(1)每个图层都具有一个名字。

(2)图层的数量没有限制。

(3)每一个图层都有确定的线型、颜色和线宽。

(4)同一图层中所有对象都有相同的状态(可见或不可见)。

(5)所有图层具有相同的坐标系、绘图界限、显示时的缩放倍数。用户可以对位于不同图层的对象同时进行编辑操作。

(6)在一个时刻有且只有一个图层被设置为当前层，用实体绘图命令建立的对象，被放在当前层上。

■ 4.2.2　使用图层

对图层的设置与使用一般通过如图 4-3 所示的"图层特性管理器"对话框进行操作。

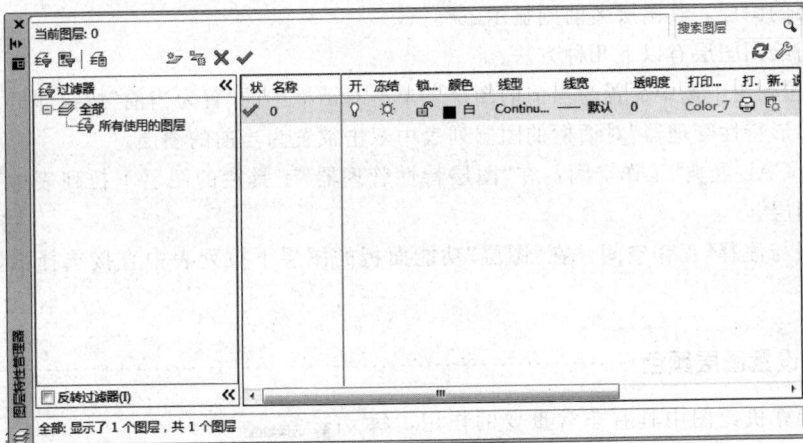

图 4-3　"图层特性管理器"对话框

1. 命令访问

(1)菜单栏。在菜单栏执行"格式(O)"→"图层(L)"命令。

(2)工具栏。与图层相关的工具栏有两个，"图层"工具栏和"图层 II"工具栏。

1)"图层"工具栏用于对已建图层的颜色、线型、线宽特性进行管理；

2)"图层 II"工具栏用于图层的状态设置和图层匹配、图层隔离、图层漫游等图层操作。

(3)命令行。在命令行输入"LAYER(LA)"(LAYER 可用于透明使用)。

2. 创建新图层

打开如图 4-3 所示的"图层特性管理器"对话框，可以看到 AutoCAD 自动创建一个图层，即

"0"图层。

在对话框中单击"新建图层"按钮，在图层列表中将出现一个名为"图层 1"的新图层，该新图层出现在当前选定的图层下方并继承其特性(颜色、开关状态、线宽等)。刚创建好的新图层处于选定状态，可以立即对其特性进行设置。

继续单击"新建图层"按钮，将依次创建"图层 2""图层 3"……

如果当前选定的图层为关闭、冻结、锁定状态，新建的图层也处于关闭、冻结、锁定状态。

3. 删除图层

如果某图层不需要了，则可以将其删除，其操作步骤如下：

(1)选中欲删除的图层。

(2)单击"图层特性管理器"对话框中的"删除图层"按钮。

需要说明的是，只能删除未被参照的图层。以下图层属于参照的图层，不能被删除：

1)"0"图层和"DEFPOINTS"图层；

2)包含对象(包括块定义中的对象)的图层；

3)当前图层及依赖外部参照的图层；

4)局部打开图形中的图层也被视为已参照并且不能删除。

☆注：如果绘制的是共享工程中的图形或是基于一组图层标准的图形，不要轻易执行删除图层的操作。

4. 设置当前绘图图层

AutoCAD 只能在当前图层上创建和编辑对象。当图层被设置成当前层时，在图层名前显示 ✔；非当前层的图层，其图层名前则显示 ▱。

设置当前绘图图层有以下几种方法：

(1)在图层列表中选中欲置为当前的图层，单击对话框中的"置为当前"按钮即可。

(2)在"图形特性管理器"对话框的图层列表中双击欲置为当前的图层。

(3)"AutoCAD 经典"工作空间：在"图层特性管理器"工具栏的图层下拉列表中直接选择欲置为当前的图层。

(4)"草图与注释"工作空间：在"图层"功能面板的图层下拉列表中直接选择欲置为当前的图层。

■ 4.2.3 设置图层颜色 ···

颜色在计算机绘图中具有非常重要的作用，每一个图层都可以设置成指定的颜色，通常将各图层设置为不同的颜色以便于区分。

设置图层颜色的具体操作步骤如下：

(1)在"图层特性管理器"对话框中，单击图层列表中图层所在行的颜色特性图标，此时，系统将打开"选择颜色"对话框，如图 4-4 所示。

(2)在"选择颜色"对话框中，可以使用"索引颜色""真彩色"和"配色系统"三个选项卡为图层选择颜色。

(3)单击"确定"按钮，完成图层的颜色设置。

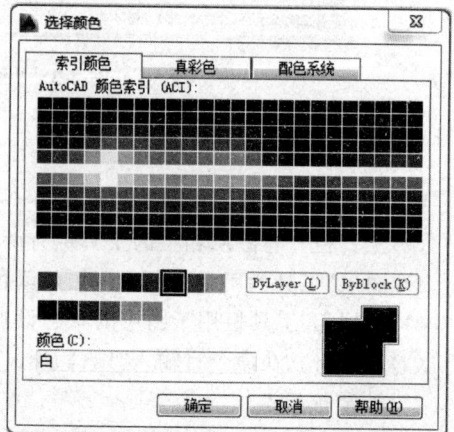

图 4-4 "选择颜色"对话框

■ 4.2.4 设置图层线宽

《技术制图 图线》(GB/T 17450—1998)和《机械制图 图样画法 图线》(GB/T 4457.4—2002)对工程图样是有要求的,标准中规定了9种图线宽度,应按图样的类型和尺寸大小在下列数列中选择:0.13 mm、0.18 mm、0.25 mm、0.35 mm、0.5 mm、0.7 mm、1 mm、1.4 mm、2 mm。工程图样上所用图线的宽度分粗线、中粗线、中线和细线4种,它们的宽度比为1:0.7:0.5:0.25。一般来说,粗线和中粗线宜在0.2～2 mm选取。建筑图样上,通常采用4种线宽[参照《建筑制图标准》(GB/T 50104—2010)]。

线宽特性可在"图形特性管理器"对话框中设置。具体操作步骤如下:

(1)单击图层列表中图层所在行的"线宽"列,此时,系统将打开如图4-5所示的"线宽"对话框。

(2)在"线宽"对话框的列表中选择线宽,单击"确定"按钮完成线宽设置。

图 4-5 "线宽"对话框

■ 4.2.5 设置图层线型

图形是由不同线型组成的,在工程制图中,不同性质的图线需要以不同线型绘制,由此可见线型的重要性。

在AutoCAD中,系统提供了大量的非连续线型,如虚线、点画线等。然而系统默认的线型只是Continuous线型,要改变线型,就需要重新设置图层的线型特性。现以点画线为例说明设置图层线型,具体操作的步骤如下:

(1)单击图层列表中图层所在行的"线型"列。

(2)出现如图4-6所示的"选择线型"对话框,在"已加载的线型"列表中选定所需线型。然而目前只有一种线型,不能满足绘图需求,因此,要进行下一步的加载线型的操作。

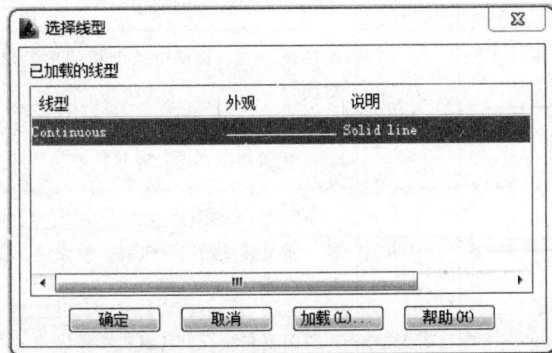

图 4-6 "选择线型"对话框

(3)单击"加载"按钮,系统将打开如图4-7所示的"加载或重载"对话框,该框包含了Auto-CAD线库文件中所有线型,选定所需线型后,单击"确定"按钮,AutoCAD返回"选择线型"对话框,此时,在"选择线型"对话框中即显示了新加载的线型。

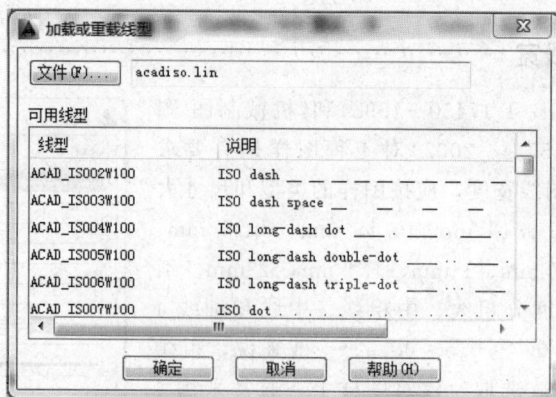

图 4-7 "加载或重载线型"对话框

(4)在加载的"选择线型"对话框中,选中所需线型类型,单击"确定"按钮,即完成对图层的线型设置。

■ 4.2.6 线型的国标规定 ···

《技术制图 图线》(GB/T 17450—1998)和《机械制图 图样画法 图线》(GB/T 4457.4—2002)作为技术制图标准,更适合 CAD 工程绘图。标准中规定了 15 种基本线型,需要时可查。

建筑图样中常用的线型名称、形式、图线宽度见表 4-1。

表 4-1 建筑图样线型规格及应用表

图线名称		线型	线宽	主要应用
实线	粗	——————	b	1. 平、剖面图中被剖切的主要建筑构造(包括构配件)的轮廓线 2. 建筑立面图或室内立面图的外轮廓线 3. 建筑构造详图中被剖切的主要部分的轮廓线 4. 建筑构配件详图中的外轮廓线 5. 平、立、剖的剖切符号
实线	中粗	——————	$0.7b$	1. 平、立、剖图中被剖切的次要建筑构造(包括构配件)的轮廓线 2. 建筑平、立、剖面图中建筑构配件的轮廓线 3. 建筑构造详图及建筑构配件详图的一般轮廓线
	中	——————	$0.5b$	小于 $0.7b$ 的图样线、尺寸线、尺寸界限、索引符号、标高符号、详图材料做法引出线、粉刷线、保温层线、地面、墙面高差分界线等
	细	——————	$0.25b$	图例填充线、家具线、纹样线等
虚线	中粗	– – – – – –	$0.7b$	1. 建筑构件详图及建筑构配件不可见的轮廓线 2. 平面图中的梁式起重机(吊车)轮廓线 3. 拟建、扩建建筑物轮廓线
	中	– – – – – –	$0.5b$	投影线、小于 $0.5b$ 的不可见轮廓线
	细	– – – – – –	$0.25b$	图例填充线、家具线

图线名称		线型	线宽	主要应用
点画线	粗	—·—·—·	b	起重机(吊车)轨道线
	细	—·—·—·	$0.25b$	中心线、对称线、定位轴线
双点画线	粗	—··—··—	b	预应力钢筋线
	细	—··—··—	$0.25b$	原有结构的轮廓线
折断线	细	——⁄\———	$0.25b$	部分省略时表示的断开界线
波浪线	细	∼∼∼∼	$0.25b$	部分省略时表示的断开界线、曲线形构间的断开界限、构造层次的断开界限

■ 4.2.7 设置图层透明度

在"图层特性管理器"中，单击"透明度"列表下透明度值，显示如图 4-8 所示的"图层透明度"对话框。透明度可以设置 0～90，0 表示不透明，90 表示完全透明。如果该图层设为 90，则该图层中的对象为透明显示，完全看不到。

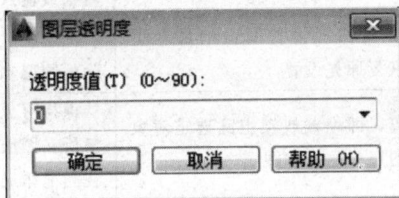

图 4-8 "图层透明度"对话框

■ 4.2.8 管理图层

对图层的管理熟悉与否，直接影响绘图的效率。图层的管理工作主要是通过如图 4-3 所示的"图层特性管理器"对话框来进行的。在 AutoCAD 2014 中，对"经典空间"也可利用"图层 II"工具栏来管理图层；对"草图空间"可利用"图层"功能面板及其展开工具来管理图层。

1. 控制图层状态开关

从图 4-3 所示的"图层特性管理器"对话框中可以看出，图层的状态主要有开/关、冻结/解冻、锁定/解锁、打印/禁打图层，关于名称、颜色、线型和线宽已在前面介绍。各功能与差别见表 4-2。

表 4-2 图层开关功能表

图层状态项	功能	差别
关 💡	图层上的内容全部隐藏，不可被编辑和打印	关闭与冻结图层上的实体均不可见，其区别在于执行速度的快慢，后者快；锁定图层上的实体是可见的，但无法编辑。新视口冻结仅在"布局"选项卡上可用，而冻结对所有图形空间有效。
冻结 ❄	图层上的内容全部隐藏，不可被编辑和打印 当前图层不能被冻结	
锁定 🔒	图层上的内容可见，并能够捕捉或绘图，但无法编辑和修改	
新视口冻结 🔲	将在所有新创建的布局视口中限制显示	

图层状态项	功能	差别
开 💡	打开关闭的图层时，AutoCAD 将重画该图层上的对象	开对关而设，解冻对冻结而设，解锁对锁定而设
解冻 ☀	解冻图层时，AutoCAD 将重生成该图层上的对象	
解锁 🔓	对象可编辑	
禁打 🖨	该图层上的对象将不可打印	不会打印已关闭的图层，也不能进行"打印"设置

2. 各种功能按钮

各功能按钮都有对应的命令及相应的功能，见表 4-3。

表 4-3　图层按钮管理表

按钮图标	对应命令	功能	说明
🔶	LAYER	打开"图层特性管理器"对话框	
🔶	LAYMCUR	将某对象所在的层置为当前层	先选对象，后单击此按钮
🔶	LAYMCH	将某对象移至其他图层	先选择要更改的对象，后选择目标图层上的对象或输入目标层名
🔶	LAYERP	放弃对图层设置所做的最新更改，恢复原先设置	图层设置可被追踪，但不能恢复图层名、删除的图层和添加的图层
🔶	LAYISO	隔离，即隐藏或锁定除选定对象所在图层外的所有图层	保持可见且未锁定的图层称为隔离；选定对象所在图层除外，根据当前设置，将其他图层在当前布局视口中关闭或冻结或锁定
🔶	LAYUNISO	恢复用"LAYISO"命令隐藏或锁定的所有图层	
🔶	LAYFRZ	冻结选定对象的图层	
🔶	LAYOFF	关闭选定对象的图层	
	LAYON	打开图形中的所有图层	
	LAYTHW	解冻图形中的所有图层	
🔶	LCK	锁定选定对象的图层	
🔶	LAYULK	解锁选定对象的图层	通过该按钮，可以选择锁定图层上的对象，即可对该图层解锁，给操作带来方便
🔶	LAYCUR	将选定图层特性更改为当前图层	可以快速将对象更改到当前图层
🔶	COPYTOLAYER	将多个对象复制到其他图层	
🔶	LAYWALK	只显示选定图层上的对象，隐藏其他图层上的对象	
	LAYVPI	冻结除当前视口外的所有布局视口中的选定图层	此命令将自动化使用图层特性管理器中的"视口冻结"的过程；用户可以在每个要在其他布局视口中冻结的图层上选择一个对象
	LAYMRC	将选定的图层合并为一个目标图层	减少图层数量，方便了查图，同时将清理被合并的图层
	LAYDEL	删除图层并清理	该命令还可以更改与该层相关的块定义，将该层上的对象从块定义中删除并重新定义块

教学提示：通过本项目学习，应掌握图层的设置、管理和修改的方法。

项目 4.3   图案填充与渐变色

教学要求： 通过本项目的学习，学生应掌握图案填充与渐变色的方法。
教学要点：
教学重点：图案填充与渐变色的方法。
教学难点：编辑填充图案的方法。

■ 4.3.1   图案填充(HATCH)

图案填充一般需要先创建填充边界，以确定填充区域；然后根据工程实际要求选择不同的图案进行区域填充。"HATCH"命令可以设置填充边界和选择填充图案。

1. 命令访问

(1)菜单栏。在菜单栏执行"绘图(D)"→"图案填充(H)"命令。

(2)工具栏。在"绘图"工具栏"图案填充"按钮或"渐变色"按钮。

(3)命令行。在命令行输入"HATCH(H)"。

2. 选项说明

执行"HATCH"命令，系统将弹出"图案填充和渐变色"对话框，如图 4-9 所示。

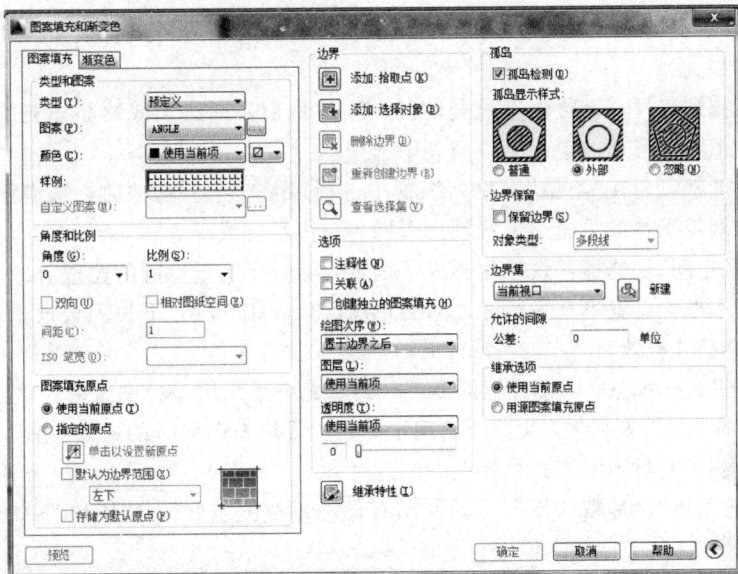

图 4-9   "图案填充和渐变色"对话框

(1)"类型和图案"选项组。在选项组中用于指定填充图案的类型和具体图案，各选项功能如下：

1)"类型"下拉列表：设置图案的类型。列表中有"预定义""用户定义"和"自定义"三个选项。其中"预定义"图案是 AutoCAD 提供的图案，这些图案存储在图案文件 acad. pad 或 acadiso. pat

中(图案定义文件的扩展名为.pat)。"用户定义"图案由一组平行线或相互垂直的两组平行线组成,其线型采用图形中当前的线型。"自定义"图案表示将使用在自定义图案文件(用户可以单独定义图案文件)中定义的图案。

2)"图案"下拉列表:列出了有效的预定义图案,供用户选择。只有在"类型"下拉列表中选择"预定义"选项,该下拉列表才可使用。用户可以从该下列表框中根据图案名来选择图案,也可以单击其后的按钮,在打开的"填充图案选项板"对话框(图4-10)中选择要填充的图案,预览图标的图像就是图案的形状,同时显示了该图案的名称。

3)"样例"预览窗口:显示所选定图案的预览图像。单击该框,也会打开如图4-10所示的"填充图案选项板"对话框。

4)"自定义图案"下拉列表:列表中列出可用的自定义图案,供用户选择。列表顶部将显示6个最近使用的自定义图案。只有在"类型"下拉列表框中选择了"自定义"选项,"自定义图案"下拉列表框才有效。

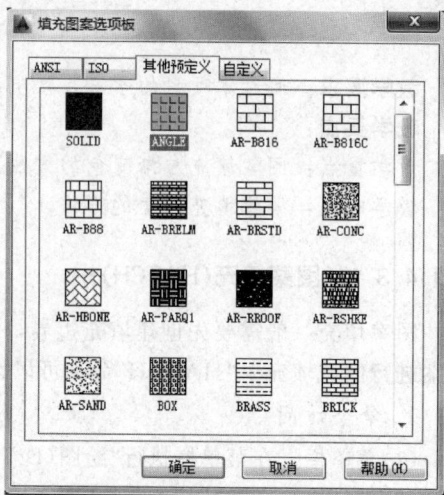

图 4-10　填充图案选项板

(2)"角度和比例"选项组。此选项组用于设置用户定义类型的图案填充的角度和比例参数,各选项功能如下:

1)"角度"下拉列表:设置图案填充时的图案旋转角度,用户可以直接输入角度值,也可从对应的下拉列表中选择。

2)"比例"下拉列表框:设置图案填充时的图案比例值,即放大或缩小填充的图案。用户可以直接输入比例值,也可从对应的下拉列表中选择。

3)"双向"复选框:当在"类型"下拉列表框中选择"用户定义"选项时,选中该复选框,可以使用相互垂直的两组平行线填充图形区域;否则为一组平行线。

4)"相对图纸空间"复选框:设置比例因子是否为相对于图纸空间的比例。

5)"间距"文本框:设置填充平行线之间的距离。只有在"类型"下拉列表框中选择"用户自定义"选项时,该选项才有效。

6)"ISO笔宽"下拉列表框:设置笔的宽度,当填充图案采用ISO图案时,该选项才有效。

(3)"图案填充原点"选项组。此选项组用于确定生成填充图案时的起始位置。因为某些图案填充(如砖块图案)需要与图案填充边界上的一点对齐,各选项功能如下:

1)"使用当前原点":是默认情况,即使用存储在系统变量"HPORIGIN"中的图案原点,与当前"UCS"有关。

2)"指定的原点":选中该选项,可以通过指定点作为图案填充原点。其中,单击"单击以设置新原点"选项,可以从图形显示视口中选择某一点作为图案填充原点;选择"默认为边界范围"复选框,可以以填充边界的左下角、右下角、右上角、左上角或圆心作为图案填充原点;选择"存储为默认原点"复选框,可以将指定的点存储为默认的图案填充原点。

(4)"边界"选项组。此选项组用于设置填充边界,各选项功能如下:

1)"添加:拾取点"按钮:根据围绕指定点所构成封闭区域的现有对象来确定边界。单击该按钮,AutoCAD临时切换到绘图屏幕,并提示:

拾取内部点或[选择对象(S)/删除边界(B)]：

此时，在希望填充的封闭区域内任意处拾取一点，AutoCAD会自动确定出包围该点的封闭边界，同时，以虚线形式显示这些边界(如果设置了允许间隙，实际的填充边界则可以不封闭)。指定填充边界后按Enter键，AutoCAD返回到"图案填充和渐变色"对话框。

在出现"拾取点内部或[选择对象(S)/删除边界(B)]："提示时，还可以通过"选择对象(S)"选项来选择作为填充边界的对象；通过"删除边界(B)"选项可以取消选择的填充边界。

2)"添加：选择对象"按钮：根据构成封闭区域的决定对象来确定边界。单击该按钮，Auto-CAD临时切换到绘图屏幕，并提示：

选择对象拾取内部点或[拾取内部点(K)/删除边界(B)]：

此时，可以直接选择作为填充边界的对象，还可以通过"拾取内部点(K)"选项以拾取点的方式确定填充边界对象；通过"删除边界(B)"选项可以取消选择的填充边界。确定填充边界后按Enter键，AutoCAD返回到"图案填充和渐变色"对话框。

在希望填充的封闭区域内任意处拾取一点，AutoCAD会自动确定出包围该点的封闭边界，同时，以虚线形式显示这些边界(如果设置了允许间隙，实际的填充边界则可以不封闭)。指定填充边界后按Enter键。

3)"删除边界"按钮：从已确定的填充边界中取消系统自动计算或由用户指定的边界。单击该按钮，AutoCAD临时切换到绘图屏幕，并提示：

选择对象或[添加边界(A)]：

此时，可以删除要删除的边界对象，也可以通过"添加边界(A)"选项确定新边界。删除或添加填充边界后按Enter键，AutoCAD返回到"图案填充和渐变色"对话框。

4)"重新创建边界"按钮：重新创建图案填充边界。

5)"查看选择集"按钮：查看已定义的填充边界。单击该按钮，AutoCAD临时切换到绘图屏幕，将已定义的填充边界亮显。

(5)"选项"选项组。此选项组用于控制几个常用的图案填充设置，各选项功能如下：

1)"关联"复选框：控制所填充的图案与填充边界是否建立关联。一旦建立了关联，当通过某些编辑命令修改填充边界后，对应的填充图案会给予更新，以与边界相适应。

2)"创建独立的图案填充"复选框：当定义了几个独立的闭合边界时，是通过它们创建单一的图案填充对象(在各个填充区域的填充图案属于一个对象)，还是创建多个图案填充对象。

3)"绘图次序"下拉列表框：为填充图案指定绘图次序。填充的图案可以放在所有其他对象之后、所有其他对象之前、图案填充边界之后或图案填充边界之前等。

(6)"继承特性"按钮。选择图形中已有的填充图案作为当前填充图案。单击该按钮，Auto-CAD临时切换到绘图屏幕，并提示：

选择图案填充对象：

集成特性：名称〈ANGLE〉，比例〈1〉，角度〈0〉

拾取内部点或[选择对象(S)/删除边界(B)]：

在此提示下可继续确定填充边界。如果按Enter键，AutoCAD将返回到"图案填充和渐变色"对话框。

(7)"孤岛"选项组。当存在"孤岛"时确定图案填充方式。填充图案时，将位于填充区域内的封闭区域称为"孤岛"。当以拾取点的方式确定填充边界后，会自动确定出包围该点的封闭填充边界，同时，还会自动确定出对应的孤岛边界，如图4-11所示。

1)"孤岛检测"复选框：用于确定是否进行孤岛检测及孤岛检测的方式，选中该复选框表示

图 4-11 封闭边界与孤岛

要进行孤岛检测。位于"孤岛检测"复选框下面的3个图像形象地说明了孤岛显示样式。

①"普通"是默认方式，从外部边界向内填充。此方式将不填充孤岛，但是孤岛中的孤岛将被跳序，如图 4-12 所示。

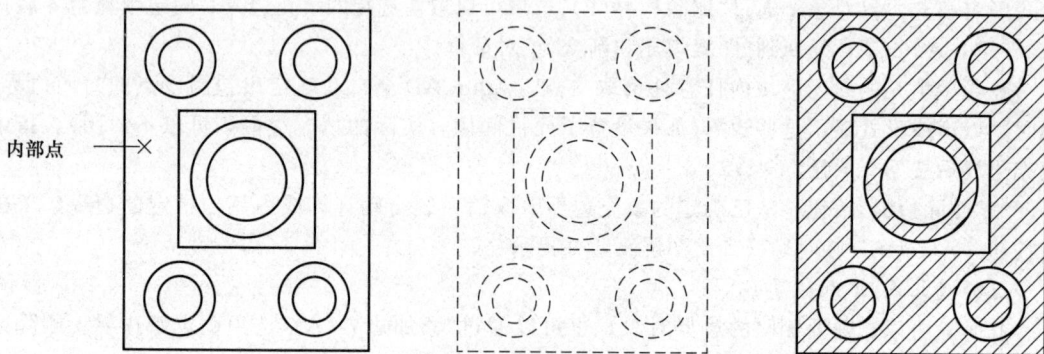

图 4-12 "普通"填充方式

②"外部"方式也是从外部边界向内填充，并在下一个边界处停止。

③"忽略"填充方式将忽略内部边界，填充整个区域。

"普通""外部"和"忽略"3种填充方式效果如图 4-13 所示。

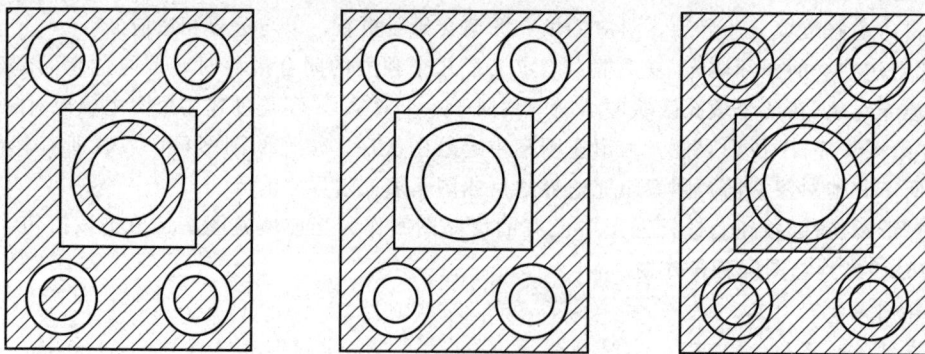

图 4-13 3 种填充方式效果

(8)"边界保留"选项组。该选项组用于指定是否将填充边界保留为对象。如果保留，还可以确定对象的类型。其中，"保留边界"复选框表示将根据图案填充再创建一个边界对象，并将它们添加到图形中。"对象类型"下拉列表控制新边界对象的类型，可通过下拉列表在"面域"或"多段线"之间选择。

(9)"边界集"选项组。当以拾取点的方式确定填充边界时，该选项组用于定义使 AutoCAD

确定填充边界的对象集，即 AutoCAD 将根据对象来确定填充边界。

(10)"允许的间隙"选项组。AutoCAD 2014 允许将实际上并没有完全封闭的边界用作填充边界。如果在"允许的间隙"选项组文本框中设置了值，该值就是 AutoCAD 确定填充边界时可以忽略的最大间隙，即如果边界有间隙，且各间隙均小于等于设置的允许值，那么这些间隙都会被忽略。AutoCAD 将对应的边界视为封闭边界。

如果在"允许的间隙"选项组中设置了值（允许值为 0～5 000），当通过"拾取点"按钮指定的填充边界为非封闭边界，且边界间隔小于或等于设定的值时，AutoCAD 会弹出"开放边界警告"对话框，选择继续，将填充边界按封闭边界处理。

如果没有设置允许的间隙，当通过"添加：拾取点"或"添加：选择对象"按钮选择没有完全封闭的边界时，AutoCAD 会显示"边界定义错误"提示信息。

(11)"继承选项"选项组。当利用"继承特性"选项组创建图案填充时，可控制图案填充原点的位置。

1)"使用当前原点"按钮：使用当前的图案填充原点进行填充。

2)"使用源图案填充的原点"按钮：使用源图案的填充原点进行填充。

3. 绘制任务

【例 4-1】 将图 4-14(a)所绘的基础图形进行图例填充，效果如图 4-14(d)所示。

操作提示：

单击图案填充按钮，在"图案填充与渐变色"对话框中，选择图案"ANSI31"，输入"比例"10，单击"添加：拾取点"按钮，在图形内框区域内任意处单击，返回对话框，单击"确定"按钮，如图 4-14(b)所示。

按照上述方法，继续单击"填充"按钮，选择图案"AR－CONC"，选择比例"0.5"，填充混凝土图例，如图 4-14(c)所示。

再单击"填充"按钮，选择图案"GRAVEL"，设定比例为"10"，如图 4-14(d)所示。

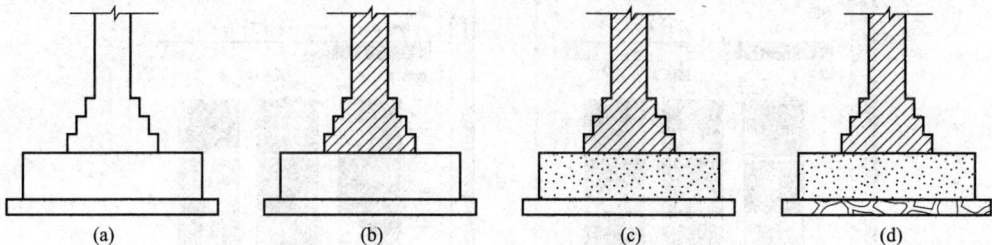

(a)　　　　　　　　(b)　　　　　　　　(c)　　　　　　　　(d)

图 4-14　基础图例填充

■ 4.3.2　渐变色 ···

在 AutoCAD 2014 中，可以使用"图案填充和渐变色"对话框的"渐变色"选项卡创建一种或两种颜色形成的渐变色，并对图案进行填充，如图 4-15 所示。

1. 选项说明

(1)"单色"单选按钮：设置从较深色调到较浅色调平滑过渡的单色填充。单击此按钮，Auto-CAD 显示"浏览"按钮和"色调"滑块。其中单击"浏览"按钮，将弹出"选择颜色"对话框，可以选择 AutoCAD 索引颜色、真彩色或配色系统颜色，显示的默认颜色为图形的当前颜色；通过"色调"滑

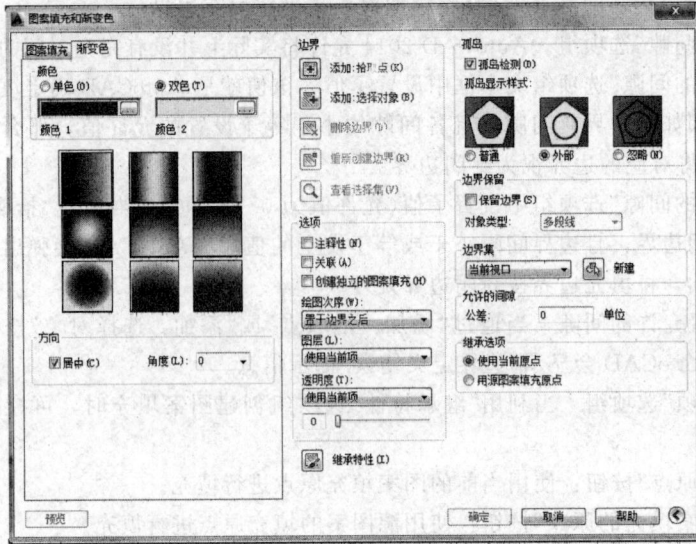

图 4-15 "渐变色"对话框

块，可以指定一种颜色的色调(选定颜色与白色混合)或着色(选定颜色与黑色混合)。

(2)"双色"单选按钮：设置两种颜色之间平滑过渡的双色渐变系统，此时，AutoCAD 在"颜色 1"和"颜色 2"后分别显示带"浏览"按钮的颜色样本，如图 4-16 所示。

(3)"居中"复选框：设置对称的渐变配置。如果没有选中该框，渐变填充将向左上方变化，创建光源在对象左边的图案，如图 4-17 所示。

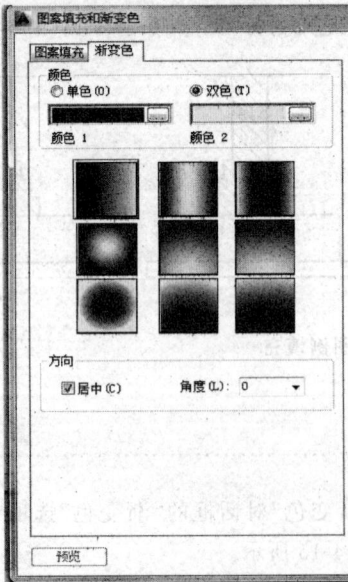

图 4-16 双色效果

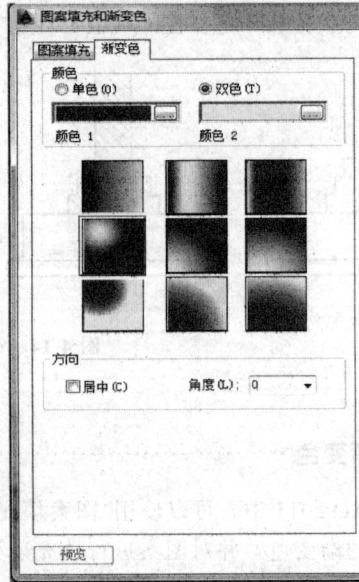

图 4-17 填充图案选项板

(4)"角度"下拉列表：设置渐变色填充的旋转角度，与指定给图案填充的角度互不影响。

(5)"渐变图案"预览窗口：显示当前设置的渐变色效果，共 9 种。

(6)"预览"按钮：单击该按钮，可以观察颜色填充效果。

此外，在 AutoCAD 2014 中，渐变色最多只能由两种颜色创建，而且不能使用位图填充图形。

教学提示：通过本项目的学习，应掌握图案填充与渐变色的方法。

项目 4.4　图块的使用

教学要求：通过本项目的学习，学生应掌握创建和编辑图块的方法，能够创建和利用图块快速绘制图形；掌握图块的插入。

教学要点：

教学重点：创建和编辑图块的方法。

教学难点：图块的插入。

利用 AutoCAD 的图块功能可以将若干个对象组合起来，并作为一个整体进行插入、缩放、旋转等操作。例如，在工程制图中，经常要画一些常用的图形符号，如标高、门窗等。如果将这些经常出现的图形定义成块，存放在一个图形库中，在绘制图形时，就可以用插入块的方法绘制这些图形，这样可以避免大量的重复工作，而且提高了绘图的速度与质量。

图块是用一个图块名命名的一组图形实体，其中的各个实体均有各自的图层、线型、颜色等特征，块被 AutoCAD 当作单一的实体来处理。使用图块可以大大提高工作效率，具体来说，使用块有如下几点好处：

(1)便于建立块图形库。将经常使用的符号、标准件、常用件等做成块，建立图块库。当需要时，插入图块，把复杂图形的绘制变成拼图和绘图的结合，避免了大量的重复工作，大大提高了绘图效率和质量。

(2)节省磁盘空间。AutoCAD 要保存图形中每一个对象的相关特征参数，如图层、位置坐标、线型、颜色等，因此，在图形绘制中，每一个对象都会增加存储空间。如果将经常使用的图形定义成图块，在需要时以块的形式插入，因为块只需要定义一次，而在插入时，块作为一个整体，AutoCAD 只需保存该图块的特征参数(如块名、插入点坐标、比例因子、旋转角度等)，而不需要保存该图块具体的每一个对象的特征参数，从而大大节省了存储空间。

(3)便于修改图形。如果在图形中修改或更新了一个块的定义，AutoCAD 将自动地更新用该块名插入的所有块。

(4)便于携带属性信息。AutoCAD 允许为块建立属性，使之成为从属于块的文本信息。在每次插入块时，提示用户为其输入相关的属性值。还可以对属性信息进行提取，传送给外部数据库进行管理。

■ 4.4.1　创建图块(BLOCK)

要使用图块，必须首先定义图块。

1. *命令访问*

(1)菜单栏。在菜单栏执行"绘图(D)"→"块(K)"→"创建(M)"命令。

(2)工具栏。在"绘图"工具栏单击"创建块"按钮 🔳 。

（3）命令行。在命令行输入"BLOCK"。

执行该命令后，AutoCAD 将打开"块定义"对话框，如图 4-18 所示。

2．操作说明

该对话框中包含块的名称、基点区、对象区、方式区、设置区、说明等。

3．选项和参数说明

（1）"名称"下拉列表。输入将要定义的块的名称，或从当前图形中所有的块名列表中选择一个。块名可长达 255 个字符，名称中可包含字母、数字、空格、和"＄""—""-"等在 Windows 和 AutoCAD 中无其他用途的特殊字符。

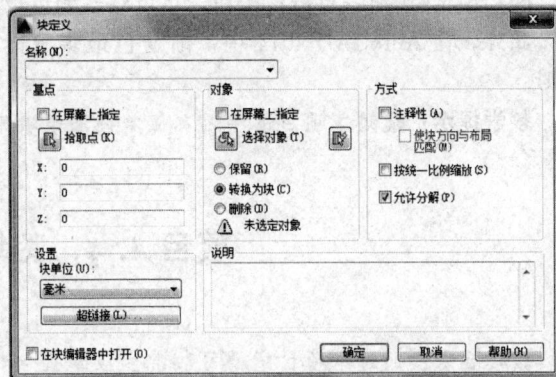

图 4-18　"块定义"对话框

（2）"基点"选项组。在该选项组中指定块插入时的基点。用户可以直接在 X、Y 和 Z 文本框中输入插入基点的坐标值，也可以单击"拾取点"按钮，切换到绘图窗口，在"指定插入基点："的提示下指定一点作为块插入的基点后，AutoCAD 便又返回到"块定义"对话框。

块插入的基点既是块插入时的基准点，也是块插入时旋转或缩放的中心点。为了作图的方便，基点一般选在块的中心、左下角或其他特征点。

（3）"对象"选项组。该选项组用于指定组成块的对象及其处理方式。选择对象有以下两种方式：

1）"选择对象"按钮：单击此按钮，AutoCAD 临时切换到绘图窗口，用户可用各种对象选择方法选择要定义成块的对象。选择结束后，按 Enter 键返回到"块定义"对话框。

2）"快速选择"按钮：单击此按钮，AutoCAD 将弹出"快速选择"对话框。

对已选择的组成块的原始对象有以下 3 种处理方式：

1）"保留"单选按钮：选择此按钮，AutoCAD 将在图形中保留已组成块的原始对象。

2）"转换为块"单选按钮：选择此按钮，AutoCAD 将把组成块的原始对象转换成图块并保留在图形中。

3）"删除"单选按钮：选择此按钮，AutoCAD 将在图形中删除已组成块的原始对象。

（4）"方式"选项组。指定组成块的对象的显示方式。

1）"按统一比例缩放"复选框：该复选框如果被选中，则强制在 3 个坐标方向采用相同的比例因子插入块，否则允许沿各坐标轴方向采用不同比例缩放块图形。

2）"允许分解"复选框：该复选框如果被选中，则插入块的同时块被分解，即分解成组成块的各基本对象。

（5）"设置"选项组。设置块的基本属性。

1）"块单位"下拉列表：指定插入块时的插入单位。

2）"超链接"按钮：单击此按钮，AutoCAD 将打开"插入超链接"对话框，通过它建立一个超链接，并与块定义相关联。

（6）"说明"文本框。用户可以在此编辑区中，输入一些与块定义相关的描述信息，供显示和查找使用。

4．绘制任务

【例 4-2】　绘制建筑标高符号。

绘制要求：绘制标高符号，其图形中等腰直角三角形 $H=3$。

操作提示：

(1)绘制如图 4-19 的标高符号。

图 4-19　标高符号

(2)创建标高符号块。

执行"BLOCK"命令，AutoCAD 打开"块定义"对话框。

"块定义"对话框的设置如图 4-20 所示，设置步骤如下：

(1)在"名称"下拉列表框输入块名"标高"。

(2)在"对象"选项组中选择"转换为块"单选按钮，再单击"选择对象"按钮，选择标高符号图形，按键返回到"块定义"对话框。

(3)在"基点"选项区单击"拾取点"按钮，然后拾取点 A，确定了基点的位置。

(4)在"块单位"下拉列表中选择"毫米"选项，将单位设置为毫米。

图 4-20　"块定义"对话框的设置

(5)设置完毕，单击"确定"按钮，完成定义。

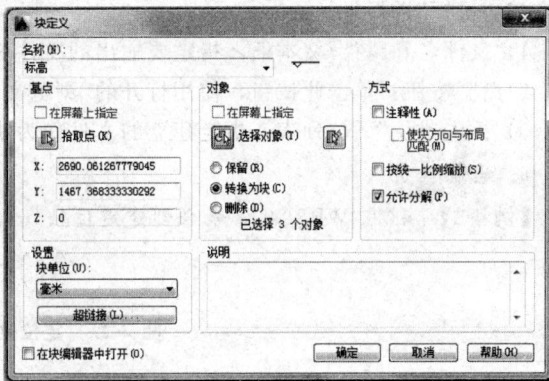

■ 4.4.2　存储块(WBLOCK)

用"BLOCK"命令定义的块，只能插入块建立的图形，而不能被其他图形文件调用。为了使块能被其他图形文件调用，可使用"WBLOCK"命令将块单独保存为文件。用"WBLOCK"命令保存的文件扩展名为".dwg"。

1. 命令访问

命令行。在命令行输入"WBLOCK"。

2. 操作说明

AutoCAD 将根据发出命令时的 3 种不同情况弹出显示不同默认设置的"写块"对话框，如图 4-21 所示。

(1)无任何选择。如果在发出"WBLOCK"命令时没有进行任何选择，则对话框的"源"区域中"对象"单选按钮是默认选择。

(2)选择了单个的图块。如果在发出"WBLOCK"命令时选择了单个的图块，则对话框中"源"区的"块"单选按钮是默认设置，所选图块的名称出现在"源"区的"名称"下拉列表框中，所选图标的名称出现在"目标"区的"文件名和路径"文本框中。

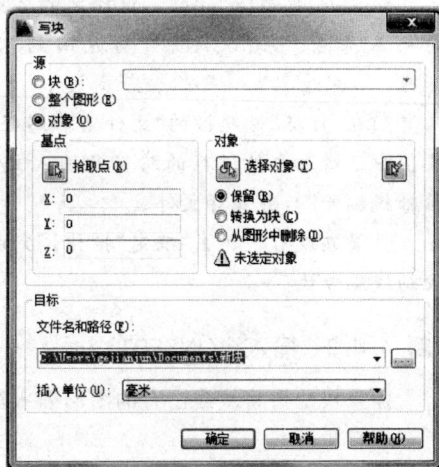

图 4-21　"写块"对话框

（3）选择了图形对象。如果在发出"WBLOCK"命令时，选择了图形中的对象，则对话框中"源"区的"对象"单选按钮是默认设置，"目标"区的"文件名和路径"文本框中的名称为"新块"。

3. 选项和参数说明

（1）"源"选项组。在该选项组中，用户可以指定要输出的图形对象或图块。

1）"块"单选按钮：将图形中的图块保存为文件。此时，可在其中的下拉列表框中选择一个要写入磁盘文件的图块名称。

2）"整个图形"单选按钮：将当前整个图形保存为文件。

3）"对象"单选按钮：将从当前图形中选择的图形对象保存为文件。

4）"基点"和"对象"选项组。与"块定义"对话框相同，此处不再说明。

（2）"目标"选择组。

1）"文件名和路径"文本框：指定要输出的文件名和储存位置。

2）浏览按钮：单击此按钮，使用打开的"浏览文件夹"对话框设置文件的保存位置。

3）"插入单位"下拉列表：指定建立的文件作为块插入时的单位。

4. 绘制任务

【例4-3】 利用"WBLOCK"命令创建定位轴线编号块，如图4-22所示。

①

图4-22 定位轴线标号

操作提示：

（1）执行"WBLOCK"命令，AutoCAD打开"写块"对话框。

（2）对"写块"对话框进行对应的设置，如图4-23所示。

1）在"对象"选项区中单击"选择对象"按钮，选择定位轴线编号，按Enter键返回到"写块"对话框。

2）单击"拾取点"按钮，选择圆的上象限点作为插入基点。AutoCAD自动返回到"写块"对话框。

3）在"目标"选项区的"文件名和路径"下拉列表框中，输入文件保存的路径及输入文件名"定位轴线编号"，并保存文件。

设置完成后，单击"确定"按钮，完成创建定位轴线编号块。

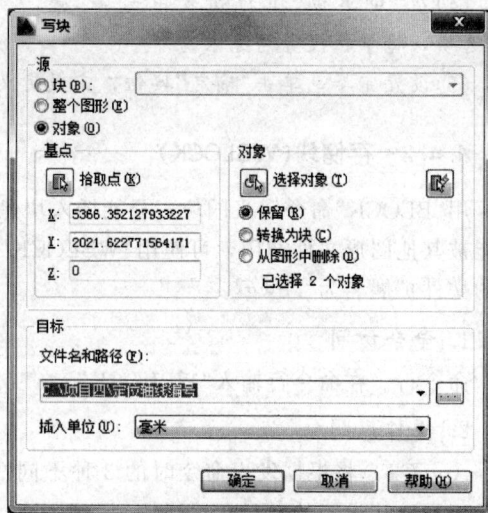

图4-23 "写块"对话框的设置

■ **4.4.3 插入块(INSERT)**··

插入块是指将块或已有的图形插入当前文件，在插入的同时还可以改变插入图形的比例因子和旋转角度。

1. 命令访问

（1）菜单栏。在菜单栏执行"插入(I)"→"块(B)"命令。

(2)按钮。在"绘图"工具栏单击"插入块"按钮🔲。

(3)命令。在命令行输入"INSERT"。

执行该命令后，AutoCAD 将打开"插入"对话框，如图 4-24 所示。

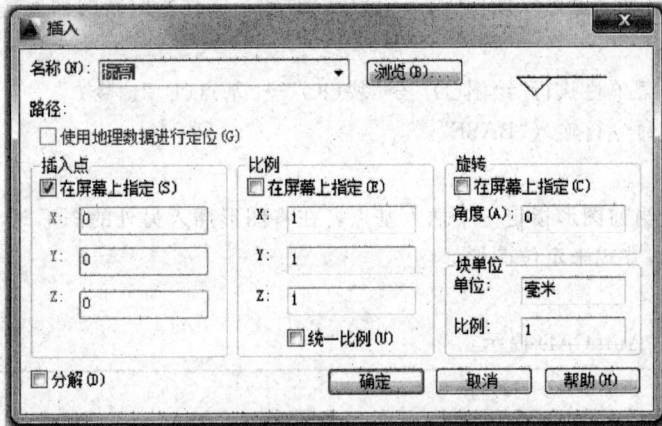

图 4-24 "插入"对话框

2. 操作说明

根据在"插入"对话框中设置的不同，单击对话框的"确定"按钮后，可能还需要指定块的插入点、插入比例和旋转角度等。

3. 选项和参数说明

(1)"名称"下拉列表。在此列表中，用户可以指定或输入要插入的块名或图形文件名。

(2)"浏览"按钮。单击该按钮将打开"选择图形文件"对话框，用以指定要插入的图形文件名称及其路径。

(3)"插入点"选项组。指定块的插入点。可以在 X、Y 和 Z 编辑框中直接输入点的坐标，也可以选中"在屏幕上指定"复选框，在图形显示窗口中指定块的插入点。

(4)"比例"选项组。确定块的插入比例。在该选项组中，用户可以指定块插入时 X、Y 和 Z 3 个方向上不同的比例因子。如果选中了"统一比例"复选框，则强制在 3 个方向采用相同的比例因子。用户也可以选中"在屏幕上指定"复选框，在图形区域中指定一点，该点与插入点构成矩形框，在 X 方向和 Y 方向的实际尺寸增量即为块插入时 X 和 Y 方向的比例因子。

(5)"旋转"选项组。确定块插入时的旋转角度。可直接在"角度"文本框中输入旋转角度值，也可以选中"在屏幕上指定"复选框，在图形区域中指定一点，则该点与插入点连线同 X 轴正向的夹角即为块插入时的旋转角。

(6)"块单位"文本框。显示有关块单位的信息。

(7)"分解"复选框。该复选框如果被选中，则插入块的同时被分解。插入块后，也可以用"EXPLODE"命令将其分解。

4."插入"图块的步骤

(1)执行"INSERT"命令，打开如图 4-24 所示的"插入"图块对话框。

(2)浏览找到并选中要插入的内部图块或块文件。

(3)设定"比例"和"旋转"角度，单击"确定"按钮。

(4)拾取插入点，块已插入，完毕。

■ 4.4.4 设置插入"基点"命令(BASE)

当把某一图形文件作为块插入时，AutoCAD 默认将该图的坐标原点作为插入点，这样往往给绘图带来不便。此时，就可以使用"基点"命令，对图形文件指定新的插入基点。

1. 命令访问

(1)菜单栏。在菜单栏执行"绘图(D)"→"块(K)"→"基点(B)"命令。

(2)命令行。在命令行输入"BASE"。

2. 操作说明

"BASE"命令为当前图形指定一个插入基点，在将图形插入另外的图形时，通过所指定的基点与插入点相重合的方式来定位图形。

3. 命令提示

执行该命令后，AutoCAD 提示：

```
命令：BASE
输入基点＜0.000 0, 0.000 0, 0.000 0＞;
```

4. 选项说明

输入基点：指定一个点作为图形的基准点，AutoCAD 默认的基准点是(0, 0, 0)。

■ 4.4.5 块与图层的关系

块可以由绘制在若干层上的对象组成，AutoCAD 将图层的信息保留在块里。当插入这样的块时，AutoCAD 有以下约定：

(1)块中原来位于 0 图层上的对象被绘制在当前层上，并使用当前层的颜色与线型绘出。

(2)对于块中其他图层上的对象，若有与当前图形中同名的图层，则块中该图层上的对象绘制在图中同名的图层上，并使用图中该图层颜色与线型绘制。

(3)若块中没有与当前图形中同名的图层，则该层上的对象仍在它原来的图层上绘出，并为当前图形增加相应的图层。

(4)如果插入的图块由多个位于不同图层上的对象组成，则冻结图层上的对象不生成。

■ 4.4.6 重命名图块(RENAME)

创建图块后，可以根据需要对其进行重命名。重命名方法有很多种，如果是外部块文件，可以直接在保存目录中对该图块文件进行重命名；若是内部块，则可以使用"重命名"命令来更改图块的名称。

1. 命令访问

(1)菜单栏。在菜单栏执行"格式(O)"→"重命名(R)"命令。

(2)命令行。在命令行输入"RENAME"。

2. 操作步骤

(1)在左侧的"命名对象"列表中选择"块"选项，在右侧的"项数"列表中将显示出当前文件中所有内部块。

(2)在"项数"列表中选中欲重命名的图块，然后在文本框中输入新的名称。

（3）单击"确定"按钮即可更改选中图块的名称，更改完毕，单击"确定"按钮，关闭"重命名"对话框。

3. 附注说明

从"命名对象"列表中可以知道，在"重命名"对话框中，还可以对坐标系、标注样式、表格样式、文字样式、图层、视图、视口、线型等对象进行重命名。

■ 4.4.7 编辑块定义(BEDIT)

可以在 AutoCAD 提供的块编辑器中打开块定义，对块进行修改。

1. 命令访问

（1）菜单栏。在菜单栏执行"工具(T)"→"块编辑器(K)"命令。

（2）工具栏。在"标准"工具栏单击"块编辑器"按钮 ⬚。

（3）命令行。在命令行输入"BEDIT"。

执行该命令后，AutoCAD 将打开"编辑块定义"对话框，如图 4-25 所示。

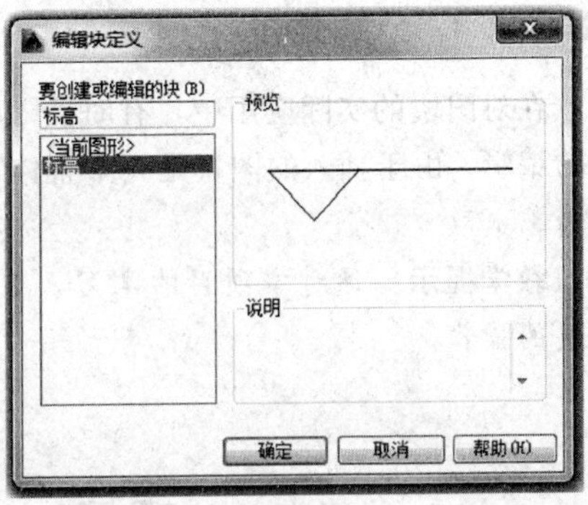

2. 操作说明

如图 4-26 所示，从对话框左侧的大列表框中选择要编辑的块（如选择"标高"块，选择后会在预览框中显示出块的图形），单击"确定"按钮，AutoCAD 打开"块编辑器"进入块编辑模式。

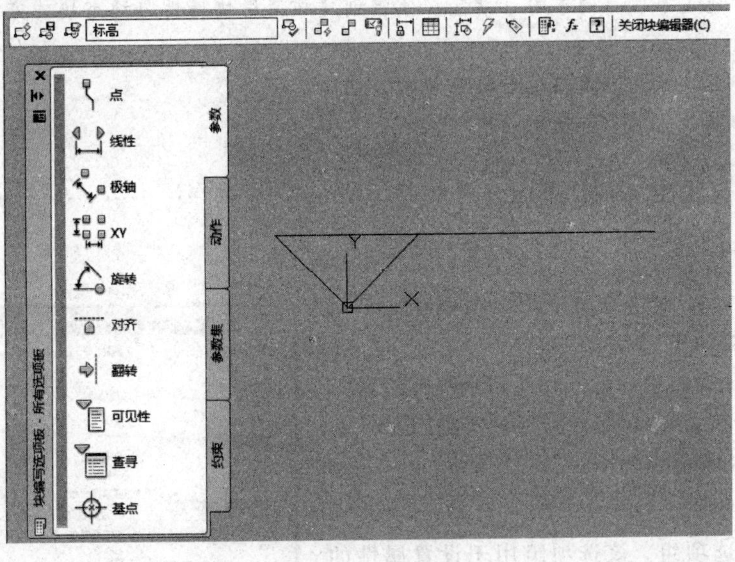

图 4-25 "编辑块定义"对话框

图 4-26 编辑块

块编辑器状态的背景色为灰色，在其中显示出要编辑的块，用户可以直接对其进行编辑，编辑后单击编辑器工具栏上"关闭块编辑器"的按钮，将打开如图 4-27 所示的询问提示对话框，让用户做出选择。如果选择更改，则插入图的所有块实例都得到修改。

图 4-27 提示信息

■ 4.4.8 分解图块 ··

在对图块的实际应用中，有时插入的图块并不是当前图形恰好需要的图形，需要对其进行一定的编辑。由于插入的图块是一个整体，因此，必须将其分解后才能使用各种编辑命令对其进行编辑。

教学提示：通过本项目的学习，应掌握创建和编辑图块、图块的插入、重命名图块及分解图块的操作。

项目 4.5　块属性与动态块

教学要求：通过本项目的学习，学生应掌握创建和使用块属性与动态块的方法。
教学要点：
教学重点：定义和使用块属性与动态块的方法。
教学难点：属性的定义、使用动态块。

■ 4.5.1 定义属性(ATTDEF) ··

1. 命令访问

(1)菜单栏。在菜单栏执行"绘图(D)"→"块
(B)"→"定义属性(D)"命令。

(2)命令行。在命令行输入"ATTDEF(ATT)"

执行该命令后，AutoCAD 将打开"属性定义"对话框，如图 4-28 所示。

2. 选项说明

(1)"模式"选项组。该选项组用于设置属性的模式。

1)"不可见"复选框：该选项设置属性为不可见方式，即块插入后，属性值在图中不显示出来。

2)"固定"复选框：该选项设置属性为恒值方式，即属性值在属性定义时给定，并且不能被修改。

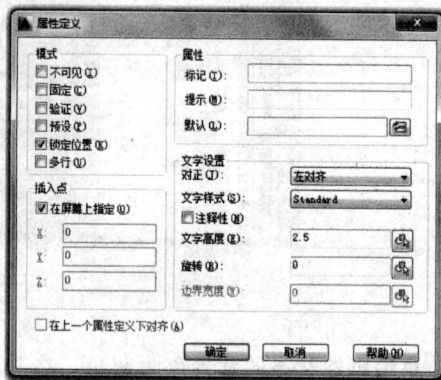

图 4-28 "属性定义"对话框

· 146 ·

3)"验证"复选框：该选项设置为验证方式，即块插入时输入属性值后，AutoCAD会要求用户再确认一次输入值的正确性，重要的属性值须设成"验证"。

4)"预设"复选框：该选项设置属性值为预置方式，当插入块时，不请求输入属性值，而是自动填写其缺省值。与"固定"选项类似，不同之处在于用户可以修改属性值。

5)"锁定位置"复选框：该选项设置块的定位方式，即固定插入块的坐标位置。

6)"多行"复选框：该选项设置属性为多段文字方式，即用多段文字来标注块的属性值。

(2)"属性"选项组。该选项组用于确定属性的标记、提示及缺省值。

1)"标记"文本框：输入属性标记。"标记"就是属性提取时用的标识，类似数据库系统中的字段名，如房号、粗糙度、图名等。

2)"提示"文本框：输入属性提示，在插入块时，AutoCAD提示用户输入属性值的提示信息。

3)"默认"文本框：输入属性插入时的默认值。

(3)"插入点"选项组。该选项组用于确定属性值的插入点，即属性文字排列的参考点。指定插入点后，AutoCAD以该点为参考点，按照在"文字设置"选项区中"对正"下拉列表框确定的文字对齐方式设置属性值。用户可以直接在X、Y、Z文本框中输入参考点的坐标值，也可以选中"在屏幕上指定"复选框，以便通过图形显示窗口指定参考点。

(4)"文字设置"选项组。

1)"对正"下拉列表：确定属性文本相对于在"插入点"选项区中确定的参考点的排列形式。用户可通过下拉列表选择各种文字对齐方式。

2)"文字样式"下拉列表：确定属性文本的样式。

3)"文字高度"文本框及按钮：确定属性文本字符的高度。

4)"旋转"文本框及按钮：确定属性文本行的倾斜角度。

(5)"在上一个属性定义下对齐"复选框。当定义多个属性时，选中该复选框，表示当前属性将采用上一个属性的文字样式、字高及倾斜角度，且另起一行按上一个属性对正方式排列。选中该复选框后，"插入点"与"文字设置"选项区均已灰色显示，即不能再通过它们进行设置了。

3. 使用带有属性的块

属性只有和图块一起使用才有意义，使用带有属性的块的步骤如下：

(1)绘制出构成图块的各个实体图形。

(2)定义属性。

(3)用"BLOCK"命令将图形和属性一起定义为块。

定义了带有属性的块之后，在以后插入块的操作中，用户就可以为其输入一个属性值。

■ 4.5.2 修改属性定义(DDEDIT) ···

1. 命令访问

(1)菜单栏。在菜单栏执行"修改(M)"→"对象(O)"→"文字(T)"→"编辑(E)"命令。

(2)命令行。在命令行输入"DDEDIT"。

2. 命令提示

执行该命令后，AutoCAD提示：

```
命令：DDEDIT↙
选择注释对象或[放弃(U)]：                              选择块属性
```

3. 选项和参数说明

(1)"属性"选项卡。在该选项卡中，列表框显示出块中每个属性的标记、提示和值，在列表框中选择某一属性，会在"值"文本框中显示出对应的属性值，并允许用户通过该文本框修改属性值。

(2)"文字选项"选项卡。该选项卡用于修改属性文字的格式，用户可通过该对话框修改文字的样式、对正方式、字高、文字行的旋转角度等。

(3)"特性"选项卡。该选项卡用于修改属性文字的图层、线型、颜色等。

(4)"选择块"和"应用"按钮。在"增强属性编辑器"对话框，除上述 3 个选项卡外，还有"选择块"按钮和"应用"按钮等。

1)"选择块"按钮：用于重新选择欲编辑的块对象。

2)"应用"按钮：用于确认已做出的修改。

■ 4.5.3 编辑块属性(EATTEDIT) ···

1. 命令访问

(1)菜单栏。在菜单栏执行"修改(M)"→"对象(O)"→"属性(A)"→"单个(S)"命令。

(2)工具栏。在"修改Ⅱ"工具栏单击"编辑属性"按钮 ❤。

(3)命令行。在命令行输入"EATTEDIT"。

2. 命令提示

执行该命令后，AutoCAD 提示：

```
命令：EATTEDIT↙
选择块：                                                              选择块
```

在该提示下选择块后，AutoCAD 打开"增强属性编辑器"对话框。该对话框列出选定的块中的属性，并显示每个属性的特性，用户可以对每一个列出的属性进行特性修改。

3. 对话框内容说明

"增强属性编辑器"对话框包括"属性""文字选项""特性"3 张选项卡：

(1)"属性"选项卡：该选项卡中列出选定块中包含的属性并显示每个属性的标记、提示和值。选定其中一个属性，下方"值(V)"右侧显示该属性的当前值，可以修改当前值，为选定属性指定新值。

(2)"文字选项"选项卡：该选项卡中列出"属性"选项卡中选定属性的文字特性，包括文字样式、对正、反向、倒置、高度、宽度因子、旋转、倾斜角度、注释性等特性，可以在该选项卡中直接对一个或多个特性进行修改。

(3)"特性"选项卡：该选项卡中列出"属性"选项卡中选定属性的图层、线型、颜色、线宽、打印样式等特性，同样可以对一个或多个特性进行修改。

■ 4.5.4 块属性管理器(BATTMAN) ···

1. 命令访问

(1)菜单栏。在菜单栏执行"修改(M)"→"对象(O)"→"属性(A)"→"块属性管理器(B)"命令。

(2)工具栏。在"修改Ⅱ"工具栏单击"块属性管理器"按钮🖧。

(3)命令行。在命令行输入"BATTMAN"。

2. 命令提示

执行该命令后，AutoCAD 提示：

```
命令：BATTMAN↙
选择块：                                                    选择块
```

在该提示下选择块后，AutoCAD 打开"块属性管理器"对话框。该对话框列出当前图形中的所有属性并显示每个属性的特性，用户可以对每一个属性进行特性修改。

3. 对话框内容说明

(1)"选项块"按钮：单击该按钮，系统切换到图形显示窗口，以选择需要操作的块。

(2)"块"下拉列表：列出了当前图形中含有属性的所有块的名称，可通过下拉列表确定操作的块。

(3)属性列表：显示了当前所选择块的所有属性。包括属性的标记、提示、默认值和模式等。

(4)"同步"按钮：单击该按钮，可以更新已修改的属性特效实例。

(5)"上移"按钮：单击该按钮，可以在属性列表框中将选中的属性行向上移动一行，但对属性值为固定值的行不起作用。

(6)"下移"按钮：单击该按钮，可以在属性列表框中将选中的属性行向下移动一行。

(7)"编辑"按钮：单击该按钮，AutoCAD 打开"编辑属性"对话框。在该对话框中可以重新设置属性定义的构成、文字特性和图形特性等。

(8)"删除"按钮：单击该按钮可以从块定义中删除在属性列表框选中的属性定义，且块中对应的值也被删除。

(9)"设置"按钮：单击该按钮，AutoCAD 打开"块属性设置"对话框，通过该对话框，可以设置在"块属性管理器"对话框的属性列表框中能够显示的内容。

■ 4.5.5 属性显示控制(ATTDISP) ……………………………………………

在属性定义时，可以将一些属性定义成不可见，如价格、设计参数等。有时，又希望一些不可见的属性变成可见。使用"ATTDISP"命令，用户可以控制属性显示的可见性。

1. 命令访问

(1)菜单栏。在菜单栏执行"视图(V)"→"显示(L)"→"属性显示(A)"命令。

(2)命令行。在命令行输入"ATTDISP"。

2. 命令提示

执行该命令后，AutoCAD 提示：

```
命令：ATTDISP↙
输入属性的可见性设置[普通(N)/开(ON)/关(OFF)]〈普通〉：
```

3. 选项和参数说明

(1)普通(N)：根据属性定义时的模式显示或不显示属性。

（2）开（ON）：显示所有的属性。

（3）关（OFF）：不显示属性。

■ 4.5.6　使用动态块 ···

从 AutoCAD 2006 版开始增加了动态块功能，使用动态块可以方便地对图块进行编辑和修改。

1. 动态块的特点

动态块有很多特点，比较显著的特点是灵活性和智能性。表现：可以轻松地更改图形中的动态块参照；可以通过自定义夹点或自定义特性来操作动态块参照中的几何图形；可以根据需要在位调整块，而不用搜索另一个块以插入或重定义现有的块。实际上，动态块就是定义了参数和参数相关联的编辑动作。

2. 创建动态块

要使图块成为动态块，必须至少添加一个参数，然后添加一个动作与参数相关联。添加到块定义中的参数和动作类型定义了块参照在图形中的作用方式。

使用块编辑器（图 4-25）就可以创建动态块。块编辑器是一个专门的编写区域，用于添加能够使块成为动态块的元素。

（1）动态块的创建步骤。

1）创建块。

2）打开块编辑器。

3）设置动态参数，然后利用属性面板设置参数的相关属性。

4）设置预改参数和选定图形元素关联的动作。

5）保存块定义，并退出块编辑器。

在动态块中，参数用于为块中几何图形指定位置、距离和角度。例如，向动态块中添加了距离参数后，该距离参数将为该块参照定义距离特性。因此，用户希望在编辑时能够拉伸（压缩）块。如果向动态块添加点参数，该点参数将为块参照定义两个自定义特性：位置 X 和位置 Y（相对于块参照的基点）。

动态块中至少应包含一个参数，向动态块中添加参数后，将自动添加与该参数的关键点相关联的夹点。同时，添加到动态块中的参数类型决定了添加的夹点的类型，每种参数类型仅支持特定类型的动作。

在图形中操作参照块时，通过拖动夹点或修改"特性"面板中自定义特性的值，可以修改用于块定义中该自定义特性的参数值。如果修改参数值，将影响与该参数相关联的动作，从而修改动态块参照的几何图形或特性。

添加到动态块中的参数类型决定了添加的夹点类型（用不同形状表示）和支持的特性类型动作。

（2）动态块中的动作类型。

1）阵列：阵列动作可以与线性、极轴或 X、Y 参数相关联。

2）查寻：查寻动作仅可与查寻参数相关联。当向块定义中添加查寻动作时，将显示"特性查寻表"对话框。

3）翻转：翻转动作仅可与翻转参数相关联。指定在动态块参照中并触发翻转动作时，对象选择集将翻转。

4)移动：移动动作可以与点参数、线性参数、极轴参数或 X、Y 参数相关联。指定在动态块参数中并触发移动动作时，对象选择集将移动。

5)旋转：旋转动作仅可与旋转参数相关联。指定在动态块参照中并触发旋转动作时，对象选择集将旋转。

6)缩放：缩放动作仅可与线性、极轴或 X、Y 参数相关联。指定在动态块参照中并触发缩放动作时，对象选择集将进行缩放。

7)拉伸：拉伸动作可以与点参数、线性参数、极轴参数或 X、Y 参数相关联。指定在动态块参照中并触发极轴拉伸动作时，对象选择集将拉伸或移动。

8)极轴拉伸：极轴拉伸动作仅可与极轴参数相关联。指定在动态块参照中并触发极轴拉伸动作时，对象选择集将拉伸或移动。

编辑动态块参照时，可通过观察块参照中显示的夹点来获取对该动态块可以执行的动作。列出了包含在动态块中的不同类型的自定义夹点。

教学提示：通过本项目的学习，掌握了使用块属性和动态块的方法。

项目 4.6   屏幕显示控制

教学要求：通过本项目的学习，学生应掌握控制屏幕显示的方法。

教学要点：

教学重点：缩放和平移视图的方法。

教学难点：缩放和平移视图的方法。

在 AutoCAD 绘制与编辑图形过程中，用户常常会调整图形的显示，或观察图形的全局，或观察图形的局部，这都需要对图形进行缩小显示、放大显示、平移等操作。先介绍视图与视口两个概念。所谓视图是指从用户观察的方向上所看到的图形及其显示效果。如对三维对象可从不同角度去观看，对平面图形而言只能是正视于图形，才能看到图形的真实形状。所谓视口是指用户在屏幕上设置了多个窗口，用户可对每个窗口中所有显示的视图进行显示设置。这些窗口就是视口，多视口观察对象的方法尤其适合三维建模。本项目只介绍显示控制的基本操作，其他内容在需要时说明。

■ 4.6.1   视口的刷新

当将图形过分放大显示时，部分对象（如圆及其切线）会出现残缺显示（圆变成了多边形，切点分离）。这会给用户绘图带来不利影响，为了消除这些"痕迹"，真实显示图形，让用户正常观察图形，AutoCAD 对此提供了"重画"和"重新生成"的处理命令（AutoCAD 所绘制的图形是矢量图，而不是所谓的图像）。

视口刷新有关的命令有"重画（REDRAW）（REDRAWALL）"和"重生成（REGEN）（REGENALL）"。

1. 命令访问

(1)菜单栏。在菜单栏执行"视图（V）"→"重画（R）/重生成（G）/全部重生成（A）"命令。

(2)命令行。在命令行输入"REDRAW（重画当前视口）""REDRAWALL（全部重画）"

"REGEN(重生成)""REGENALL(全部重生成)"。

2. 命令说明

"重画"命令只刷新可见对象,"重生成"命令刷新全部对象。

"重画(REDRAW)"命令只刷新当前视口,"REDRAWALL"命令刷新所有视口。"重生成"命令与之类似。

■ 4.6.2 缩放和平移视图 ···

观察视图最多的需求是"缩放"和"平移"视图。"缩放"相当于现实生活中用的广角镜和放大镜观察对象,而不是真正将图形的尺寸缩小或放大。"平移"可理解为反运动,即图形不动观察窗口在动,用有限的窗口去观察广袤的对象,如若绘制一张 0 号图,显示器屏幕就显得小了,必须移动窗口以看清图的不同局部。因此,"平移"视图并不改变图的位置。以后有关图形显示控制的操作都具有不改变图形的大小和位置的特性。

AutoCAD 提供了"ZOOM""PAN"命令来完成视图显示的缩放和平移观察。在 AutoCAD 中,有 11 种缩放方法和 6 种平移方法。

1. 命令访问

(1)菜单栏。

1)缩放:视图(V)→缩放(Z)→各子菜单;

2)平移:视图(V)→平移(P)→各子菜单。

(2)工具栏。

1)"草图空间":视图→二维导向→各工具;

2)"经典空间":"标准"工具栏中相应的位置。

(3)命令行。

1)缩放:ZOOM;

2)平移:PAN。

(4)鼠标动作。

1)"推拉"滚轮为缩放;

2)"拖动中键"为平移。

另外,导航栏中提供了两个平移和范围缩放工具。

2. 命令提示

(1)"ZOOM"命令:详见项目 1.6。

(2)"PAN"命令,其操作如下:

命令:PAN↙

(拖动鼠标)

(可按 Esc 或 Enter 键退出,或右击显示快捷菜单)

3. 命令说明

利用"缩放(ZOOM)"命令可以更改视图的显示比例,但不会更改图形对象的绝对尺寸。利用"平移(PAN)"命令可以移动图形,以便让用户观察图形的其他部分。

教学提示:通过本项目的学习,掌握了控制屏幕显示的方法。

项目 4.7　工具查询

教学要求：通过本项目的学习，学生应掌握 AutoCAD 工具查询的方法。
教学要点：
教学重点：工具查询的方法。
教学难点：工具查询的方法。

AutoCAD 创建或修改图形对象的同时，还建立了关于该图形对象的相关数据，并将它们保存到图形数据库中。

AutoCAD 提供了查询功能，用户可以快速准确地提取这些数据。查询功能包括对象的位置点、点的坐标值、两点之间的距离、图形对象的面积及图形实体、精度显示、填充显示开关等数据。

常用的查询工具均放在"工具"下拉菜单的"查询"子菜单中。

■ 4.7.1　显示点的坐标(ID) ··

"ID"命令用于显示图中指定点的坐标。

1. 命令访问

(1)菜单栏。在菜单栏执行"工具(T)"→"查询(Q)"→"点坐标(I)"命令。

(2)选项卡。执行"默认"→"实用工具"面板→"点坐标"("草图与注释"空间)命令。

(3)工具栏。在"查询"工具栏单击"定位点"按钮。⤵

(4)命令行：在命令行输入"ID"。

2. 命令提示

命令：ID↙
指定点：　　　　　　　　　　　　　　　　　输入点，可以用目标捕捉方式拾取点

3. 选项和参数说明

在"指定点："提示下，单击欲查询坐标的点，也可以用目标捕捉方式拾取点。指定了一点后，AutoCAD 再命令显示该点的 X、Y 和 Z 坐标值。这样可以使 AutoCAD 在系统变量"LASTPOINT"中保持跟踪图形中拾取的最后一点。当使用"ID"命令拾取点时，该点保存到系统变量"LASTPOINT"中，在后续命令中只需输入@即可调用该点。

■ 4.7.2　几何测量(MEASUREGEOM) ··

"MEASUREGEOM"命令用于显示测量选定对象或点序列的距离、半径、角度、面积和体积，与命令"DIST""AREA"和"MASSPROP"具有相同的计算，信息以当前单位格式显示在命令提示下和动态工具提示中。

1. 命令访问

(1)菜单栏。在菜单栏执行"工具(T)"→"查询(Q)"→"各菜单"命令。

(2)选项卡。执行"默认"→"实用工具"面板→"测量"下拉菜单→"各菜单"("草图"空间)命令。

(3)工具栏。在"测量工具"工具栏中单击"距离"⇌按钮。

(4)命令行。在命令行输入"MEASUREGEOM(MEA)"。

2. 命令提示

命令：MEASUREGEOM↙

输入选项[距离(D)/半径(R)/角度(A)/面积(AR)/体积(V)]〈距离〉：

3. 选项和参数说明

(1)距离(D)：同"DIST"命令，两点时将计算并显示两指定点直线间的距离、和 XOY 平面的夹角、在 XOY 平面中倾角，以及 X、Y、Z 方向的增量多点时将累计距离信息，相邻两点可以是直线路径，也可以是圆弧路径，可根据需要选择此时的进一步的选项。

(2)半径(R)：测量指定圆弧、圆或多段线圆弧的半径和直径。

(3)角度(A)：测量两直线的夹角(锐角)、圆弧的圆心角和圆的任意两点间的圆心角。

(4)面积(AR)：同"AREA"命令，测量对象或定义区域的面积和周长，但无法计算自交对象的面积。

(5)体积(V)：测量对象或定义区域的体积。

4. 应用举例

【例4-4】 测量如图4-29所示图形的周长。

绘图步骤、命令行提示及步骤说明如下：

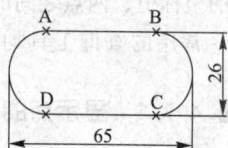

图 4-29 例 4-4 图

命令：MEA↙

MEASUREGEOM

输入选项[距离(D)/半径(R)/角度(A)/面积(AR)/体积(V)]〈距离〉：↙

指定第一点：   捕捉点 A

指定第二个点或[多个点(M)]：m↙

指定下一个点或[圆弧(A)/闭合(C)/长度(L)/放弃(U)/总计(T)]〈总计〉：   捕捉点 B

距离 = 39.0000

指定下一个点或[圆弧(A)/闭合(C)/长度(L)/放弃(U)/总计(T)]〈总计〉：〈总计〉：a↙

距离 39.0000

指定圆弧的端点或[角度(A)/圆心(CE)/闭合(CL)/方向(D)/直线(L)/半径(R)/第二个点

(S)/放弃(U)]：   捕捉点 C

距离 = 79.8407

指定圆弧的端点或[角度(A)/圆心(CE)/闭合(CL)/方向(D)/直线(L)/半径(R)/第二个点

(S)/放弃(U)]：l↙

距离 = 79.8407

指定下一个点或[圆弧(A)/闭合(C)/长度(L)/放弃(U)/总计(T)]〈总计〉：   捕捉点 D

距离 = 118.8407

指定下一个点或[圆弧(A)/闭合(C)/长度(L)/放弃(U)/总计(T)]〈总计〉：c↙

距离 = 144.8407

输入选项[距离(D)/半径(R)/角度(A)/面积(AR)/体积(V)/退出(X)]〈距离〉：↙

结果得到周长是 144.840 7。

【例 4-5】 测量如图 4-30 所示图形的面积(该图形由一条多段线和两个圆组成，两个圆已挖空)。

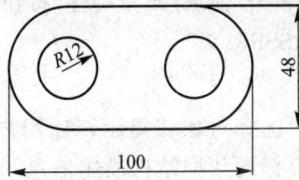

图 4-30 例 4-5 图

绘图步骤、命令行提示及步骤说明如下：

```
命令：MEA✓
MEASUREGEOM
输入选项[距离(D)/半径(R)/角度(A)/面积(AR)/体积(V)]〈距离〉：ar✓
指定第一个角点或[对象(O)/增加面积(A)/减少面积(S)/退出(X)]〈对象(O)〉：a✓
指定第一个角点或[对象(O)/减少面积(S)/退出(X)]：o✓
("加"模式)选择对象：                                    选择外围多段线
区域＝4305.5574，周长＝254.7964
总面积＝4305.5574
("加"模式)：选择对象：✓
 区域＝4305.5574，周长＝254.7964
 总面积＝4305.5574
指定第一个角点或[对象(O)/减少面积(S)/退出(X)]：s✓
指定第一个角点或[对象(O)/增加面积(A)/退出(X)]：o✓
("减"模式)选择对象：                                    选择内左圆
区域＝452.3893，圆周长＝75.3982
总面积＝3853.1680
("减"模式)选择对象：                                    选择内右圆
区域＝452.3893，圆周长＝75.3982
总面积＝3400.7787
("减"模式)选择对象：✓
区域＝452.3893，圆周长＝75.3982
总面积＝3400.7787
指定第一个角点或[对象(O)/增加面积(A)/退出(X)]：
得到总面积数值为 3 400.778 7
```

■ 4.7.3 显示面域/质量特性(MASSPROP)

"MASSPROP"命令用来计算和显示选定面域或三维实体的质量特性。

1. 命令访问

(1)菜单栏。在菜单栏执行"工具(T)"→"查询(Q)"→"各菜单"命令。

(2)选项卡。执行"默认"→"实用工具"面板→"测量"下拉菜单→"各菜单"("草图"空间)命令。

(3)工具栏。在"查询"工具栏中单击"面域/质量特性"按钮。

(4)命令行。在命令行输入"MASSPROP"。

2. 操作说明

发出命令后，AutoCAD 将出现"选择对象:"提示，让用户选择要列表显示的目标。目标选定后，切换到文本屏幕上列出所选目标的数据结构描述信息，包括面积、周长、质心、惯性矩、惯性积、旋转半径，并询问是否将分析结果写入文件。例如，对于图 4-30 所定义的面域，其信息报告如图 4-31 所示。

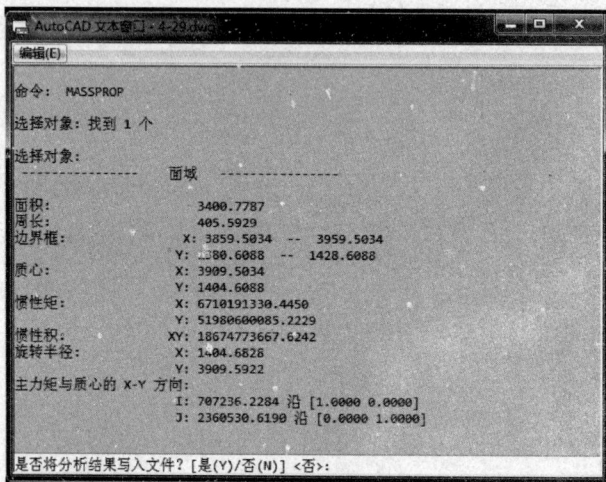

图 4-31　信息报告

■ 4.7.4　全部列表(DBLIST)

"DBLIST"命令用于显示当前图形的全部图形数据结构信息。

发出命令后，AutoCAD 将在文本窗口中显示出每个实体的数据结构。该窗口出现对象信息时，系统将暂停运行，此时，按 Enter 键退出，按 Esc 键终止命令。该命令的作用相当于每个实体的"LIST"的总和。

■ 4.7.5　查询系统变量(SETVAR)

"SETVAR"命令用于查询并重新设置系统变量。系统变量在 AutoCAD 中扮演十分重要的角色，系统变量值的不同直接影响着系统的运行方式和结果。熟悉系统变量是精通使用 AutoCAD 的前提。在对系统变量进行设置的命令执行过程中，输入的参数或在对话框中设定的结果，都直接修改了相应的系统变量。

系统变量存储于 AutoCAD 的配置文件中或根本不存储。任何与绘图环境或编辑器相关的变量通常存储了一个特殊的变量，那么它的设置就会在一幅图中执行之后，在另外的图中也得到了执行。如果变量存储在图形文件中，则它的当前值仅依赖于当前的图形文件。

1. 命令访问

(1)菜单栏。在菜单栏执行"工具(T)"→"查询(Q)"→"设置变量(V)"命令。

（2）命令行。在命令行输入"AETVAR"。

2．命令提示

命令：SETVAR

输入变量名或"？"：

3．选项和参数说明

（1）变量名：用户可以直接输入要重新设置的系统变量的名称，并赋以一个新的值。

（2）[？]：输入"？"，以查询当前系统变量的设置情况。

■ 4.7.6 状态查询(STATUS)···

"STATUS"命令用于显示当前图形的绘图环境及系统状态的各种信息，以及磁盘空间利用情况。在 AutoCAD 中，任何图形对象都包含着许多信息，例如，当前图形包含的对象的数量、图形名称、图形界限及其状态(开或关)、图形的插入基点、捕捉和删格设置、操作空间、当前图层、颜色、线型、标高和厚度、填充、栅格、正交、快速文字、步骤和数字化仪的状态、对象捕捉模式、可用磁盘空间、内存可用空间、自由交换文件的空间等。了解这些状态数据，对于控制图形的绘制、显示、打印输出等都很有意义。

1．命令访问

（1）菜单栏。在菜单栏执行"工具(T)"→"查询(Q)"→"状态(S)"命令。

（2）命令行。在命令行输入"STATUS"。

2．操作说明

执行"STATUS"命令后，AutoCAD 切换到文本窗口，将显示当前图形文件的如下状态信息：

（1）图形文件路径、名称和包含的对象数。

（2）模型空间或图纸空间的绘图界限、已利用的图形范围和显示范围。

（3）插入基点。

（4）捕捉分辨率和栅格点间距。

（5）当前空间(模型或图纸)、当前图层、颜色、线型、线宽、基面标高和延伸厚度。

（6）填充、栅格、正交、快速文字、间隔捕捉和数字化仪开关的当前设置。

（7）对象捕捉的当前设置。

（8）磁盘空间的使用情况。

■ 4.7.7 图形特性信息(DWGPROPS)···

"DWGPROPS"命令用于显示"图形特性"对话框，供用户查询有关当前图形的常规和统计信息；并可设置图形的概要特性和定制特性，如图形标题、主题、作者、关键字等，以便在 Auto-CAD 的设计中心和 Windows 的资源管理器中查找和检索该图形文件。

1．命令访问

（1）菜单栏。在菜单栏执行"文件(F)"→"图形特性(I)"命令。

（2）命令行。在命令行输入"DWGPROPS"。

执行"DWGPROPS"命令后，AutoCAD 将弹出"图形属性"对话框。该对话框有常规、概要、统计信息和自定义四个选项卡，如图 4-32 所示。

2．选项说明

(1)"常规"选项卡。显示有关当前文件的常规信息如下：

1)图形文件的名称和图标。

2)文件的类型、位置和大小信息(只读)。

3)MS-DOS 下的文件名、文件创建的日期和时间、文件最后一次修改的日期和时间，以及最后一次访问该文件的日期，这些信息也是只读的。

4)文件的属性(只读、存档、隐藏和系统)，该区的各项在 AutoCAD 中是只读的，但是在 Windows 的资源管理器中可以重新设置。

(2)"概要"选项卡。"图形特性"对话框的"概要"选项卡，用于显示和重新设置图形文件的概要信息，如作者、标题、主题、关键字等。此后，可以在 AutoCAD 的设计中心进行查找和检索。

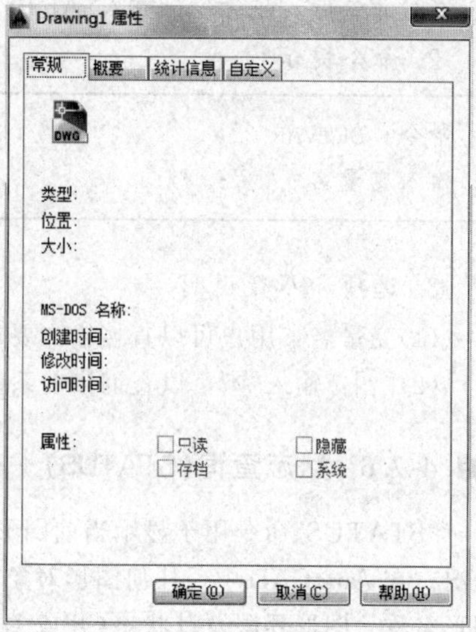

图 4-32 "图形属性"对话框

1)标题：指定图形文件的标题，该标题与图形文件的名称可以不同。

2)主题：指定图形文件的主题，具有相同主题的图形文件可以形成组合。

3)作者：指定图形文件的作者。

4)关键词：指定用于检索时定位该图形的关键字。

5)注释：指定用于检索时定位该图形的注释语句。

6)超链接基地址：指定插入到该图形中的超级链接的基地址。用户可以指定一个 Internet 网址或到一个网络驱动器上文件夹的路径。

(3)"统计信息"选项卡。"图形特性"对话框的"统计信息"选项卡与对话框的"概要"选项卡基本类似。该选项卡显示图形文件创建的日期和时间、最后一次修改的日期和时间、最后一次修改该图形文件的用户的名称、修订版本号及编辑图形文件所花费的总时间。

(4)"自定义"选项卡。"图形特性"对话框的"自定义"选项卡，用户可以自己定义 10 个字段并给它们一个确定的值，这些字段可以在检索时帮助定位图形文件。

■ 4.7.8 查询时间和日期(TIME) ··

"TIME"命令用于显示当前的日期和时间、图形创建的日期和时间及最后一次更新的日期和时间，此外，还提供了图形的编辑器中的累计时间。

1．命令访问

(1)菜单栏。在菜单栏执行"工具(T)"→"查询(Q)"→"时间(T)"命令。

(2)命令行。在命令行输入"TIME"。

2．选项说明

(1)当前时间：实时表示当前的日期和时间。

(2)创建时间：建立当前图形文件的日期和时间。

(3)上次更改时间：最近一次更新图形文件的日期和时间。

(4)累计编辑时间：自图形创建立之时起，编辑当前所用的总时间。

(5)消耗时间计时器(开)：这是另一种计时器，称为用时计时器，在用户进行图形编辑时运行。该计时器可由用户任意开、关或复位清零。

(6)下次自动保存时间：表示下一次图形自动存储时的时间。

显示完以上信息后，AutoCAD 接着提示：

输入选项［显示 (D)/开 (ON)/关 (OFF)/重置 (R)］：

(7)显示(D)：重置显示上述时间信息，并且更新时间内容。

(8)开(ON)：打开用时计时器。

(9)关(OFF)：关闭用时计时器。

(10)重置(R)：使用时，计时器复位清零。

教学提示：通过本项目的学习，掌握了 AutoCAD 工具查询的方法。

课后练习

一、简答题

1. 图层中包括哪些特性设置？冻结和关闭图层的区别是什么？

2. "图层图形管理器"的功能有哪些？

3. 在 AutoCAD 2014 中，块具有哪些特点？如何创建？

4. 在 AutoCAD 2014 中，块属性具有哪些特点？如何创建带属性的块？

5. 动态块有什么特点？

二、专项练习

1. 设置表 4-4 所示的图层。

表 4-4 拟新建图层特性表

名称	颜色	线型	线宽/mm
轴线	红	center	0.18
墙体	白	continuous	0.7
门窗洞	青	continuous	0.5
标注	蓝	continuous	0.35
图例	黄	continuous	0.18

2. 绘制如图 4-33 所示图形，其中"(图名)""(制图人)""(审核人)""(日期)""(班级)""(学号)""(图号)"及"(校名)"均为属性，"(图名)""(校名)"字高为 7，其余为 5，所有文字均需居中。并将该标题栏设置为带属性的块，其基点为标题栏右下角点。

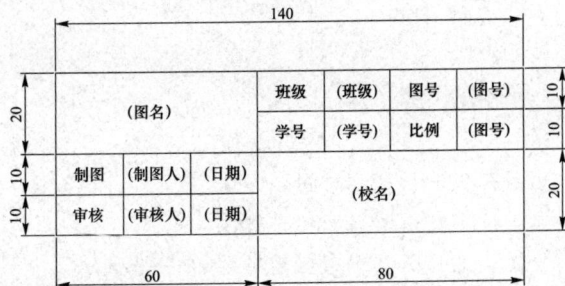

图 4-33 专项练习 2 图

3. 绘制如图 4-34 所示图形，要求图形层次清晰，图层设置合理。楼梯轮廓线应给一定的宽度，宽度自行设置。

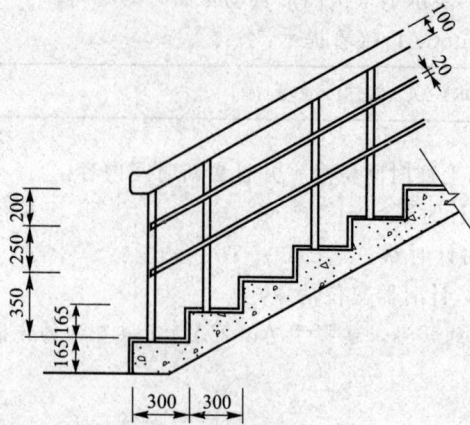

图 4-34　专项练习 3 图

4. 绘制如图 4-35 所示图形。

图 4-35　专项练习 4 图

模块 5　文字与表格

知识目标：通过本模块的学习，学生应掌握 AutoCAD 2014 文字样式的创建方法、文字的标注命令和编辑命令；掌握 AutoCAD 2014 表格样式的设置、表格的创建及编辑方法。

技能目标：具备使用 AutoCAD 2014 准确进行文字处理的能力；具备灵活应用文字和表格的编辑功能、准确表达图形的各种信息的能力；具备运用文字和表格进一步说明图形代表的意义、完善设计思路，做到使图纸整洁、清晰的能力。

素质目标：培养学生独立分析问题、解决问题的能力；培养学生勤奋向上、严谨细致的良好学习习惯和科学的工作态度。

本模块内容是对图形内容的重要补充，是工程图样中不可缺少的组成部分。一幅完整的工程图样，除了绘制的图形外，还需要添加一些必要的文字注释和表格来标注图样中的一些非图形信息，使图样能清楚表达设计者的用意，更容易被理解。例如，机械制图中的技术要求、装配说明，工程制图中的施工说明、明细表、门窗表等。此外，在 AutoCAD 2014 中，用户可以使用表格功能创建不同类型的表格，还可以从其他软件中导入、复制表格。

项目 5.1　文字样式设置

教学要求：通过本项目的学习，学生应熟悉文字样式设置各选项的意义，掌握文字样式的创建与设置。

教学要点：

教学重点：文字样式的设置。

教学难点：多行文字。

在 AutoCAD 中输入文字之前，首先要设置文字样式。在创建文字注释和尺寸标注时，AutoCAD 通常默认使用当前的文字样式，也可以根据具体要求重新设置或创建新的文字样式。对于文字样式，主要设置的参数有"字体""字型""高度""宽度因子""倾斜角""反向""倒置"及"垂直"等。在一幅图形中可以包含多种文字样式，以满足不同对象的需求。

■ 5.1.1　文字样式的命令访问 ···

文字样式的常用命令访问方法有以下 3 种：

（1）菜单栏。在菜单栏执行"格式（O）"→"文字样式（S）"命令。

（2）工具栏。在"文字"工具栏单击"编辑"按钮→ɐ。

（3）命令行。在命令行输入"STYLE"。

系统执行"文字样式"命令后，将打开如图 5-1 所示的"文字样式"对话框。通过对该对话框的一系列操作，可以重新设置或创建新的文字样式。

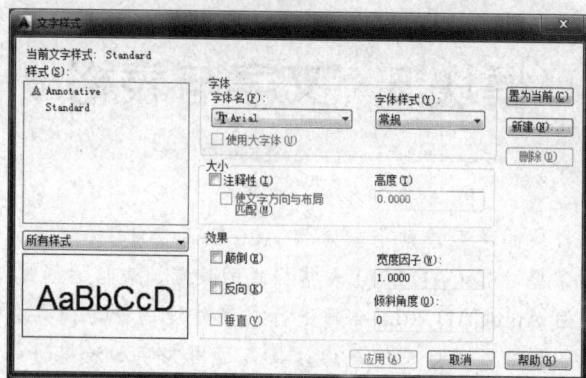

图 5-1 "文字样式"对话框

5.1.2 设置样式名

"文字样式"对话框的"样式名"选项组中显示了文字样式的名称，并可以对文字样式进行创建、重命名或删除等基本操作。

(1)"样式"列表：列出了当前可以使用的文字样式，其中"Standard"为系统默认的文字样式。

(2)置为当前(C)按钮：将"样式"列表中选择的文字样式设置为当前的文字样式。

(3)新建(N)...按钮：创建新的文字样式。单击该按钮打开如图 5-2 所示的"新建文字样式"对话框。在"样式名"文本框中输入新建文字样式名称后，单击确定按钮创建新的文字样式。同时返回"文字样式"对话框，并在"样式"列表框中显示新建文字样式名。

图 5-2 "新建文字样式"对话框

(4)删除(D)按钮：单击该按钮可以删除"样式"列表中某一文字样式，但无法删除已经使用的文字样式和默认的 Standard 样式。

(5)应用(A)按钮：当文字样式的某些参数有改动时，该按钮才生效。单击该按钮可使设置生效，并将所选文字样式设置为当前文字样式。

5.1.3 设置字体和大小

"文字样式"对话框的"字体"和"大小"选项区域用于设置文字样式使用的字体属性。

1. 设置字体

如图 5-3 所示，"字体名"下拉列表用于选择字体；"字体样式"下拉列表用于选择字体样式，如斜体、粗体和常规字体等；选中"使用大字体"复选框，"字体样式"下拉列表变为"大字体"下拉列表，用于选择大字体文件。大字体文件为亚洲语言设计，例如，gbcbig. txt 代表简体中文字体，chineseset. txt 代表繁体中文字体，bigfont. txt 代表日文字体等。注意：只有在"字体名"中指定 . shx 文件，才能使用"大字体"。

图 5-3 "文字样式"对话框中的"字体"选项区域

AutoCAD 2014 提供了符合标注要求的字体形文件：gbenor. shx、gbeitc. shx 和 gbcbig. shx 文件。其中，gbenor. shx 和 gbeitc. shx 文件分别用于标注直体和斜体字母与数字；gbcbig. shx 则用于标注中文。

与其他软件不同，AutoCAD 中可以使用两种类型的文字：一类是 AutoCAD 的标准文字体，文件扩展名为"shx"；另一类为 Windows 自带的 TrueType 字体，文件扩展名为"ttf"。标准文字体是一种采用矢量的方式定义的字体，字体由线条构成，不填充，占用计算机资源少，编辑、显示速度快。

如果打开的图纸中使用了一些第三方插件所使用的字体，而计算机本身并没有安装这种字体，那么相应文字部分在 AutoCAD 中显示时会出现问号和乱码。

2. 设置文字大小

如图 5-4 所示，"高度"文本框用于设置文字的高度。如果将文字的高度设为 0，在使用单行文字"TEXT"命令标注文字时，命令行将显示"指定高度："提示，要求指定文字的高度。而在创建多行文字"MTEXT"或作为标注文本样式时，文字的默认高度均为 2.5，可根据实际情况修改。如果在"高度"文本

图 5-4 "文字样式"对话框
中的"大小"选项区域

框中已经设置过文字高度，那么系统将按此高度标注文字，而不再提示指定高度。

当"注释性"复选框被选中时，则代表文字被定义成可注释性的对象，表示使用此文字样式创建的文字支持使用注释比例，此时，"高度"文本框将变为"图纸文字高度"文本框。

■ 5.1.4 设置文字效果

1. "效果"选项区域

在如图 5-5 所示的"文字样式"对话框中的"效果"选项区域中，可以修改字体的特性，如高度、宽度因子、倾斜角度及是否颠倒显示、反向或垂直对齐等，各选项的显示效果如图 5-6 所示。

2. 文字的效果

文字的效果包括正常效果、倾斜效果、宽度因子效果、颠倒效果、反向效果、垂直效果，如图 5-6 所示。

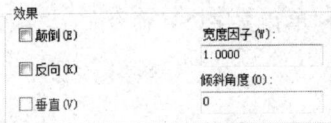

图 5-5 "文字样式"对话框
中的"效果"选项区域

图 5-6 文字的几种效果

（1）"颠倒（E）"复选框：颠倒显示字符。
（2）"反向（K）"复选框：反向显示字符。
（3）"垂直（V）"复选框：垂直显示字符。该选项只有在选择". shx"字体时才可使用，Windows 自带的 TrueType 字体不可用。
（4）"宽度因子（W）"文本框：设置文字字符的宽度与高度之比。当"宽度因子"值为 1 时，将按系统定义的高宽比显示；当"宽度因子"值小于 1 时，字符会变窄；当"宽度因子"值大于 1

时，字符则变宽。

(5)"倾斜角度(O)"文本框：设置文字的倾斜角度，输入一个-85°～85°的角度值使文字倾斜。角度为0°时不倾斜；角度为正值时向右倾斜；角度为负值时向左倾斜。

■ 5.1.5 预览与应用文字样式 ⋯⋯⋯⋯⋯⋯⋯⋯⋯⋯⋯⋯⋯⋯⋯⋯⋯⋯⋯⋯⋯⋯⋯

"文字样式"对话框的左下角为"预览"区域，可预览所选择或所设置的文字样式效果。

设置完文字样式后，单击 应用(A) 按钮即可将文字样式应用于当前图形。单击 关闭(C) 按钮，保存样式设置，关闭"文字样式"对话框。

教学提示：文字样式决定了文本的多种特性，是其各项属性的集合。文字样式的设置是文字与表格等命令最基础的部分，本项目对此进行了详细的介绍，为后续学习其他内容打下基础。

项目 5.2 单行文字

教学要求：通过本项目的学习，学生应了解文字的对正方式，熟悉单行文字编辑，掌握单行文字的输入。

教学要点：

教学重点：单行文字的输入。

教学难点：文字的对正方式、文字控制符的使用。

在 AutoCAD 2014 中，使用如图 5-7 所示的"文字"工具栏可以创建和编辑文字。对于单行文字来说，每一行都是一个文字对象，因此，"文字"工具栏适用创建文字内容比较简短且不需要使用多种字体的文字对象，并可以进行单独编辑。

图 5-7 "文字"工具栏

■ 5.2.1 创建单行文字(TEXT 或 DTEXT) ⋯⋯⋯⋯⋯⋯⋯⋯⋯⋯⋯⋯⋯⋯⋯⋯⋯⋯

在创建单行文字时，不仅要指定文字样式，而且要设定文字的对齐方式。

1. 命令访问

(1)菜单栏。在菜单栏执行"绘图(D)"→"文字(X)"→"单行文字(S)"命令。

(2)工具栏。在"文字"工具栏单击"单行文字"按钮 AI。

(3)命令行。在命令行输入"TEXT"或"DTEXT"。

2. 命令提示

```
命令：text✓
当前文字样式："Standard"  文字高度：2.5000  注释性：否  对正：左
指定文字的起点或[对正(J)/样式(S)]：          拾取某一点作为单行文字的起点
指定高度〈2.5000〉：✓                        指定文字的高度
指定文字的旋转角度〈0〉：✓        指定文字行排列方向与水平线的夹角，默认角度为0°
指定好旋转角度后，光标在输入位置处闪烁，此时可以输入文字
```

3. 选项说明

(1)指定文字的起点：拾取绘图窗口上某一点作为单行文字的起点。系统默认文本基线的左端点(左对齐)为起始点。在第一行输入文本，按 Enter 键后跳转第二行，此时，文字起点为光标显示处，文字高度和旋转角度默认之前的设定，不再提示。

(2)对正(J)：确定文本的对齐方式。在 AutoCAD 系统中，确定文本位置采用 4 条线，即顶线、中线、基线和底线。依据四条基准线，如图 5-8 所示，AutoCAD 提供了以下对齐方式：

图 5-8　文本的对齐方式

输入选项[左(L)/居中(C)/右(R)/对齐(A)/中间(M)/布满(F)/左上(TL)/中上(TC)/右上(TR)/左中(ML)/正中(MC)/右中(MR)/左下(BL)/中下(BC)/右下(BR)]：

其中，文字的"对齐(A)"是指用户依次指定文字字符串的起点和终点，文字的大小(宽度和高度)根据字符串的长短由系统自动调整；"布满(F)"是指用户依次指定文字字符串的起点和终点，并指定文字的高度，系统自动调整文字宽度，使其均匀分布于两点之间。

(3)样式(S)：指定文本输入时所采用的文字样式。

选择该选项后，AutoCAD 出现以下提示：

输入样式名或[?]〈Standard〉：

可以直接输入文字样式名称。如果输入符号"?"，系统会弹出"AutoCAD 文本窗口"，在窗口中列出当前图中文字样式、关联的字体文件、字体高度及其他参数，如图 5-9 所示。

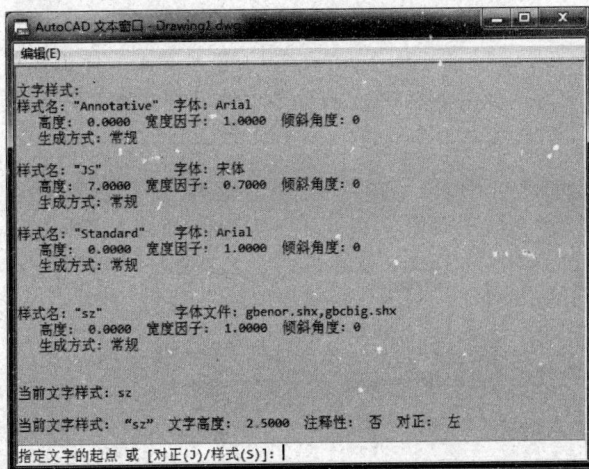

图 5-9　当前图形中的所有文字样式

（4）指定高度：指定文字的高度。

（5）指定文字的旋转角度：指定文字行排列方向与水平线的夹角，默认角度为0°

4. 操作说明

（1）使用"单行文字"命令来创建一行或多行文字时，可以通过按 Enter 键结束每一行文字。每行文字都是独立的对象，可以重新定位、调整格式或进行其他修改。

（2）输入一行文字后，可以按 Enter 键换行或用鼠标左键拾取一个点指定新的文字位置。如果连续按两次 Enter 键，则结束"单行文字"命令，完成文字的标注。

（3）如果上次输入的命令为"TEXT"，当再次执行该命令时，上一次标注的文本将加亮显示。此时，若在"指定文字的起点"提示下按 Enter 键将跳过图纸高度和旋转角度的提示，AutoCAD默认采用上一次的设置。用户在文本框中输入的文字将直接放置在前一行文字下，同时，在该提示下指定的点也被存储为文字的插入点。

（4）创建单行文字时，要指定文字样式并设置对齐方式。文字样式设定文字对象的默认特征。对齐决定字符的哪一部分与插入点对齐。无论采用哪种对齐方式，最初在输入文字时显示的文本都临时按默认左对齐方式排列，直到命令结束时，才按指定的对齐方式重新生成。

（5）可以在单行文字中插入字段。字段是显示可能会更改的数据的文字。字段更新时，将显示最新的字段值。

（6）用于单行文字的文字样式与用于多行文字的文字样式相同。创建文字时，通过在"输入样式名"提示下输入样式名来指定现有样式。如果需要将格式应用到独立的词语和字符，则应使用"多行文字（MTEXT）"命令而不是单行文字。

（7）可以通过压缩在指定的点之间调整单行文字。也就是在指定的空间中拉伸或压缩文字以满足需要。

5. 应用举例

【例 5-1】　使用"单行文字"命令输入以下技术说明内容，效果如图 5-10 所示。字体为仿宋，字高 7，宽度比例 0.7。图形效果如下：

金属件未标注长度尺寸允许偏差±5。

图 5-10　技术说明文字

操作步骤：

（1）设置文字样式。在"文字"工具栏单击"文字样式"按钮，弹出如图 5-11 所示的对话框，输入样式名"wz"，新建文字样式并按图 5-12 设置各属性，确认后置为当前。

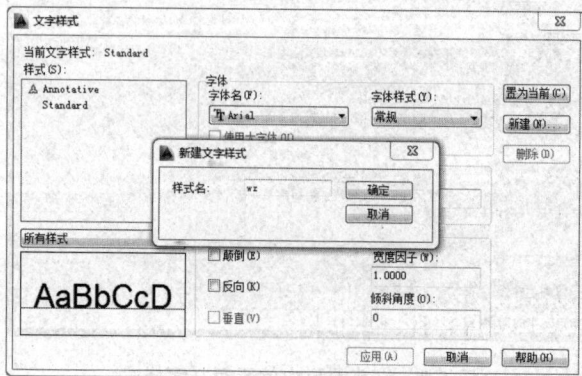

图 5-11　新建文字样式"wz"

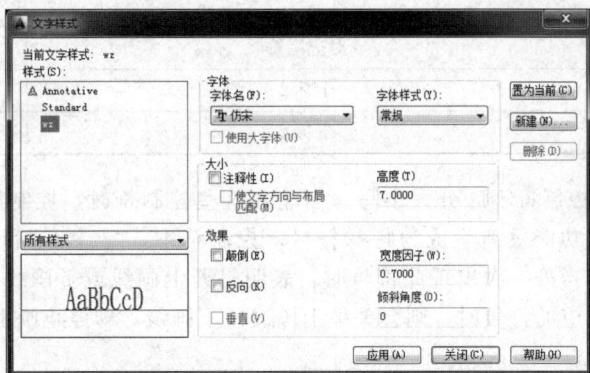

图 5-12　设置文字样式"wz"

（2）输入"单行文字"命令。

命令：TEXT↙
当前文字样式："wz"　文字高度：7.0000　注释性：否　对正：左
指定文字的起点或[对正(J)/样式(S)]：　　　　　　　在绘图窗口指定任意一点
指定文字的旋转角度〈0〉：↙

（3）输入文字。当绘图窗口出现光标时，输入文字"金属件未标注长度允许偏差％％p5。"，输入完毕后，文字自动转换为"金属件未标注长度尺寸允许偏差±5。"。

（4）结束命令。连续按两次 Enter 键结束命令。

■ 5.2.2　使用文字控制符

创建单行文字时，可以在文字中输入特殊字符。

在实际设计绘图过程中，往往需要标注一些特殊的字符。例如，在文字上方或下方添加划线、标注度"°"、正负公差"±"、直径"φ"等符号。由于这些特殊字符无法从键盘上直接输入，因此，AutoCAD 提供了相应的控制符，通常由两个百分号（％％）和紧跟在后面的一个字符构成，以实现这些标注要求。常见的特殊符号的控制符见表 5-1。

表 5-1　特殊字符的控制符

输入代码	对应字符	输入效果
％％O	上画线	文字说明
％％U	下画线	文字说明
％％D	度数符号"°"	90°
％％P	公差符号"±"	±100
％％C	圆直径标注符号"φ"	φ80
％％％	百分号"％"	98％
\U+2220	角度符号"∠"	∠A
\U+2248	几乎相等"≈"	X≈A
\U+2260	不相等"≠"	A≠B

· 167 ·

输入代码	对应字符	输入效果
\U+00B2	上标 2	X²
\U+2082	下标 2	X₂

AutoCAD 2014 的控制符不区分大小写。当输入这些控制符时，控制符会临时显示在屏幕上，直到命令结束后按功能重新生成为特殊符号。控制符中，"%%O"和"%%U"分别为上画线、下画线的开关，即当第一次出现此符号时，表明打开上画线或下画线，开始画上画或下画线；而当第二次出现对应的符号时，则会关掉上画线或下画线，即停止画上画线或下画线。

■ 5.2.3 编辑单行文字

用户可以根据需求对单行文字进行编辑。编辑单行文字包括编辑文字的内容、对正方式及缩放比例等。

5.2.3.1 编辑(DDEDIT)

1. 命令访问

(1)菜单栏。在菜单栏执行"修改(M)"→"对象(O)"→"文字(T)"→"编辑(E)"命令。

(2)工具栏。在"文字"工具栏单击"编辑"按钮 。

(3)命令行。在命令行输入"DDEDIT"

2. 操作说明

执行命令后，选择要编辑的单行文字，进入文字编辑状态后，可以修改文字的内容。

5.2.3.2 比例(SCALETEXT)

1. 命令访问

(1)菜单栏。在菜单栏执行"修改(M)"→"对象(O)"→"文字(T)"→"比例(S)"命令。

(2)工具栏。在"文字"工具栏单击"比例"按钮 。

(3)命令行。在命令行输入"SCALETEXT"。

2. 命令提示

```
命令：scaletext↙
选择对象：                                                          选择对象
输入缩放的基点选项[现有(E)/左对齐(L)/居中(C)/中间(M)/右对齐(R)/左上(TL)/中上
(TC)/右上(TR)/左中(ML)/正中(MC)/右中(MR)/左下(BL)/中下(BC)/右下(BR)]〈居中〉：
                                                              输入相应字符选择
指定新模型高度或[图纸高度(P)/匹配对象(M)/比例因子(S)]〈2.5〉：
```

3. 操作说明

执行命令后，选择要编辑的单行文字，此时，需要输入缩放的基点以及指定新的图纸高度(P)、匹配对象(M)或缩放比例(S)。

5.2.3.3 对正(JUSTIFYTEXT)

1. 命令访问

(1)菜单栏。在菜单栏执行"修改(M)"→"对象(O)"→"文字(T)"→"对正(J)"命令。

(2)工具栏。在"文字"工具栏单击"对正"按钮▣。

(3)命令行。在命令行输入"JUSTIFYTEXT"。

2. 命令提示

命令：justifytext↙

选择对象：   选择对象

输入对正选项[左对齐(L)/对齐(A)/布满(F)/居中(C)/中间(M)/右对齐(R)/左上(TL)/中上
(TC)/右上(TR)/左中(ML)/正中(MC)/右中(MR)/左下(BL)/中下(BC)/右下(BR)]〈左对齐〉：

输入相应字符选择

3. 操作说明

执行命令后，选择要编辑的单行文字，此时，可以重新设置文字的对正方式。

教学提示：本项目主要讲解了如何创建单行文字，并介绍了特殊控制符的运用，以便学生
能够更好地掌握单行文字的输入和编辑。当使用单行文字命令时：单击图形中的其他位置，可
以启动单行文字的新行集；按 Tab 键或 Shift＋Tab 组合键可以在单行文字集之间前移和后移；
按 Alt 键并单击文字对象可以对文字行集进行编辑。一旦退出单行文字命令，这些操作都不可
再用。

项目5.3 多行文字

教学要求：通过本项目的学习，学生应了解文字查找等辅助命令，熟悉文字编辑，掌握多
行文字的输入，能够利用"文字格式"工具栏编辑文字。

教学要点：

教学重点：多行文字的创建与编辑。

教学难点：多行文字的编辑。

当需要输入的文字内容较复杂或一行需要多种文字样式时，可以使用多行文字"MTEXT"命
令进行标注。多行文字又称为段落文字，是一种更易于管理和编辑的文字对象。它可以由两行
以上的文字组成，并且各行文字都是作为一个整体进行处理，可以对其进行整体选择、移动、
复制、镜像、比例缩放等操作。相较于单行文字，多行文字还具有更多的编辑功能，如调整文
字的字高、增加下画线、改变字体颜色等。在工程制图中，常使用多行文字功能创建较为复杂
的文字说明，如图样的技术要求等。

■ 5.3.1 创建多行文字(MTEXT)··

1. 命令访问

(1)菜单栏。在菜单栏执行"绘图(D)"→"文字(X)"→"多行文字(M)"命令。

(2)工具栏。在"文字"工具栏单击"多行文字"按钮。

(3)命令行。在命令行输入"MTEXT"。

2. 命令提示

> 命令：_ mtext↙
> 当前文字样式："Standard" 文字高度：2.5 注释性：否
> 指定第一角点： 　　　　　　　　　拾取某一点作为矩形文本框的一个角点
> 指定对角点或[高度(H)/对正(J)/行距(L)/旋转(R)/样式(S)/宽度(W)/栏(C)]：
> 　　　　　　　　　　拾取另一点作为矩形文本框的对角点或选择其中的一个选项

3. 选项说明

(1)高度(H)：设置文字的高度。一般为当前使用的文字样式高度，通过此选项可以设置文字的新高度。

(2)对正(J)：设置文字的对齐方式，与输入单行文字"TEXT"命令时的对齐方式相同。

(3)行距(L)：设置文本行间的行间距。选择此选项后出现以下提示：

> 输入行距类型[至少(A)/精确(E)]〈至少(A)〉：

其中"至少(A)"用来设定行间距的最小值，按 Enter 键后出现"输入行间距比例或间距"的提示；"精确(E)"用来精确确定行间距。行间距值一旦设定成功，系统将自动予以保留。

(4)旋转(R)：设置文字边界的旋转角度。

(5)样式(S)：设置文字样式。

(6)宽度(W)：设置矩形文本框的宽度，可以指定宽度值或直接拾取绘图窗口上一点来确定宽度。

(7)栏(C)：设置多行文字对象的栏，如类型、列数、高度、宽度及栏间距的大小等。

4. 操作说明

启动"多行文字(MTEXT)"命令，在绘图窗口中单击指定一点，并向下方拖动鼠标指针绘制出一个矩形框。绘图区内出现的矩形框用于指定多行文字的输入位置与大小，其箭头指示文字书写的方向。拖动鼠标指针到适当位置后单击，弹出"在位文字编辑器"，它包括一个顶部带标尺的"文字输入"框和"文字格式"工具栏，如图 5-13 所示。

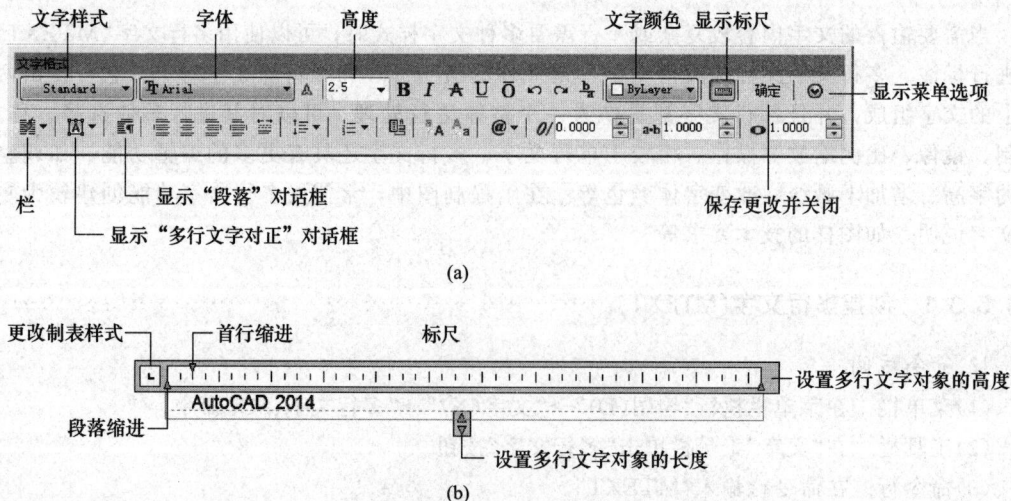

(a)

(b)

图 5-13　在位文字编辑器
(a)"文字格式"工具栏；(b)标尺

在"文字输入"框中输入所需文字，当文字达到矩形框的边界时会自动换行排列。输入完成后，单击"确定"按钮，此时，文字显示在用户指定的位置。

"文字格式"工具栏可以设置当前多行文字的文字格式，包括文字对象的文字样式和选定文字的字符格式和段落格式。如果所需文字是从其他应用程序（如 Microsoft Word）中粘贴而来，那么 AutoCAD 将保留其大部分格式。若要清除粘贴文字的段落格式，可以在使用"粘贴"命令时选择"选择性粘贴"选项。"文字格式"工具栏中各选项的功能如下：

（1）文字样式：下拉菜单选择多行文字对象应用的文字样式。当前样式保存在"TEXT-STYLE"系统变量中。如果将新样式应用到现有的多行文字对象中，用于字体、高度、粗体或斜体属性的字符格式将被替代，而堆叠、下画线和颜色属性则将保留。

☆注意：不要选择具有反向或颠倒效果的样式，如果应用了此类样式，则相应文字将在"在位文字编辑器"中水平显示。

（2）字体：为新输入的文字指定字体或更改选定文字的字体。

（3）注释性▲：打开或关闭当前多行文字对象的"注释性"。

（4）文字高度：设定新文字的字符高度或更改选定文字的高度。多行文字对象可以包含不同高度的字符。

（5）粗体 **B**：打开和关闭新文字或选定文字的粗体格式。此选项仅适用于使用 TrueType 字体的字符。

（6）斜体 _I_：打开和关闭新文字或选定文字的斜体格式。此选项仅适用于使用 TrueType 字体的字符。

（7）删除线 A：打开和关闭新文字或选定文字的删除线格式。

（8）下画线 U：打开和关闭新文字或选定文字的下画线。

（9）上画线 Ō：为新建文字或选定文字打开和关闭上画线。

（10）放弃、重做 ⤺ ⤻：在"在位文字编辑器"中，针对文字内容或文字格式所做的放弃或重做等修改动作。

（11）堆叠 ⤸：在选定文字中插入堆叠字符，可以创建堆叠文字（堆叠文字是指应用于多行文字对象和多重引线中的字符的分数和公差格式，例如分数）。要在文字编辑器中手动堆叠字符，则先选择要进行格式设置的文字（包括特殊的堆叠字符），然后单击"堆叠"按钮。堆叠字符（插入符号"^"、正向斜"/"和磅符号"♯"）左侧的文字将堆叠在字符右侧的文字之上。如果选定堆叠文字后单击"堆叠"按钮，则取消堆叠。

$$\frac{70a}{100b} \qquad {}^{30}\!/_{100} \qquad 50^{+0.020}_{-0.006}$$
水平分数 　　　斜分数 　　　公差堆叠

图 5-14　文字堆叠效果

不同的特殊堆叠字符控制文字不同的堆叠方式，如图 5-14 所示：

插入符号"^"：创建公差堆叠（垂直堆叠，且不用直线分隔）。

斜杠"/"：创建水平分数，即以垂直方式堆叠文字，由水平线分隔。

磅字符"♯"：创建斜分数，即以对角形式堆叠文字，由对角线分隔。

除手动堆叠字符外，还可以指定自动堆叠斜杠、磅字符或插入符号前后输入的数字字符。例如，如果输入"1♯3"后接着输入非数字字符或空格，默认情况下将显示如图 5-15 所示的"自动堆叠特性"对话框，可以更改设置以

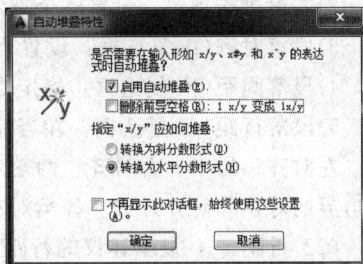

图 5-15　"自动堆叠特性"对话框

指定首选格式。

　　自动堆叠功能仅应用于堆叠斜杠、磅字符和插入符号前后紧邻的数字字符。对于公差堆叠，+、-和小数点字符也可以自动堆叠。

　　(12)文字颜色：指定新文字的颜色或更改选定文字的颜色。

　　(13)标尺：在编辑器顶部显示标尺。拖动标尺末尾可更改多行文字对象的宽度。从标尺中可以选择制表符。单击"制表符选择"按钮图将更改制表符样式：左对齐、居中、右对齐和小数点对齐。进行选择后，可以在标尺或"段落"对话框中调整相应的制表符。

　　(14)确定：关闭编辑器并保存所做的所有更改。

　　(15)选项⊙：显示其他文字选项子菜单。

　　(16)栏▦▾：单击"栏数"按钮后弹出如图5-16所示的"栏"菜单，显示以下选项：

图5-16　"栏"菜单

　　1)不分栏：指定当前多行文字对象为不分栏。

　　2)动态栏：为当前多行文字对象设置动态栏模式。动态栏由文字驱动。调整栏将影响文字流，而文字流将导致添加或删除栏。

　　3)静态栏：为当前多行文字对象设置静态栏模式。可以指定多行文字对象的总宽度和总高度以及栏数，所有栏将具有相同的高度且两端对齐。

　　4)插入分栏符：单击或使用 Alt+Enter 组合键手动插入分栏符。

　　5)分栏设置：显示"分栏设置"对话框，可以指定栏和栏间距的宽度、高度及栏数。

　　(17)多行文字对正▦▾：显示"多行文字对正"菜单，可指定段落文字的9种对齐方式。

　　(18)段落▦：单击按钮后显示如图5-17所示的"段落"对话框。通过对该对话框的一系列操作，可以指定制表位和缩进，并控制段落对齐方式、段落间距和段落行距。

　　(19)"制表位"选项组：显示制表符设置选项，包括添加和删除制表符。选项包括左对齐、居中、右对齐和小数点对齐制表符。单击 添加(A) 按钮增加新的制表位，单击 删除(D) 按钮可以清除列表框中已有的设置。

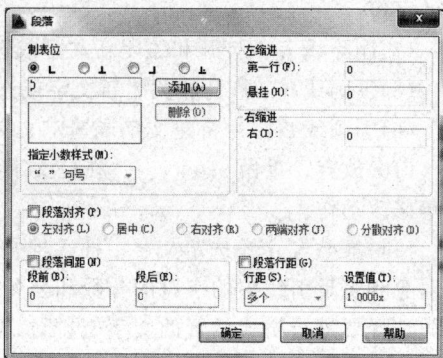

图5-17　"段落"对话框

　　(20)小数样式(M)：基于当前用户所在区域设置小数样式，共有"."句点、","逗号和" "空格3种。即使区域设置发生更改，该设置也将随图形一起保留。

　　(21)缩进和对齐选项组。

　　1)左缩进选项组：设置首行的缩进值或为选定段落或当前段落设置左缩进值。

　　2)右缩进选项组：设置整个选定段落或当前段落的右缩进值。

　　3)段落对齐(P)复选框：设置当前段落或选定段落的对齐特性。

　　4)段落间距(N)复选框：指定当前段落或选定段落之前或之后的间距。

　　5)段落行距(G)复选框：在当前段落或选定段落中设置各行之间的间距。

　　左对齐、居中、右对齐、两端对齐和分布对齐：设置当前段落或选定段落的左、中或右文字边界的对正和对齐方式。各类对齐效果如图5-18所示。

　　(22)行距▦▾：显示建议的行距选项或"段落"对话框。在当前段落或选定段落中设置行距。

　　(23)编号▦▾：设置项目编号和列表，单击后显示如图5-19所示的"项目符号和编号"菜单。

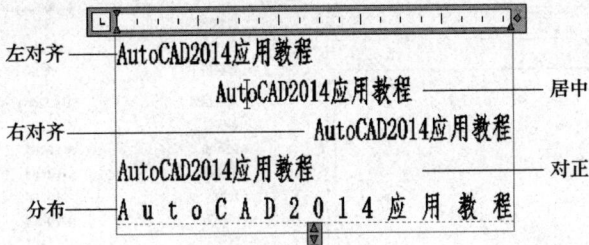

图 5-18　文本的各种对齐效果

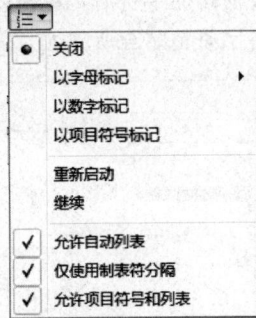

图 5-19　"项目符号和编号"菜单

1）关闭：如果选择此选项，则将从应用了列表格式的选定文字中删除字母、数字和项目符号。此操作不修改缩进状态。

2）以字母标记：将带有句点的字母用于列表中的项的列表格式。如果列表含有的项多于字母中含有的字母，可以使用双字母继续序列。

3）以数字标记：将带有句点的数字用于列表中的项的列表格式。

4）以项目符号标记：将项目符号用于列表中的项的列表格式。

5）重新启动：在列表格式中启动新的字母或数字序列。如果选定的项位于列表中间，则选定项下面的未选中的项也将成为新列表的一部分。

6）继续：将选定的段落添加到上面最后一个列表然后继续序列。如果选择了列表项而非段落，选定项下面的未选中的项将继续序列。

7）允许自动列表：以键入的方式应用列表格式。以下字符可以用作字母和数字后的标点，但不能作为项目符号：句点（.）、逗号（,）、右括号（)）、右尖括号（＞）、右方括号（]）和右花括号（}）。

8）仅使用制表符分隔：限制"允许自动列表"和"允许项目符号和列表"选项。只有当字母、数字或项目符号字符后的空格通过按 Tab 键而不是 Space 键创建时，列表格式才会应用于文字。

9）允许项目符号和列表：如果选择此选项，列表格式将应用到外观类似列表的多行文字对象中的所有纯文本。符合以下标准的文本将被认为是列表：行以一个或多个字母、数字或符号开头；字母或数字后是标点；通过按 Tab 键创建的空格；通过按 Enter 键或 Shift＋Enter 组合键结束该行。

注意：如果清除复选标记，多行文字对象中的所有列表格式都将被删除，各项将被转换为纯文本。"允许自动列表"将被关闭，并且除"允许项目符号和列表"外，所有项目符号和列表选项均不可用。

（24）插入字段：单击"插入字段"按钮后弹出如图 5-20 所示的"字段"对话框，从中可以选择要插入文字中的字段。

（25）大写：将选定文字更改为大写。

（26）小写：将选定文字更改为小写。

（27）符号：用于在光标位置插入符号或不间断空格。单击按钮后弹出如图 5-21 所示的子菜单，子菜单中列出了常用符号及其控制代码或 Unicode 字符串。

单击"其他（O...）"选项将弹出"字符映射表"对话框，如图 5-22 所示，其中包含了系统中每种可用字体的整个字符集。选中所需的字符，然后单击 复制(C) 按钮将其放入"复制字符（A）"框。

选择所有要使用的字符后，单击 [选择(S)] 按钮关闭对话框。最后在编辑器中，单击鼠标右键并选择"粘贴"将字符粘贴至所需处。需要注意的是，符号无法在垂直文字中使用。

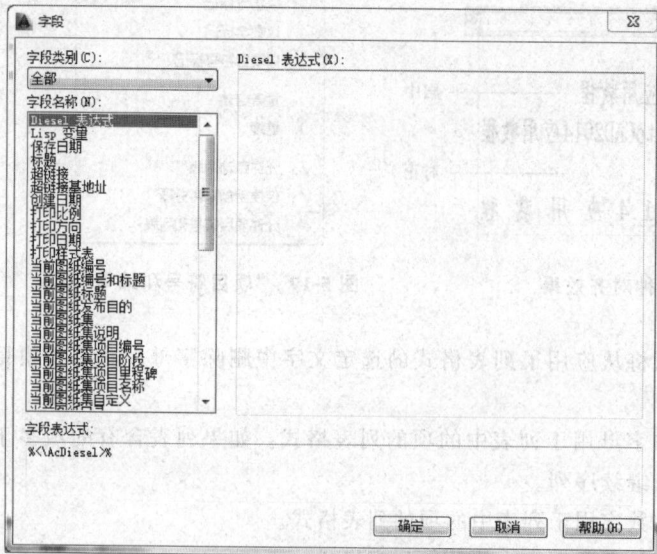

图 5-20 "字段"对话框

度数(D)	%%d
正/负(P)	%%p
直径(I)	%%c
几乎相等	\U+2248
角度	\U+2220
边界线	\U+E100
中心线	\U+2104
差值	\U+0394
电相角	\U+0278
流线	\U+E101
恒等于	\U+2261
初始长度	\U+E200
界碑线	\U+E102
不相等	\U+2260
欧姆	\U+2126
欧米加	\U+03A9
地界线	\U+214A
下标 2	\U+2082
平方	\U+00B2
立方	\U+00B3
不间断空格(S)	Ctrl+Shift+Space
其他(O)…	

图 5-21 "符号"子菜单

(28)倾斜角度 0/0.0000 ：在文本框中输入一个−85到85之间的数值，使文字向前或向后倾斜。倾斜角度表示的是相对于 90°方向的偏移角度。倾斜角度的值为正时文字向右倾斜；倾斜角度的值为负时文字向左倾斜。

(29)追踪 a·b 1.0000 ：用于增大或减小选定字符之间的空间。1.0 为系统默认常规间距。当设定值大于 1.0 时可增大间距，反之则减小间距。

(30)宽度因子 o 1.0000 ：用于扩展或收缩选定字符。系统默认值 1.0 为此字体中字母的常规宽度。可以在文本框中输入值增大或减小该宽度(例如，输入宽度因子 2 使宽度加倍；输入宽度因子 0.5 将宽度减半)。

图 5-22 "字符映射表"对话框

■ 5.3.2 编辑多行文字(MTEDIT) ···

编辑多行文字的常用方法如下：

(1)菜单栏。在菜单栏执行"修改(M)"→"对象(O)"→"文字(T)"→"编辑(E)"命令，单击创建的多行文字，打开"多行文字编辑"对话框，然后参照多行文字的设置方法，修改并编辑文字。

(2)命令行。在命令行输入"MTEDIT"，选择要编辑的多行文字，打开"多行文字编辑"窗口。

(3)直接编辑。在绘图窗口中双击输入的多行文字，或在输入的多行文字上右击，从弹出的快捷菜单中执行"重复编辑多行文字"命令或"编辑多行文字"命令，打开"多行文字编辑"窗口。

■ 5.3.3 文字查找与检查 ·····································

在 AutoCAD 2014 中，用户可以快速查找、替换指定的文字，并对其进行拼写检查。本节将具体介绍文字查找与检查的方法。

5.3.3.1 查找与替换（FIND）

使用"FIND"命令可以轻松查找和替换文字。

1. 命令访问

（1）菜单栏。在菜单栏执行"编辑（E）"→"查找（F）"命令。

（2）工具栏。在"文字"工具栏单击"查找"按钮🔍。

（3）命令行。在命令行输入"FIND"。

系统执行上述命令后，将弹出如图 5-23 所示的"查找和替换"对话框。在该对话框中，可以对文字进行查找、替换、修改、选择及缩放等操作。

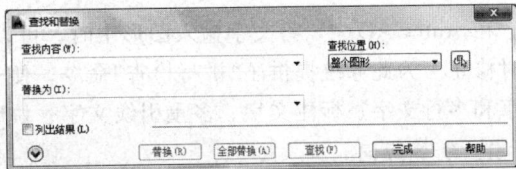

图 5-23 "查找和替换"对话框

2. 选项说明

（1）"查找内容（W）"文本框：输入或选择要查找的文字。

（2）"替换为（I）"文本框：输入或选择替换后的文字。

（3）"查找位置（H）"下拉列表：设置文字的搜索范围。搜索范围可以是整个图形，也可以是当前布局或当前选定的对象。

如果已选择一个对象，则默认值为"所选对象"。如果未选择对象，则默认值为"整个图形"。也可以使用"选择对象"按钮🔍临时关闭该对话框，在图形中选择对象，结束后按 Enter 键返回该对话框。

（4）更多选项⊙：单击后展开"搜索选项"和"文字类型"复选框，定义要查找的对象和文字的类型。

3. 操作说明

（1）使用"FIND"命令搜索和替换文字时，替换的只是文字内容，字符格式和文字特性保持不变。

（2）在三维环境中搜索文字时，视口将临时更改为二维视口，保证文字不会被图形中的三维对象遮挡。

（3）使用"FIND"命令时，可以在搜索中使用通配符，见表 5-2，方便搜索。

表 5-2 通配符

字符	定义
#（磅字符）	匹配任意数字
@（At）	匹配任意字母字符
.（句点）	匹配任意非字母数字字符
*（星号）	匹配任意字符串，可以在搜索字符串的任意位置使用
?（问号）	匹配任意单个字符，例如，?BC 匹配 ABC、3BC 等
～（波浪号）	匹配不包含自身的任意字符串，例如，～*AB* 匹配所有不包含 AB 的字符串

字符	定义
[ ]	匹配括号中包含的任意一个字符，例如，[AB]C 匹配 AC 和 BC
[~]	匹配括号中未包含的任意字符，例如，[AB]C 匹配 XC 而不匹配 AC
[—]	指定单个字符的范围，例如，[A—G]C 匹配 AC、BC 等直到 GC，但 H 不在 A—G 范围内，所以不匹配 HC
`(反引号)	逐字读取其后的字符；例如，`~AB 匹配 ~AB

5.3.3.2 拼写检查(SPELL)

在 AutoCAD 中，将文字输入图形中时，可以检查所有文字的拼写，以便查找文字的错误，及时修正。为此系统提供了"拼写检查"命令，便于检查图形中所有文字对象的拼写，包括单行文字和多行文字、标注文字、多重引线文字、块属性中的文字、外部参照中的文字等。

1. 命令访问

(1)菜单栏。在菜单栏执行"工具(T)"→"拼写检查(E)"命令。

(2)工具栏。在"文字"工具栏单击"拼写检查"按钮。

(3)命令行。在命令行输入"SPELL"。

执行命令后，弹出如图 5-24 所示的"拼写检查"对话框，可以查找和替换拼写错误的单词。

2. 选项说明

(1)"要进行检查的位置(W)"下拉列表：显示要检查拼写的区域。

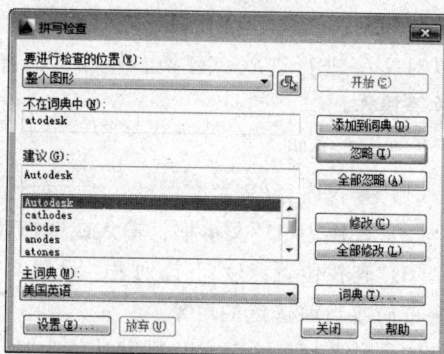

图 5-24 "拼写检查"对话框

(2)选择文字对象按钮：将拼写检查限制在选定的单行文字、多行文字、标注文字、多重引线文字、块属性内的文字和外部参照内的文字范围内。

(3)"不在词典中(N)"文本框：显示标识为拼写有误的词语。

(4)"建议(G)"文本框：显示当前词典中建议的替换词列表。可以从列表中选择其他替换词语，或者直接输入替换词语。

(5)"主词典(M)"下拉菜单：列出主词典选项。默认词典将取决于语言设置。

(6)开始(S)按钮：单击该按钮后，系统开始在检查区域内检查文字的拼写错误。

(7)忽略(I)按钮：单击该按钮将跳过当前词语。

(8)全部忽略(A)按钮：单击该按钮将跳过所有与当前词语相同的词语。

(9)添加到词典(D)按钮：单击该按钮，将当前词语添加到当前自定义词典中。词语的最大长度为 63 个字符。

(10)修改(C)按钮：单击该按钮后，系统将用"建议"文本框中的词语替换当前词语。

(11)全部修改(L)按钮：单击该按钮后，系统将用"建议"文本框中的词语替换拼写检查区域中所有选定文字对象中的当前词语。

(12)词典(T)...按钮：单击该按钮后显示如图 5-25 所示的"词典"对话框，从中可以选择拼写检查依据的词典。

(13)设置(E)...按钮：单击后打开"拼写检查设置"对话框，如图 5-26 所示。

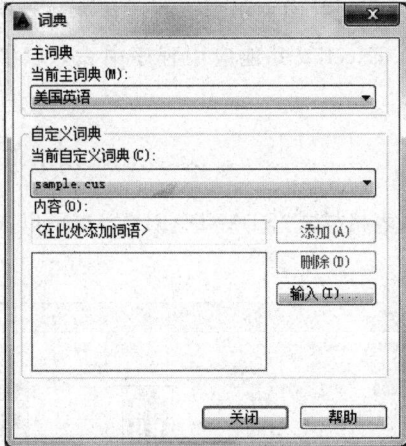

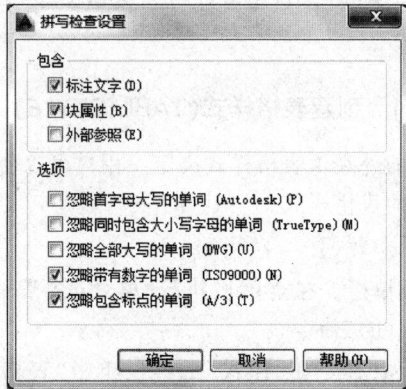

图 5-25 "词典"对话框   图 5-26 "拼写检查设置"对话框

(14)[旋转(U)]按钮：撤销之前的拼写检查操作或一系列操作，包括"忽略""全部忽略""更改""全部更改"和"添加到词典"。

3. 操作说明

(1)如果将"拼写检查"的位置设置为"整个图形"，则首先检查模型空间中的拼写，然后检查每个布局上的图纸空间中的拼写。拼写错误的词语会加亮显示，而且图形将缩放到便于读取该词语的比例。

(2)注意 AutoCAD 不检查以下对象的拼写：不可见文字、隐藏图层上的文字、隐藏块属性、未统一缩放的块和未使用支持的注释比例的对象。

(3)在块属性中，仅检查属性值。AutoCAD 将检查块参照和嵌套块参照中的文字对象，但块定义中的拼写检查只有在选定了块参照的情况下才会执行。

教学提示：工程图中的标注和说明都需要用到文字，多行文字与单行文字相比，编辑内容更为丰富，可以使用内置编辑器格式化文字外观、列和边界。如果功能区处于活动状态，那么在指定对角点之后，将显示"文字编辑器"功能区上下文选项卡。如果功能区未处于活动状态，则将显示"在位文字编辑器"。

项目 5.4   表格的使用

教学要求：通过本项目的学习，学生应熟悉表格的编辑功能，掌握表格的使用方法及编辑技巧。

教学要点：

教学重点：表格样式的创建和设置。

教学难点：表格和表格单元的编辑。

表格是在行和列中包含数据的复合对象，它以一种简洁清晰的形式提供信息。在建筑制图中，表格常用于绘制门窗表和材料明细表，是复杂工程图纸中不可或缺的一项内容。

在 AutoCAD 2014 中，可以通过空的表格或表格样式创建空的表格对象，也可以从 Microsoft Excel 中直接复制表格作为 AutoCAD 表格对象粘贴到图形中,还可以从外部直接导入对象。另外,AutoCAD 还可以将表格链接至 Microsoft Excel 或其他应用程序中去,以供共享和使用。

■ 5.4.1 创建表格样式(TABLESTYLE) ……………………………………………

表格的外观由表格样式决定。用户可以使用默认表格样式"STANDARD",也可以根据需要创建自己的表格样式。

1. 命令访问

(1)菜单栏。在菜单栏执行"格式(O)"→"表格样式(B)"命令。

(2)工具栏。在"样式"工具栏单击"表格样式"按钮 。

(3)命令行。在命令行输入"TABLESTYLE"。

系统执行"TABLESTYLE"命令后,将弹出如图 5-27 所示的"表格样式"对话框。通过该对话框,可以创建、修改和删除表格样式。

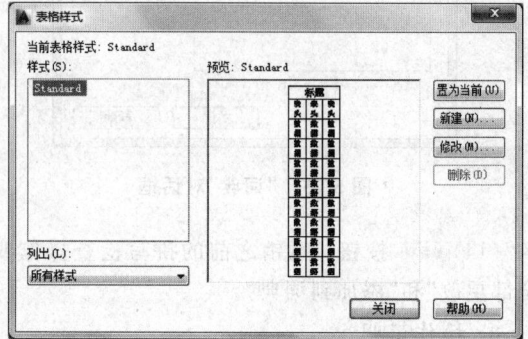

图 5-27 "表格样式"对话框

2. 选项说明

(1)"样式"列表框:显示所有当前图形中的表格样式。其中当前样式被加亮显示。

(2)"列出"下拉列表:控制"样式"列表的内容。

(3)"预览"区域:显示所选表格样式的预览效果。

(4) 置为当前(U) 按钮:将"样式"列表中选定的表格样式设定为当前样式。所有新表格都将使用此表格样式创建。

(5) 新建(N)... 按钮:单击按该钮弹出"创建新单元样式"对话框,如图 5-28 所示,从中可以定义新的表格样式。

在"新样式名(N)"文本框中输入新的样式名称,并在"基础样式(S)"下拉列表中选择某一样式,新样式将在此基础上进行修改。然后单击 继续 按钮,打开如图 5-29 所示的"新建表格样式"对话框,可以对新建表格样式进行设置。

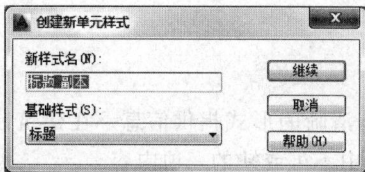

图 5-28 "创建新单元样式"对话框

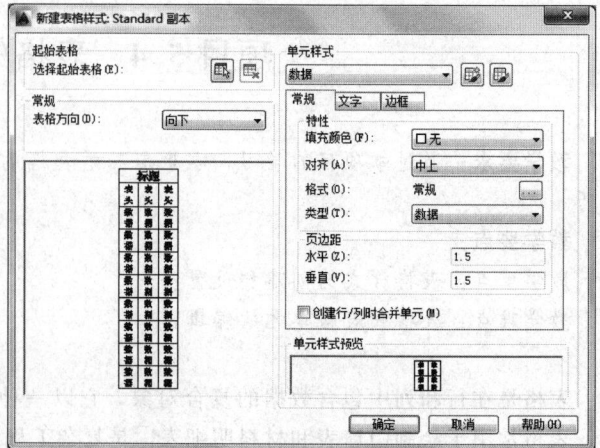

图 5-29 "新建表格样式"对话框

· 178 ·

(6) 修改(M)... 按钮：单击该按钮将弹出"修改表格样式"对话框，内容与图5-29"新建表格样式"对话框一致，可以对所选表格样式进行修改。

(7) 删除(D) 按钮：删除"样式"列表中选定的表格样式。注意：不能删除图形中正在使用的样式。

3. 操作说明

(1)在表格中，单元样式被划分为三部分，分别是标题(表格第一行)、表头(表格第二行)和数据。

(2)系统默认在"单元样式"选项区中设置的是数据单元的格式。如果要设置标题、表头单元的格式，可打开"单元样式"设置区中上方"单元类型"下拉列表，然后选择"表头"和"标题"。

(3)并非所有表格都有标题和表头，用户可以根据需求自行设定表格单元的类型。

■ 5.4.2 设置表格样式 ·····························

在"新建表格样式"对话框中(图5-29)，可以使用"数据""表头"和"标题"选项卡分别设置表格的数据、表头和标题对应的样式。

1."起始表格"选项组

单击"选择一个表格用作此表格样式的起始表格"按钮 🖼 可以在图形中选定一个表格用作样例来设置此表格样式的格式。选择表格后，可以指定要从该表格复制到表格样式的结构和内容。若想删除起始表格样式，则使用 🖼 按钮，可以将表格从当前指定的表格样式中删除。

2."常规"选项组

可设置表格方向为向下或向上。

(1)向下：将创建由上而下读取的表格。标题行和列标题行位于表格的顶部。

(2)向上：将创建由下而上读取的表格。标题行和列标题行位于表格的底部。

3."单元样式"选项区域

定义新的单元样式或修改现有单元样式，可以创建任意数量的单元样式。

(1)"单元样式"下拉菜单：显示和管理表格中的单元样式。

(2)"创建单元样式"按钮 🖼：单击该按钮后弹出如图5-30所示的"创建新单元样式"对话框，可以设置新单元样式的名称和所基于的现有单元样式。

(3)"管理单元样式"对话框按钮 🖼：单击该按钮后弹出如图5-31所示的"管理单元样式"对话框，显示当前所有单元样式，还可以创建或删除已有单元样式。

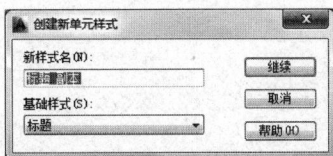

图 5-30 "创建新单元样式"对话框   图 5-31 "管理单元样式"对话框

(4)"单元样式"选项卡：用于设置数据单元、单元文字和单元边框的样式。

1)"常规"选项卡：如图 5-32 所示，设置表格的基本特性和页边距等。

①"填充颜色(F)"下拉列表：设置单元的背景色。默认值为"无"。

②"对齐(A)"下拉列表：设置表格单元中文字的对正和对齐方式。

③格式(O)：为表格中的"数据""列标题"或"标题"行设置数据类型和格式。单击 按钮将显示"表格单元格式"对话框，从中可以进一步定义格式选项。

图 5-32 "常规"选项卡

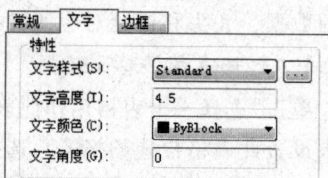

④"类型(T)"下拉列表：将单元样式指定为标签或数据。

⑤"页边距"选项区：设置单元边框和单元内容之间的间距。该设置应用于表格中的所有单元。

⑥创建行/列时合并单元(M)：将使用当前单元样式创建的所有新行或新列合并为一个单元。可以使用此选项在表格的顶部创建标题行。

2)"文字"选项卡：如图 5-33 所示，用于设置文字的各类基本特性。

①"文字样式(S)"下拉列表：选择所需的文本样式。单击 按钮将显示"文字样式"对话框，从中可以创建或修改文字样式。

图 5-33 "文字"选项卡

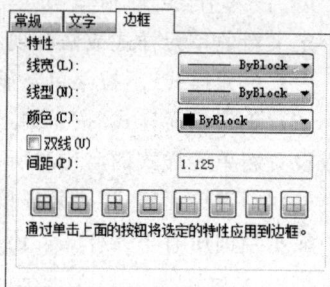

②"文字高度(I)"文本框：设定文字高度。数据和列标题单元的文字高度默认为 4.5，表标题的默认文字高度为 6。

③"文字颜色(C)"下拉列表：设置表单元中文字的颜色。

④"文字角度(G)"文本框：设置文字的倾斜角度。默认值为 0，可以输入 $-359°$ 到 $+359°$ 之间的任意角度。

3)"边框"选项卡：如图 5-34 所示，设置边框栅格线的线宽和颜色等特性。

①边框按钮：用于控制单元边框的外观。通过八个按钮分别可以设置表格是否有边框。若有边框，则可进行相关的特性设置。

②"线宽(L)"下拉列表：设置指定边框的线宽。如果使用的线宽过粗，可能自动增加单元边距。

图 5-34 "边框"选项卡

③"线型(N)"下拉列表：设置边框的线型。选择"其他"可加载自定义线型。

④"颜色(C)"下拉列表：设置边框的颜色。

⑤"双线(U)"复选框：将表格边框显示为双线。

⑥"间距(P)"文本框：设置双线边框的间距。

4．单元样式预览区域

显示当前单元样式设置效果的样例。

5．表格预览区域

显示当前表格样式的设置效果。

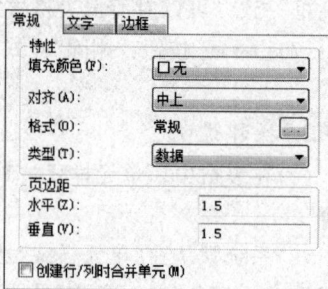

■ 5.4.3 创建表格(TABLE) ···

创建表格时，可设置表格的表格样式，表格列数、列宽、行数、行高等。创建结束后系统自动进入表格内容编辑状态。

1. 命令访问

(1)菜单栏。在菜单栏执行"绘图(D)"→"表格"命令。

(2)工具栏。在"绘图"工具栏单击"表格"按钮▦。

(3)命令行。在命令行输入"TABLE"。

2. 选项说明

系统执行"TABLE"命令后，将弹出如图 5-35 所示的"插入表格"对话框，可以用来创建新的表格对象。

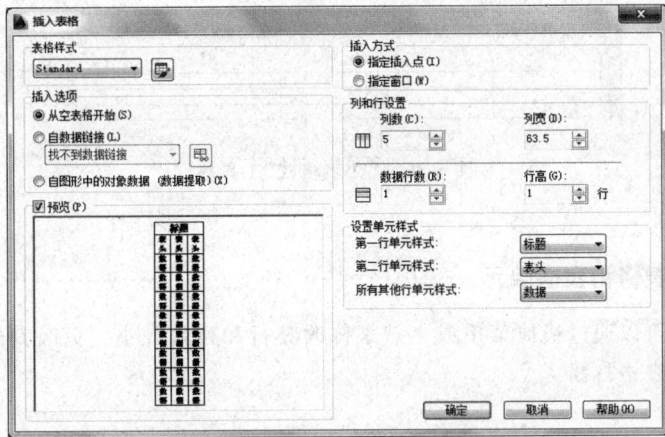

图 5-35 "插入表格"对话框

(1)"表格样式"选项组：在当前图形中选择所需的表格样式。用户可以在下拉列表中选取，也可以单击▦按钮创建新的表格样式。

(2)"插入选项"选项组：指定生成表格的方式。选择"从空表格开始"可以创建手动填充数据的空表格；选择"自数据链接"则导入外部电子表格中的数据来创建表格；选择"自图形中的对象数据(数据提取)"可以从表格或外部文件的图形中提取数据来创建表格。

(3)预览区域：可以选择是否显示预览。如果从空表格开始，则预览区域将显示表格样式的样例。如果创建表格链接，则预览区域将显示结果表格。在处理大型表格时，可以选择不预览以提高性能。

(4)"插入方式"选项组：用来确定插入表格位置的方式。

1)指定插入点：指定表格左上角的位置。在绘图窗口中可以使用定点捕捉，或在命令提示下输入坐标值等方式指定一点为表格的插入点。如果表格样式将表格的方向设定为由下而上读取，则插入点位于表格的左下角。

2)指定窗口：通过在绘图窗口下拉出一个矩形框指定表格的大小和位置。可以使用定点捕捉，也可以在命令提示下输入坐标值。选定此选项时，行数、列数、列宽和行高取决于窗口的大小以及列和行设置。

(5)"列和行设置"选项组：设置列和行的数目和大小。

(6)"设置单元样式"选项组：设置表格的第一行、第二行及其他行的单元样式。对于那些不包含标题或表头的表格，需要指定新表格中行的单元样式。默认情况下，第一行使用标题单元样式，第二行使用表头单元样式，所有其他行单元使用数据单元样式。

3. 操作说明

完成"插入表格"对话框的各项操作后，单击 确定 按钮返回绘图窗口，根据系统提示确定表格的位置，将表格插入图形。插入表格的同时系统自动弹出"文字格式"工具栏，表格的第一个单元格出现光标且被亮显，此时，就可以向表格输入所需数据，如图 5-36 所示。数据输入完毕后，单击"文字格式"工具栏上的"确定"按钮，或单击绘图窗口上任意一点，则关闭"文字格式"工具栏。

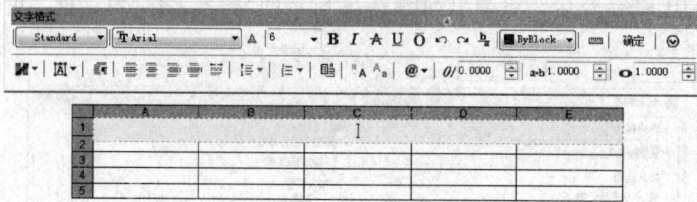

图 5-36 "文字格式"工具栏

■ 5.4.4 编辑表格和表格单元

创建表格后，可以通过快捷菜单或夹点来修改其行和列的大小、更改其外观、合并和取消合并单元以及创建表格打断。

1. 编辑表格

双击表格单元，进入文字编辑状态即可编辑表格内容。要删除表单元中的内容，可首先选中表单元，然后按 Delete 键。

要调整表格的行宽和列高，可以单击该表格上的任意网格线以选中该表格，然后使用"特性"选项板修改，也可以通过拖动不同功能的夹点来调整，如图 5-37 所示。

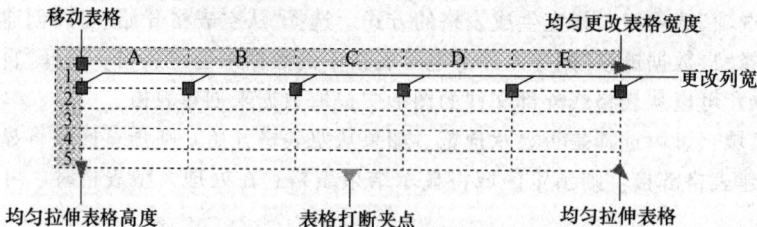

图 5-37 表格夹点编辑

更改表格的行宽或列高时，只有与所选夹点相邻的行或列才会更改。表格整体的高度或宽度保持不变。编辑夹点的同时按住 Ctrl 键，可以按照正在编辑的行或列的大小按比例更改表格的大小。

2. 编辑表格单元

单击选中任一表格内单元，单元边框的中央将显示夹点。在另一个单元内单击，可以将选中的内容移到该单元。拖动单元上的夹点可以使单元及其列或行变更。

选择一个单元后，双击以编辑该单元文字。也可以在单元亮显时开始输入文字来替换其当前内容。

如果在功能区处于活动状态时在表格单元内单击，则将显示"表格"功能区上下文选项卡。如果功能区未处于活动状态，则将显示"表格"工具栏，如图 5-38 所示。

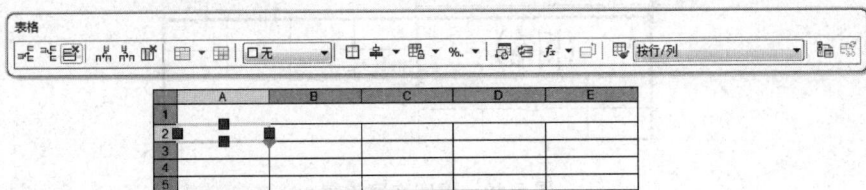

图 5-38　"表格"工具栏

使用此工具栏，可以执行以下操作：

(1)插入和删除行和列。

(2)合并和取消合并单元。

(3)匹配单元样式。

(4)改变单元边框的外观。

(5)编辑和对齐数据格式。

(6)锁定和解锁编辑单元。

(7)插入块、字段和公式。

(8)创建和编辑单元样式。

(9)将表格链接至外部数据。

选择单元后，也可以单击鼠标右键，然后使用快捷菜单上的选项来插入或删除列和行、合并相邻单元或进行其他更改。

【例 5-2】　绘制如图 5-39 所示的标题栏，无须标明尺寸。

操作步骤：

(1)设置绘图环境。

(2)使用绘图和编辑命令绘制标题栏图形，如"LINE""OFFSET""TRIM"等。

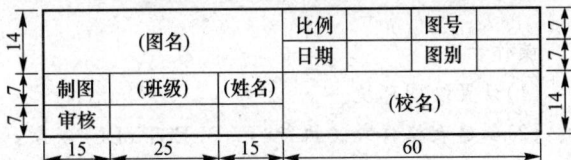

图 5-39　标题栏

(3)创建文字样式。创建两个文字样式，分别命名为"HZ"和"SZ"，文字样式的设置根据表 5-3 中的参数。

表 5-3　文字样式特性表

样式名	字体	大字体	宽度因子	倾斜角度
HZ	仿宋	—	0.7	0
SZ	gbenor. shx	gbcbig. shx	1	0

(4)使用"多行文字"命令填写文字。

1)执行"多行文字(MTEXT)"命令。如图 5-40 所示，在命令提示"指定第一角点:"时鼠标指针捕捉 A 点；命令提示"指定对角点："时捕捉 B 点，从而形成和单元格同等大小的矩形文字输入框。

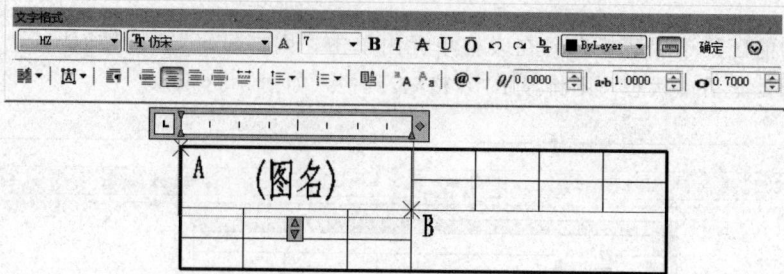

图 5-40　确定文字位置

2)完成文字注写。在弹出的"在位文字编辑器"中，选择与要求相对应的文字样式进行文字注写，注意所有的英文和数字选择"SZ"文字样式。其中"(图名)"和"(校名)"字高为 7，其余字高均为 4。文字的对正方式均为"正中"。

【例 5-3】　绘制如图 5-41 所示的门窗表，表格样式名为"MC"。使用【例 5-2】中的文字样式填写，标题字高为 5，其余均为 3.5。

门窗表

类别	编号	型式	尺寸	樘数
窗	C1	铝合金推拉窗	1 500×1 800	35
	C2	铝合金推拉窗	900×1 800	50
门	M1	木夹板门	900×2 100	56
	M2	乙级防火门	1 000×2 200	5
30	30	30	30	30

图 5-41　门窗表效果

操作步骤：

(1)设置绘图环境。

(2)创建表格样式。执行"TABLESTYLE"命令，弹出"表格样式"对话框，单击 [新建00...] 按钮，打开"创建新的表格样式"对话框，输入新样式名"MC"。

(3)设置表格样式。单击 [继续] 按钮，打开"新建表格样式：MC"对话框，表格方向选择"向下"后，对单元样式进行分别设置。

1)对"标题"样式进行设置。在"常规"选项卡中，将对齐方式选为"正中"；垂直页边距改小为 0.5，防止数据过大之后会无法调小单元格高度[图 5-42(a)]。在"文字"选项卡中，选择样式名为"HZ"的文字样式，将文字高度改为 5[图 5-42(b)]。在"边框"选项中，通过单击按钮选择边框特性[图 5-42(c)]。

2)"表头"和"数据"样式的设置方式同"标题"一致，注意选择对应的文字样式和文字高度。

3)设置完毕后单击 [确定] 按钮返回"表格样式"对话框，在"样式"下拉列表中选择"MC"并单击 [置为当前00] 按钮，单击 [关闭(C)] 按钮关闭对话框。

4)插入表格。执行"TABLE"命令，弹出"插入表格"对话框。选择插入方式为"指定插入点"；设置 5 列、列宽 30，数据行数 4 行，其余不变，如图 5-43 所示。

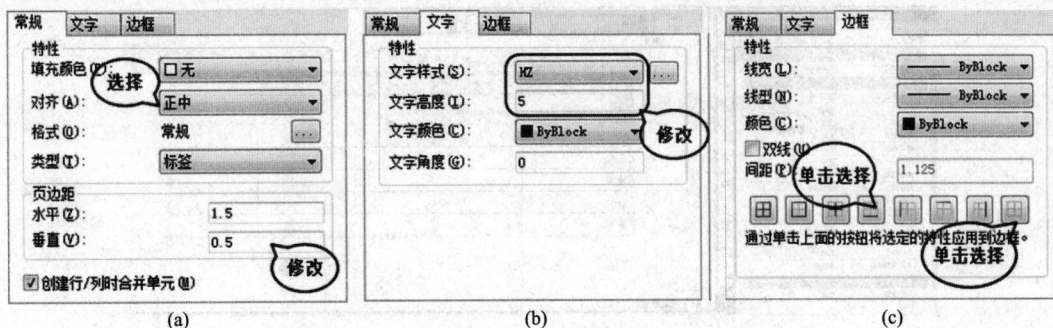

图 5-42 设置"标题"样式

(a)"常规"选项卡；(b)"文字"选项卡；(c)"边框"选项卡

图 5-43 "插入表格"对话框设置

设置完毕后单击 [确定] 按钮，在绘图窗口的适当位置拾取一点，插入表格，进入表格填写状态，如图 5-44 所示。

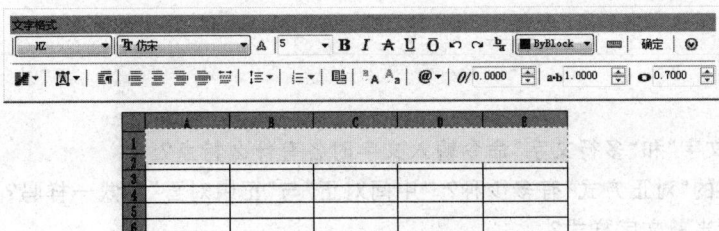

图 5-44 插入初始表格

5）编辑表格。

①调整表格高度。选中表头和数据部分单元格，右击在弹出菜单中选择"特性(S)"，在特性选项板中将表格单元高度改为 7.5，如图 5-45 所示。表格列宽在插入表格时已设置好，此处不再改动。

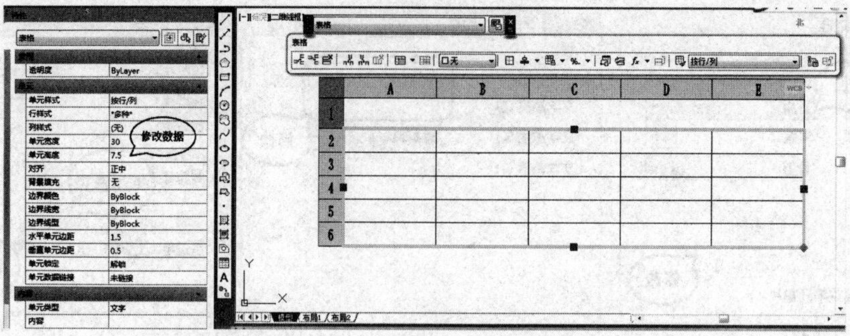

图 5-45　调整表格单元高度

②合并单元格。如图 5-46 所示，选中需要合并的单元格，单击 按钮，选择"全部"，将两个单元格合并成一个大单元格。

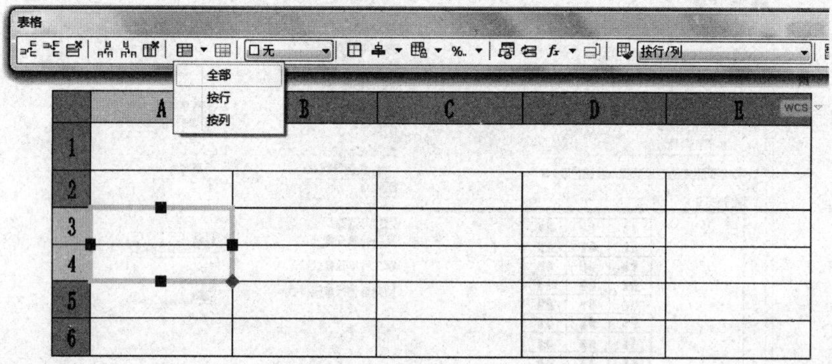

图 5-46　合并单元格

6) 填写文字。双击单元格，弹出"在位文字编辑器"。采用文字样式"HZ"和"SZ"分别对文字和数字、英文进行输入，并使用"↑""↓""←""→"键切换单元。

教学提示：在工程图中，添加必要的表格可以使图纸更加清晰合理。本项目主要介绍了表格的创建和编辑，并通过具体实例来引导，加深理解。

📖 课后练习

一、简答题

1. 用"单行文字"和"多行文字"命令输入文字时各有什么特点？

2. 单行文字的"对正方式"有多少种？"中间对正"与"正中对正"方式一样吗？

3. 如何指定当前文字样式？

4. 怎样用"多行文字"命令输入特殊符号？

5. 怎样创建表格的样式？

6. 如何修改表格的行高和列宽？

二、专项练习

1. 创建样式名为"汉字"的文字样式，字体为仿宋，字高 5，宽度比例 0.7。利用"多行文字"命令输入以下内容，效果如图 5-47 所示。

2. 绘制并填写如图 5-48 所示千斤顶装配图的明细栏，表格样式名为"MX"。表格方向自下而上，第一行和左右边框为粗实线，其余均为细实线。创建样式名为"WZ"的文字样式，字体为 gbenor. shx，大字体选择 gbcbig. shx，字高 5。文字对齐方式均为"正中"。严格按图中要求绘制表格，包括单元字体与单元格尺寸等。

1. 未注形状公差应符合GB1184-80的要求。
2. 未注长度尺寸允许偏差±0.5 mm
3. 装配滚动轴承允许采用机油加热进行热装，油的温度不得超过100 ℃。

图 5-47　技术说明文字效果

5	顶垫	1	Q270	
4	螺钉M40×12	1	35	GB/T73—2000
3	螺套	1	ZCuAiFe3	
2	螺杆	1	45	
1	底座	1	HT200	
序号	名称	数量	材料	备注

图 5-48　明细栏

模块 6　尺寸标注

知识目标：通过本模块的学习，学生应了解尺寸标注的基本规则；能对尺寸标注样式进行各种设置，达到使用要求。

技能目标：掌握各种尺寸标注命令的操作方法；能完成编辑、修改尺寸标注的操作。

素质目标：能对图形中尺寸标注合理布局，提高图形美观性；能灵活运用标注命令，提高绘图效率。

项目 6.1　尺寸标注基础知识

教学要求：通过本项目的学习，学生应了解尺寸标注的制图标准，熟悉尺寸的组成部分，掌握尺寸标注各组成部分的标注要求。

教学要点：

教学重点：尺寸标注制图标准。

教学难点：尺寸标注各组成部分的标注要求。

尺寸标注是绘图设计中的一项重要内容，它反映了构件的尺寸（定形尺寸）及其相互间的位置关系（定位尺寸），作为施工的依据，是图形中的重要组成部分，必须要完整准确地标注各项尺寸。

■ 6.1.1　尺寸标注的组成

尺寸标注由尺寸界线、尺寸线、尺寸起止符号和尺寸数字 4 部分组成，如图 6-1 所示。

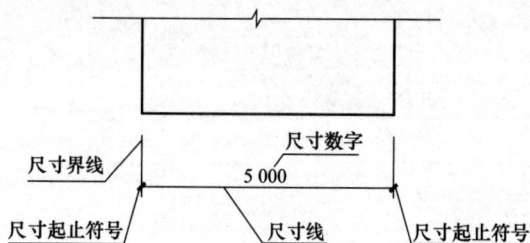

图 6-1　尺寸的组成

■ 6.1.2　尺寸标注参数要求

《房屋建筑制图统一标准》（GB/T 50001—2017）对建筑制图中的尺寸标注做了相应要求，如图 6-2 所示。

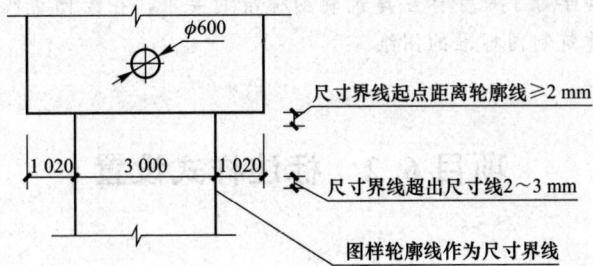

图 6-2 尺寸标注相关规定

具体说明如下：

（1）尺寸界线。用细实线绘制，应与被注长度垂直，其一端应离开图样轮廓线不小于 2 mm，另一端宜超出尺寸线 2～3 mm。图样轮廓线可用作尺寸界线。

（2）尺寸线。用细实线绘制，与被注长度平行，两端宜以尺寸界线为边界，也可超出尺寸界线 2～3 mm。图样本身的任何图线均不得用作尺寸线。

（3）尺寸起止符号。用中粗斜短线绘制，其倾斜方向应与尺寸界线成顺时针 45°，长度宜为 2～3 mm。半径、直径、角度与弧长的尺寸起止符号，宜采用箭头表示，箭头宽度 b 不宜小于 1 mm。

（4）尺寸数字。图样上的尺寸，应以尺寸数字为准，不应从图上直接量取。图样上的尺寸单位，除标高及总平面以米为单位外，其他必须以毫米为单位。尺寸数字的方向，应按图 6-3（a）所示的规定注写。若尺寸数字在 30°斜线区内，也可按图 6-3（b）所示的形式注写。尺寸数字应依据其方向，注写在靠近尺寸线的上方中部。如没有足够的注写位置，最外边的尺寸数字可注写在尺寸界线的外侧，中间相邻的尺寸数字可上下错开注写，引出可用线端部以圆点表示标注尺寸的位置，如图 6-3（c）所示。

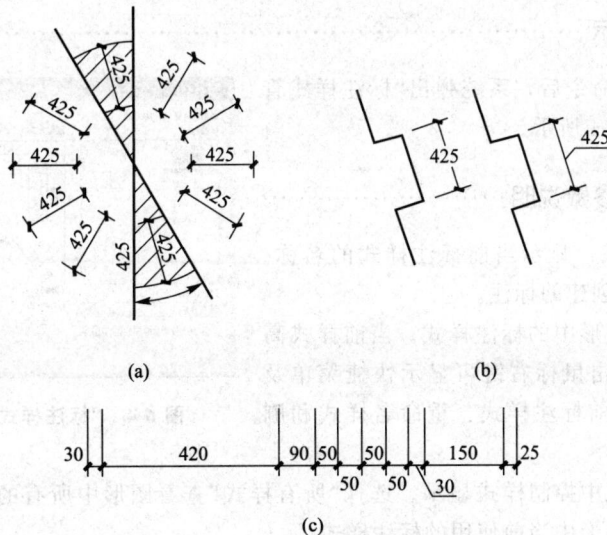

（a）

（b）

（c）

图 6-3 尺寸数字的注写

教学提示：尺寸标注是建筑绘图中的一项重要工作，必须完整准确地标注，并要符合建筑制图标准。本项目主要学习了尺寸标注建筑制图标准的要求，在绘图过程中一定要养成良好绘图习惯，绘制出符合建筑制图标准的图纸。

项目 6.2　标注样式设置

教学要求：通过本项目的学习，学生应了解"标注样式管理器"对话框的使用方法，熟悉尺寸标注的规则和组成，掌握创建尺寸标注的基础及尺寸标注样式设置的方法。

教学要点：

教学重点："标注样式管理器"对话框的使用方法。

教学难点：尺寸标注样式的设置。

标注样式是标注设置的命名集合，可用来控制标注的外观，如箭头样式、文字位置和尺寸公差等。可以通过创建标注样式，以快速指定标注的格式，并确保标注符合行业或工程标准。

在 AutoCAD 软件中，可使用"标注样式管理"器创建新样式、设定当前样式、修改样式、设定当前样式的替代以及比较样式。

■ 6.2.1　命令访问

(1)菜单栏。在菜单栏执行"格式(O)"→"标注样式(D)"命令。

(2)工具栏。在"标注"工具栏单击"编辑标注"按钮。

(3)命令行。在命令行输入"DIMSTYLE"，或"DST"，或"DDIM"，或"DIMSTY"。

(4)选项卡。"默认"选项卡→"注释"面板→"标注样式"("草图与注释"空间)。

■ 6.2.2　命令提示

执行"标注样式"命令后，系统弹出"标注样式管理器"对话框，如图 6-4 所示。

■ 6.2.3　选项和参数说明

(1)当前标注样式：显示当前标注样式的名称。当前样式将应用于所创建的标注。

(2)样式：列出图形中的标注样式。当前样式高亮显示。在列表中单击鼠标右键可显示快捷菜单及选项，可用于设定当前标注样式、重命名样式和删除样式。

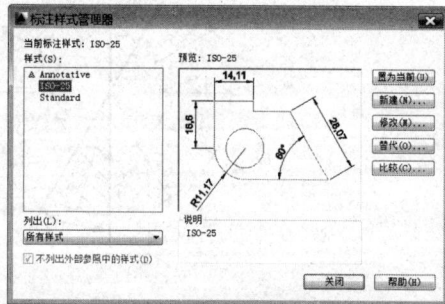

图 6-4　"标注样式管理器"对话框

(3)列出：在列表中控制样式显示。选择"所有样式"查看图形中所有的标注样式。选择"正在使用的样式"查看图形中当前使用的标注样式。

(4)置为当前：将在"样式"下选定的标注样式设定为当前标注样式。当前样式将应用于所创建的标注。

(5)新建：定义新的标注样式。

(6)修改：修改在"样式"下选定的标注样式。

(7)替代：设定标注样式的临时替代值。替代将作为未保存的更改结果显示在"样式"列表中的标注样式下。

(8)比较：可以比较两个标注样式或列出一个标注样式的所有特性。

■ 6.2.4 新建标注样式 ···

6.2.4.1 "创建新标注样式"对话框

单击"标注样式管理器"对话框中的"新建(N)..."按钮 [新建(N)]，系统弹出"创建新标注样式"对话框，如图 6-5 所示。

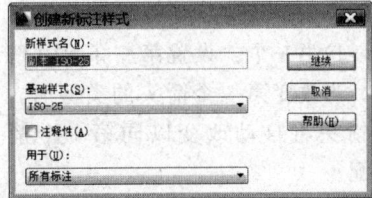

(1)新样式名：设置新的标注样式名。

(2)基础样式：设定新样式的基础样式。对于新样式，只需要更改与基础特性不同的特性。

图 6-5 "创建新标注样式"对话框

(3)注释性：设置标注样式为注释性。

(4)用于：创建适用特定标注类型的标注子样式。例如，可以创建一个"ISO－25"标注样式的版本，该样式仅用于直径标注。

6.2.4.2 "新建标注样式"对话框

单击"创建新标注样式"对话框中的"继续"按钮 [继续]，系统弹出"新建标注样式"对话框，如图 6-6 所示。

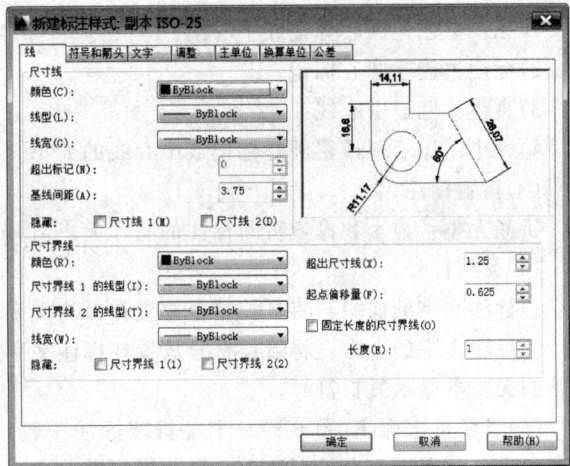

1."线"选项卡

"线"选项卡如图 6-6 所示，主要用于设置尺寸线、尺寸界线的格式和特性。

(1)尺寸线。

1)颜色：显示并设定尺寸线的颜色。

2)线型：设定尺寸线的线型。

3)线宽：设定尺寸线的线宽。

4)超出标记：设置当箭头使用倾斜、建筑标记、积分和无标记时，尺寸线超过尺寸界线的距离。

图 6-6 "新建标注样式"对话框

5)基线间距：设置基线标注的尺寸线之间的距离。

6)隐藏：不显示尺寸线。"尺寸线 1"不显示第一条尺寸线，"尺寸线 2"不显示第二条尺寸线。

(2)尺寸界线。

1)颜色：设定尺寸界线的颜色。

2)延伸线 1 的线型：设置第一条尺寸界线的线型。

3)延伸线 2 的线型：设置第二条尺寸界线的线型。

4)线宽：设置尺寸界线的线宽。

5)隐藏：不显示尺寸界线。"尺寸界线 1"不显示第一条尺寸界线，"尺寸界线 2"不显示第二条尺寸界线。

6)超出尺寸线：设置尺寸界线超出尺寸线的距离。

7)原点偏移量：设置自图形中定义标注的点到尺寸界线的偏移距离。

2."符号和箭头"选项卡

"符号和箭头"选项卡如图 6-7 所示，主要用于设置箭头、圆心标记、弧长符号和折弯半径标注的格式和位置。

(1)箭头。

1)第一个：设置第一条尺寸线的箭头。当改变第一个箭头的类型时，第二个箭头将自动改变以同第一个箭头相匹配。

2)第二个：设置第二条尺寸线的箭头。

3)引线：设置引线的箭头。

4)箭头大小：显示和设置箭头的大小。

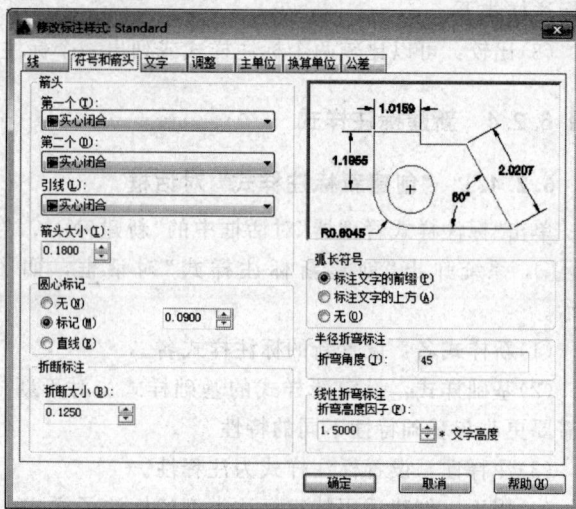

图 6-7 "符号和箭头"选项卡

(2)圆心标记。

1)无：不创建圆心标记或中心线。

2)标记：创建圆心标记。

3)直线：创建中心线。

4)大小：显示和设置圆心标记或中心线的大小。

(3)折断标注。

折断大小：显示和设定折断标注的间隙大小。

(4)弧长符号。

1)标注文字的前缀：将弧长符号放置在标注文字之前。

2)标注文字的上方：将弧长符号放置在标注文字的上方。

3)无：不显示弧长符号。

(5)半径折弯标注(图 6-8)。半径折弯标注一般用于圆或圆弧的圆心位于页面外部时创建。折弯角度：确定折弯半径标注中，尺寸线的横向线段的角度，如图 6-8 所示。

(6)线性折弯标注(图 6-9)。当标注不能精确表示实际尺寸时，一般将折弯线添加到线性标注中。

折弯高度因子：通过形成折弯角度的两个顶点之间的距离确定折弯高度。

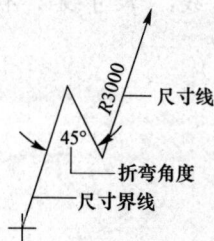

图 6-8 半径折弯标注

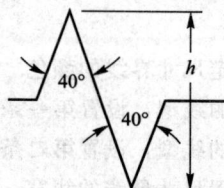

图 6-9 线性折弯标注

3."文字"选项卡

"文字"选项卡如图 6-10 所示,主要用于设置标注文字的格式、位置和对齐。

(1)文字外观。

1)文字样式:选择可用的文本样式。

2)"文字样式"按钮:打开"文字样式"对话框,从中可以创建或修改文字样式。

3)文字颜色:设置标注文字的颜色。

4)填充颜色:设置标注中文字背景的颜色。

5)文字高度:设置当前标注文字样式的高度。如果要在此处设置标注文字的高度,请确保将文字样式的高度设置为 0。

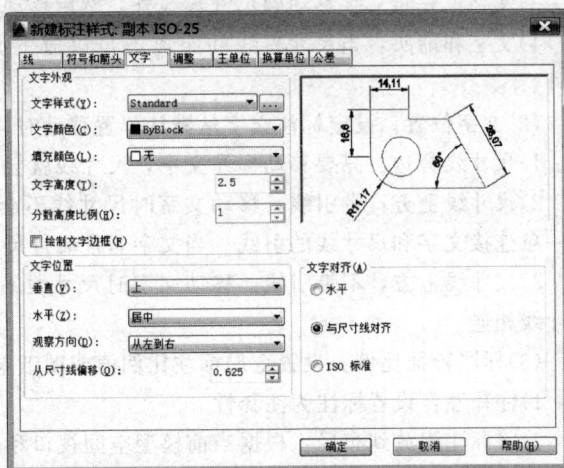

图 6-10 "文字"选项卡

6)分数高度比例:设置相对于标注文字的分数比例。

7)绘制文字边框:显示标注文字的矩形边框。

(2)文字位置。

1)垂直:控制标注文字相对尺寸线的垂直位置。垂直位置选项包括居中、上、外部、JIS 和下。

2)水平:控制标注文字在尺寸线上相对于尺寸界线的水平位置。

3)观察方向:控制标注文字的观察方向。

4)从尺寸线偏移:设置当前文字间距,文字间距是指当尺寸线断开以容纳标注文字时标注文字周围的距离。

(3)文字对齐。

1)水平:水平放置文字。

2)与尺寸线对齐:文字与尺寸线对齐。

3)ISO 标准:当文字在尺寸界线内时,文字与尺寸线对齐。当文字在尺寸界线外时,文字水平排列。

4."调整"选项卡

"调整"选项卡如图 6-11 所示,主要用于调整标注文字、箭头、引线和尺寸线的位置。

(1)调整选项。如果有足够大的空间,文字和箭头都将放在尺寸界线内。否则,将按照"调整"选项放置文字和箭头。

1)文字或箭头(最佳效果):按照最佳效果将文字或箭头移动到尺寸界线外。

2)箭头:先将箭头移动到尺寸界线

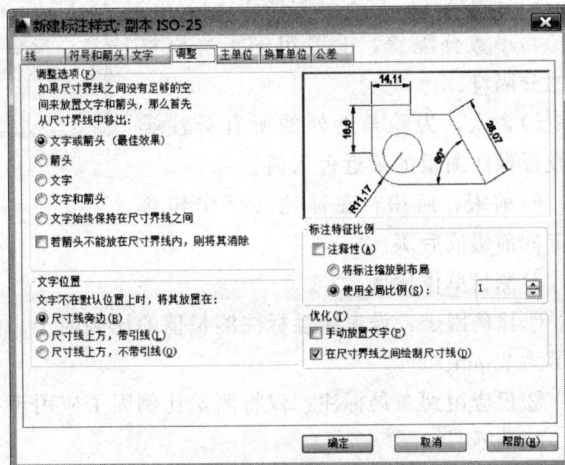

图 6-11 "调整"选项卡

外，然后移动文字。

3)文字：先将文字移动到尺寸界线外，然后移动箭头。

4)文字和箭头：当尺寸界线间距离不足以放下文字和箭头时，文字和箭头都移到尺寸界线外。

(2)文字位置。设定标注文字从默认位置移动时，标注文字的位置。

1)尺寸线旁边：只要移动标注文字，尺寸线就会随之移动。

2)尺寸线上方，带引线：移动文字时尺寸线不会移动。如果将文字从尺寸线上移开，将创建一条连接文字和尺寸线的引线。当文字非常靠近尺寸线时，将省略引线。

3)尺寸线上方，不带引线：移动文字时尺寸线不会移动。远离尺寸线的文字不与带引线的尺寸线相连。

(3)标注特征比例。设置全局标注比例值或图纸空间比例。

1)注释性：设置标注为注释性。

2)将标注缩放到布局：根据当前模型空间视口和图纸空间之间的比例来确定比例因子。

3)使用全局比例：为所有标注样式设定一个比例，该设置指定了大小、距离或间距，也包括文字和箭头大小。该缩放比例并不更改标注的测量值。

(4)优化。

1)手动放置文字：忽略所有水平对正设置，并把文字放在"尺寸线位置"提示下的指定位置。

2)在尺寸界线之间绘制尺寸线：即使箭头放在测量点之外，也在测量点之间绘制尺寸线。

5."主单位"选项卡

"主单位"选项卡如图 6-12 所示，主要用于设置主标注单位的格式和精度，并设定标注文字的前缀和后缀。

(1)线性标注。

1)单位格式：设置除角度外的所有标注类型的当前单位格式。

2)精度：显示和设置标注文字中的小数位数。

3)分数格式：设置分数格式。

4)小数分隔符：设置用于十进制格式的分隔符。

5)舍入：为除角度外的所有标注类型设置标注测量的最近舍入值。

6)前缀、后缀：在标注文字中包含指定的前缀或后缀。

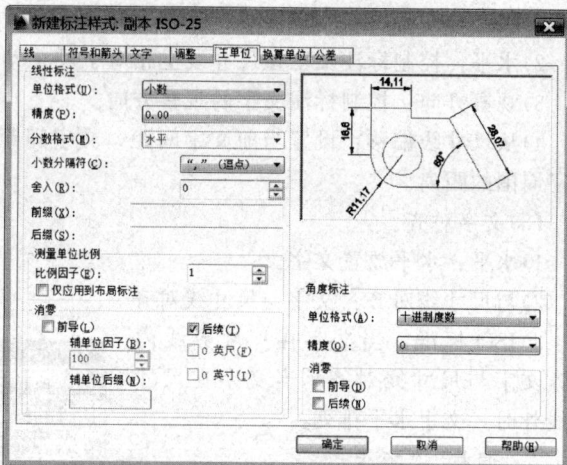

图 6-12 "主单位"选项卡

7)测量单位比例。

①比例因子：设置线性标注测量值的比例因子。例如，如果输入 2，则 1 mm 直线的尺寸将显示为 2 mm。

②仅应用到布局标注：仅将测量比例因子应用于在布局视口中创建的标注。

8)消零。

①前导：不输出所有十进制标注中的前导零。例如，0.10 变为 .10。

②后续：不输出所有十进制标注中的后续零。例如，0.50 变成 0.5，1.00 变成 1。

（2）角度标注。

1）单位格式：设置角度的单位格式。

2）精度：设置角度标注的小数位数。

6. "换算单位"选项卡

"换算单位"选项卡如图6-13所示，用于设置标注测量值中换算单位的显示，并设定其格式和精度。

（1）显示换算单位。向标注文字添加换算测量单位。

换算单位倍数：设置一个倍数，作为主单位和换算单位之间的转换因子来使用。例如，要将英寸转换为毫米，输入25.4。此值对角度标注没有影响，而且不会应用于舍入值或正、负公差值。

（2）位置。控制标注文字中换算单位的位置。

1）主值后：将换算单位放在标注文字中的主单位之后。

2）主值下：将换算单位放在标注文字中的主单位下面。

7. "公差"选项卡

"公差"选项卡如图6-14所示，主要用于设置标注文字中公差的显示及格式。

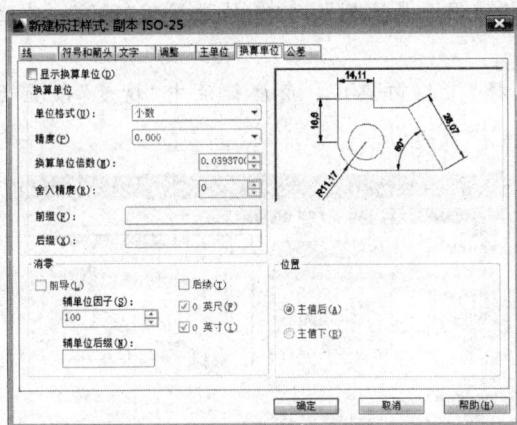

图6-13 "换算单位"选项卡

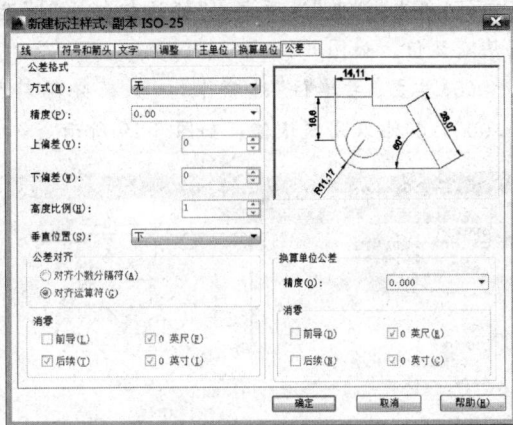

图6-14 "公差"选项卡

6.2.4.3 绘制任务和绘制示例

【例6-1】 创建符合建筑制图标准规定的尺寸标注样式。

绘图步骤如下：

（1）打开"例6-1. dwg"文件，单击"标注"菜单下的"标注样式"，打开"标注样式管理器"对话框。

（2）单击"新建（N）..."按钮 新建⑩...，系统弹出"创建新标注样式"对话框，"新样式名"设置为"GB1－100"，"基础样式"选择"ISO－25"，"用于"选择"所有标注"，如图6-15所示。

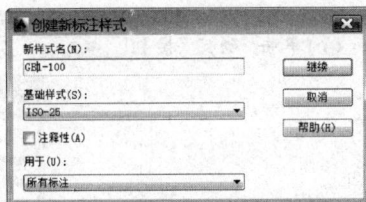

图6-15 "创建新标注样式"对话框

（3）单击"继续"按钮 继续，系统弹出"新建样式：GB1－100"对话框，"基线间距"设置为"10"，"超出尺寸线"设置为"2.5"，"起点偏移量"设置为"3"，其他采用默认值，如图6-16所示。

（4）单击"文字"选项卡，"文字样式"选择"工程字"，"文字高度"设置为"3.5"，"文字对齐"选择"ISO 标准"，其他采用默认值，如图 6-17 所示。

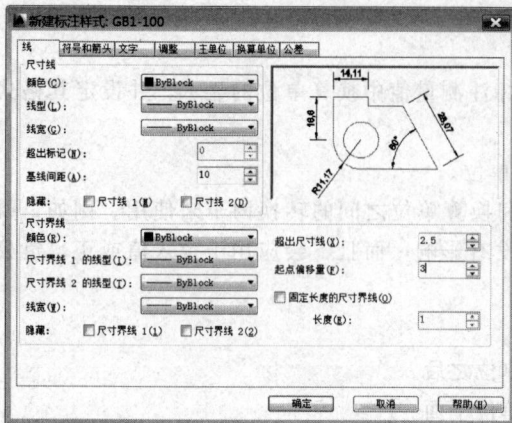

图 6-16　设置"线"选项卡　　　　　图 6-17　设置"文字"选项卡

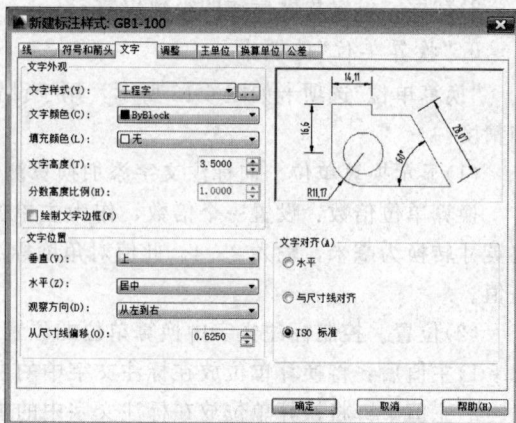

（5）单击"调整"选项卡，"标注特征比例"选择"使用全局比例"，比例值设置为"100"，其他采用默认值，如图 6-18 所示。

（6）单击"主单位"选项卡，"小数分隔符"选择"'.'（句点）"，角度标注中"精度"设置为"0.00"，其他采用默认值，如图 6-19 所示。

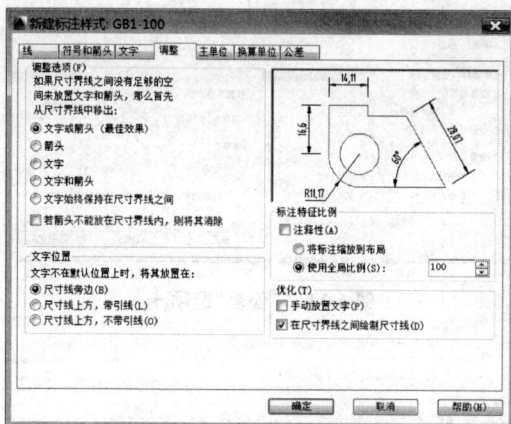

图 6-18　设置"调整"选项卡　　　　　图 6-19　设置"主单位"选项卡

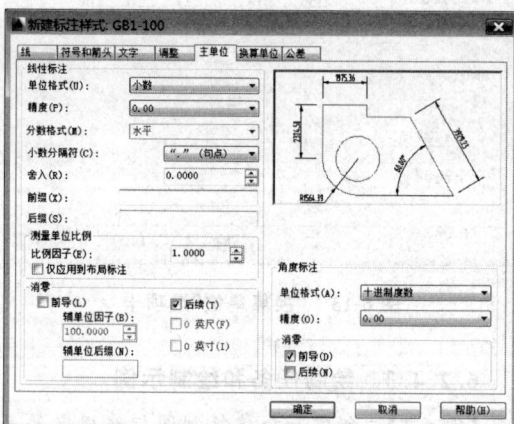

（7）单击"确定"按钮 ，完成"GB1－100"标注样式的创建，如图 6-20 所示。

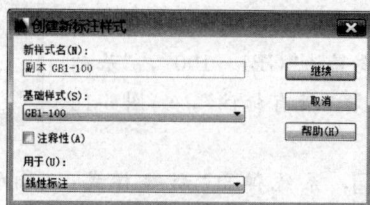

图 6-20　"创建新标注样式"对话框

【例 6-2】 创建符合建筑制图标准规定的线性尺寸标注样式。

绘图步骤如下：

(1)打开"例 6-2.dwg"文件，单击"标注"菜单下的"标注样式"，打开"标注样式管理器"对话框。

(2)单击"新建(N)..."按钮 新建(N)...，系统弹出"创建新标注样式"对话框，"基础样式"选择"GB1－100"，"用于"选择"线性标注"，如图 6-20 所示。

(3)单击"继续"按钮 继续，系统弹出"新建样式：GB1－100：线性"对话框，单击"符号和箭头"选项卡，箭头选项中"第一个"选择"建筑标记"，"箭头大小"设置为"2"，其他采用默认值，如图 6-21 所示。

(4)单击"文字"选项卡，"文字对齐"选择"与尺寸线对齐"，其他采用默认值，如图 6-22所示。

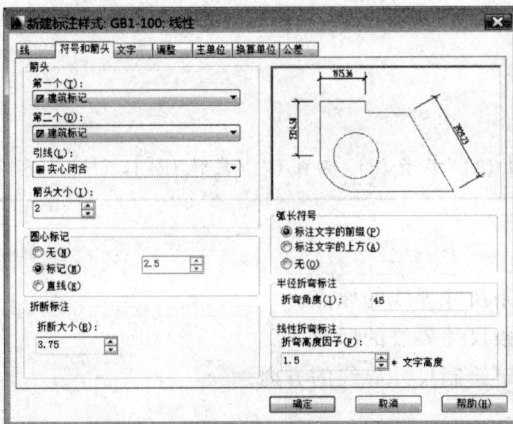

图 6-21　设置"符号和箭头"选项卡　　　　　　图 6-22　设置"文字"选项卡

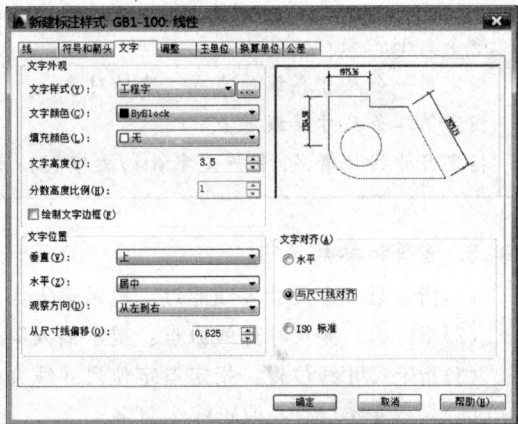

(5)单击"确定"按钮 确定，完成"GB1－100"线性标注样式的创建。

教学提示：掌握尺寸标注的基础创建及尺寸标注样式设置的方法，是完成图形尺寸标注的前提和基础。学生通过尺寸标注基础的创建及标注样式的设置，可以对尺寸标注的规则有更深入的了解。在对某个尺寸具体标注时，学生也可以根据需求，通过尺寸标注样式的设置，快速地对尺寸标注进行编辑、修改。

项目 6.3　线性、对齐、弧长标注

教学要求：通过本项目的学习，学生应了解线性、对齐、弧长标注的应用场合，了解线性、对齐标注的异同，熟悉线性、对齐、弧长标注的规则及操作选项的含义，掌握线性、对齐、弧长标注的操作方法。

教学要点：

教学重点：线性、对齐、弧长标注的操作方法。

教学难点：命令选项的正确选择和应用。

线性标注和对齐标注命令都是对两点间的距离尺寸进行标注，前者标注两点间的水平或垂直距离尺寸，后者标注两点间的平行距离尺寸。弧长标注则是用于标注圆弧的弧长。

■ 6.3.1 线性标注(DIMLINEAR)

"线性标注"命令用于创建水平、竖直尺寸的标注。

1. 命令访问

(1)菜单栏。在菜单栏执行"标注(N)"→"线性(L)"命令。

(2)工具栏。在"标注"工具栏单击"线性"按钮⊢。

(3)命令行。在命令行输入"DIMLINEAR(DLI)"。

(4)选项卡。"默认"选项卡→"注释"面板→"线性"("草图与注释"空间)。

2. 命令提示

```
命令：dimlinear✓
指定第一个尺寸界线原点或〈选择对象〉：
指定第二条尺寸界线原点：
指定尺寸线位置或[多行文字(M)/文字(T)/角度(A)/水平(H)/垂直(V)/旋转(R)]：
```

3. 选项和参数说明

(1)指定第一个尺寸界线原点：提示输入第一条尺寸界线的原点。

(2)指定第二条尺寸界线原点：提示输入第二条尺寸界线的原点。

(3)指定尺寸线位置：指定点定位尺寸线并确定绘制尺寸界线的方向。

(4)多行文字(M)：编辑标注文字。

(5)文字(T)：自定义标注文字。

(6)角度(A)：修改标注文字的角度。

(8)水平(H)：创建水平线性标注。

(8)垂直(V)：创建垂直线性标注。

(9)旋转(R)：创建旋转线性标注。

(10)对象选择：在选择对象之后，自动确定第一条和第二条尺寸界线的原点。

4. 绘制任务和绘制示例

【例6-3】 标注图6-23所示图形的尺寸。

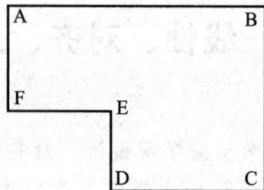

图6-23 练习图形

打开"例6-3.dwg"文件，在"图层"工具栏中选择"标注"图层，"样式"工具栏中选择"GB1－100"标注样式。

绘图步骤、命令行提示及步骤说明如下：

命令: dimlinear↙
指定第一个尺寸界线原点或〈选择对象〉:   捕捉 A 点
指定第二条尺寸界线原点: 捕捉 F 点
指定尺寸线位置或[多行文字 (M)/文字 (T)/角度 (A)/水平 (H)/垂直 (V)/旋转 (R)]:
                                                               拖动光标在合适的位置单击
标注文字= 4000

命令: dimlinear↙
指定第一条尺寸界线原点或〈选择对象〉:   捕捉 A 点
指定第二条尺寸界线原点: 捕捉 B 点
指定尺寸线位置或[多行文字 (M)/文字 (T)/角度 (A)/水平 (H)/垂直 (V)/旋转 (R)]: m↙
 编辑标注文字, 弹出"文本格式"对话框, 第一行输入"外表刷漆", 第二行输入"厚度 0.5",
                                                     单击对话框中的"确定"按钮。
   指定尺寸线位置或[多行文字 (M)/文字 (T)/角度 (A)/水平 (H)/垂直 (V)/旋转 (R)]:
                                                               拖动光标在合适的位置单击

命令: dimlinear↙
指定第一条尺寸界线原点或〈选择对象〉:   捕捉 B 点
指定第二条尺寸界线原点: 捕捉 C 点
指定尺寸线位置或[多行文字 (M)/文字 (T)/角度 (A)/水平 (H)/垂直 (V)/旋转 (R)]: t↙
                                                                     编辑标注文字
输入标注文字〈7000〉:%%c7000↙   输入文字 Φ70 00
指定尺寸线位置或[多行文字 (M)/文字 (T)/角度 (A)/水平 (H)/垂直 (V)/旋转 (R)]:
                                                               拖动光标在合适的位置单击
标注文字= 7000

命令: dimlinear↙
指定第一条尺寸界线原点或〈选择对象〉:   捕捉 C 点
指定第二条尺寸界线原点: 捕捉 D 点
指定尺寸线位置或[多行文字 (M)/文字 (T)/角度 (A)/水平 (H)/垂直 (V)/旋转 (R)]: r↙
                                                                     旋转标注
指定尺寸线的角度〈0〉: 15↙   输入旋转角度 15°
指定尺寸线位置或[多行文字 (M)/文字 (T)/角度 (A)/水平 (H)/垂直 (V)/旋转 (R)]:
                                                               拖动光标在合适的位置单击
标注文字= 6000

```
命令: dimlinear↙
指定第一条尺寸界线原点或〈选择对象〉:                                               捕捉 D 点
指定第二条尺寸界线原点:                                                             捕捉 E 点
指定尺寸线位置或[多行文字(M)/文字(T)/角度(A)/水平(H)/垂直(V)/旋转(R)]: a↙
                                                                             设置标注文字角度
指定标注文字的角度: 50↙                                                       设置角度为 50°
指定尺寸线位置或[多行文字(M)/文字(T)/角度(A)/水平(H)/垂直(V)/旋转(R)]:
                                                                   拖动光标在合适的位置单击
标注文字= 3000
```

CD 和 DE 位置标注方法参考 AF 位置，步骤略。标注结果如图 6-24 所示。

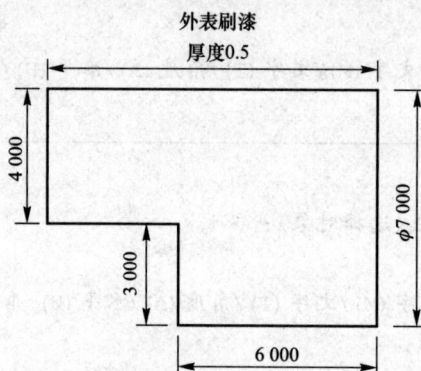

图 6-24　标注结果

■ 6.3.2　对齐标注(DIMALIGNED)

"对齐标注"命令用于创建与指定位置或对象平行的标注。

1. 命令访问

(1)菜单栏。在菜单栏执行"标注(N)"→"对齐(G)"命令。

(2)工具栏。在"标注"工具栏单击"对齐"按钮↖。

(3)命令行。在命令行输入"DIMALIGNED(DAL)"。

(4)选项卡。"默认"选项卡→"注释"面板→"对齐"("草图与注释"空间)。

2. 命令提示

```
命令: dimaligned↙
指定第一个尺寸界线原点或〈选择对象〉:
指定第二条尺寸界线原点:
指定尺寸线位置或[多行文字(M)/文字(T)/角度(A)]:
```

3. 绘制任务和绘制示例

【例 6-4】　标注图 6-25 所示图形的尺寸。

图 6-25　练习图形

打开"例 6-4.dwg"文件，在"图层"工具栏中选择"标注"图层，"样式"工具栏中选择"GB1—100"标注样式。

绘图步骤、命令行提示及步骤说明如下：

```
命令：dimaligned↙
指定第一个尺寸界线原点或〈选择对象〉：                               捕捉A点
指定第二条尺寸界线原点：                                          捕捉B点
指定尺寸线位置或[多行文字(M)/文字(T)/角度(A)]：t↙                  编辑标注文字
输入标注文字〈5157.04〉：5100↙                               设置标注文字为5100
指定尺寸线位置或[多行文字(M)/文字(T)/角度(A)]：            拖动光标在合适的位置单击
标注文字＝5100
```

```
命令：dimaligned↙
指定第一个尺寸界线原点或〈选择对象〉：↙
选择标注对象：                                                   捕捉直线BC
指定尺寸线位置或[多行文字(M)/文字(T)/角度(A)]：            拖动光标在合适的位置单击
标注文字＝2000
```

DE 位置标注方法参考 AB 和 BC 步骤，设置标注文字为 5510，步骤略。标注结果如图 6-26 所示。

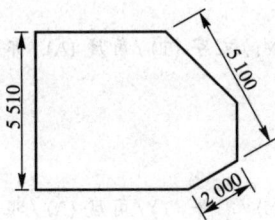

图 6-26　标注结果

■ 6.3.3　弧长标注(DIMARC) ··

"弧长标注"命令用于测量圆弧或多段线圆弧段上的距离。

1. 命令访问

(1)菜单栏。在菜单栏执行"标注(N)"→"线性(H)"命令。

(2)工具栏。在"标注"工具栏单击"弧长"按钮。

(3)命令行。在命令行输入"DIMARC(DAR)"。

(4)选项卡。"默认"选项卡→"注释"面板→弧长("草图与注释"空间)。

2. 命令提示

命令：dimarc↙

选择弧线段或多段线圆弧段：

指定弧长标注位置或[多行文字(M)/文字(T)/角度(A)/部分(P)/引线(L)]：
---

3. 选项和参数说明

(1)选择弧线段或多段线圆弧段：指定要标注的圆弧或圆弧多段线线段。

(2)指定圆弧或多段线圆弧段：指定要标注的圆弧或圆弧多段线线段。

(3)指定弧长标注位置：指定尺寸线的位置并确定尺寸界线的方向。

(4)部分(P)：缩短弧长标注的长度。

(5)引线(L)：添加引线对象。当圆弧(或圆弧段)大于90°时才
会显示此选项。引线是按径向绘制的，指向所标注圆弧的圆心。

4. 绘制任务和绘制示例

【例6-5】 标注图6-27所示图形的尺寸。

打开"例6-5.dwg"文件，在"图层"工具栏中选择"标注"图层，
"样式"工具栏中选择"GB1-100"标注样式。

图6-27 练习图形

绘图步骤、命令行提示及步骤说明如下：

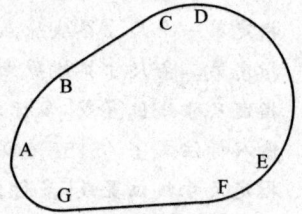

命令：dimarc↙

选择弧线段或多段线圆弧段： 选择圆弧AB

指定弧长标注位置或[多行文字(M)/文字(T)/角度(A)/部分(P)/]：

拖动光标在合适的位置单击

标注文字＝2407.84

命令：dimarc↙

选择弧线段或多段线圆弧段： 选择圆弧CF

指定弧长标注位置或[多行文字(M)/文字(T)/角度(A)/部分(P)/引线(L)]：p↙

编辑标注弧长位置

指定弧长标注的第一个点： 捕捉D点

指定弧长标注的第二个点： 捕捉E点

指定弧长标注位置或[多行文字(M)/文字(T)/角度(A)/部分(P)/引线(L)]：

拖动光标在合适的位置单击

标注文字＝5942.77

命令：dimarc↙

选择弧线段或多段线圆弧段： 选择圆弧AE

指定弧长标注位置或[多行文字(M)/文字(T)/角度(A)/部分(P)/引线(L)]：L↙标注引线

指定弧长标注位置或[多行文字(M)/文字(T)/角度(A)/部分(P)/无引线(N)]：

拖动光标在合适的位置单击

标注文字＝2317.57

圆弧 AE 的标注参考圆弧 AB 方法，步骤略。标注结果如图 6-28 所示。

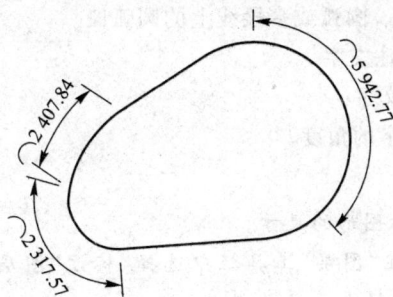

图 6-28　标注结果

教学提示：线性标注和对齐标注是建筑图形的尺寸标注中最常见的标注类型，也是后续标注形式中基线标注、连续标注等的基础，在运用时要注意两者的区别。熟悉标注的规则及命令操作选项的含义，可以正确并快速地完成尺寸标注任务。

项目6.4　半径、直径、折弯标注

教学要求：通过本项目的学习，学生应了解半径、直径、折弯标注的应用场合，熟悉半径、直径、折弯标注的规则及操作选项的含义，掌握半径、直径、折弯标注的操作方法。

教学要点：

教学重点：半径、直径、折弯标注的操作方法。

教学难点：命令选项的正确应用。

半径、直径、折弯标注都是对圆或圆弧的大小进行标注的。折弯标注也称为折弯半径标注，一般用于对尺寸较大或圆心较远的圆弧的半径进行标注，可在任何位置指定中心位置为标注的原点，以此来代替半径标注中的圆或圆弧的中心点。

■ 6.4.1　半径标注(DIMRADIUS) ·······························

"半径标注"命令用于创建选定圆或圆弧的半径，并显示前面带有半径符号的标注。

1. 命令访问

(1)菜单栏。在菜单栏执行"标注(N)"→"半径(R)"命令。

(2)工具栏。在"标注"工具栏单击"半径"按钮◎。

(3)命令行。在命令行输入"DIMRADIUS(DRA)"

(4)选项卡。"默认"选项卡→"注释"面板→"半径"("草图与注释"空间)。

2. 命令提示

```
命令：dimradius↙
选择圆弧或圆：
指定尺寸线位置或[多行文字(M)/文字(T)/角度(A)]：
```

3. 选项和参数说明

(1)选择圆弧或圆：指定圆、圆弧或多段线上的圆弧段。

(2)多行文字(M)：编辑标注文字。

(3)文字(T)：自定义标注文字。

(4)角度(A)：修改标注文字的角度。

4. 绘制任务和绘制示例

【例6-6】 标注图6-29所示图形的尺寸。

打开"例6-6.dwg"文件，在"图层"工具栏中选择"标注"图层，"样式"工具栏中选择"GB1-1"标注样式。

绘图步骤、命令行提示及步骤说明如下：

(1)圆弧1：

```
命令：dimradius↙
选择圆弧或圆：                                    选择圆弧1
标注文字=85
指定尺寸线位置或[多行文字(M)/文字(T)/角度(A)]：    拖动光标在合适的位置单击
```

(2)圆弧2：

```
命令：dimradius↙
选择圆弧或圆：                                    选择圆弧2
标注文字=8
指定尺寸线位置或[多行文字(M)/文字(T)/角度(A)]：    拖动光标在合适的位置单击
```

(3)圆弧3：

```
命令：dimradius↙
选择圆弧或圆：选择圆弧3
标注文字=50
指定尺寸线位置或[多行文字(M)/文字(T)/角度(A)]：    拖动光标在合适的位置单击
命令：'_ dimstyle
        打开标注样式管理器，替代"GB1-1"标注样式，将文字对齐设置为"与尺寸线对齐"
```

(4)圆弧4：

```
命令：dimradius↙
选择圆弧或圆：选择圆弧4
标注文字=50
指定尺寸线位置或[多行文字(M)/文字(T)/角度(A)]：    拖动光标在合适的位置单击
```

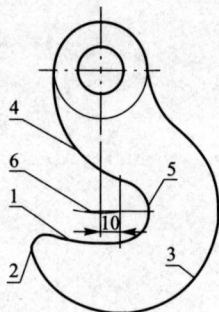

图6-29　练习图形

(5)圆弧 5：

命令：dimradius↙
选择圆弧或圆：   选择圆弧 5
标注文字＝15
指定尺寸线位置或[多行文字(M)/文字(T)/角度(A)]：   拖动光标在合适的位置单击

(6)圆弧 6：

命令：dimradius↙
选择圆弧或圆：   选择圆弧 6
标注文字＝70
指定尺寸线位置或[多行文字(M)/文字(T)/角度(A)]：   拖动光标在合适的位置单击

标注结果如图 6-30 所示。

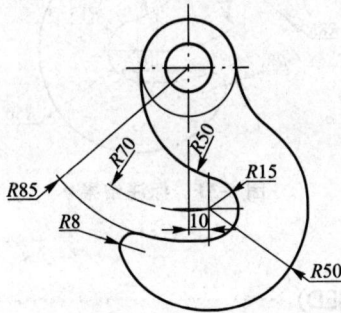

图 6-30   标注结果

■ 6.4.2   直径标注(DIMDIAMETER) ···

"直径标注"命令用于创建选定圆或圆弧的直径，并显示前面带有直径符号的标注。

1. 命令访问

(1)菜单栏。在菜单栏执行"标注(N)"→"直径(D)"命令。

(2)工具栏。在"标注"工具栏单击"直径"按钮◎。

(3)命令行。在命令行输入"DIMDIAMETER(DDI)"。

(4)选项卡。"默认"选项卡→"注释"面板→"直径"("草图与注释"空间)。

2. 命令提示

命令：dimdiameter↙
选择圆弧或圆：
指定尺寸线位置或[多行文字(M)/文字(T)/角度(A)]：

3. 应用举例

【例 6-7】 标注图 6-30 所示图形中的直径尺寸。

打开"例 6-7. dwg"文件，在"图层"工具栏中选择"标注"图层，"样式"工具栏中选择"GB1－1"

标注样式。

绘图步骤、命令行提示及步骤说明如下：

命令：dimdiameter↙

选择圆弧或圆：　　　　　　　　　　　　　　　　　　　　　　　　　选择小圆

标注文字＝48

指定尺寸线位置或[多行文字(M)/文字(T)/角度(A)]：

　　　　　　　　　　　　　　　　　　　　　　　　拖动光标在合适的位置单击

大圆直径标注参考小圆直径标注方法，步骤略。标注结果如图 6-31 所示。

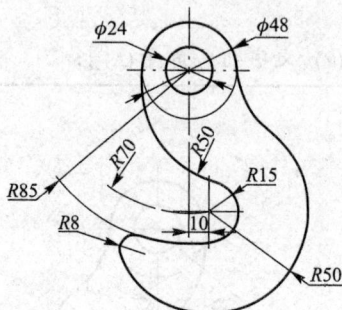

图 6-31　标注结果

■ 6.4.3　折弯标注(DIMJOGGED)

"折弯标注"命令用于创建选定圆或圆弧的半径，并显示前面带有半径符号，可以在任意合适的位置指定尺寸线的原点的半径标注。

1. 命令访问

(1)菜单栏。在菜单栏执行"标注(N)"→"折弯(J)"命令。

(2)工具栏。在"标注"工具栏单击"折弯"按钮 。

(3)命令行。在命令行输入"DIMJOGGED(DGO)"。

(4)选项卡。"默认"选项卡→"注释"面板→"折弯"("草图与注释"空间)。

2. 命令提示

命令：dimjogged↙

选择圆弧或圆：

指定图示中心位置：

指定尺寸线位置或[多行文字(M)/文字(T)/角度(A)]：

指定折弯位置：

3. 选项和参数说明

(1)选择圆弧或圆：指定圆、圆弧或多段线上的圆弧段。

(2)中心位置替代：指定折弯半径标注的新圆心，用于替代圆弧或圆的实际圆心。

(3)指定折弯位置：指定折弯的中点。

4. 应用举例

【例6-8】 标注图6-31所示图形的大圆弧尺寸。

打开"例6-8.dwg"文件，在"图层"工具栏中选择"标注"图层，"样式"工具栏中选择"GB1－1"标注样式。

绘图步骤、命令行提示及步骤说明如下：

```
命令：dimjogged↙
选择圆弧或圆：                                        选择圆弧1
指定图示中心位置：                              选择一点作为中心位置
标注文字＝40
指定尺寸线位置或[多行文字(M)/文字(T)/角度(A)]：     选择一点确定尺寸线位置
指定折弯位置：                                  选择一点确定折弯位置
```

标注结果如图6-32所示。

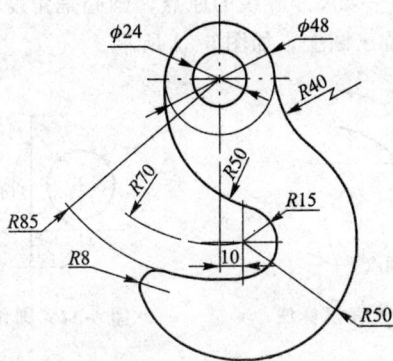

图6-32　标注结果

教学提示：半径、直径、折弯标注在建筑结构图形中应用较多，学生在掌握标注操作方法的基础上，还能正确利用操作命令的选项，满足实际尺寸标注过程中的各种需求。

项目6.5　角度标注

教学要求：通过本项目的学习，学生应了解角度标注的应用场合，熟悉角度标注的规则及操作选项的含义，掌握角度标注的操作方法。

教学要点：

教学重点：角度标注的操作方法。

教学难点：命令选项的正确选择和应用。

"角度标注"命令用于创建两条直线或三个点之间的角度，也可创建圆弧或圆的圆心角。

1. 命令访问

(1)菜单栏。在菜单栏执行"标注(N)"→"角度(A)"命令。

(2)工具栏。在"标注"工具栏单击"角度"按钮△。

(3)命令行。在命令行输入"DIMANGULAR(DAN)"

(4)选项卡。"默认"选项卡→"注释"面板→"角度"("草图与注释"空间)。

2. 命令提示

```
命令: dimangular↙
选择圆弧、圆、直线或〈指定顶点〉:
指定标注弧线位置或[多行文字(M)/文字(T)/角度(A)/象限点(Q)]:
```

3. 选项和参数说明

(1)选择圆弧:选定圆弧或多段线弧线段上的点作为三点角度标注的定义点。圆弧的圆心是角度的顶点,圆弧端点成为尺寸界线的原点。圆弧角度标注如图 6-33 所示。

(2)选择圆:选择点作为第一条尺寸界线的原点,圆心是角度的顶点,第二个角度顶点是第二条尺寸界线的原点,且无须位于圆上,如图 6-34 所示。

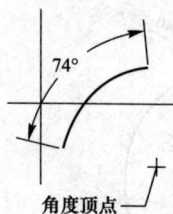

图 6-33　圆弧角度标注　　图 6-34　圆角度标注

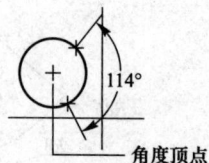

(3)选择直线:使用两条直线或多段线线段定义角度,如图 6-35 所示。

(4)指定三点:创建基于指定三点的标注,如图 6-36 所示。

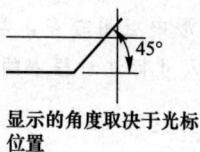

图 6-35　两条直线角度标注　　图 6-36　三点角度标注

(5)多行文字(M):编辑标注文字。

(6)文字(T):自定义标注文字。

(7)角度(A):修改标注文字的角度。

(8)象限点(Q):指定标注应锁定的象限。

4. 应用举例

【例 6-9】 标注图 6-37 所示图形的尺寸。

打开"例 6-9. dwg"文件,在"图层"工具栏中选择"标注"图层,"样式"工具栏中选择"GB1－1"标注样式。

图 6-37　练习图形

绘图步骤、命令行提示及步骤说明如下:

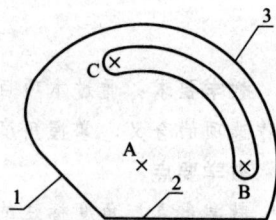

命令：dimangular↙

选择圆弧、圆、直线或〈指定顶点〉：⠀⠀⠀⠀⠀⠀⠀⠀⠀⠀⠀⠀⠀⠀⠀⠀⠀选择直线 1

选择第二条直线：⠀⠀⠀⠀⠀⠀⠀⠀⠀⠀⠀⠀⠀⠀⠀⠀⠀⠀⠀⠀⠀⠀⠀⠀⠀⠀选择直线 2

指定标注弧线位置或[多行文字(M)/文字(T)/角度(A)/象限点(Q)]：

⠀⠀⠀⠀⠀⠀⠀⠀⠀⠀⠀⠀⠀⠀⠀⠀⠀⠀⠀⠀⠀⠀⠀⠀拖动光标在合适的位置单击

标注文字＝135

命令：dimangular↙

选择圆弧、圆、直线或〈指定顶点〉：⠀⠀⠀⠀⠀⠀⠀⠀⠀⠀⠀⠀⠀⠀⠀⠀⠀选择圆弧 3

指定标注弧线位置或[多行文字(M)/文字(T)/角度(A)/象限点(Q)]：

⠀⠀⠀⠀⠀⠀⠀⠀⠀⠀⠀⠀⠀⠀⠀⠀⠀⠀⠀⠀⠀⠀⠀⠀拖动光标在合适的位置单击

标注文字＝160

命令：dimangular↙

选择圆弧、圆、直线或〈指定顶点〉：↙

指定角的顶点：⠀⠀⠀⠀⠀⠀⠀⠀⠀⠀⠀⠀⠀⠀⠀⠀⠀⠀⠀⠀⠀⠀⠀⠀⠀⠀⠀⠀捕捉点 A

指定角的第一个端点：⠀⠀⠀⠀⠀⠀⠀⠀⠀⠀⠀⠀⠀⠀⠀⠀⠀⠀⠀⠀⠀⠀捕捉点 B

指定角的第二个端点：⠀⠀⠀⠀⠀⠀⠀⠀⠀⠀⠀⠀⠀⠀⠀⠀⠀⠀⠀⠀⠀⠀捕捉点 C

指定标注弧线位置或[多行文字(M)/文字(T)/角度(A)/象限点(Q)]：

⠀⠀⠀⠀⠀⠀⠀⠀⠀⠀⠀⠀⠀⠀⠀⠀⠀⠀⠀⠀⠀⠀⠀⠀拖动光标在合适的位置单击

标注文字＝105

标注结果如图 6-38 所示。

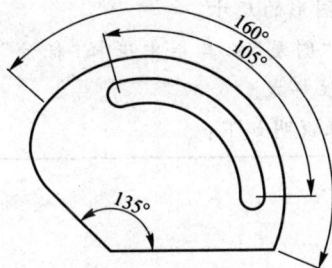

图 6-38　标注结果

教学提示：角度标注的类型相对较多。学生在操作熟练的基础上，对各个命令选项进行正确理解，在实际尺寸标注时，可以快速进行判断和选择，提高绘图效率。

项目 6.6　圆心标记、坐标标注

教学要求：通过本项目的学习，学生应了解圆心标记、坐标标注的应用场合，熟悉圆心标记、坐标标注的规则及操作选项的含义，掌握圆心标记、坐标标注的操作方法。

教学要点：

教学重点：圆心标记、坐标标注的操作方法。

教学难点：坐标标注命令选项的选择和应用。

圆心标记：标记圆和圆弧的圆心或中心线。
坐标标注：标注从原点到被测要素的水平或垂直距离。

■ 6.6.1　圆心标记(DIMCENTER)···

"圆心标记"命令用于创建圆和圆弧的圆心标记或中心线，可通过"标注样式管理器"中的"符号和箭头"选项卡中"圆心标记"设定圆心标记的类型。

1. 命令访问

(1)菜单栏。在菜单栏执行"标注(N)"→"圆心标记(M)"命令。
(2)工具栏。在"标注"工具栏单击"圆心标记"按钮⊙。
(3)命令行。在命令行输入"DIMCENTER(DCE)"。
(4)选项卡。"注释"选项卡→"标注"面板→"圆心标记"("草图与注释"空间)。

2. 命令提示

```
命令：dimcenter↙
选择圆弧或圆：
```

3. 选项说明

选择圆弧或圆：选择需要标注圆心标记的圆或圆弧。

4. 应用举例

【例6-10】 标注图6-39所示图形的尺寸。

打开"例6-10.dwg"文件，在"图层"工具栏中选择"标注"图层，"样式"工具栏中选择"GB1—1"标注样式。

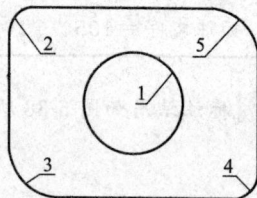

图6-39　练习图形

绘图步骤、命令行提示及步骤说明如下：

```
命令：dimcenter↙
选择圆弧或圆：                                                      选择圆1
命令：_ dimstyle↙
              打开标注样式管理器，替代"GB1-1"标注样式，将圆心标记设置为"标记"
命令：dimcenter↙
选择圆弧或圆：                                                      选择圆弧2
命令：dimcenter↙
```

圆弧3、4、5的标注方法参考圆弧2、步骤略。标注结果如图6-40所示。

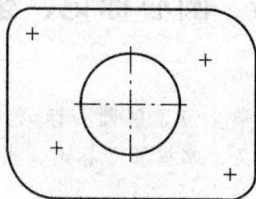

图6-40　标注结果

■ 6.6.2 坐标标注(DIMORDINATE)

"坐标标注"命令用于创建从原点到被测要素的水平或垂直距离，例如，零件上的孔中心相对于基准的坐标，如图 6-41 所示。

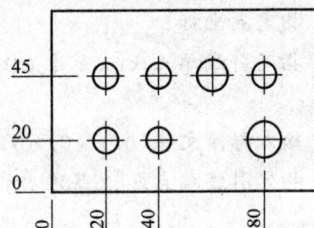

图 6-41 孔中心坐标标注

1. 命令访问

(1)菜单栏。在菜单栏执行"标注(N)"→"坐标(O)"命令。

(2)工具栏。在"标注"工具栏单击"坐标"按钮。

(3)命令行。在命令行输入"DIMORDINATE"。

(4)选项卡。"默认"选项卡→"注释"面板→"坐标"("草图与注释"空间)。

2. 命令提示

```
命令: dimordinate↙
指定点坐标:
指定引线端点或[X基准(X)/Y基准(Y)/多行文字(M)/文字(T)/角度(A)]:
```

3. 选项和参数说明

(1)指定点坐标：选定需要标注的点，如端点、交点或对象的中心点。

(2)引线端点：标注 X 或 Y 坐标。

(3)X基准(X)：测量 X 坐标并确定引线和标注文字的方向。

(4)Y基准(Y)：测量 Y 坐标并确定引线和标注文字的方向。

4. 应用举例

【例 6-11】 标注图 6-42 所示图形的尺寸。

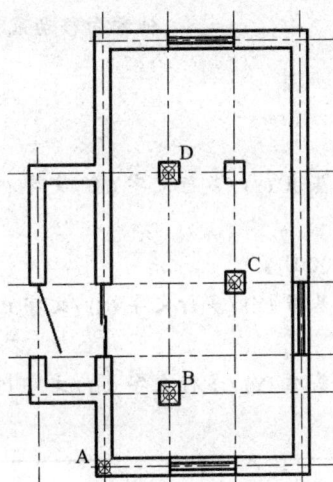

图 6-42 练习图形

打开"例 6-11.dwg"文件，在"图层"工具栏中选择"标注"图层，"样式"工具栏中选择"GB1—100"标注样式。

绘图步骤、命令行提示及步骤说明如下：

```
命令：dimordinate↙
指定点坐标：                                              捕捉 A 点
指定引线端点或[X 基准 (X)/Y 基准 (Y)/多行文字 (M)/文字 (T)/角度 (A)]：t↙
                                                     选择文字输入
输入标注文字〈0〉：(0, 0) ↙                            文本框内输入坐标
指定引线端点或[X 基准 (X)/Y 基准 (Y)/多行文字 (M)/文字 (T)/角度 (A)]：
                                             拖动光标在合适的位置单击
标注文字 (0, 0)
命令：DIMORDINATE↙
指定点坐标：                                              捕捉 B 点
指定引线端点或[X 基准 (X)/Y 基准 (Y)/多行文字 (M)/文字 (T)/角度 (A)]：
                            X 轴方向移动鼠标光标，单击，确定 Y 坐标位置
标注文字 = 993
命令：DIMORDINATE↙
指定点坐标：                                              捕捉 B 点
指定引线端点或[X 基准 (X)/Y 基准 (Y)/多行文字 (M)/文字 (T)/角度 (A)]：
                            Y 轴方向移动鼠标光标，单击，确定 X 坐标位置
标注文字 = 1000
命令：DIMORDINATE↙
指定点坐标：                                              捕捉 C 点
指定引线端点或[X 基准 (X)/Y 基准 (Y)/多行文字 (M)/文字 (T)/角度 (A)]：y↙
                            X 轴方向移动鼠标光标，单击，确定 Y 坐标位置
指定引线端点或[X 基准 (X)/Y 基准 (Y)/多行文字 (M)/文字 (T)/角度 (A)]：
                              轴方向移动鼠标光标，单击，确定 X 坐标位置
标注文字 = 2500
命令：DIMORDINATE↙
指定点坐标：                                              捕捉 D 点
指定引线端点或[X 基准 (X)/Y 基准 (Y)/多行文字 (M)/文字 (T)/角度 (A)]：t↙
                                                     选择文字输入
输入标注文字〈4000〉：(99, 4000) ↙                     文本框内输入文字
指定引线端点或[X 基准 (X)/Y 基准 (Y)/多行文字 (M)/文字 (T)/角度 (A)]：a↙ 选择文字角度
指定标注文字的角度：50 ↙                               输入文字倾斜角度
指定引线端点或[X 基准 (X)/Y 基准 (Y)/多行文字 (M)/文字 (T)/角度 (A)]：
标注文字 = 1000
```

标注结果如图 6-43 所示。

教学提示：圆心标记、坐标标注可以在图形编辑过程中、装配图装配过程中或执行外部参照时进行快速定位，提高绘图效率。

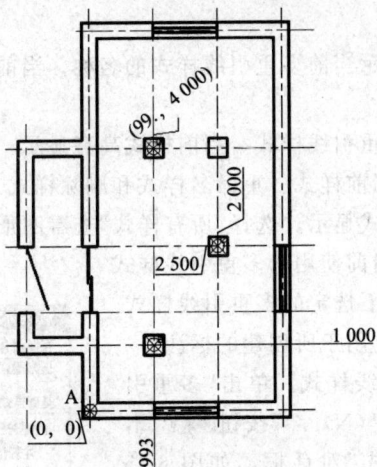

图 6-43　标注结果

项目6.7　多重引线标注

教学要求：通过本项目的学习，学生应了解多重引线标注的应用场合，熟悉引线格式、引线结构选项卡，掌握创建多重引线样式的操作步骤。

教学要点：

教学重点：创建多重引线样式的操作步骤。

教学难点：引线格式、引线结构选项卡参数的设置。

多重引线是引线功能的延伸，主要用于文字注释。它由引线和文字组成。多重引线和引线的区别在于前者是一个完整的图形对象，分解后文字成为一个块；后者是由引线和文字两个对象构成的。

■ 6.7.1　多重引线样式(MLEADERSTYLE) ······························

在 AutoCAD 软件中，使用"多重引线样式管理器"创建新样式、设定当前样式、修改样式。

1. 命令访问

(1)菜单栏。在菜单栏执行"格式(O)"→"多重引线样式(I)"命令。

(2)工具栏。在"样式"工具栏单击"多重引线样式"按钮 。

(3)命令行。在命令行输入"MLEADERSTYLE (MLS)"。

(4)选项卡。"默认"选项卡→"注释"面板→"多重引线样式"("草图与注释"空间)。

2. 命令提示

执行"多重引线样式"命令后，系统弹出"多重引线样式管理器"对话框，如图 6-44 所示。

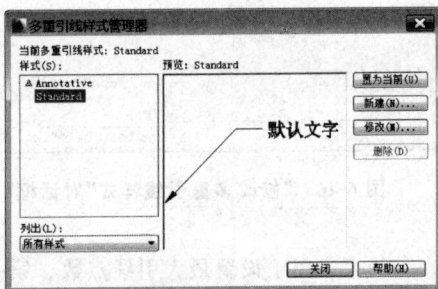

图 6-44　"多重引线样式管理器"对话框

3. 选项和参数说明

(1)当前多重引线样式：显示当前多重引线样式的名称。当前样式将应用于所创建的多重引线标注。

(2)样式：列出图形中的多重引线样式。当前样式高亮显示。在列表中单击鼠标右键可显示快捷菜单及选项，可用于设定当前样式、重命名样式和删除样式。

(3)列出：在列表中控制样式显示。选择"所有样式"查看图形中所有的多重引线样式。选择"正在使用的样式"查看图形中当前使用的多重引线样式。

(4)置为当前：将在"样式"下选定的多重引线样式设定为当前样式。当前样式将应用于所创建的标注。

(5)新建：定义新的多重引线样式。单击"多重引线样式管理器"对话框中的"新建(N)..."按钮 新建(N)... ，系统弹出"创建新多重引线样式"对话框，如图 6-45 所示。

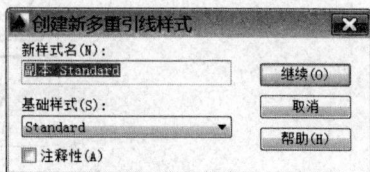

图 6-45 "创建新多重引线样式"对话框

1)新样式名：设置新的多重引线样式名。

2)基础样式：设定作为新样式的基础的样式。对于新样式，只需要更改与基础特性不同的特性。

3)注释性：设置多重引线样式为注释性。

(6)修改：修改在"样式"下选定的标注样式。单击"创建新多重引线样式"对话框中的"继续"按钮 继续 ，系统弹出"修改多重引线样式"对话框，如图 6-46 所示。

1)"引线格式"选项卡。

"引线格式"选项卡如图 6-46 所示，主要用于设置多重引线的引线和箭头的格式。

①常规。用于设置引线类型、颜色、线型、线宽。

②箭头。用于设置多重引线的箭头符号和箭头大小。

③引线打断。"打断大小"用于设置折断标注添加到多重引线时折断大小。

2)"引线结构"选项卡。

"引线结构"选项卡如图 6-47 所示，主要用于设置多重引线的引线点数量、基线尺寸和比例。

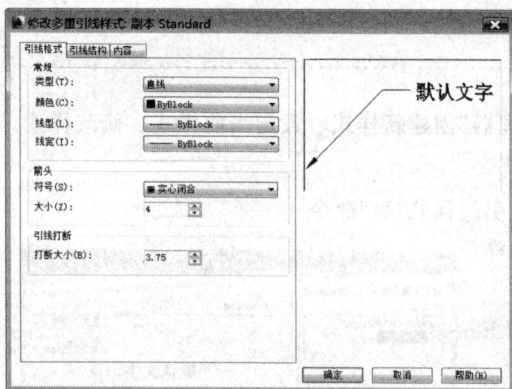

图 6-46 "修改多重引线样式"对话框

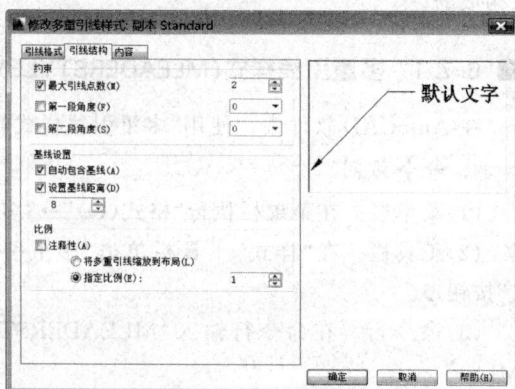

图 6-47 "引线结构"选项卡

①约束。用于设置最大引线点数、第一段角度、第二段角度。

②基线设置。"自动包含基线"用于设置将水平基线附着到多重引线，"设置基线距离"确定多重引线基线的固定距离。

③比例。"自动包含基线"用于设置将水平基线附着到双重引线，"设置基线距离"确定多重引线基线的固定距离。

3)"内容"选项卡。"内容"选项卡如图 6-48 所示，主要用于设置附着到多重引线的内容类型。

多重引线类型：包含"多行文字""块"和"无"3 个选项。

多重引线类型为"多行文字"选项的对话框如图 6-48 所示。

①文字选项。可用于设置多重引线的默认文字、文字样式、文字角度、文字颜色、文字高度、始终左对正、文字边框。

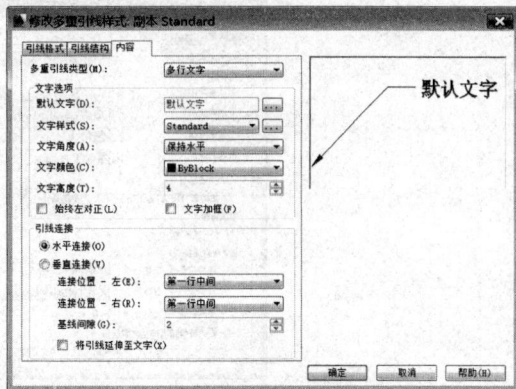

图 6-48 "内容"选项卡

②引线连接。"水平连接"设置将引线(包括文字和引线之间的基线)插入到文字内容的左侧或右侧。"垂直连接"设置将引线(不包括文字和引线之间的基线)插入到文字内容的顶部或底部。

4. 应用举例

【例 6-12】 创建"J1-100"多重引线样式。

绘图步骤和提示如下：

(1)打开"例 6-12. dwg"文件，单击"格式"菜单栏下的"多重引线样式"，打开"多重引线样式"对话框。

(2)单击"新建(N)..."按钮 新建(N)... ，系统弹出"创建新多重引线样式"对话框，"新样式名"设置为"J1-100"，基础样式选择"Standard"，如图 6-49 所示。

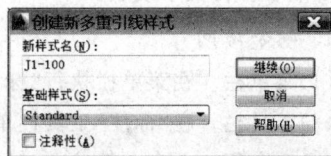

图 6-49 "创建新多重引线样式"对话框

(3)单击"继续"按钮 继续 ，系统弹出"修改多重引线样式：J1-100"对话框，"箭头符号"设置为"无"，其他采用默认值，如图 6-50 所示。

(4)单击"引线结构"选项卡，"设置基线距离"设置为"1.5"，"指定比例"设置为"100"，其他采用默认值，如图 6-51 所示。

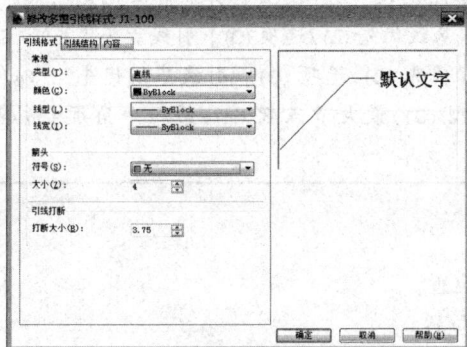

图 6-50 设置"引线格式"选项卡

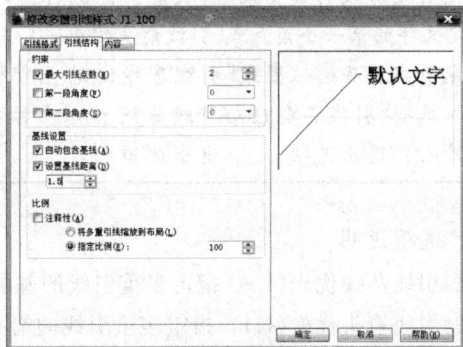

图 6-51 设置"引线结构"选项卡

(5)单击"内容"选项卡，"文字样式"选择"工程字"，"文字高度"设置为"5"，"连接位置-左"和"连接位置-右"选择"所有文字加下画线"，"基线间隙"设置为"1.5"，其他采用默认值，如图 6-52 所示。

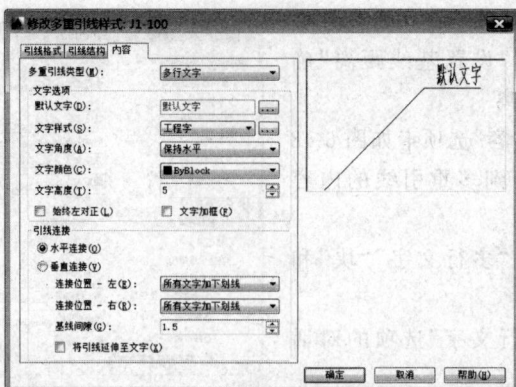

图 6-52 设置"内容"选项卡

(6)单击"确定"按钮 [确定]，完成"J1—100"多重引线样式的创建。

■ 6.7.2 多重引线标注(MLEADER) ·······························

"多重引线标注"命令用于创建多重引线对象。多重引线对象通常包含箭头、水平基线、引线、曲线、多行文字或块。

1. 命令访问

(1)菜单栏。在菜单栏执行"标注(N)"→"多重引线(E)"命令。

(2)工具栏。在"标注"工具栏单击"多重引线"按钮 /⌐。

(3)命令行。在命令行输入"MLEADER"。

(4)选项卡。"默认"选项卡→"注释"面板→"引线"("草图与注释"空间)。

2. 命令提示

```
命令: mleader↙
指定引线箭头的位置或[引线基线优先(L)/内容优先(C)/选项(O)]〈引线基线优先〉: L↙
指定引线基线的位置或[引线箭头优先(H)/内容优先(C)/选项(O)]〈引线箭头优先〉: C↙
指定文字的第一个角点或[引线箭头优先(H)/引线基线优先(L)/选项(O)]〈引线箭头优先〉: H↙
指定引线箭头的位置或[引线基线优先(L)/内容优先(C)/选项(O)]〈引线基线优先〉: O↙
输入选项[引线类型(L)/引线基线(A)/内容类型(C)/最大节点数(M)/第一个角度(F)/第二
个角度(S)/退出选项(X)]〈退出选项〉:
```

3. 选项说明

(1)引线基线优先(L)：指定多重引线的基线位置。

(2)引线箭头优先(H)：指定多重引线的箭头位置。

(3)内容优先(C)：指定多重引线文字的位置。

(4)选项(O)：指定用于放置多重引线对象的选项。

(5)指定引线箭头的位置：指定多重引线对象箭头的位置。

(6)指定引线基线的位置：指定多重引线对象的基线的位置。

(7)引线类型(L)：指定为直线、样条曲线或无引线。

输入选项［引线类型 (L) /引线基线 (A) /内容类型 (C) /最大节点数 (M) /第一个角度 (F) /第二个角度 (S) /退出选项 (X)］〈退出选项〉：L✓

选择引线类型［直线 (S) /样条曲线 (P) /无 (N)］〈直线〉：

(8)引线基线(A)：指定是否添加水平基线。

输入选项［引线类型 (L) /引线基线 (A) /内容类型 (C) /最大节点数 (M) /第一个角度 (F) /第二个角度 (S) /退出选项 (X)］〈引线类型〉：A✓

使用基线［是 (Y) /否 (N)］〈是〉：✓

指定固定基线距离〈0.3600〉：

(9)内容类型(C)：指定要用于多重引线的内容为块、多行文字或无内容。

输入选项［引线类型 (L) /引线基线 (A) /内容类型 (C) /最大节点数 (M) /第一个角度 (F) /第二个角度 (S) /退出选项 (X)］〈引线基线〉：C✓

选择内容类型［块 (B) /多行文字 (M) /无 (N)］〈多行文字〉：

(10)最大节点数(M)：指定新引线的最大点数或线段数。
(11)第一个角度(F)：约束新引线中的第一个点的角度。
(12)第二个角度(S)：约束新引线中的第二个点的角度。

4. 应用举例

【例 6-13】 标注图 6-53 所示图形的尺寸。

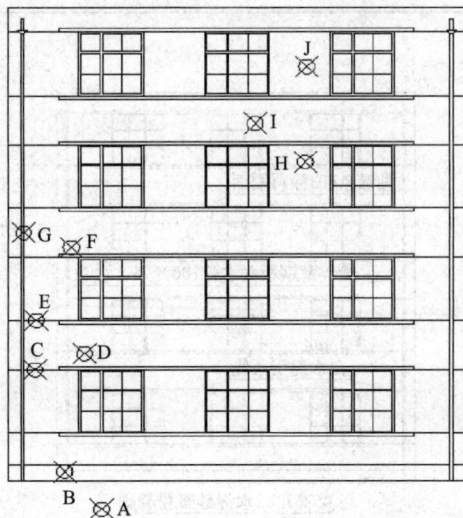

图 6-53 练习图形

打开"例 6-13.dwg"文件，在"图层"工具栏中选择"标注"图层，"样式"工具栏中选择"J1—100"多重引线样式。

绘图步骤、命令行提示及步骤说明如下：

```
命令：mleader↙
指定引线箭头的位置或[引线基线优先(L)/内容优先(C)/选项(O)]〈选项〉：            捕捉 B 点
指定引线基线的位置：            捕捉 A 点，在文本框内输入"45 高 1：2 水泥砂浆粉勒脚"
命令：mleader↙
指定引线箭头的位置或[引线基线优先(L)/内容优先(C)/选项(O)]〈选项〉：            捕捉 C 点
指定引线基线的位置：            捕捉 D 点，在文本框内输入"白水泥引条线"
命令：                                                单击"添加引线"按钮
选择多重引线：                                        选择 CD 多重引线
找到 1 个
指定引线箭头位置或[删除引线(R)]：                      捕捉 E 点
指定引线箭头位置或[删除引线(R)]：↙
命令：mleader↙
指定引线箭头的位置或[引线基线优先(L)/内容优先(C)/选项(O)]〈选项〉：            捕捉 G 点
指定引线基线的位置：            捕捉 F 点，在文本框内输入"镀锌薄钢板雨水管 100×75，水斗"
命令：mleader↙
指定引线箭头的位置或[引线基线优先(L)/内容优先(C)/选项(O)]〈选项〉：            捕捉 H 点
指定引线基线的位置：            捕捉 I 点，在文本框内输入"湖绿色 803 涂料刷面"
命令：                                                单击"添加引线"按钮
选择多重引线：                                        选择 IH 多重引线
找到 1 个
指定引线箭头位置或[删除引线(R)]：                      捕捉 J 点
指定引线箭头位置或[删除引线(R)]：↙
```

标注结果如图 6-54 所示。

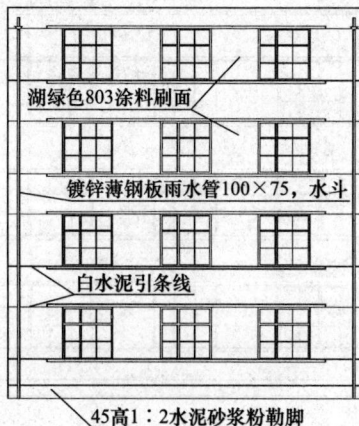

图 6-54　标注结果

教学提示：多重引线的整体性要好于引线，学生灵活运用多重引线标注，在复制、移动、修改操作时会更方便，大大提高绘图的效率，还可以通过多重引线对齐、合并、删除等命令来简化、美观图形。

项目 6.8　基线、连续、快速标注

教学要求：通过本项目的学习，学生应了解基线、连续、快速标注的应用场合，3种标注的异同点，熟悉基线、连续、快速标注命令选项的含义，掌握基线、连续、快速标注的操作方法。

教学要点：

教学重点：基线、连续、快速标注的操作方法。

教学难点：理解基线、连续、快速标注命令选项的含义并做出正确选择。

基线标注是指从同一基线处测量的多个标注；连续标注是指首尾相连的多个标注；快速标注是指一次标注多个对象或编辑现有标注。

■ 6.8.1　基线标注(DIMBASELIN) ···

"基线标注"命令用于从上一个标注或选定标注的基线创建线性标注、角度标注或坐标标注。

1. 命令访问

(1)菜单栏。在菜单栏执行"标注(N)"→"基线(B)"命令。

(2)工具栏。在"标注"工具栏单击"基线"按钮┠。

(3)命令行。在命令行输入"DIMBASELINE(DBA)"

(4)选项卡。"注释"选项卡→"标注"面板→"基线"("草图与注释"空间)。

2. 命令提示

```
命令：dimbaseline↙
指定第二条尺寸界线原点或[放弃(U)/选择(S)]〈选择〉：
```

3. 选项说明

(1)选择基准标注：指定线性标注、坐标标注或角度标注。如果没有选择，系统将跳过提示，使用上次创建的标注对象。

(2)第二条尺寸界线原点：当基线标注是线性标注或角度标注时显示此提示。默认情况下，使用基准标注的第一条尺寸界线作为基线标注的尺寸界线原点，选择第二点之后，将绘制基线标注并再次显示"指定第二条尺寸界线原点"提示。可以通过选择基准标注来替换默认标注对象，此时，作为基准的尺寸界线是离选择拾取点最近的基准标注来创建尺寸界线。

(3)点坐标：当基准标注是坐标标注时显示此提示。将基准标注的端点用作基线标注的端点，系统将提示指定下一个点坐标。选择点坐标之后，将绘制基线标注并再次显示"指定点坐标"提示。

(4)放弃(U)：放弃在命令任务期间上一次输入的基线标注。

(5)选择(S)：提示选择一个线性标注、坐标标注或角度标注作为基线标注的基准。

4. 应用举例

【例6-14】 标注图6-55所示图形的尺寸。

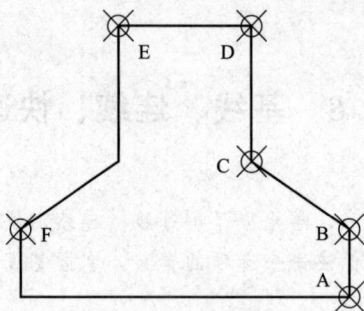

图 6-55　练习图形

打开"例 6-14. dwg"文件，在"图层"工具栏中选择"标注"图层，"样式"工具栏中选择"GB1—10"标注样式。

绘图步骤、命令提示及步骤说明如下：

```
命令：dimlinear↙
指定第一个尺寸界线原点或〈选择对象〉：                               捕捉 A 点
指定第二条尺寸界线原点：                                        捕捉 B 点
指定尺寸线位置或［多行文字(M)/文字(T)/角度(A)/水平(H)/垂直(V)/旋转(R)］：
                                            拖动光标在合适的位置单击
标注文字＝200
命令：DIMLINEAR↙
指定第一个尺寸界线原点或〈选择对象〉：                               捕捉 F 点
指定第二条尺寸界线原点：                                        捕捉 E 点
指定尺寸线位置或［多行文字(M)/文字(T)/角度(A)/水平(H)/垂直(V)/旋转(R)］：
                                            拖动光标在合适的位置单击
标注文字＝300
命令：dimbaseline↙
指定第二条尺寸界线原点或［放弃(U)/选择(S)］〈选择〉：                    捕捉 D 点
标注文字＝700
指定第二条尺寸界线原点或［放弃(U)/选择(S)］〈选择〉：                    捕捉 B 点
标注文字＝1000
指定第二条尺寸界线原点或［放弃(U)/选择(S)］〈选择〉：s↙               基线选择
选择基准标注：                                      选择 AB 尺寸线靠近 A 点处
指定第二条尺寸界线原点或［放弃(U)/选择(S)］〈选择〉：                    捕捉 C 点
标注文字＝400
指定第二条尺寸界线原点或［放弃(U)/选择(S)］〈选择〉：                    捕捉 D 点
标注文字＝800
指定第二条尺寸界线原点或［放弃(U)/选择(S)］〈选择〉：↙
选择基准标注：↙
```

标注结果如图 6-56 所示。

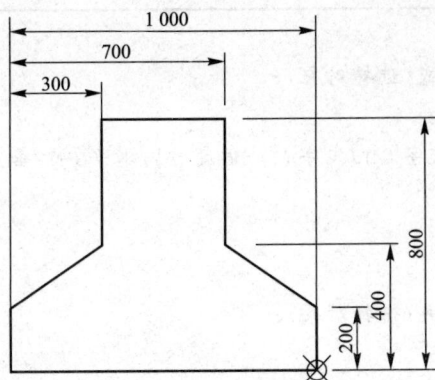

图 6-56　标注结果

■ 6.8.2　连续标注(DIMCONTINUE)

"连续标注"命令用于自动从创建的上一个线性约束、角度约束或坐标标注继续创建其他标注，或从选定的尺寸界线继续创建其他标注。

1. 命令访问

(1)菜单栏。在菜单栏执行"标注(N)"→"连续(C)"命令。

(2)工具栏。在"标注"工具栏单击"连续"按钮┠┠┨。

(3)命令行。在命令行输入"DIMCONTINUE(DCO)"。

(4)选项卡。"注释"选项卡→"标注"面板→"连续"("草图与注释"空间)。

2. 命令提示

命令：dimcontinue↙
指定第二条尺寸界线原点或[放弃(U)/选择(S)]〈选择〉：

3. 选项说明

(1)选择连续标注：指定线性标注、坐标标注或角度标注。

(2)第二条尺寸界线原点：当基准标注是线性标注或角度标注时显示此提示。使用连续标注的第二条尺寸界线原点作为下一个标注的第一条尺寸界线原点。选择连续标注后，将再次显示"指定第二条尺寸界线原点"提示。

(3)点坐标：当基准标注是坐标标注时显示此提示。将基准标注的端点作为连续标注的端点，系统将提示指定下一个点坐标。选择点坐标之后，将绘制连续标注并再次显示"指定点坐标"提示。

4. 应用举例

【例 6-15】　标注图 6-57 所示图形的尺寸。

打开"例 6-15.dwg"文件，在"图层"工具栏中选择"标注"图层，"样式"工具栏中选择"GB1—100"标注样式。

绘图步骤、命令行提示及步骤说明如下：

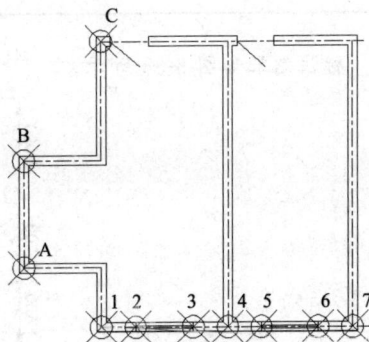

图 6-57　练习图形

命令：dimlinear↙

指定第一个尺寸界线原点或〈选择对象〉：   捕捉点 1

指定第二条尺寸界线原点：   捕捉点 2

指定尺寸线位置或［多行文字 (M)/文字 (T)/角度 (A)/水平 (H)/垂直 (V)/旋转 (R)］：

                                                      拖动光标在合适的位置单击

标注文字＝900

命令：DIMLINEAR↙

指定第一个尺寸界线原点或〈选择对象〉：   捕捉点 1

指定第二条尺寸界线原点：   捕捉点 A

指定尺寸线位置或［多行文字 (M)/文字 (T)/角度 (A)/水平 (H)/垂直 (V)/旋转 (R)］：

                                                      拖动光标在合适的位置单击

标注文字＝1500

命令：dimcontinue↙

指定第二条尺寸界线原点或［放弃 (U)/选择 (S)］〈选择〉：   捕捉点 B

标注文字＝2700

指定第二条尺寸界线原点或［放弃 (U)/选择 (S)］〈选择〉：   捕捉点 C

标注文字＝3000

指定第二条尺寸界线原点或［放弃 (U)/选择 (S)］〈选择〉：s↙   选择连续标注

选择连续标注：   靠近 2 点位置选择 1、2 点的尺寸线

指定第二条尺寸界线原点或［放弃 (U)/选择 (S)］〈选择〉：   捕捉点 3

标注文字＝1500

指定第二条尺寸界线原点或［放弃 (U)/选择 (S)］〈选择〉：   捕捉点 4

标注文字＝900

指定第二条尺寸界线原点或［放弃 (U)/选择 (S)］〈选择〉：   捕捉点 5

标注文字＝900

指定第二条尺寸界线原点或［放弃 (U)/选择 (S)］〈选择〉：   捕捉点 6

标注文字＝1500

指定第二条尺寸界线原点或［放弃 (U)/选择 (S)］〈选择〉：   捕捉点 7

标注文字＝900

指定第二条尺寸界线原点或［放弃 (U)/选择 (S)］〈选择〉：↙

选择连续标注：↙

标注结果如图 6-58 所示。

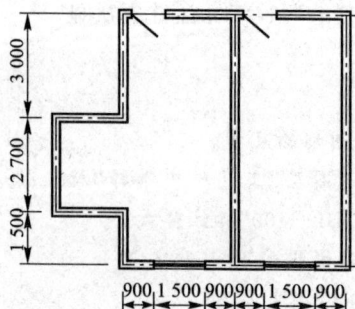

图 6-58　标注结果

■ 6.8.3 快速标注(QDIM) ···

"快速标注"命令用于选定对象快速创建一系列标注。

1. 命令访问

(1)菜单栏。在菜单栏执行"标注(N)"→"快速标注(Q)"命令。

(2)工具栏。在"标注"工具栏单击"快速标注"按钮圙。

(3)命令行。在命令行输入"QDIM"。

(4)选项卡。"注释"选项卡→"标注"面板→"快速标注"("草图与注释"空间)。

2. 命令提示

```
命令: qdim↙
选择要标注的几何图形:
指定尺寸线位置或[连续(C)/并列(S)/基线(B)/坐标(O)/半径(R)/直径(D)/基准点(P)/编
辑(E)/设置(T)]〈连续〉:
```

3. 选项说明

(1)连续(C):创建一系列连续标注,其中线性标注尺寸线沿同一条直线排列。

(2)并列(S):创建一系列并列标注,其中线性尺寸线以恒定的增量相互偏移。

(3)基线(B):创建一系列基线标注,其中线性标注共享一条公用尺寸界线。

(4)坐标(O):创建一系列坐标标注,其中元素将以单个尺寸界线以及 X 或 Y 值进行注释。

(5)半径(R):创建一系列半径标注,其中显示选定圆弧和圆的半径值。

(6)直径(D):创建一系列直径标注,其中显示选定圆弧和圆的直径值。

(7)基准点(P):为基线和坐标标注设置新的基准点。

(8)编辑(E):在生成标注之前,删除选定的点位置。

(9)设置(T):为指定尺寸界线的原点设置对象捕捉优先级。

4. 应用举例

【例 6-16】 标注图 6-59 所示图形的尺寸。

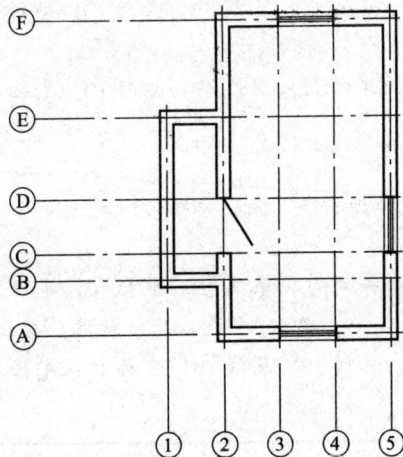

图 6-59 练习图形

打开"例 6-16. dwg"文件，在"图层"工具栏中选择"标注"图层，"样式"工具栏中选择"GB1—100"标注样式。

绘图步骤、命令行提示及步骤说明如下：

命令：QDIM↙

选择要标注的几何图形： 用窗口模式选择轴 1～5

指定对角点：找到 5 个

选择要标注的几何图形：↙

指定尺寸线位置或［连续 (C)/并列 (S)/基线 (B)/坐标 (O)/半径 (R)/直径 (D)/基准点 (P)/编辑 (E)/设置 (T)］〈连续〉：c↙ 输入"c"进入连续标注

指定尺寸线位置或［连续 (C)/并列 (S)/基线 (B)/坐标 (O)/半径 (R)/直径 (D)/基准点 (P)/编辑 (E)/设置 (T)］〈连续〉： 在轴下方合适的位置单击，则单击位置为尺寸线位置

命令：QDIM↙

选择要标注的几何图形： 找到 1 个选择轴 A

选择要标注的几何图形： 找到 1 个，总计 2 个选择轴 C

选择要标注的几何图形： 找到 1 个，总计 3 个选择轴 D

选择要标注的几何图形： 找到 1 个，总计 4 个选择轴 F

选择要标注的几何图形：↙

指定尺寸线位置或［连续 (C)/并列 (S)/基线 (B)/坐标 (O)/半径 (R)/直径 (D)/基准点 (P)/编辑 (E)/设置 (T)］〈连续〉：s↙ 输入"s"进入并列标注

指定尺寸线位置或［连续 (C)/并列 (S)/基线 (B)/坐标 (O)/半径 (R)/直径 (D)/基准点 (P)/编辑 (E)/设置 (T)］〈并列〉： 在图的右方合适的位置单击

命令：QDIM↙

选择要标注的几何图形： 找到 1 个选择轴 A

选择要标注的几何图形： 找到 1 个，总计 2 个选择轴 B

选择要标注的几何图形： 找到 1 个，总计 3 个选择轴 C

选择要标注的几何图形： 找到 1 个，总计 4 个选择轴 E

选择要标注的几何图形：↙

指定尺寸线位置或［连续 (C)/并列 (S)/基线 (B)/坐标 (O)/半径 (R)/直径 (D)/基准点 (P)/编辑 (E)/设置 (T)］〈连续〉：b↙ 输入"b"进入基线标注

指定尺寸线位置或［连续 (C)/并列 (S)/基线 (B)/坐标 (O)/半径 (R)/直径 (D)/基准点 (P)/编辑 (E)/设置 (T)］〈基线〉： 在图的左方合适的位置单击

命令：QDIM↙

选择要标注的几何图形：选择轴 2-5 指定对角点：找到 4 个

选择要标注的几何图形：↙

指定尺寸线位置或［连续 (C)/并列 (S)/基线 (B)/坐标 (O)/半径 (R)/直径 (D)/基准点 (P)/编辑 (E)/设置 (T)］〈连续〉：o↙ 输入"o"进入坐标标注，标注已选择的 4 根轴线的 X 坐标

指定尺寸线位置或［连续 (C)/并列 (S)/基线 (B)/坐标 (O)/半径 (R)/直径 (D)/基准点 (P)/编辑 (E)/设置 (T)］〈坐标〉： 在轴上方合适的位置单击

标注结果如图 6-60 所示。

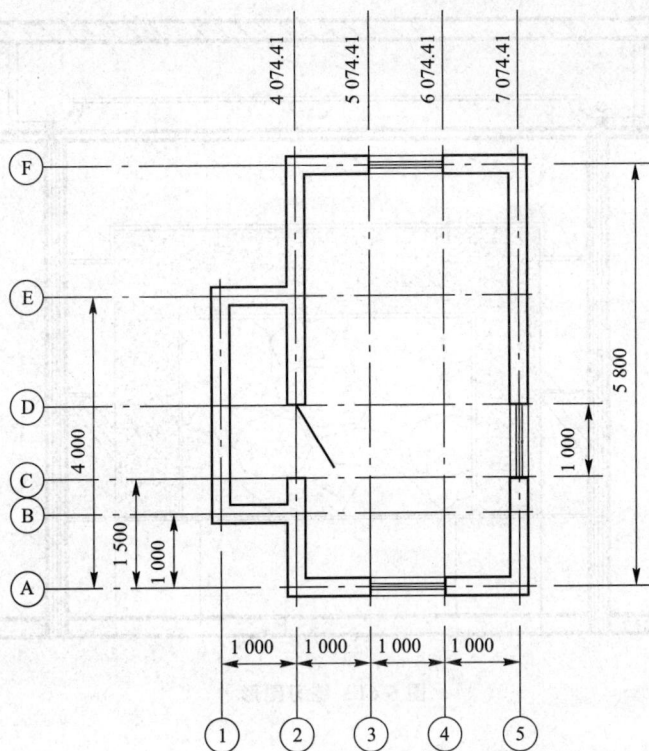

图 6-60 标注结果

教学提示： 当有两个标注出现时，才会有基线、连续的概念，在创建基线或连续标注之前，必须先创建线性、对齐或角度标注。此外，只有在使用基线标注命令时，标注样式中基线间距的数值才起作用。使用快速标注创建的标注是无关联的，在修改标注尺寸的对象时，不会自动更新。三种标注方式的灵活运用可以快速提高尺寸标注的速度。

课后练习

一、填空题

1. 尺寸标注时，所有尺寸标注共用一条尺寸界线的是_____。

2. 在设置标注样式时，系统提供了_____种文字对齐方式。

3. 在进行文字标注时，若要插入"度数"符号，则应在数字后输入_____。

4. 要将一条斜线标出其实际长度可以使用_____标注。

5. 常用于标注在同一方向上连续的线性尺寸或角度尺寸的命令是_____。

6. AutoCAD 中创建文字时，圆的直径 φ 的表示方法是_____。

7. 当圆弧的包含角_____90°时，才显示正交尺寸界线。

8. 快速引线后不可以设置尾随的注释对象是_____。

9. 当圆弧的圆心较远或尺寸较大时，可采用_____的方式标注圆弧的半径。

10. 圆弧标注和弧长标注的区别在于_____。

二、专项练习

标注图 6-61 所示图形的尺寸，结果如图 6-62 所示。

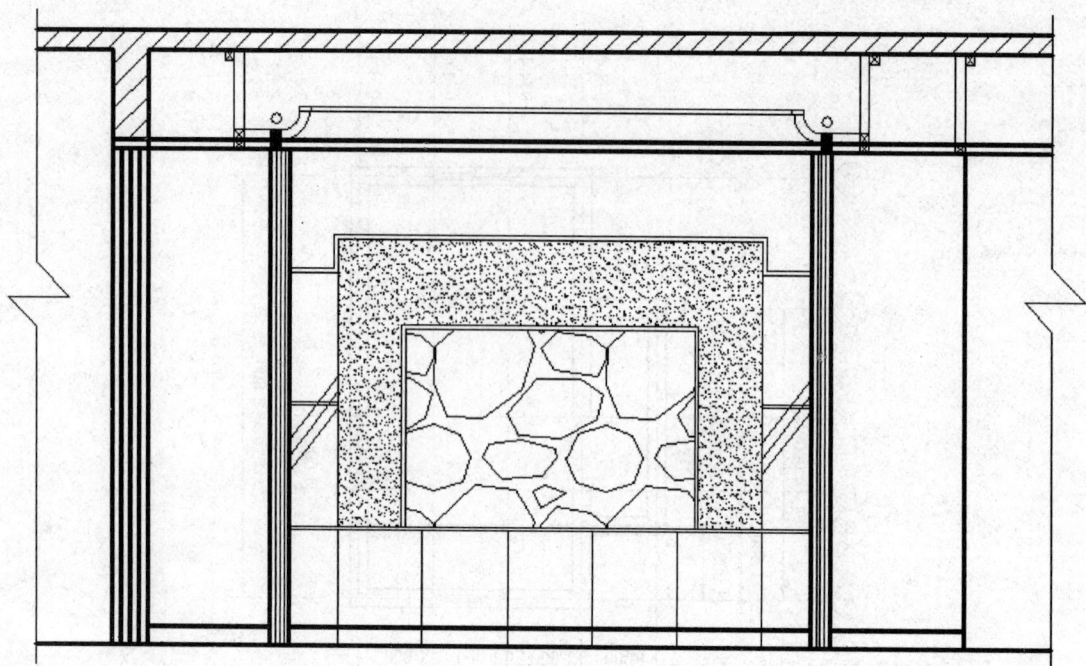

图 6-61　练习图形

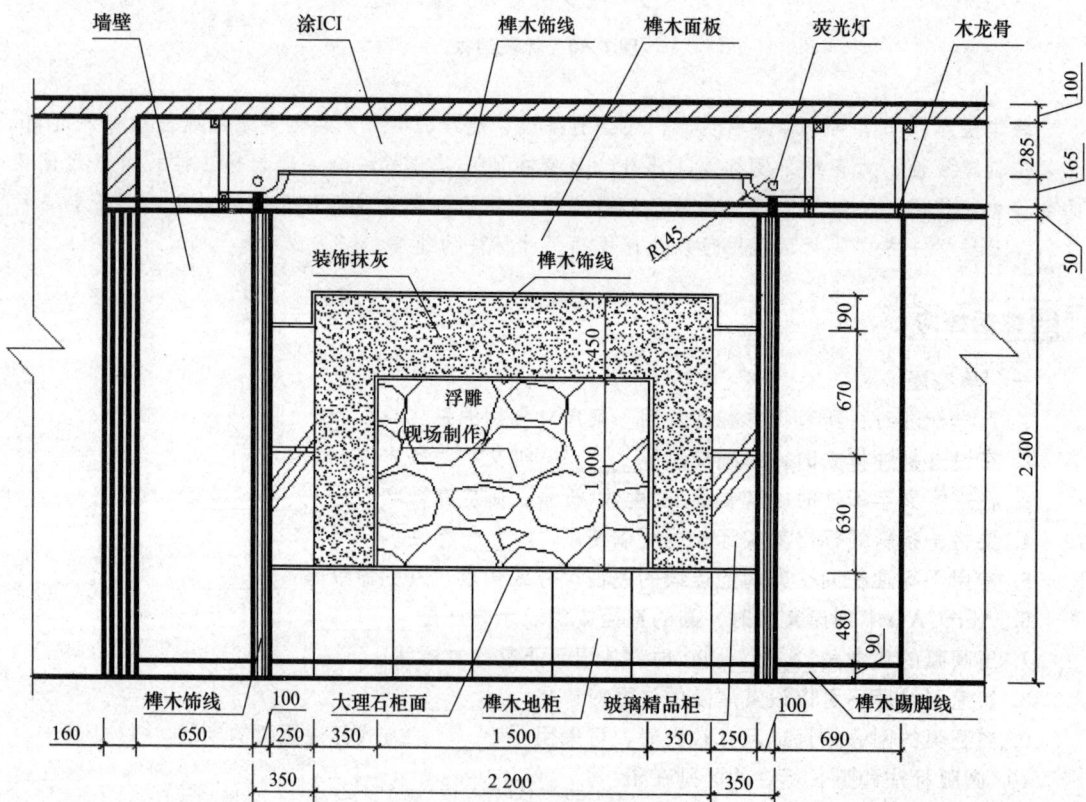

图 6-62　练习图形标注结果

模块 7　项目协同

知识目标： 通过本模块的学习，学生应掌握外部参照的概念和使用方法；掌握设计中心的使用方法；掌握工具选项板的使用方法；学习制作样板文件。

技能目标： 熟练使用 CAD 软件；能够运用所学命令进行复杂图形的绘制；综合运用所学知识灵活创建简单的建筑施工图样板文件。

素质目标： 在学习过程中培养学生团结协作的能力，加强学生的团队精神；注重培养学生的创新能力；在学习过程中注重培养学生清晰的逻辑思维和科学严谨的工作态度。

项目 7.1　外部参照

教学要求： 通过本项目的学习，学生应掌握外部参照的基本概念，掌握外部参照设置和使用的基本方法。

教学要点：

教学重点：外部参照的插入和设置。

教学难点：外部参照的修改。

外部参照的相关知识，外部参照在 CAD 中的表达、使用。本项目中，要学习怎样设置外部参照。

■ 7.1.1　外部参照的概念 ··

所谓外部参照，就是将一个图形文件附加到当前工作的图形中，被插入的图形文件信息并不直接加到当前的图形文件中，当前图形只是记录了引用关系，插入的参照图形与外部的原参照图形保留着一种"链接"关系，即外部的原参照图形如果发生了改变，被插入当前图形中的参照图形也将做相应的改变。使用外部参照既能满足图形设计和修改的需要，又不会显著增加图形文件的大小，适用正在进行中的项目的分工协同合作。

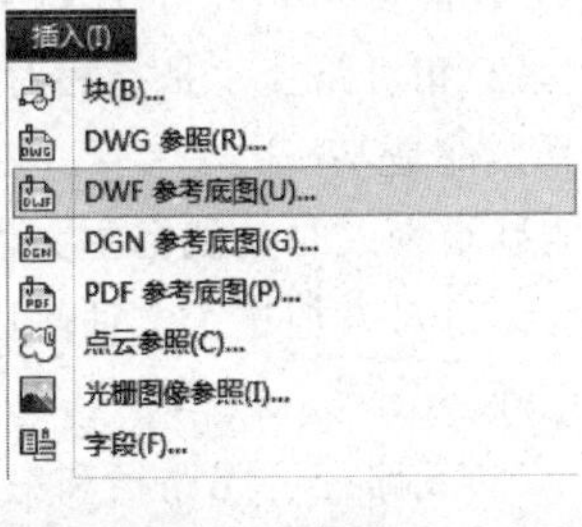

使用以下方法可以实现外部参照功能：

(1) 菜单栏。在菜单栏执行"插入(I)"→"DWG 参照(R)"→"光栅图像参照(I)"命令，如图 7-1 所示。

图 7-1　外部参照的菜单命令

(2) 工具栏。"参照"工具栏的"外部参照"按钮 📷 可以打开或关闭"外部参照"工具选项板；按钮 📷 称为附着外部参照，可以插入 DWG 文件作为外部参照。图 7-2 所示为"参照"工具栏。

图 7-2　"参照"工具栏

(3)命令行。在命令行输入"XATTACH"。

(4)选项板。除了通过"参照"工具栏，还可以通过菜单打开"外部参照"工具选项板：工具
(T)→选项板→外部参照(E)，该选项板可以列出当前文件中的外部参照及其详细信息，并可对
插入的外部参照图形进行管理。

■ 7.1.2 外部参照的类型

外部参照分为附着型和覆盖型两种。如果图纸比较简单，或者参照前先将拟插入图形中包
含的嵌套参照进行清理的，多用覆盖型。

1. 附着型、覆盖型两者的主要区别

在图形中插入"附着型"的外部参照时，该外部参照图形中若包含参照，则该参照在当前图
形中可见。

在图形中插入"覆盖型"外部参照时，
则任何嵌套在其中的覆盖型外部参照都将
被忽略，而且其本身也不能显示，例如，
如果在 B 图中覆盖引用了 C 图，那么当 B
图再被 A 图附着时，在 A 图中将看不到 C
图，也就是在 A 图中不再关联 C 图。换句
话说，覆盖型不可以进行多层嵌套附着。
即附着型、覆盖型两者的主要区别，如
图 7-3 所示。

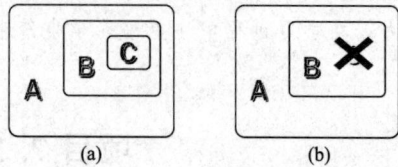

图 7-3　附着型和覆盖型的区别
(a)附着型(嵌套参照可见)；(b) 覆盖型(嵌套参照不可见)

2. 路径类型

(1)完整路径。完整路径也叫作绝对路径。是指插入的外部参照用路径来表示，与当前文件
(帮助文件中所说的宿主文件)所在路径无关。如果将这个文件复制进别的计算机，则参照文件
及路径必须与原来计算机上完全一致，否则会提示找不到参照文件。例如，参照文件在 C：\ ×
Documents and Settings \ 用户名 \ My Documents 下，也就是在"我的文档"下。那么当把 CAD
文件复制给其他人时，就要连同"我的文档"下的参照文件一起复制给他，并要求其将参照文件
放到"我的文档"下，且文件名保持一致，而宿主文件放到哪里无所谓。

(2)相对路径。是指相对于当前文件(宿主文件)的相对路径。如宿主文件在 D：\ Works 下，
参照文件是 Works \ 参照 \ 123. dwg，即在参照文件的路径形式为：. \ 参照 \ 123. dwg。把文
件复制给别人时，把宿主文件、参照文件夹及其下的 123. dwg 文件一起压缩为一个文件传给对
方，无论对方把这个文件解压到哪，因为，解压后文件路径结构层次一致，总能保证参照路径
的正确。

(3)无路径。无路径和完整路径的效果一样。

■ 7.1.3 对参照进行编辑

之前做所的参照工作都是为参照修改做准备，最关键的工作还是参照编辑，即在位编辑外
部参照命令。在位编辑外部参照，即不打开参照图形的前提下，直接在当前图形中编辑外部
参照。

☆注：在位编辑适用对外部参照做较小的修改。如果需要做较大的修改，则应打开外部参照
的原始图形，直接在文件中修改。当一个图形文件被局部打开时，不可以使用"在位编辑"命令。

1. 命令访问

(1)菜单栏。在菜单栏执行"工具(T)"→"外部参照和块在位编辑"→"在位编辑参照(E)"命令，如图 7-4 所示。

图 7-4 "在位编辑参照"菜单命令

(2)工具栏。"参照编辑"工具栏的"在位编辑参照"按钮 ，如图 7-5 所示。

图 7-5 "在位编辑参照"按钮

(3)命令行。在命令行输入"REFEDIT"。

2. 命令提示

执行"REFEDIT"命令后，AutoCAD 提示"选择参照"，即选择要编辑的外部参照。选择外部参照后出现"参照编辑"对话框，如图 7-6 所示，该对话框中显示了外部参照名和参照中嵌套的其他外部参照。

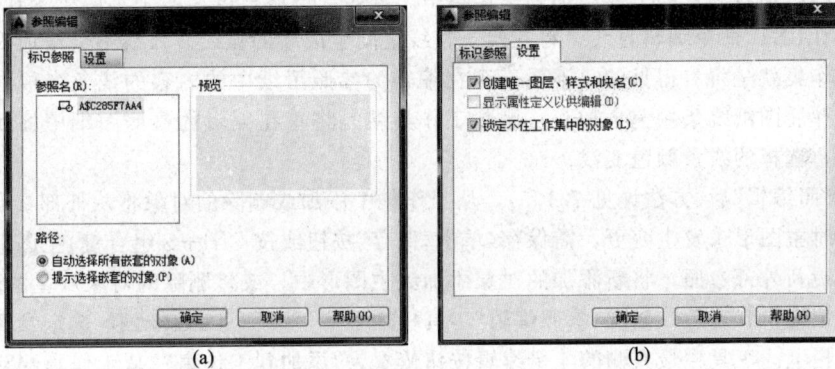

图 7-6 参照编辑

(a)"标识参照"选项卡；(b)"设置"选项卡

3. 选项和参数说明

(1)"创建唯一图层、样式和块名"复选框。选中"创建唯一图层、样式和块名"复选框，显示带前缀"O"的图层名称和符号名称。

(2)"显示属性定义以供编辑"复选框。当编辑带属性的块时，选中"显示属性定义以供编辑"复选框，在块中显示属性定义，并对属性进行编辑。在这种情况下，可以使属性值不可见，但属性定义依然有效，并且属性仍然附加在块的几何图形上。如果修改了属性定义，则这些修改只影响以后插入的块，而不影响已经引用的块。

如果选择的是嵌套的外部参照的一部分，则只显示嵌套的外部参照。

(3)工作集。选择参照后，可以指定编辑其中的哪些对象。在绘图区域中，只能选择选定参照的组成对象。AutoCAD 临时从选定参照中提取选择的对象，以供在当前图形中编辑。提取的对象集合称为工作集，可以对其进行修改并存回，以更新外部参照或块定义。构成工作集的对象与图形中的其他对象明显不同。除工作集中的对象外，当前图形中的所有对象都褪色显示。

☆注：不能在位编辑用"MINSERT"命令插入的块参照。

4. XFADECTL 变量

使用"XFADECTL"系统变量可以控制在位编辑参照时对象的显示浓淡程度。从参照中提取的对象集合以正常方式显示，而图形中的其他对象，包括当前图形和其他参照中不属于工作集的对象，都褪色显示。

XFADECTL 的设置值范围为 0%～90%（默认值为 50%）。该值设定工作集以外的对象的显示强度。设置 XFADECTL 值为 60% 时，所有不在工作集中的对象显示为正常情况下亮度的40%。XFADECTL 的值越大，不在工作集中的对象褪色越严重。

☆注：当在位编辑参照时，如果未将 SHADEMODE 设置为二维线框，则工作集以外的对象不会褪色。

■ 7.1.4 添加或删除工作集中的对象 ···

在位编辑参照时，可以添加或删除工作集中的对象。大多数情况下，如果在位编辑参照时创建了新对象，则这些对象将自动添加到工作集中。没有添加到工作集中的对象在图形中褪色显示（褪色程度可以在系统中修改，一般保持默认值即可）。如果新对象是在修改工作集之外的对象时生成的，则新对象不会被添加到工作集中。例如，图形中包含两条不属于工作集的直线。如果使用"FILLET"命令编辑直线，将在两条直线之间生成新的弧线。弧线不会被加入工作集。

添加工作集就是将看得见的，不属于正在编辑的参照图纸中的内容的线条变成参照图纸中的线条，选择后图纸线条颜色会加深；删除工作集就是将正在编辑的参照图纸中的线条变成底图中的线条，选择的线条颜色变浅。

"保存参照编辑"后（方法详见 7.1.5），从工作集中添加或删除的对象将从外部参照中添加或删除。但此时主图形未发生变更，需保存（单击"保存"按钮或按 Ctrl＋S 组合键）主图形后，才会在主图形中更新外部参照，将新添加的对象添加到主图形中，或将删除的对象从主图形中删除。

进入在位编辑状态后，出现"参照编辑"工具栏，选定参照的名称将出现在工具栏上。工具栏最右侧的 4 个编辑按钮依次为"添加到工作集""从工作集删除""关闭参照"（执行该操作放弃参照编辑的修改）和"保存参照编辑"，该 4 个按钮仅在在位编辑参照时激活。只要工具栏已被初始化，并且当前图形中没有正在进行的参照编辑任务，工具栏最左侧的"在位编辑参照"按钮就会被激活，执行该操作直接在当前图形中编辑块或外部参照。保存或放弃对参照的修改后，"参照编辑"工具栏将自动消失。

■ 7.1.5 保存在位编辑好的外部参照 ···

完成在位编辑后，可以保存回参照或放弃所做的修改。如果将修改保存回参照，AutoCAD将重生成当前图形。修改参照的所有引用都将重生成（属性定义的修改除外）。如果放弃修改，将删除工作集并将块参照恢复到原始状态。

1. 命令访问

（1）菜单栏。在菜单栏执行"工具(T)"→"外部参照和块在位编辑"→"保存参照编辑(S)"命令。

（2）工具栏。在"参照编辑"工具栏单击"保存参照编辑"按钮。

（3）命令行。在命令行输入"REFCLOSE"。

2. 选项和参数说明

如果工作集中的对象继承了原先未在外部参照中定义的特性，则这些对象将保留新特性。例如，某外部参照包含图层 A、B 和 C，而参照它的图形包含图层 D。如果在位编辑参照过程中在图层 D 上绘制了新对象，并将修改存回参照，则 AutoCAD 将会把图层 D 复制到外部参照图形中。

如果从工作集中删除对象并保存修改，则该对象从参照中删除并添加到当前图形中，对当前图形中的对象(不是外部参照或块)所做的任何修改都没有放弃。如果删除不在工作集中的对象，则即使选择放弃修改也不能恢复该对象。可以使用"UNDO"命令将图形恢复到原始状态。如果对外部参照做了不需要的修改，并已用"REFCLOSE"命令将修改存回外部参照，则必须用"UNDO"命令才能放弃在参照编辑期间所做的改动。放弃不需要的修改之后，请用"REF-CLOSE"命令保存修改，以便将外部参照文件恢复到原始状态。

☆注：在使用"在位编辑"编辑并存回后，原图的预览图将不能在任何对话框中显示。要恢复预览图像，必须打开并保存参照文件。

■ 7.1.6　外部参照的更新 ··

以下几种方法可以使图形中的外部参照处于最新状态：

(1)当打开图形文件时，系统会自动加载该图形文件中的所有外部参照，将其自动更新。

(2)当在图形文件中插入新的外部参照时，新插入的外部参照为最新状态。

(3)使用"外部参照管理器"中的"重载"功能随时更新外部参照图形和嵌套的外部参照图形。具体操作步骤：调用"XREF"命令，并在打开的"外部参照管理器"中选择图形，然后"重载所有参照"，系统将搜索参照图形与嵌套外部参照图形进行更新，如图 7-7 所示。

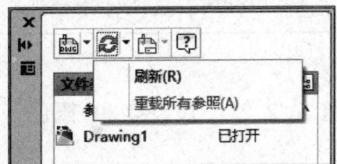

图 7-7　"重载"外部参照

☆注："重载"通常用于当外部参照图形正在进行编辑，同时希望加载更新图形的情况。外部参照图形的更新基于外部参照图形已经被保存入文件的图形信息，因此，在重载外部图形之前，应先将正在编辑的外部参照图形进行保存，确保该文件中没有新修改过的但还未保存的信息。

教学提示：CAD 外部参照功能在建筑设计中非常实用有效，使用外部参照既可使图形文件的容量和数量减小到最低，又可以减少许多重复绘图、改图的时间，从而大大提高设计质量和设计效率，是协同设计的一种初级形式。

项目 7.2　设计中心

教学要求：通过本项目的学习，学生应了解设计中心的基本概念，熟悉设计中心的命令，掌握在绘图过程中使用设计中心辅助绘图的方法。

教学要点：

教学重点：设计中心的概念。

教学难点：在绘图过程中熟练使用设计中心。

■ 7.2.1 "设计中心"概述 ···

使用 AutoCAD 系统的设计中心，可以访问图形中的内容，可以对图形进行管理，可以进行联机访问，例如，浏览图形文件中的图层，查找图形文件中的图案填充和外部参照，将网络驱动器或网站上的内容拖动到当前图形中，将图形、块和填充拖动到工具选项板上，在多个打开的图形之间复制和粘贴内容等。设计中心可以进行的主要操作见表 7-1。

表 7-1 设计中心的主要操作内容

序号	主要操作内容
1	浏览用户计算机、网络驱动器和 Web 页上的图形内容
2	在定义表中查看图形文件中命名对象的定义，然后将定义插入、附着、复制和粘贴到当前的图形中
3	更新块定义
4	创建指向常用图形、文件夹和 Internet 网址的快捷方式
5	向图形中添加内容(例如外部参照、块和填充)
6	在新窗口中打开图形文件
7	将图形、块和充填拖动到工具选项板上以便访问

■ 7.2.2 "设计中心"窗口 ···

1. 命令访问

(1)菜单栏。在菜单栏执行"工具(T)"→"选项板"→"设计中心(D)"命令。

(2)工具栏。在"标准"工具栏单击"设计中心"按钮▦。

(3)组合键。Ctrl+2。

(4)命令行。在命令行输入"ADCENTER"。

通过上述方法，可以打开"设计中心"对话框，如图 7-8 所示。

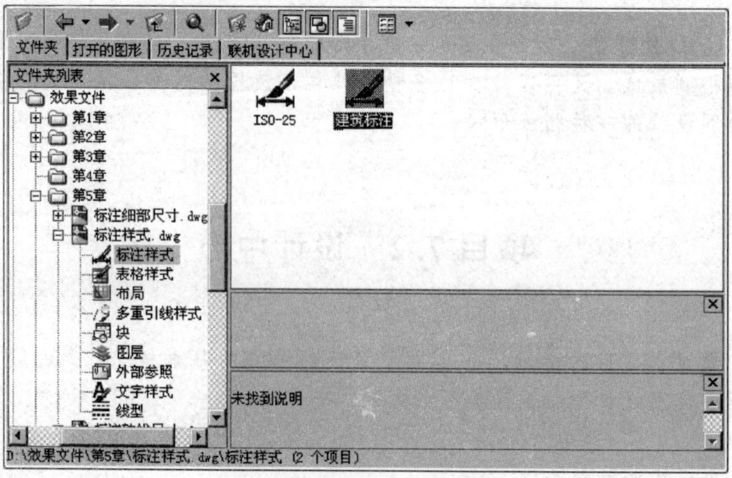

图 7-8 "设计中心"对话框

2."设计中心"对话框

"设计中心"对话框中通常包含"文件夹""打开的图形""历史记录""联机设计中心"4 张选项卡。各选项卡的功能用途见表 7-2。

表 7-2 "设计中心"窗口各选项卡的功能用途

选项卡	用途	备注说明
文件夹	显示计算机或网络驱动器(包括"我的计算机"和"网络邻居")中的文件和文件夹的层次结构	—
打开的图形	显示当前打开的所有图形,包括最小化的图形	—
历史记录	显示最近在设计中心打开的文件夹列表	显示历史记录后,在文件上单击鼠标右键可以显示此文件或从"历史记录"列表删除此文件
联机设计中心	访问"联机设计中心"网页	建立网络连接时"欢迎"页面中将显示两个窗格,其中,左边窗格显示了符号库和其他内容库;选定某个,该符号就会显示在右面窗格中,并且可以下载到用户的图形中

使用设计中心顶部的工具栏按钮可以显示和访问选项。选中"文件夹"或"打开的图形"选项卡时,设计中心主要区域将显示为两个窗格,可以很方便地管理图形内容。右侧窗格为内容区域,左侧窗格为树状图,如图 7-8 所示。

(1)树状图。设计中心的左侧窗格为树状图,用来显示用户计算机和网络驱动器上文件夹的层次、打开图形的列表、自定义内容以及访问过的历史记录。在树状图中选择项目,则会在内容区域显示其内容。使用设计中心顶部的工具栏按钮圙可以打开或关闭"树状图"窗格。

用户可以隐藏和显示设计中心的树状图,其快捷方式是在内容区域上单击鼠标右键,然后从弹出的快捷菜单执行"树状图"命令。

(2)内容区域。设计中心的右侧窗格为内容区域,用来显示左侧树状图中单击选定"容器"的内容。"容器"是包含设计中心可以访问的信息的网络、计算机、磁盘、文件夹、文件或网址(URL)等。根据树状图选定的"容器",内容区域通常显示的内容见表 7-3。

表 7-3 设计中心的内容区域通常显示的内容

序号	通常显示的内容
1	含有图形或其他文件的文件夹
2	图形
3	图形中包含的命名对象(命名的对象包括块、外部参照、布局、图层、标注样式、表格样式、多重引线样式和文件样式)
4	表示块,或填充图像,或图标
5	基于 Web 的内容
6	由第三者开发的自定义内容

■ 7.2.3 "设计中心"内容加载 ···

从设计中心搜索内容并加载到内容区是"设计中心"的基本操作。常规操作方法及步骤说明如下：

(1)打开"设计中心"。

(2)在"设计中心"的工具栏中单击"搜索"按钮 🔍 。

(3)在"搜索"对话框中设置条件进行搜索，结果显示在对话框的搜索结果列表中。

(4)可以使用以下方法之一处理搜索结果：

1)将搜索结果列表中的项目拖动到内容区中。

2)双击搜索结果列表中的项目。

3)在搜索结果列表中的项目上单击鼠标右键，从快捷菜单中执行"加载到内容中"命令。

(5)在内容区可以继续双击某图标，以加载进入该图标相应内容的下一级对象。例如，在"设计中心"内容区域中双击"块"图标，将显示图形中每个块的图像。

■ **7.2.4 "设计中心"内容操作** ··

将项目加载到内容区后，可以对显示的项目内容进行各种操作。例如，双击内容区中的项目可以按层次顺序显示详细信息；在内容区选择所需要的内容后，可以将内容添加到当前的图形中；可以在内容区打开图形；可以将项目加入工具选项板。

1. 将内容添加到图形中

可以使用以下方法在设计中心内容区域中将选定的内容添加到当前图形中：

(1)将某个项目拖动到图形的图形区，按照默认设置将其插入。

(2)在内容区中的某个项目处单击鼠标右键，将显示包含若干选项的快捷菜单。利用快捷菜单进行相应操作。

(3)双击对象将进入下一步操作，例如，双击块将显示"插入块"对话框，双击图案填充将显示"图案填充"对话框，利用这些弹出的对话框进行插入设置。用户可以预览图形内容（包括内容区中的图形、外部参照或块），还可以显示文字说明。

2. 在设计中心内容区中打开图形

在设计中心，可以通过以下方式在内容区域中打开图形：

(1)使用快捷菜单。例如，在内容区右击要打开的图形，从快捷菜单中执行"在应用程序窗口中打开"命令。

(2)拖动图形的同时按住 Ctrl 键。

(3)将图形的图标拖至绘图区域，放置在图形区域外的任意位置。

图形文件被打开时，该图形名被添加到设计中心的历史记录，以便将来能够快速访问。

3. 将设计中心的项目添加到工具选项板中

可以将设计中心的图形、块和图案填充添加到当前的工具选项板中。

(1)在设计中心的内容区，可以将一个或多个选项拖动到当前的工具选项板中。

(2)在设计中心树状图中，可以单击鼠标右键并从快捷菜单中为当前文件夹、图形文件或块图标创建新的工具选项板。

向工具选项板中添加图形时，如果将它们拖动到当前图形中，那么被拖动的图形将作为块被插入。可以从内容区中选择多个块或图案填充，并将他们添加到工具选项中。

4. 通过设计中心更新块定义

与外部参照不同，当更改块定义的源文件时，包含此块的图形中的块定义并不会自动更新。块定义的源文件可以是图形文件或符号库图形文件总的嵌套块。通过设计中心，可以决定是否更新当前图形中的块定义。

更新方法：在内容区中的块或图形文件上单击鼠标右键，然后从弹出的快捷菜单中选择"仅重定义"或"插入并重定义"命令（图7-9），可以更新选定的块。

教学提示：设计中心可管理图块、外部参照、光栅图像以及来自其他源文件或应用程序的内容，将位于本地计算机、局域网或因特网上的图块、图层、外部参照和用户自定义的图形内容复制并粘贴到当前绘图区中。同时，如果在绘图区打开多个文档，在多文档之间也可以通过简单的拖放操作来实现图形的复制和粘贴。粘贴内容除包含图形本身外，还包含图层定义、线型、字体等内容。这样，资源可得到再利用和共享，提高了图形管理和图形设计的效率。

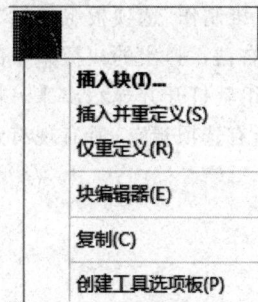

图7-9　在"设计中心"中
更新块定义

项目7.3　工具选项板

教学要求：通过本项目的学习，学生应了解工具选项板的基本概念，熟悉工具选项板的命令，掌握在绘图过程中使用工具选项板绘制图形。

教学要点：

教学重点：工具选项板的概念。

教学难点：在绘图过程中熟练使用工具选项板。

工具选项板是一个比设计中心更加强大的帮手，它能够将"块"图形、几何图形（如直线、圆、多段线）、填充、外部参照、光栅图像以及命令都组织到工具选项板里面创建成工具，并将这些工具进行分组从而应用到当前正在设计的图纸中。

■ 7.3.1　访问"工具选项板"

（1）菜单栏。在菜单栏执行"工具（T）"→"选项板"→"工具选项板（T）"命令。

（2）工具栏。在"标准"工具栏单击"工具选项板窗口"按钮。

（3）组合键。Ctrl＋3。

（4）命令行。在命令行输入"ToolPalettes"。

■ 7.3.2　"工具选项板"的组成

工具选项板由许多选项板组成，每个选项板里包含若干工具，这些工具可以是"块"，或者是几何图形（如直线、圆、多段线）、填充、外部参照、光栅图像，甚至可以是命令，如图7-10所示。

每个选项板根据所包含的工具进行合理的命名，在AutoCAD 2014中，系统已创建的选项板共有21个，包括建模、约束、注释、建筑、机械、电力、土木工程、结构、图案填充、表格、命令工具样例、引线、绘图、修改、常规光源、荧光灯、高压气体放电灯、白炽光、低压钠灯、相机、视觉样式。直接单击（单击或单击鼠标右键均可）工具选项板左下角重叠在一起的地方，弹出的快捷菜单列出了现有的全部选项板，单击某个"选项板"名称则打开点中的"选项板"，如图7-11（a）所示。

一个或若干个选项板可以组成"选项板组"，如"建筑"选项板组只包含"建筑"一个选项板，

"三维制作"选项板组包括"建模""绘图""修改"三个选项板。在工具选项板右侧标题栏上单击鼠标右键，弹出的快捷菜单的下端，列出的就是现有"选项板组"的名称。单击某个名称，该选项板组就打开并显示出来，同时隐藏其他选项板组，如图 7-11（b）所示。如果要取消隐藏，单击"所有选项板"，所有现有选项板的名称又出现在工具选项板的左侧位置以供选择。

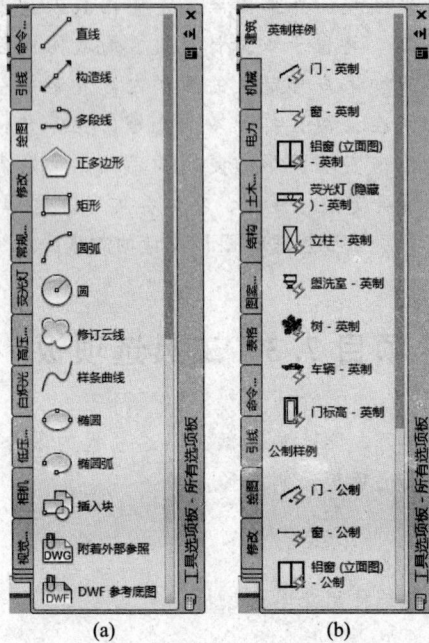

(a)   (b)

图 7-10　"工具选项板"窗口

(a)"绘图"选项板；(b)"建筑"选项板

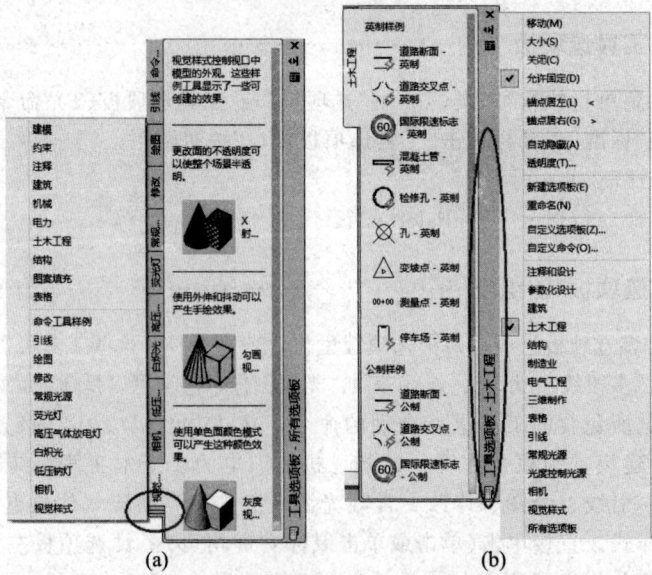

(a)   (b)

图 7-11　"工具选项板"中的选项板

(a)"选项板"快捷菜单；(b)"选项板组"快捷菜单

■ 7.3.3 "工具"应用 ···

单击工具选项板里的工具，命令提示行将显示相应的提示，按照提示进行操作即可将工具应用到当前图形文件。例如，单击图 7-12 中的"铝窗（立面图）—公制"工具，命令提示行里显示"指定插入点或[基点（B）/比例（S）/X/Y/Z/旋转（R）]"，输入插入点坐标，或者在图纸上要插入的地方捕捉并单击，该铝窗就放置在图形文件中了。

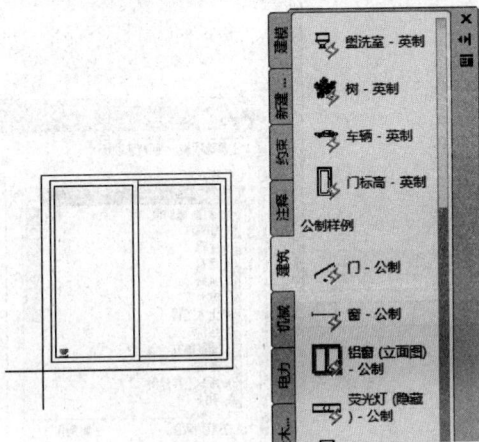

图 7-12　"工具选项板"中的工具插入

■ 7.3.4 创建"工具" ···

1. 从设计中心创建工具

从设计中心到创建工具选项板，分为以下三种情况：

(1)在设计中心左边的文件夹列表树里右击含有"块"图形的文件，随后在弹出的快捷菜单中单击"创建工具选项板"，就会在工具选项板中创建以该文件名命名的选项板，且该选项板包含该文件中所有"块"图形工具。

(2)在设计中心右边的内容区中右击某个"块"图形，再单击弹出的快捷菜单里的"创建工具选项板"，"块"图形工具就会创建在新的选项板里。

(3)在设计中心右边的内容区里，将某个"块"图形或外部参照图形"拖"到工具选项板，拖的时候如果在某选项板的名称上停留一会可以打开该选项板，以便在这个选项板里创建工具。

2. 从已有图纸创建工具

打开已有文件，从图纸里将"块"图形、几何图形(如直线、圆、多段线)、填充、外部参照、光栅图像拖到工具选项板，就能够在工具选项板创建这些对象的工具。

☆注：包含"块"图形、外部参照、光栅图像的源文件不允许改名、不允许删除也不允许改变路径。

3. 创建命令工具

将命令创建到选项板上有以下两种方法：

(1)右击工具选项板的标题栏，在弹出的快捷菜单上单击"自定义命令"，系统将弹出"自定义用户界面"对话框，如图 7-13 所示。可以从该对话框将需要的命令拖到选项板里。

(2) 右击工具选项板的标题栏，在快捷菜单上单击"自定义选项板"，系统将会自动弹出"自定义选项板"对话框，如图 7-14 所示。在该窗口打开的情况下，可以直接将 AutoCAD 界面上的工具栏里的命令拖到选项板。

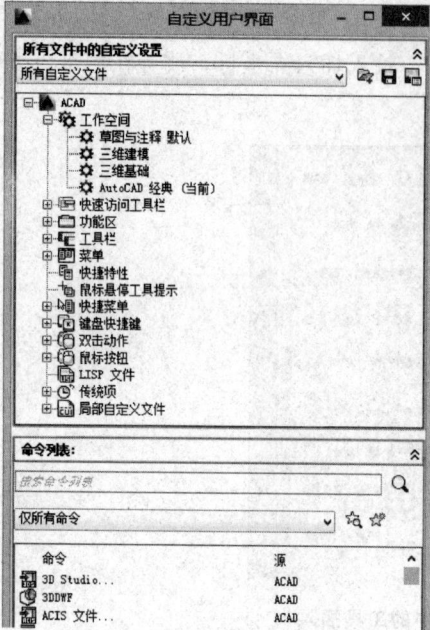

图 7-13 "自定义用户界面"窗口

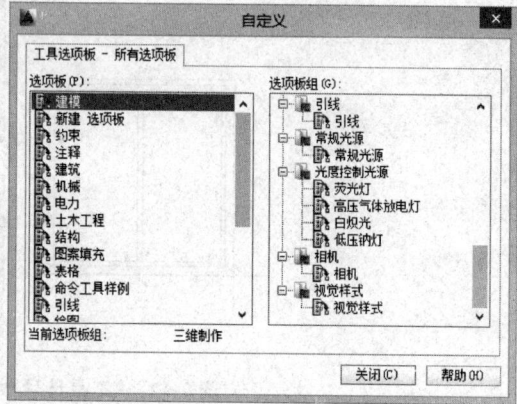

图 7-14 "自定义"窗口

4. 从光栅图像创建工具

在光栅图像所在的文件夹中，将光栅图像拖到 Windows 任务栏的 AutoCAD 图标上稍做停留，待 AutoCAD 打开后继续拖到工具选项板，就可以在工具选项板里创建该光栅图像的工具。

最简单的方法是在光栅图像所在的文件夹里选择光栅图像后进行复制，然后到 AutoCAD 的工具选项板里进行粘贴。

☆注：光栅图像的源文件同样不允许改名、不允许删除也不允许改变路径。

■ 7.3.5 整理"工具选项板" ·····

右击工具选项板的标题栏，在弹出的快捷菜单上单击"自定义选项板"，打开"自定义"窗口，该窗口右边的"选项板组"列表里列出选项板组及组里包含的选项板，窗口左边的"选项板"列表里列出所有的选项板，如图 7-14 所示。

（1）新建选项板组。在"选项板组"列表里的空白处单击鼠标右键，弹出快捷菜单，单击快捷菜单里的"新建组"可以建立一个新组。

（2）添加选项板进组。若将"选项板"框里的某个选项板拖到右边的某个选项板组，即该选项板就添加进这个选项板组中。

（3）从组里删除选项板。在选项板组中将某选项板拖到左边的"选项板"列表，即可将该选项板从选项板组里清除；或者在"选项板组"列表里右击要清除的选项板，再单击"删除"按钮，也能够将该选项板从选项板组里清除。

（4）选项板换组。还可以在"选项板组"列表里将某个选项板从一个组里拖到另一个组。

（5）删除选项板。要从工具选项板里删除某个选项板，可以在"自定义"窗口左边的"选项板"

列表里右击这个选项板，然后单击"删除"按钮；也可以直接在工具选项板里右击要删除的选项板名称，再单击"删除选项板"按钮。

（6）工具拖动和移动。在工具选项板中直接用鼠标指针将工具拖到另一个选项板，或者右击某个工具再单击"剪切"按钮，然后到另一选项板里进行"粘贴"，都可以将工具从一个选项板搬移到另一选项板。

■ 7.3.6 保存"选项板(组)" ···

右击工具选项板的标题栏，在弹出的快捷菜单上单击"自定义选项板"，打开"自定义"窗口，在"自定义"窗口右击选项板或选项板组，在弹出的快捷菜单里单击"输出"按钮，就可以将选项板或选项板组进行保存。

恢复的时候只要在"自定义"窗口里单击鼠标右键，再在快捷菜单里单击"输入"按钮即可。

教学提示：工具选项板是在 CAD 绘图区域中固定或浮动的界面元素。它提供了一种用来组织和共享绘图工具的有效方法，可以为 CAD 绘制图纸提供巨大的帮助。它能够将"块"图形、几何图形(如直线、圆、多段线)、填充、外部参照、光栅图像以及命令都组织到工具选项板里面创建成工具，以便将这些工具应用于当前正在设计的 CAD 图纸。

项目 7.4 样板文件制作

教学要求：通过本项目的学习，学生应了解样板文件制作的相关内容，熟悉样板文件制作的基本方法，掌握建筑施工图样板文件的绘制方法。

教学要点：

教学重点：样板文件的制作。

教学难点：制作建筑施工图样板文件。

"样板文件"是指包含一定的绘图环境和参数变量，但并未绘制图形的空白文件，当将此空白文件保存为".dwt"格式后，就成为样板文件。用户在样板文件的基础上绘图，可以避免许多参数的重复性设置，大大节省绘图时间，不但提高绘图效率，还可以使绘制的图形更符合规范、更标准，保证图面、质量的完整统一。

■ 7.4.1 设置建筑样板绘图环境 ··

本项目主要学习建筑样板绘图环境的设置过程，具体内容包括绘图单位、图形界限、捕捉模数、追踪功能以及各种常用变量的设置等。

1. 创建空白文件

新建文件，选用一个软件自带的样板作为基础样板，创建空白文件，如选用"acadISO —Named Plot Styles"样板，或者"acadiso. dwt"。

2. 设置图形单位

执行"格式"菜单栏中的"单位"命令，在打开的"图形单位"对话框中设置长度、角度等，如图 7-15 所示。

3. 设置图形界限

执行"图形界限"命令，设置默认作图区域，例如，计划绘制一张建筑施工图，以 1：100 的比例打印成 A2 图纸，通常将图形界限设置 A2 图纸尺寸的 100 倍，即 59 400×42 000。

4. 视图缩放到"全部"

在菜单栏执行"视图"→"缩放"→"全部"命令，将图形界限最大化显示。

5. 设置对象捕捉

在菜单栏执行"工具"→"草图设置"命令，在打开的"草图设置"对话框中激活"对象捕捉"选项卡，启用和设置一些常用的对象捕捉功能，如图 7-16 所示。

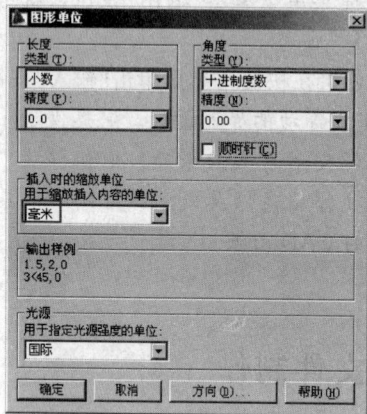

图 7-15 "图形单位"对话框   图 7-16 "对象捕捉"选项卡

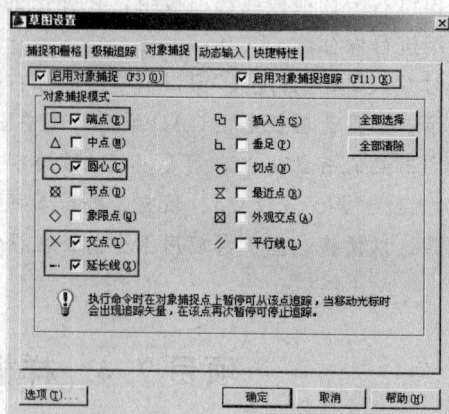

6. 调整线型比例

在命令行输入系统变量"LTSCALE"，以调整线型的显示比例。命令行操作过程如下：

```
命令：LTSCALE↙
输入新线型比例因子〈1.0000〉：100↙
正在重生成模型
```

7. 设置标注样式

使用系统变量"DIMSCALE"设置和调整尺寸标注样式的比例。命令行操作过程如下：

```
命令：DIMSCALE↙
输入 DIMSCALE 的新值〈1〉"100↙                通常按拟出图比例设置该变量值
```

8. 设置文字镜像

系统变量"MIRRTEXT"用于设置镜像文字的可读性。当"MIRRTEXT"变量值为 0 时，镜像后的文字具有可读性，保持原文字显示方向不变；当"MIRRTEXT"变量为 1 时，镜像后的文字按镜像显示。命令行操作过程如下：

```
命令：MIRRTEXT↙
输入 MIRRTEXT 的新值〈1〉：0↙                        将此变量值设置为 0
```

9. 设置属性块变量

由于属性块的引用一般有"对话框"和"命令行"两种形式，可以使用系统变量"ATTDIA"，进行控制属性值。当 ATTDIA＝0 时，采用"命令行"形式；当 ATTDIA＝1 时，采用"对话框"形式。命令行操作过程如下：

命令：ATTDIA✓

输入 ATTDIA 的新值〈1〉：0✓　　　　　　　　　　　　　　　　将此变量值设置为 0

10. 命名并保存文件

最后使用"保存"命令，将当前文件命名存储为"样板文件.dwt"。

☆注：该步骤将制作样板文件的过程进行保存，以防软件出错、操作失误时丢失前面的操作。后面的设置过程中同样应及时保存。

■ 7.4.2　设置建筑样板图层及特性 ……………………………………………………

1. 设置新图层

(1)执行"图层"命令，在打开的"图层特性管理器"对话框中单击"新建图层"按钮，新图层将以临时名称"图层 1"显示在列表中。

(2)用户在"图层 1"区域输入新图层的名称，即"点画线"，创建第一个新图层 。

(3)按组合键 Alt＋N，或再次单击"新建图层"按钮，连续创建另外两个图层，即"实线层"和"双点画线"，结果如图 7-17 所示。

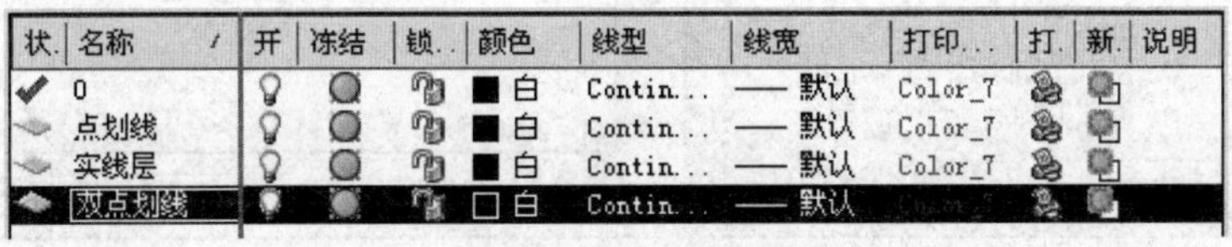

图 7-17　新建图层

2. 图层颜色的设置

(1)单击名为"点画线"的图层，使其处于激活状态，此时，被选择的图层反白，如图 7-18 所示。

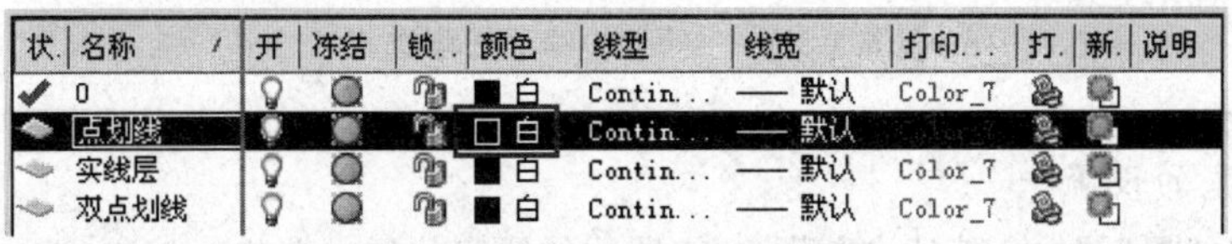

图 7-18　激活"点画线"图层

(2)在如图 7-18 所示的颜色区域上单击，打开"选择颜色"对话框，如图 7-19 所示。

(3)在此对话框内选择一种颜色，如红色，单击"确定"按钮，即可将图层的颜色设置为红色，结果如图 7-20 所示。

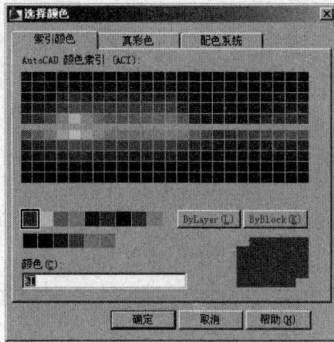

图 7-19 "选择颜色"对话框

图 7-20 "点画线"图层

3. 图层线型的设置

(1)在如图 7-20 所示的图层位置上单击，打开"选择线型"对话框。

(2)单击"加载"按钮，打开"加载或重载线型"对话框，选择"ACAD ISO04W100"线型，如图 7-21 所示。

(3)单击"确定"按钮，选择的线型被加载到"选择线型"对话框内，如图 7-22 所示。

(4)选择刚加载的线型单击，即将此线型附加给当前被选择的图层，结果如图 7-23 所示。

图 7-21 "加载或重载线型"对话框

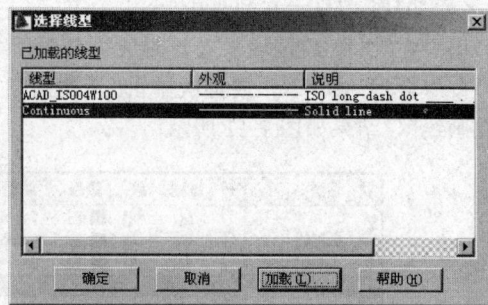

图 7-22 "选择线型"对话框

图 7-23 "点画线"图层线型选择

4. 图层线宽的设置

(1)选择"实线层"图层，然后在如图 7-24 所示的线宽位置上单击。

图 7-24 图层设置结果

（2）此时，系统打开"线宽"对话框，然后在对话框中选择"0.50毫米"线宽，如图7-25所示。

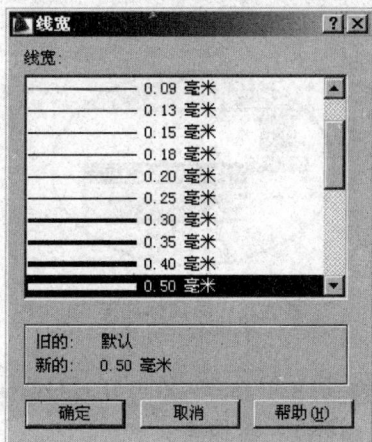

图7-25 "线宽"对话框

（3）单击"确定"按钮返回"图层特性管理器"对话框，"实线层"的线宽被设置为"0.5毫米"，如图7-26所示。

图7-26 线宽设置结果

（4）单击"确定"按钮关闭"图层特性管理器"对话框。

7.4.3 设置建筑样板常用样式 ·······························

在"设计中心"右侧窗口中双击"标注样式"图标，展开如图7-27所示的标注样式。

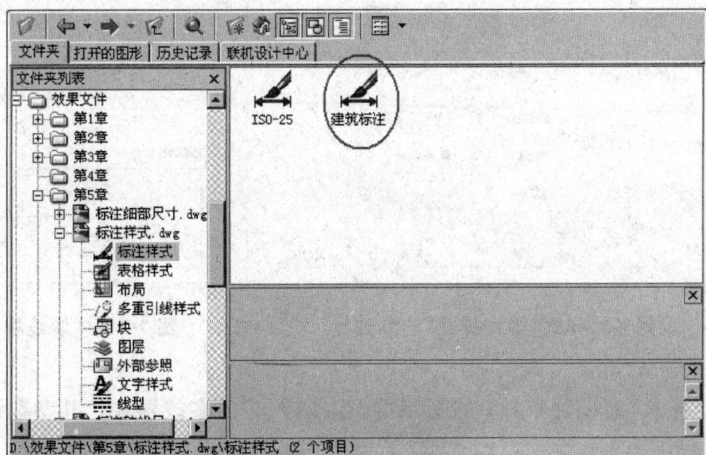

图7-27 设计中心

(1)在"建筑标注"图标上单击鼠标右键，在弹出的右键菜单上选择"添加标注样式"选项，如图 7-28 所示，将此样式添加到当前文件中。

图 7-28　添加标注样式

(2)在菜单栏执行"格式"→"多线样式"命令，在打开的对话框中单击"新建"按钮，创建一个新多线样式，命名为"墙线样式"，如图 7-29 所示。

图 7-29　"创建新的多线样式"对话框

(3)单击"继续"按钮，打开"新建多线样式：墙线样式"对话框，设置多线样式的封口形式，如图 7-30 所示。

(4)单击"确定"按钮返回"多线样式"对话框，设置好的新样式显示在预览框内，如图 7-31 所示。

图 7-30　设置多线样式"墙线样式"的参数

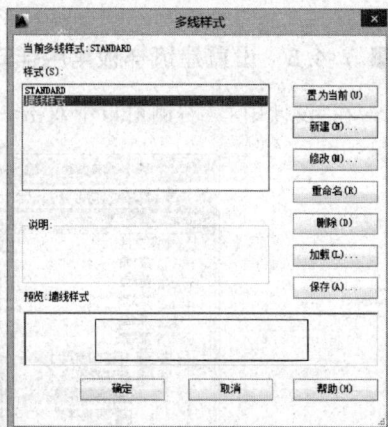

图 7-31　"墙线样式"设置完成

(5)参照"墙线样式"的设置步骤，设置名为"窗线样式"的多线样式，其参数设置如图 7-32 所示，其效果预览如图 7-33 所示。

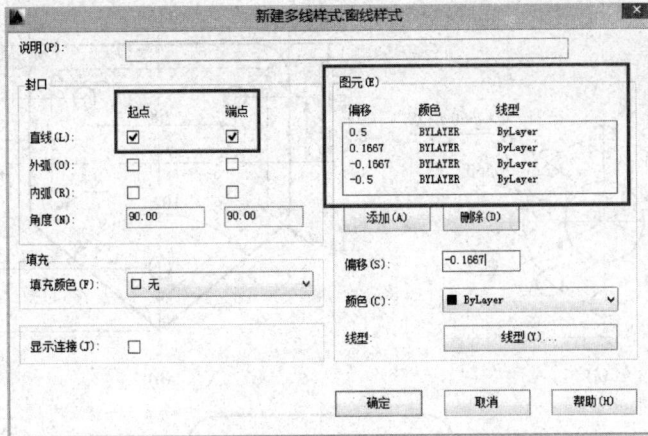

图 7-32 设置"窗线样式"

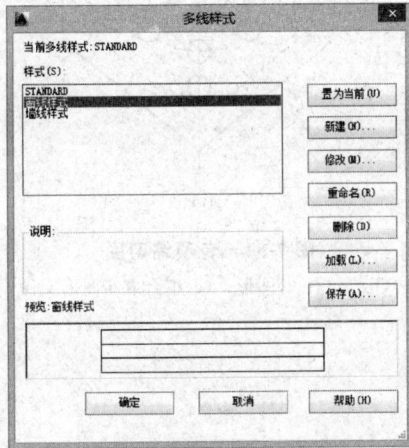

图 7-33 "窗线样式"设置完成

（6）在图 7-33"多线样式"对话框的"样式"区域选择"墙线样式"，将其设置为当前样式。方法如下：

1）双击"墙线样式"将其设置为当前样式；

2）单击"墙线样式"，再单击对话框右侧"置为当前"按钮。

（7）保存设置，文件"样板文件.dwt"即为已经完成的样板文件。

教学提示： 样板图形存储图形的所有设置，还包含预定义的图层、标注样式和视图。样板图形通过文件扩展名".dwt"区别于其他图形文件，它们通常保存在 template 目录中。如果根据现有的样板文件创建新图形，则新图形中的修改不会影响样板文件。可以使用随程序提供的样板文件，也可以创建自定义样板文件。

课后练习

如图 7-34 所示，用外部参照按尺寸绘制图形(a)和图形(b)，并分别保存文件名为"文件 1"、"文件 2"，组合成图形(c)，保存为"文件 3"，比较和图块插入的区别。

(a)

(b)

(c)

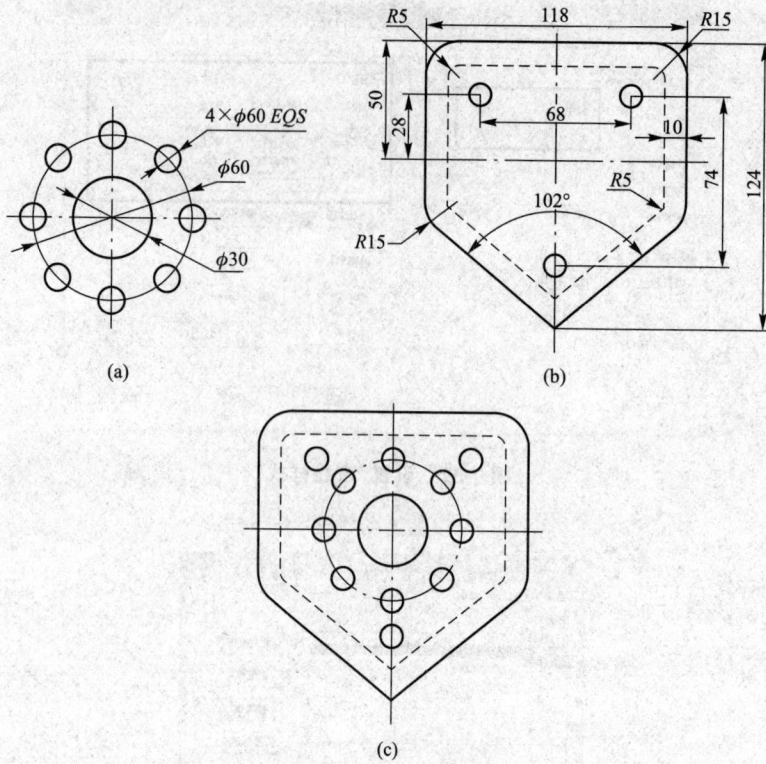

图 7-34 专项练习图

(a)"文件 1"图形；(b)"文件 2"图形；(c)组合成新图形文件，保存为"文件 3"

模块 8 绘制建筑施工图

知识目标：通过本模块的学习，学生应掌握建筑施工图的分类、建筑施工图绘制方法和制图规则等的相关内容。

技能目标：通过本模块的学习，能够正确识读建筑施工图，熟练绘制建筑施工图，并应用到其他相关课程和今后工作中。

素质目标：在本模块的学习过程中，培养严谨求实的态度和耐心细致的品质。

项目 8.1 绘制建筑总平面图

教学要求：通过本项目学习，学生应了解建筑总平面的相关知识，熟悉《总图制图标准》(GB/T 50103—2010)的相关规定，掌握建筑总平面图的绘图步骤。

教学要点：

教学重点：建筑总平面图的绘制步骤。

教学难点：绘制建筑总平面图的技巧。

■ 8.1.1 建筑总平面图的基础知识

将新建建筑物四周一定范围内的原有和拆除的建筑物、构筑物连同其周围的地形地物状况，用水平投影方法和相应的图例所画出的图样，称为建筑总平面图(或称为总平面布置图)，简称为总平面图或总图。

总平面图表示出新建房屋的平面形状、位置、朝向及与周围地形、地物的关系等。

总平面图是新建房屋定位、施工放线、土方施工及有关专业管线布置和施工总平面布置的依据。

■ 8.1.2 建筑总平面图的绘制内容

建筑总平面图的绘制要遵守《总图制图标准》(GB/T 50103—2010)的基本规定。建筑总平面图表达的内容如下：

(1)新建建筑物的平面形状、外包尺寸、层数、主要出入口等。

1)新建房屋，用粗实线表示，并在轮廓线内用数字表示建筑层数。

2)新建建筑物的定位：总平面图的主要任务是确定新建建筑物的位置，通常是利用原有建筑物、道路等来进行定位的。即确定新建建筑与原有的建筑物、构筑物、道路或围墙等的距离。

3)新建建筑物的室内外标高：在总平面图中，用绝对标高表示高度数值，单位为 m。

(2)原有的建筑物、构筑物、道路或围墙，计划拟建建筑物，拆除建筑物。

1)原有建筑物用细实线表示，并在轮廓线内用数字表示建筑层数。

2)计划拟建建筑物用虚线表示。

3)拆除建筑物用细实线表示，并在其细实线上打叉。

（3）室外场地、道路、绿化、管道等的布置情况。

（4）附近的地形地物，如等高线、道路、水沟、河流、池塘、土坡等。

（5）用指北针表示建筑的朝向，用风向频率玫瑰图表示风的吹向。

（6）标注图名、比例。按照《建筑制图标准》(GB/T 50104—2010)，绘制建筑总平面图时宜在 1：500、1：1 000、1：2 000 三种比例中选择。

（7）绘制图例。由于总平面图采用较小比例绘制，各建筑物和构筑物在图中所占面积较小，根据总平面图的作用，无须绘制得很详细，可以用相应的图例表示，《总图制图标准》(GB/T 50103—2010)中规定的几种常用图例，见表 8-1。

以上内容在所有总平面图上并不都是必需的，可根据具体情况加以选择。

表 8-1　《总图制图标准》中的常用图例表

名称	图例	说明	名称	图例	说明
新建建筑物		新建建筑物以粗实线表示与室外地坪相接处±0.00 外墙定位轮廓线； 建筑物一般以±0.00 高度处的外墙定位轴线交叉点坐标定位，轴线用细线实线表示，并标明轴线号； 根据不同设计阶段标注建筑编号、地上、地下层数，建筑高度，建筑出入口位置(表示方法均可，但同一图纸采用一种表示方法)； 地下建筑物以粗虚线表示其轮廓； 建筑上部(±0.00 以上)外挑建筑用细实线表示； 建筑物上部连廊用细虚线表示并标注位置	新建的道路		"R=6.00"表示道路转弯半径，"107.50"为道路中心线交叉点设计标高，两种表示方式均可，同一图纸采用一种方式表示；"100.00"为变坡点之间距离，"0.30%"表示道路坡度，→表示坡向
原有建筑物		用细实线表示	原有的道路		—
计划扩建的预留地或建筑物		用中粗虚线表示	计划扩建的道路		—
拆除的建筑物		用细实线表示	拆除的道路		—

名称	图例	说明	名称	图例	说明
台阶及无障碍坡道	1. 2.	1. 表示台阶(级数仅为示意) 2. 表示无障碍坡道	桥梁		1. 上图表示铁路桥,下图表示公路桥 2. 用于旱桥时应注明
围墙及大门		—	护坡		1. 边坡较长时,可在一端或两端局部表示 2. 下边线为虚线时,表示填方
			填挖边坡		
坐标	1. $X=105.00$ $Y=425.00$ 2. $A=105.00$ $B=425.00$	1. 表示地形测量坐标系 2. 表示自设坐标系 坐标数字平行于建筑标注	挡土墙	5.00 1.50	挡土墙根据不同设计阶段的需要标注 墙顶标高 墙底标高
铺砌场地		—	挡土墙上设围墙		—

■ 8.1.3 建筑总平面图的绘制实例

绘制任务:绘制如图 8-1 所示的建筑总平面图。

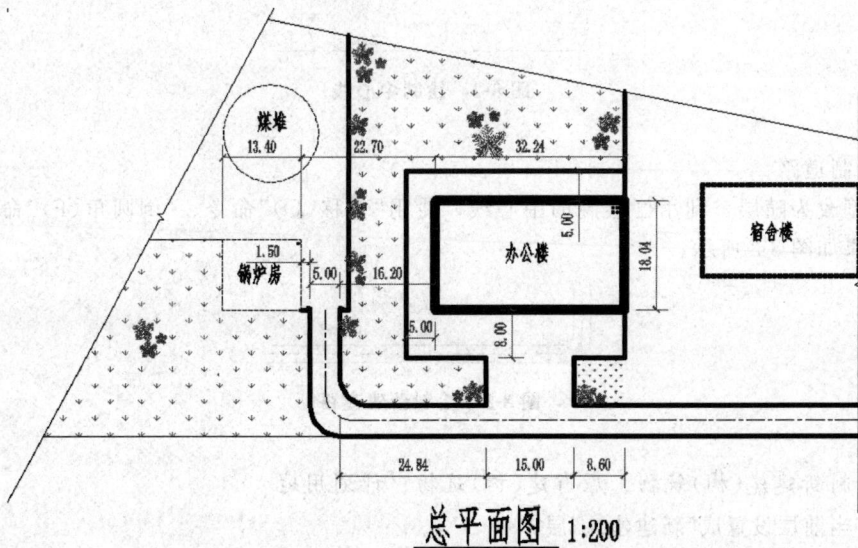

总平面图 1:200

图 8-1 某办公楼总平面图

1. 设置绘图环境

(1)使用"LIMITS"命令设置图幅为 A2 尺寸(横式)。

(2)设置图层。

图层设置见表8-2。

表 8-2　图层设置

图层名	颜色	线型	线宽	用途
新建建筑	黄	实线	b	新建建筑物±0.00 轮廓线
新建道路	蓝	实线	$0.7b$ 或 $0.5b$	新建构筑物、道路、围墙等可见轮廓线
计划用地	白	虚线	$0.5b$	计划预留扩建用地
原有建筑	白	虚线	$0.25b$	原有建、构筑物,管道地下轮廓线
绿化小品	青	实线	默认	建筑绿化
文字标注	白	实线	默认	文字说明
尺寸标注	绿	实线	默认	尺寸说明

2. 绘制道路、中心线

(1)将当前层设置成"新建道路"层。

(2)绘制道路中心线。将线型改为点画线,使用"直线(L)"命令或"多段线(PL)"命令绘制,如图 8-2 所示。

图 8-2　绘制中心线

(3)绘制道路。

将线型改为随层,利用已绘制的中心线,使用"偏移(O)"命令、"倒圆角(F)"命令绘制道路,其结果如图 8-3 所示。

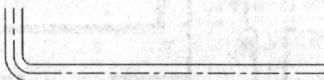

图 8-3　绘制新建道路

3. 绘制新建建(构)筑物、原有建(构)筑物、计划用地

(1)将当前层设置成"新建建筑"层。

(2)绘制新建(构)筑物。使用"矩形(REC)"命令绘制办公楼(图 8-4)。

(3)绘制原有建(构)筑物。使用"矩形(REC)"命令绘制锅炉房,"圆(C)"命令绘制煤堆。

(4)绘制计划用地。使用"矩形(REC)"命令绘制宿舍楼。

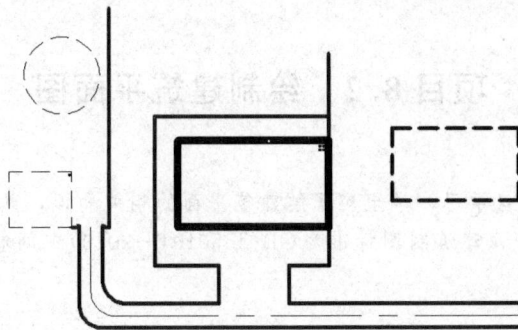

图 8-4　绘制建(构)筑物

4. 绘制建筑小品及绿化

(1)将当前层设置成"绿化小品"层。

(2)绘制绿化。使用"填充(H)"命令绘制绿化(图 8-5)。

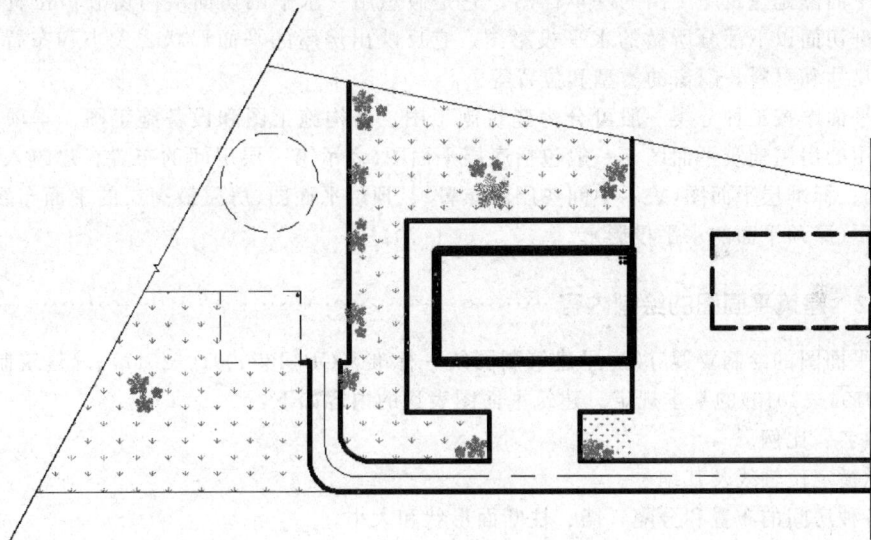

图 8-5　绘制绿化

5. 尺寸标注和文字说明

(1)将当前层设置成"尺寸标注"层。

(2)标注尺寸。使用"尺寸标注"命令标注尺寸。标注完成后进行必要的调整,防止尺寸数字重叠或与其他图线、文字重叠。

(3)将当前层设置成"文字说明"层。使用"多行文字(T)"命令输入文字注释。

6. 图名与比例

使用"多行文字(T)"命令输入图名、比例。

教学提示:绘制总平面图的一般步骤:设置绘图环境→绘制道路、中心线→绘制新建建(构)筑物、原有建(构)筑物、计划用地→绘制建筑小品及绿化→尺寸标注和文字说明→图名与比例。

项目 8.2 绘制建筑平面图

教学要求：通过本项目学习，学生应了解建筑平面的相关知识，熟悉《房屋建筑制图统一标准》(GB/T 50001—2017)、《建筑制图标准》(GB/T 50104—2010)中的相关规定，掌握建筑平面图的绘图步骤。

教学要点：

教学重点：建筑平面图的绘制步骤。

教学难点：绘制建筑平面图的技巧。

■ 8.2.1 建筑平面图的基础知识 ··

建筑平面图是建筑施工图的基本样图，它是假想用一水平剖切面沿门窗洞口位置将房屋剖切后，对剖切面以下部分所做的水平投影图。它反映出房屋的平面形状、大小和布置，墙、柱的位置、尺寸和材料，门窗的类型和位置等。

建筑平面图按工种分类一般可分为建筑施工图、结构施工图和设备施工图。本项目是指用作施工使用的房屋建筑平面图，一般包括底层平面图(表示第一层房间的布置、建筑入口、门厅及楼梯等)、标准层平面图(表示中间各层的布置)、顶层平面图(房屋最高层的平面布置图)以及屋顶平面图(屋顶平面的水平投影)。

■ 8.2.2 建筑平面图的绘制内容 ··

建筑平面图的绘制要遵守《房屋建筑制图统一标准》(GB/T 50001—2017)、《建筑制图标准》(GB/T 50104—2010)的基本规定。建筑平面图表达的内容如下：

(1)图名、比例。

(2)纵横定位轴线及其编号。

(3)各种房间的布置和分隔，墙、柱断面形状和大小。

(4)门、窗布置及其型号。

(5)楼梯梯段的走向。

(6)台阶、花坛、阳台、雨篷等的位置，盥洗间、厕所、厨房等固定设施的布置及雨水管、明沟等的布置。

(7)平面图的轴线尺寸，各建筑构配件的大小尺寸和定位尺寸，以及楼地面的标高、某些坡度及其下坡方向。

(8)剖视图的剖切位置线和投射方向及其编号，表示房屋朝向的指北针(这些仅在底层平面图中表示)。

(9)详图索引符号。

(10)施工说明等。

■ 8.2.3 建筑平面图的绘制实例 ··

绘制如图 8-6 所示的平面图。

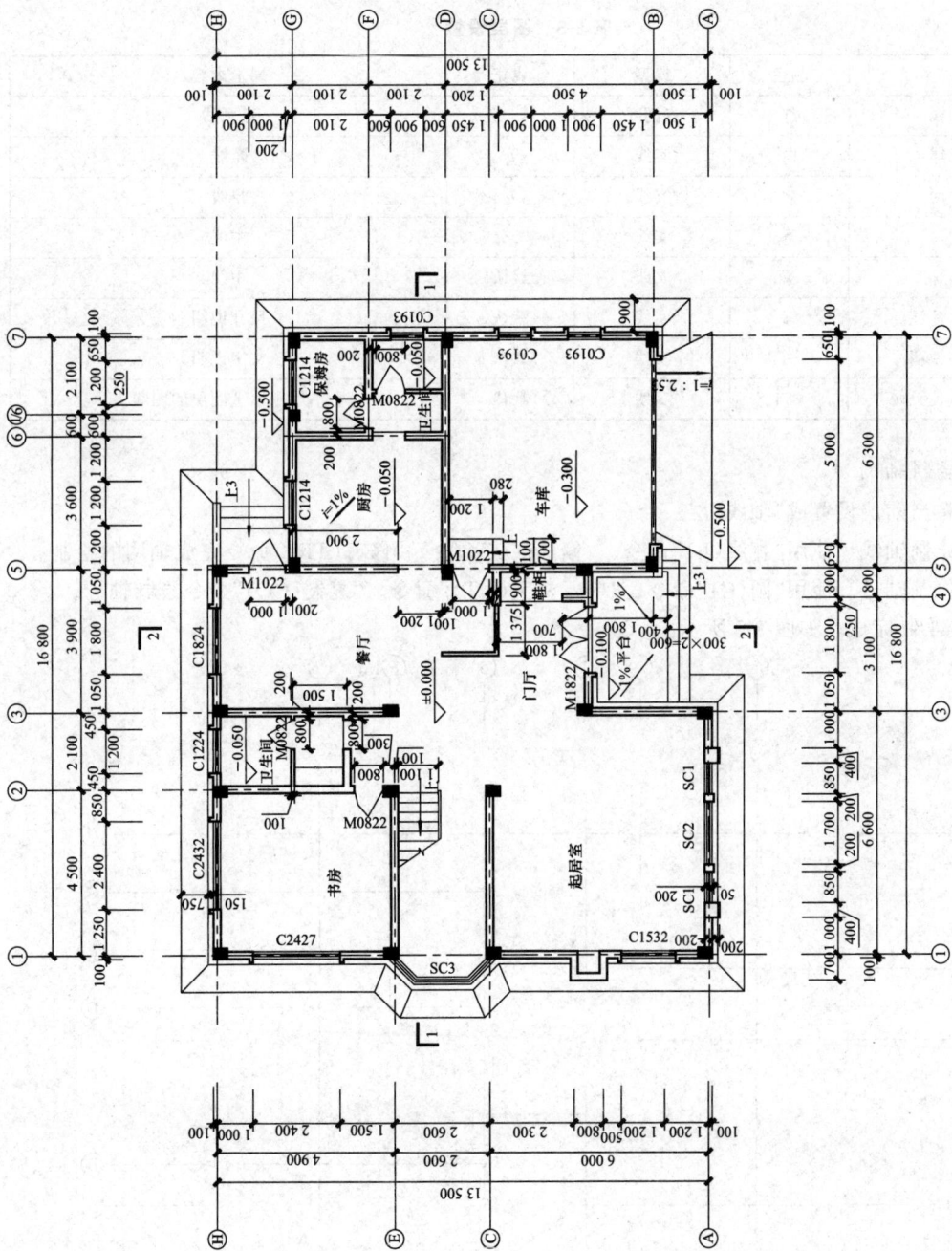

别墅一层平面图 1:100

图 8-6 某别墅一层平面图

1. 设置绘图环境

(1)使用"LIMITS"命令设置图幅为 A3 尺寸(横式)。

(2)图层设置见表 8-3。

表 8-3　图层设置

图层名	颜色	线型	线宽	层上内容
轴线	红	点画线	$0.25b$	点画线
墙体	白	实线	b	粗线
柱网	8	实线	b	粗线
门窗	青	实线	$0.5b$	中线
楼梯	黄	实线	默认	中线
尺寸标注	绿	实线	默认	尺寸说明
文字说明	白	实线	默认	文字说明
其他	254	实线	默认	不属于以上图层的图线

2. 绘制轴网

(1)将当前层设置成"轴线"层。

(2)绘制轴线。使用"直线(L)"命令、"偏移(O)"命令、"修剪(TR)"命令完成轴网的绘制。

(3)绘制轴号。使用"圆(C)"命令、"单行文字(DT)"命令、"复制(CO)"命令绘制轴号。

轴网绘制完成,如图 8-7 所示。

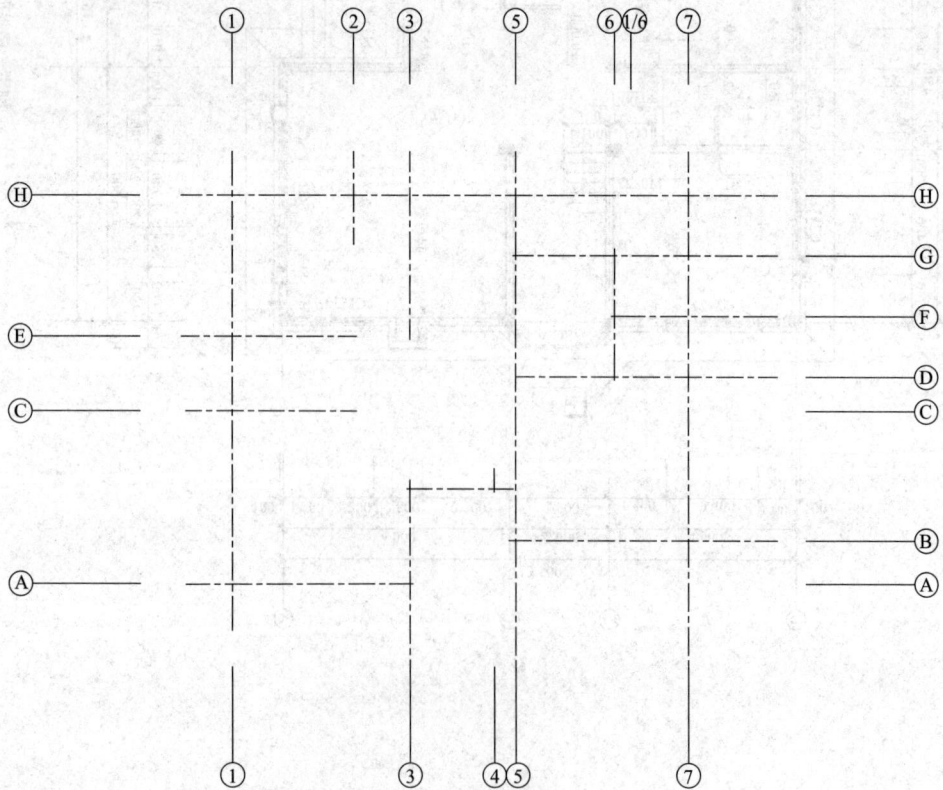

图 8-7　绘制轴网

3. 绘制墙线

(1)将当前层设置成"墙体"层。

(2)绘制墙体。

1)使用"多线(ML)"命令、多线编辑工具绘制墙体。

2)使用"直线(L)"命令、"偏移(O)"命令定位门窗洞口,"修剪(TR)"命令修剪门窗洞口。

墙体绘制完成,如图 8-8 所示。

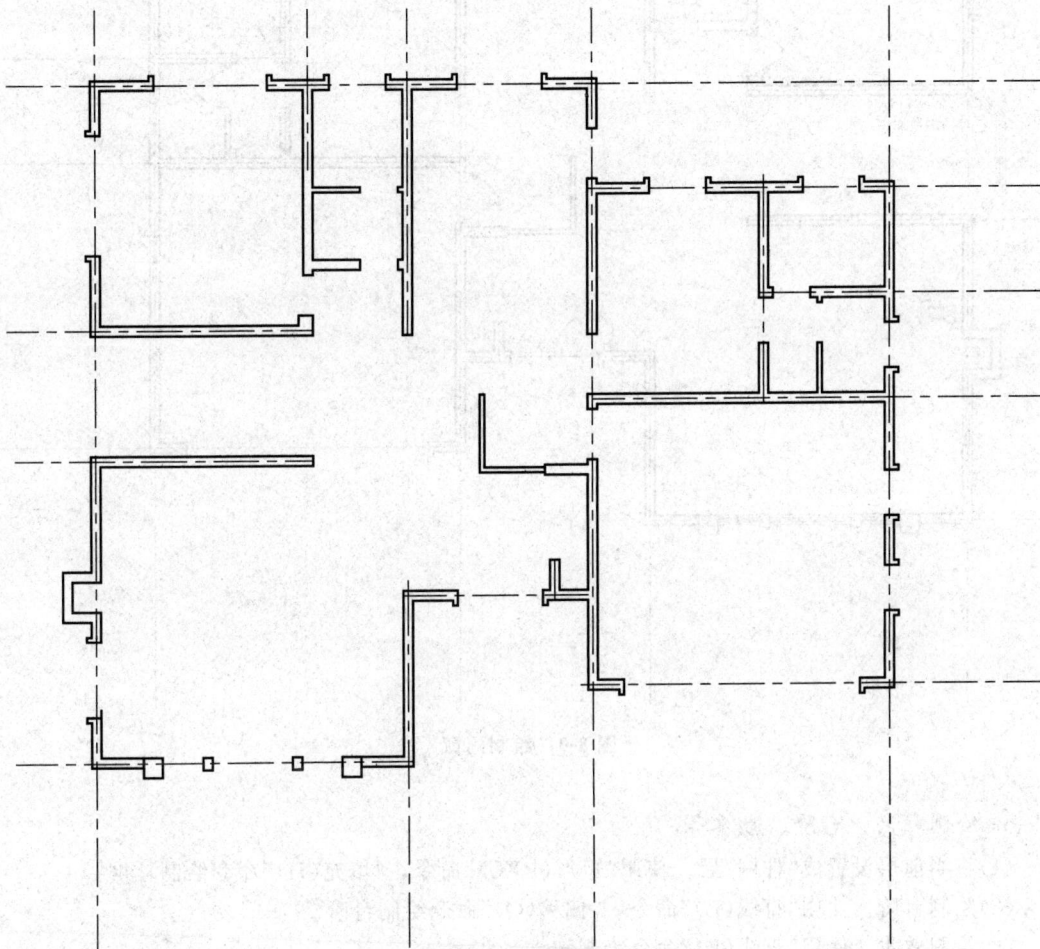

图 8-8 绘制墙体

4. 绘制门窗

(1)将当前层设置成"墙体"层。

(2)绘制门窗。

1)使用"多线(ML)"命令绘制窗线。

2)使用"直线(L)"命令、"圆弧(A)"命令绘制平开门。

门窗绘制完成如图 8-9 所示。

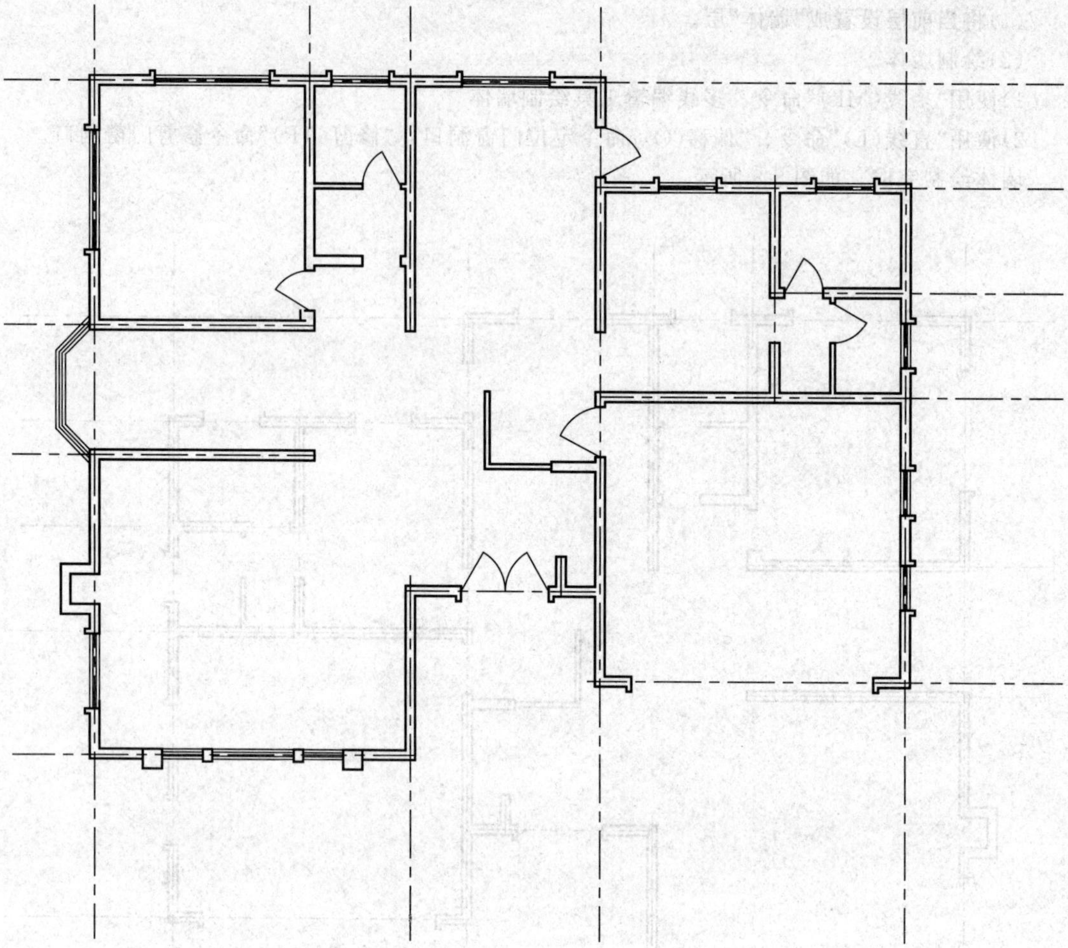

图 8-9 绘制门窗

5. 绘制柱网、台阶、散水等

(1)将当前层设置成"柱网"层。使用"矩形(REC)"命令，"填充(H)"命令绘制柱网。

(2)绘制台阶。使用"直线(L)"命令，"偏移(O)"命令绘制台阶。

(3)绘制散水。使用"直线(L)"命令绘制散水。

柱网、台阶、散水绘制完成，如图 8-10 所示。

6. 绘制楼梯

(1)将当前层设置成"楼梯"层。

(2)绘制楼梯。使用"直线(L)"命令，"偏移(O)"命令，"多段线(PL)"命令绘制楼梯。

楼梯绘制完成如图 8-11 所示。

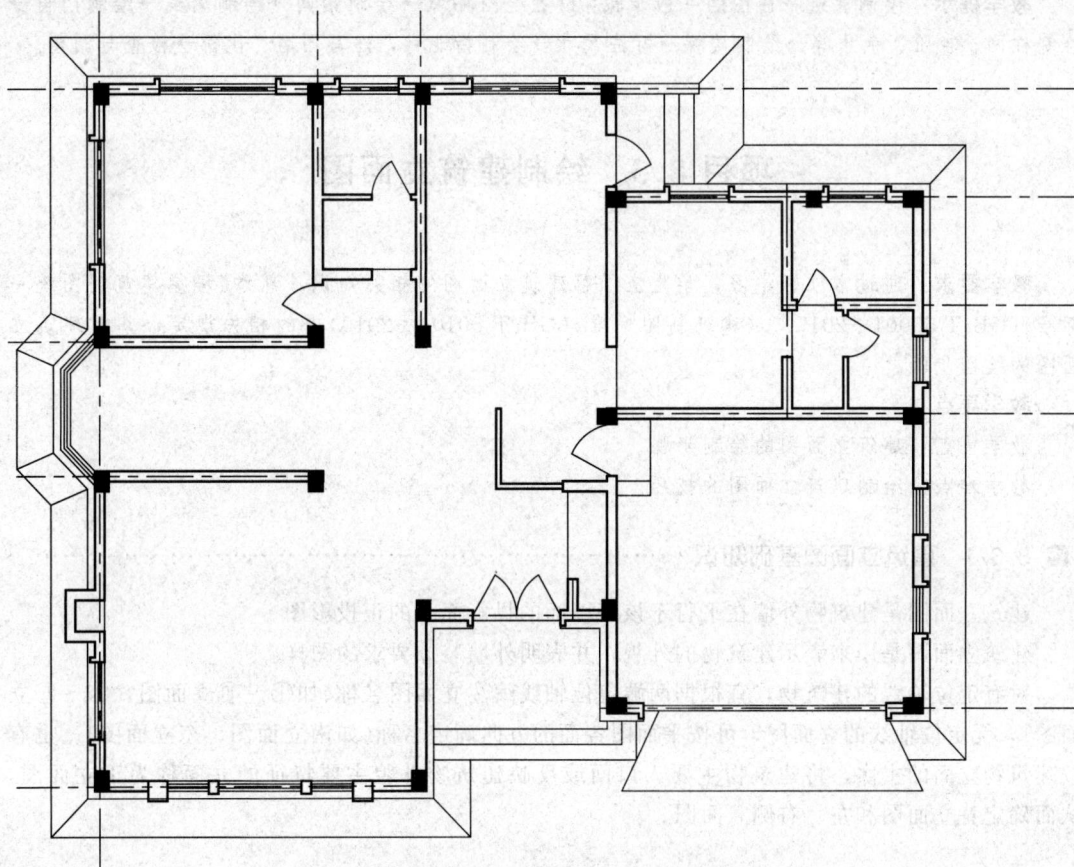

图 8-10 绘制柱网、台阶、散水等

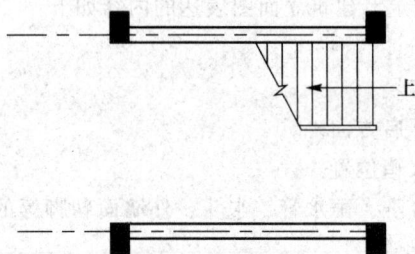

图 8-11 绘制楼梯

7. 标注尺寸

将当前层设置成"尺寸标注"层：用"线型标注（DLI）"命令、"连续标注（DCO）"命令标注外部三道尺寸及内部尺寸。注意防止尺寸数字重叠或与其他图线、文字重叠。

8. 绘制指北针，注写图名、比例

注意比例比图名小一号字。

9. 检查与调整

绘制完成后，显示线宽进行检查，并对图形进行美化调整。

教学提示：绘制建筑平面图的一般步骤：设置绘图环境→绘制轴网→绘制墙线→绘制门窗→绘制柱网、台阶、散水等→绘制楼梯→标注尺寸→绘制指北针，注写图名、比例→检查与调整。

项目 8.3 绘制建筑立面图

教学要求： 通过本项目学习，学生应了解建筑立面图的相关知识，熟悉《房屋建筑制图统一标准》(GB/T 50001—2017)、《建筑制图标准》(GB/T 50104—2010)中的相关规定，掌握建筑立面图的绘图步骤。

教学要点：

教学重点：建筑立面图的绘制步骤。

教学难点：绘制建筑立面图的技巧。

■ 8.3.1 建筑立面图基础知识

建筑立面图是建筑物外墙在平行于该外墙面的投影面上的正投影图。

建筑立面图是用来表示建筑物的外貌，并表明外墙装饰要求的图样。

对有定位轴线的建筑物，宜根据两端定位轴线编注立面图名称(如①～⑩立面图，Ⓐ～Ⓔ立面图)，无定位轴线的立面图，可按平面图各面的方向确定名称(如南立面图、东立面图)。也有按建筑物立面的主次，将建筑物主要入口面或反映建筑物外貌主要特征的立面称为正立面图，从而确定背立面图和左、右侧立面图。

■ 8.3.2 建筑立面图的绘制内容

建筑立面图的绘制要遵守《房屋建筑制图统一标准》(GB/T 50001—2017)、《建筑制图标准》(GB/T 50104—2010)的基本规定。建筑立面图表达的内容如下：

(1)图名、比例。

(2)立面两端的轴线及其编号。

(3)门窗的形状、位置及开启方向。

(4)屋顶外形及可能有的水箱位置。

(5)窗台、雨篷、阳台、台阶、雨水管、水斗、外墙面勒脚等的形状和位置，注明各部分的材料和外部装饰的做法。

(6)标高及必须标注的局部尺寸。

(7)详图索引符号。

(8)施工说明等。

■ 8.3.3 建筑立面图的绘制实例

绘制如图 8-12 所示的某别墅南立面图。

1. 设置绘图环境

(1)使用"LIMITS"命令设置图幅为 A3 尺寸(横式)。

(2)图层设置见表 8-4。

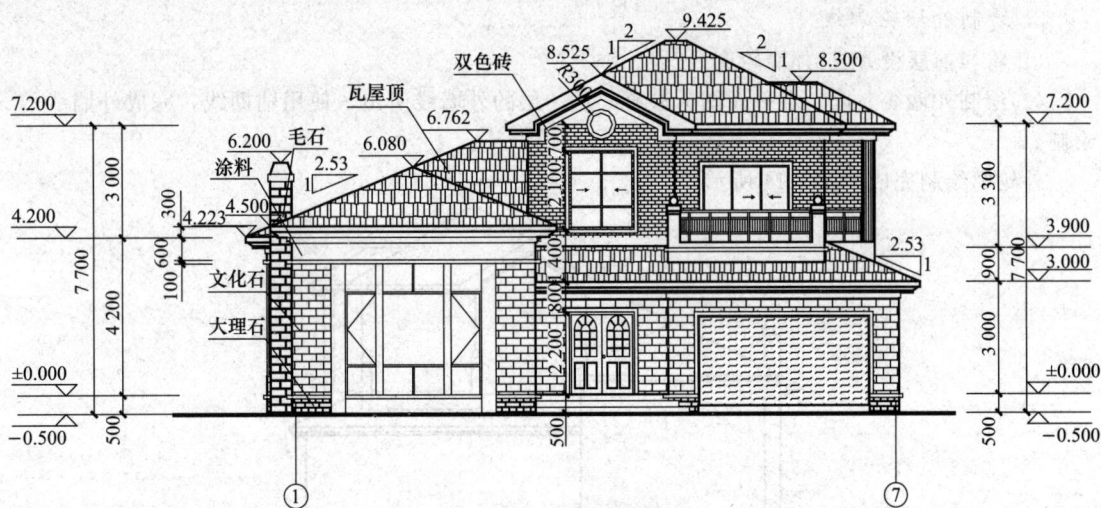

别墅南立面图 1 : 100

图 8-12　某别墅南立面图

表 8-4　图层设置

图层名	颜色	线型	线宽	层上内容
辅助线	白	实线	$0.25b$	细线
外墙轮廓线	白	实线	b	粗线
地坪线	白	加粗实线	$1.4b$	特粗实线
门窗轮廓线	青	实线	$0.5b$	中线
阳台	绿	实线	$0.5b$	中线
标高标注	青	实线	默认	标高

2. 绘制地坪及标高线

(1)将当前层设置成"轴线"层。

(2)绘制轴线。使用"直线(L)"命令，从一层平面图引出①～⑦轴线，完成两端轴线的绘制。

(3)将当前层设置成"地坪线"层。

(4)绘制地坪线。按照规范要求，立面图的地坪线采用加粗实线，线宽为1.4b。使用"直线(L)"命令绘制地坪线。

(5)绘制标高线。根据立面图中的标高，使用"偏移(O)"命令绘制标高线。

地坪、标高线绘制完成如图8-13所示。

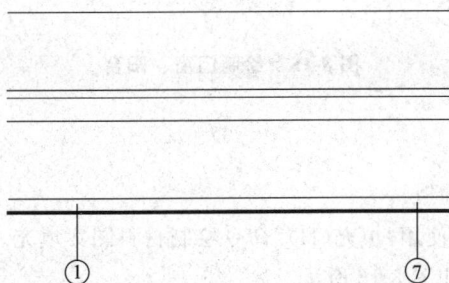

图 8-13　绘制地坪、标高线

3.绘制外墙轮廓线

(1)将当前层设置成"外墙轮廓线"层。

(2)绘制外墙线。以一层平面图为参照,从一层的外墙线引出,使用辅助线,完成外墙线的绘制。

外轮廓绘制完成如图 8-14 所示。

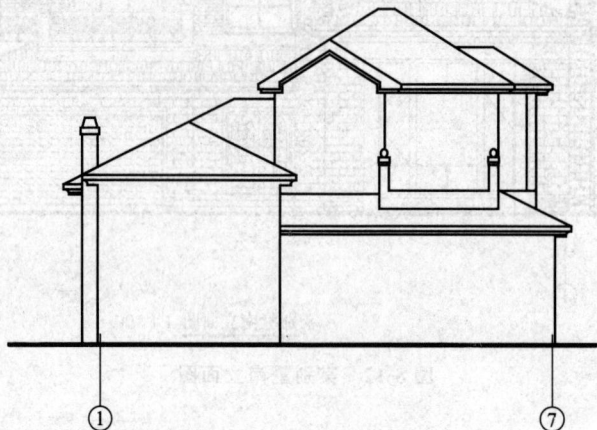

图 8-14　绘制外墙轮廓线

4.绘制门窗

(1)将当前层设置成"门窗轮廓"层。

(2)绘制门窗轮廓线。以一层平面图为参照,从一层的门窗位置处引出,使用辅助线,完成门窗线的绘制。

门窗、阳台绘制完成如图 8-15 所示。

图 8-15　绘制门窗、阳台

5.绘制材料图案填充

(1)将当前层设置成"其他"层。

(2)绘制材料图案填充。使用"填充(H)"命令绘制材料图案填充。

材料图案填充绘制完成如图 8-16 所示。

图 8-16 绘制材料图案填充

6．绘制尺寸标注、标高、文字说明等

(1)将当前层设置成相应层。

(2)完成尺寸标注、标高、文字说明等绘制。

7．注写图名、比例

在图下注写图名和比例。

教学提示： 绘制建筑立面图的一般步骤：设置绘图环境→绘制地坪及标高线→绘制外墙轮廓线→绘制门窗→绘制材料图案填充→绘制尺寸标注、标高、文字说明等→注写图名、比例。

项目 8.4 绘制建筑剖面图

教学要求： 通过本项目的学习，学生应了解建筑剖面图的相关知识，熟悉《房屋建筑制图统一标准》(GB/T 50001—2017)、《建筑制图标准》(GB/T 50104—2010)中的相关规定，掌握建筑剖面图的绘图步骤。

教学要点：

教学重点：建筑剖面图的绘制步骤。

教学难点：绘制建筑剖面图的技巧。

■ 8.4.1 建筑剖面图基础知识 ··

假想用一个垂直剖切平面将房屋剖开，将观察者与剖切平面之间的部分房屋移走，将留下的部分对与剖切平面平行的投影面作正投影，所得到的正投影图，称为建筑剖面图，简称剖面图，如图 8-17 所示。

建筑剖面图用来表达建筑物内部垂直方向高度、楼层分层情况，以及简要的结构形式和构造方式。它与建筑平面图、立面图相配合，是建筑施工图中不可缺少的重要图样之一。

剖面图的剖切位置应选择在内部结构和构造比较复杂或有代表性的部位，其数量应根据房屋的复杂程度和施工实际需要而定。两层以上的楼房一般至少要有一个楼梯间的剖面图。剖面图的剖切位置和剖视方向,可以从底层平面图中找到。

■ 8.4.2 建筑剖面图的绘制内容 ······························

建筑剖面图的绘制要遵守《房屋建筑制图统一标准》(GB/T 50001—2017)、《建筑制图标准》(GB/T 50104—2010)的基本规定。建筑剖面图表达的内容如下:

(1)图名、比例。

(2)定位轴线及其尺寸。

(3)剖切到的构件。剖切到的屋面(包括隔热层及吊顶)、楼面、室内外地面(包括台阶、明沟及散水等),剖切到的内外墙身及其门、窗(包括过梁、圈梁、防潮层、女儿墙及压顶),剖切到的各种承重梁和连系梁、楼梯梯段、楼梯平台、雨篷,以及雨篷梁、阳台、走廊等。

(4)未剖切到的可见部分。如可见的楼梯梯段、栏杆扶手、走廊端头的窗,可见的梁、柱,可见的水斗和雨水管,可见的踢脚和室内的各种装饰等。

(5)垂直方向的尺寸及标高。

(6)详图索引符号。

(7)施工说明等。

■ 8.4.3 建筑剖面图的绘制实例 ······························

绘制如图 8-17 所示的某别墅 1—1 剖面图。

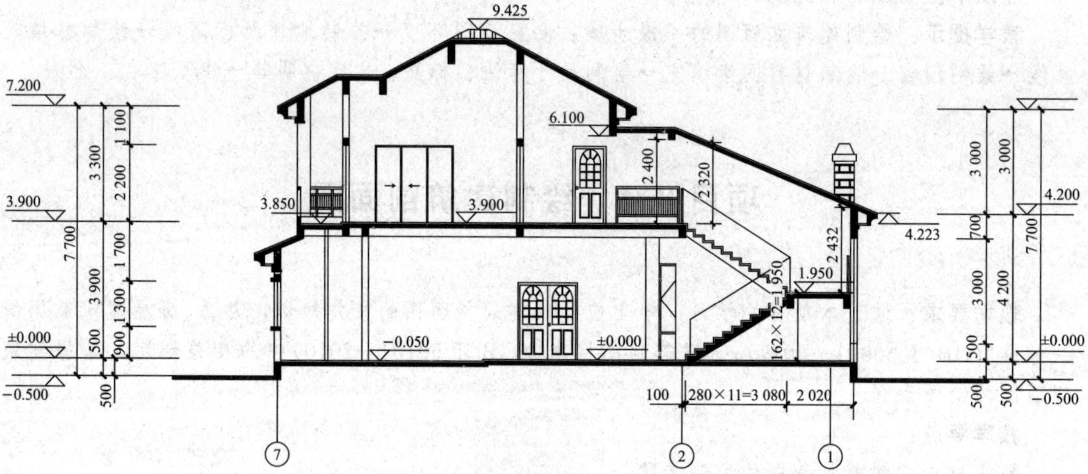

别墅1—1剖面图 1∶100

图 8-17 某别墅 1—1 剖面图

1. 设置绘图环境

(1)使用"LIMITS"命令设置图幅为 A3 尺寸(横式)。

(2)增设图层。增设"楼面"图层,线型为实线,线宽为 b。

2. 绘制地坪及标高线

(1)将当前层设置成"轴线"层。

(2)绘制轴线。使用"直线(L)命令",从一层平面图引出⑦～①轴线,完成轴线的绘制。

(3)将当前层设置成"地坪线"层。

(4)绘制地坪线。按照规范要求，立面图的地坪线采用加粗实线，线宽为$1.4b$。使用"直线(L)"命令绘制地坪线。

(5)绘制标高线。根据立面图中的标高，使用"偏移(O)"命令绘制标高线。

3.绘制墙体、楼板及门窗

(1)将当前层设置成"外墙轮廓线"层。

(2)绘制外墙线。以一层平面图为参照，从一层的外墙线引出，使用辅助线，完成外墙线的绘制。

(3)将当前层设置成"楼面"层。

(4)绘制楼板。根据剖面图中梁板的尺寸，使用"直线(L)"命令绘制楼板轮廓线，并用"填充(H)"命令进行实体填充。

(5)将当前层设置成"门窗轮廓"层。

(6)绘制门窗轮廓线。以一层平面图为参照，从一层的门窗位置处引出，使用辅助线，完成门窗线的绘制。

墙体、楼板及门窗绘制完成，如图8-18所示。

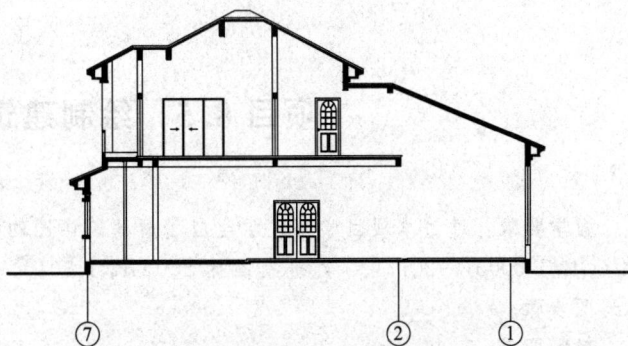

图8-18 绘制墙体、楼板及门窗

4.绘制楼梯

(1)将当前层设置成"楼梯"层。

(2)绘制楼梯。根据图中尺寸，使用"多段线(PL)"命令绘制楼梯梯段及休息平台，使用"填充(H)"命令对剖切到的部分进行实体填充。

楼梯绘制完成如图8-19所示。

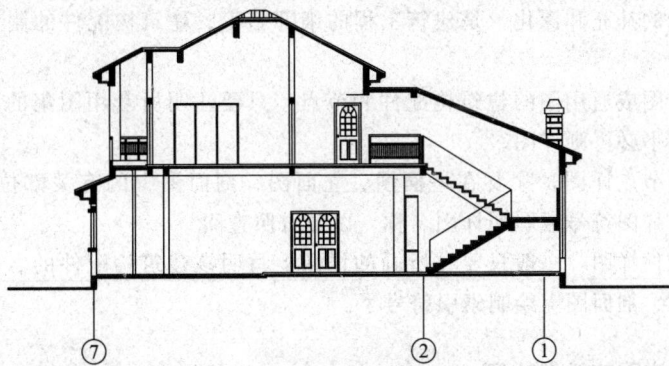

图8-19 绘制楼梯

5.绘制未剖切到的细节部分

按照立面图的画法，完成未剖切部分及其细节的绘制。

6. 绘制尺寸标注、标高、文字说明等

(1)将当前层设置成相应层。

(2)完成尺寸标注、标高、文字说明等绘制。

7. 注写图名、比例

在图下注写图名和比例。

教学提示：绘制建筑剖面图的一般步骤：设置绘图环境→绘制地坪及标高线→绘制墙体、楼板及门窗→绘制楼梯→绘制未剖切到的细节部分→绘制尺寸标注、标高、文字说明等→注写图名、比例。

项目 8.5　绘制建筑详图

教学要求：通过本项目学习，学生应了解建筑详图的相关知识，熟悉《房屋建筑制图统一标准》(GB/T 50001—2017)、《建筑制图标准》(GB/T 50104—2010)中的相关规定，掌握建筑详图的绘图步骤。

教学要点：

教学重点：建筑详图的绘制步骤。

教学难点：绘制建筑详图的技巧。

■ 8.5.1　建筑详图基础知识 ···

因为建筑平、立面图和剖面图一般采用较小的比例，在这些图上难以表示清楚建筑物某些部位的详细构造。根据施工需要，必须另外绘制比例较大的图样，将某些建筑构配件(如门、窗、楼梯、阳台、雨水管等)及一些构造节点(如檐口、窗台、勒脚、明沟等)的形状、尺寸、材料、做法详细表达出来。由此可见，建筑详图是建筑细部的施工图，是建筑平面图、立面图、剖视图等基本图纸的补充和深化，是建筑工程的细部施工、建筑构配件的制作及编制预决算的依据。

对于套用标准图或通用图的建筑构配件和节点，只要注明所套用图集的名称、型号或页数(索引符号)，就可不必再画详图。

对于建筑构造节点详图，除要在平面图、立面图、剖面图中的有关部位绘注索引符号外，还应在详图上绘注详图符号或写明详图名称，以便对照查阅。

对于建筑构配件详图，一般只要在所画的详图上写明该建筑构配件的名称或型号，就不必在平面图、立面图、剖面图上绘制索引符号了。

■ 8.5.2　建筑详图的绘制内容 ···

建筑详图的绘制要遵守《房屋建筑制图统一标准》(GB/T 50001—2017)、《建筑制图标准》(GB/T 50104—2010)的基本规定。建筑详图表达的内容如下：

(1)图名(或详图符号)、比例。

(2)表达出构配件各部分的构造连接方法及相对位置关系。

(3)表达出各部位、各细部的详图尺寸。

(4)详细表达构配件或节点所用的各种材料及其规格。

(5)有关施工要求及制作方法说明等。

■ 8.5.3 建筑详图的绘制实例 ··

绘制如图 8-20 所示的楼梯详图。

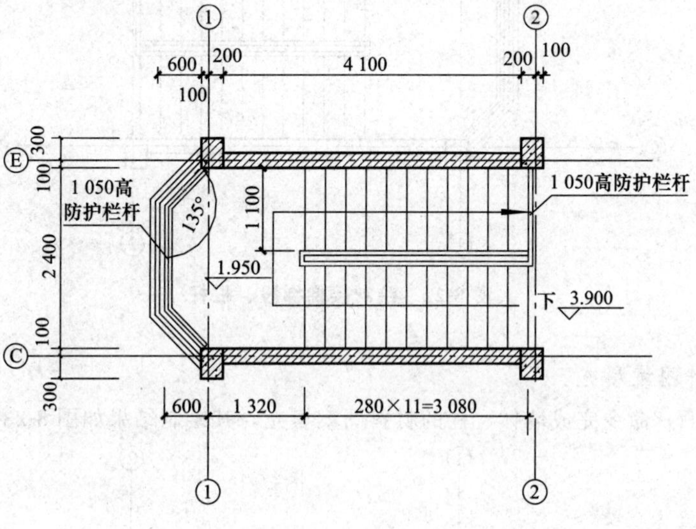

楼梯二层平面详图 1∶50

图 8-20 楼梯详图

1. 设置绘图环境

使用"LIMITS"命令设置图幅为 A3 尺寸(横式)。

2. 绘制轴网、墙体、门窗

根据图纸尺寸绘制,参考绘制平面图的步骤,其绘制结果如图 8-21 所示。

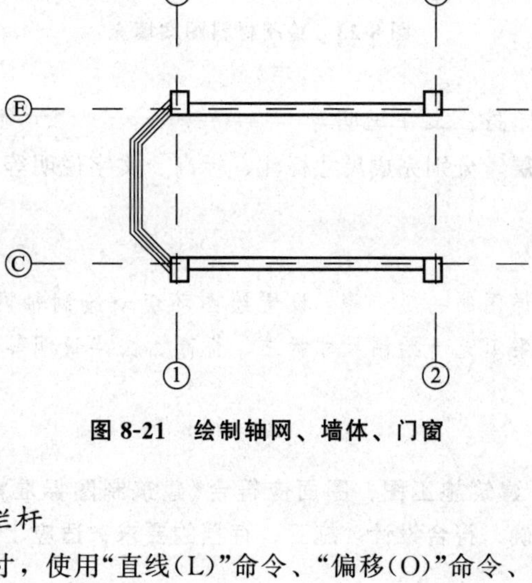

图 8-21 绘制轴网、墙体、门窗

3. 绘制楼梯梯段、栏杆

根据梯段、栏杆的尺寸,使用"直线(L)"命令、"偏移(O)"命令、"镜像(MI)"命令绘制楼梯梯段及栏杆，其绘制结果如图 8-22 所示。

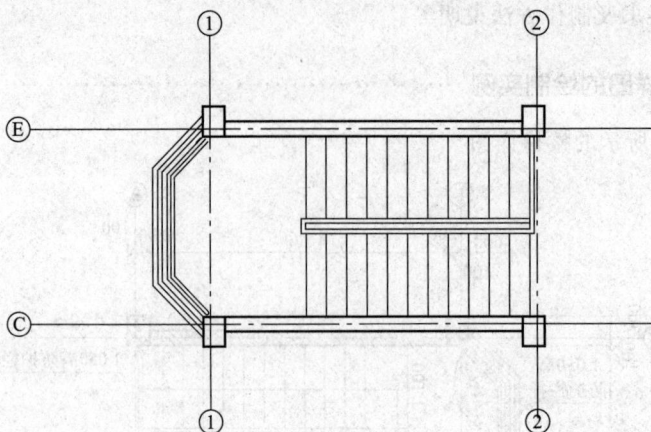

图 8-22　绘制楼梯梯段、栏杆

4. 绘制材料图案填充

使用"填充(H)"命令完成墙体、柱的材料图案填充，其绘制结果如图 8-23 所示。

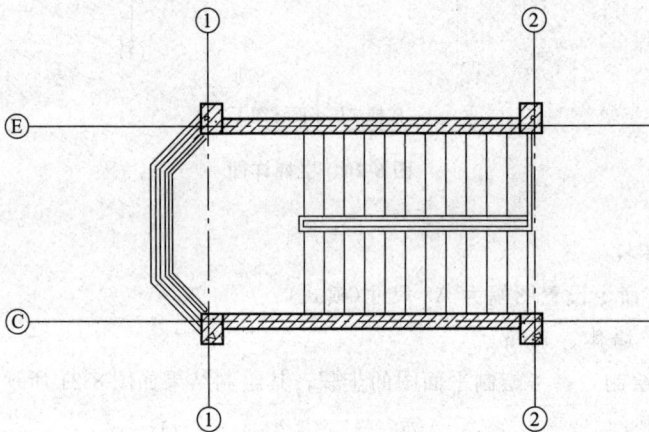

图 8-23　绘制材料图案填充

5. 绘制尺寸标注、标高、文字说明等

将当前层设置成相应层，分别完成尺寸标注、标高、文字说明等绘制和注写。

6. 注写图名、比例

在图下注写图名和比例。

教学提示：绘制楼梯详图的一般步骤：设置绘图环境→绘制轴网、墙体、门窗→绘制楼梯梯段、栏杆→绘制材料图案填充→绘制尺寸标注、标高、文字说明等→注写图名、比例。

📙 课后练习

抄绘图 8-24～图 8-26 建筑施工图，图面应符合《建筑制图标准》(GB/T 50104—2010) 的要求，做到清晰、简明、准确，符合设计、施工、存档的要求，适应工程建设的需要。

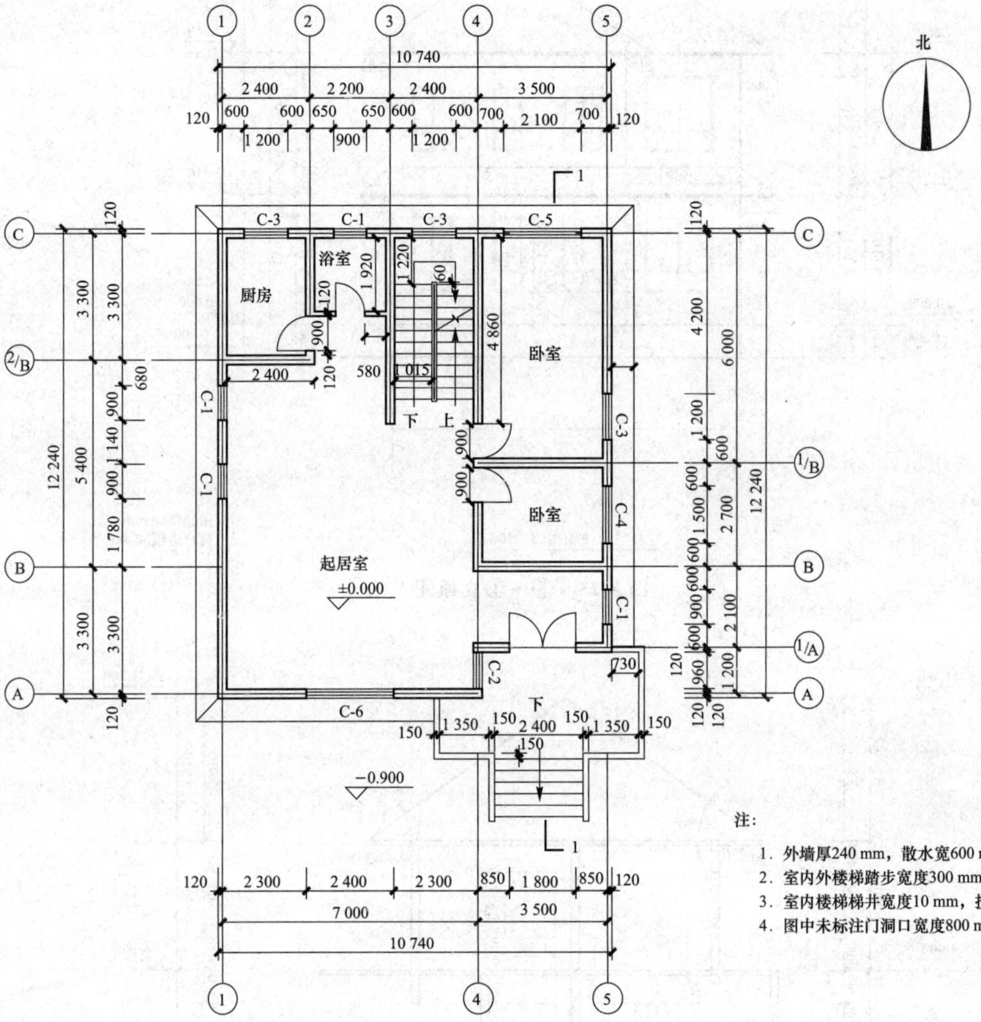

北

注:
1. 外墙厚240 mm, 散水宽600 mm
2. 室内外楼梯踏步宽度300 mm
3. 室内楼梯梯井宽度10 mm, 扶手宽60 mm
4. 图中未标注门洞口宽度800 mm

一层平面图 1:100

图 8-24 一层平面图

· 267 ·

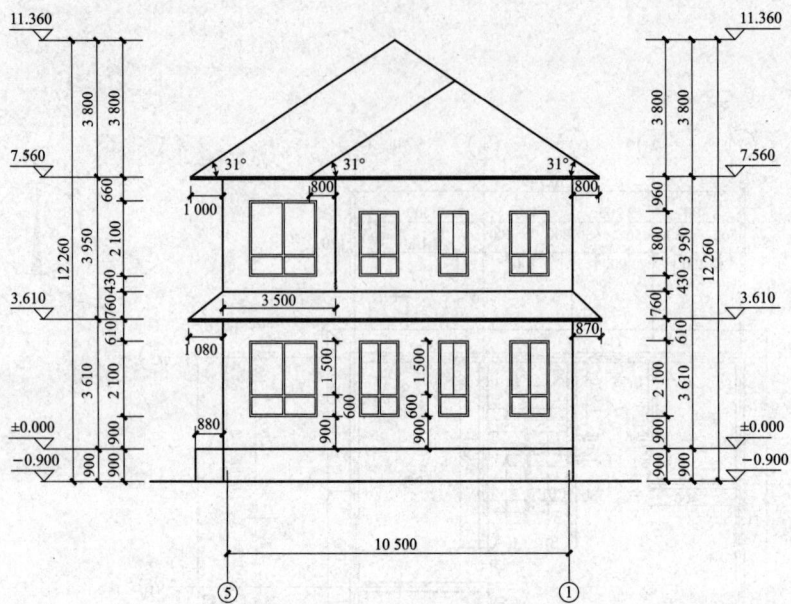

注：
1. 屋檐厚60 mm
2. 窗户边框60 mm

⑤～① 立面图 1：100

图 8-25　⑤～① 立面图

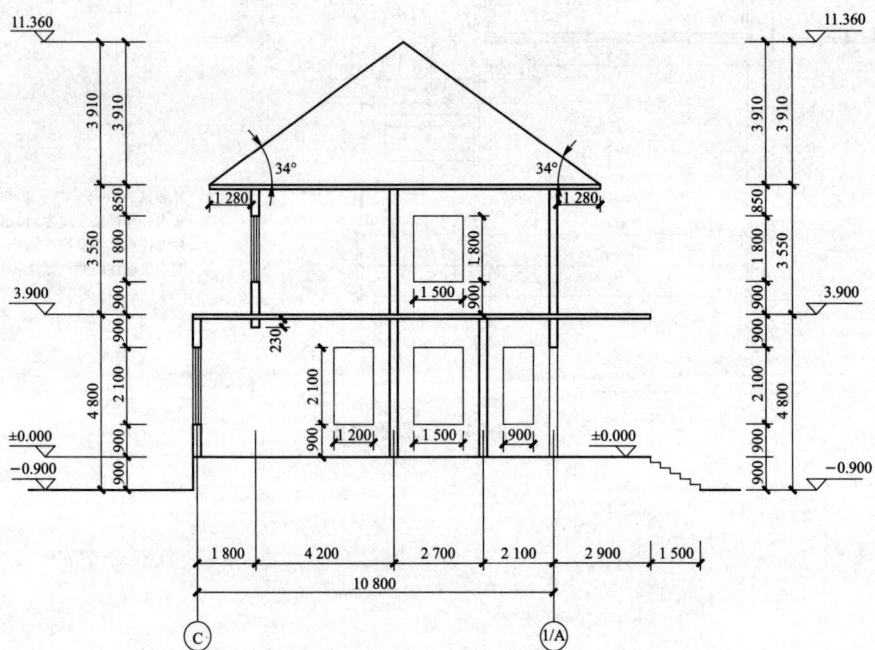

注：
1. 楼梯台阶150 mm（踏步高）×300 mm（踏步宽）
2. 楼板厚度120 mm

1—1剖面图 1：100

图 8-26　1—1 剖面图

模块 9　图形的输入输出和打印

知识目标：通过本模块的学习，学生应掌握图形输入的方法；掌握模型与布局设置方法；掌握图形的输出与打印的方法。

技能目标：能够上机练习熟练使用 CAD 软件；能够进行不同格式文件的输入、输出与页面设置；综合运用所学知识打印和输出图形。

素质目标：培养学生团结协作的能力，加强学生的团队精神；培养学生的创新能力；培养学生具有清晰的逻辑思维和科学严谨的工作态度。

项目 9.1　图形的输入

教学要求：通过本项目的学习，学生应掌握将不同格式的文件输入当前 DWG 图形的方法。

教学要点：

教学重点：常用文件格式的输入方法。

教学难点：常用文件格式的输入方法。

在本书模块 4 中，我们学习过图块；在模块 7 中，我们学习过外部参照，两者都可以将 DWG 图形插入当前 DWG 文件。本项目我们要学习将其他格式的文件输入当前 DWG 图形的方法。

1. 命令访问

(1)菜单栏。在菜单栏执行"文件(F)"→"输入(R)"命令。

(2)工具栏。在"插入"工具栏单击"输入"按钮 🗗。

(3)命令行。在命令行输入"IMPORT"。

2. "输入文件"对话框

执行"输入"命令后，弹出"输入文件"对话框，如图 9-1 所示。

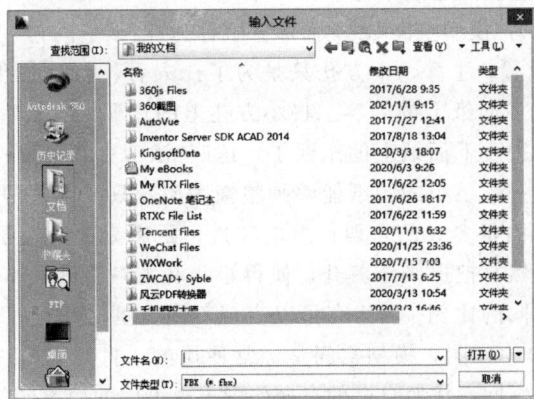

图 9-1　"输入文件"对话框

3. 选项和参数说明

单击"文件类型"右侧向下箭头 ✓，可以看到可输入的文件类型列表，如图 9-2 所示。

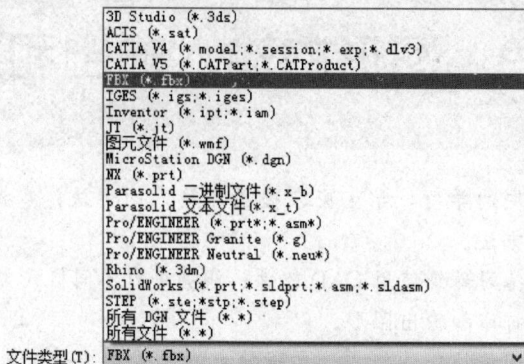

```
3D Studio (*.3ds)
ACIS (*.sat)
CATIA V4 (*.model;*.session;*.exp;*.dlv3)
CATIA V5 (*.CATPart;*.CATProduct)
FBX (*.fbx)
IGES (*.igs;*.iges)
Inventor (*.ipt;*.iam)
JT (*.jt)
图元文件 (*.wmf)
MicroStation DGN (*.dgn)
NX (*.prt)
Parasolid 二进制文件(*.x_b)
Parasolid 文本文件(*.x_t)
Pro/ENGINEER (*.prt*;*.asm*)
Pro/ENGINEER Granite (*.g)
Pro/ENGINEER Neutral (*.neu*)
Rhino (*.3dm)
SolidWorks (*.prt;*.sldprt;*.asm;*.sldasm)
STEP (*.ste;*stp;*.step)
所有 DGN 文件 (*.*)
所有文件 (*.*)
```

文件类型(T): FBX (*.fbx) ✓

图 9-2　可输入文件类型

项目 9.2　模型与布局设置

教学要求：通过本项目的学习，学生应了解模型与布局的基本概念，掌握模型与布局的设置方法。

教学要点：

教学重点：模型与布局的概念。

教学难点：模型与布局的设置。

■ 9.2.1　布局(图纸空间)与模型空间的比较 ···

1. 图纸空间和模型空间的概念

在一张纸上写些文字、画些图形，然后将一张白纸盖在上面，结果什么也看不见。在这张白纸上开个小方孔，小方孔上贴个透明纸，就可以看到下面那张纸上的一部分。拉开这两张纸的距离，看到的东西越来越多，也越来越小。

人们将底下那张纸称为"模型空间"，上面那张纸称为"图纸空间"，那个小方孔称为"视口"。两张纸的距离用"zoom"设置。注意，小方孔只是为了让人看，因为方孔上粘了透明纸，所以，在上面那张纸上不能修改下面纸上的内容。将小方孔上的透明纸掀开，便成了一个真正的孔，可以拿笔伸过这个小方孔去改下面纸上的东西了，这叫"激活视口"。一个小孔能够看到下面那张纸上所有内容，这便是一张小小的图纸能够画整幢大厦，只要调整两张纸的距离，那么，将图框画在上面的纸上，下面是多大的东西，总能装进。距离太大，想要清楚地看清局部的话，那么再开一个小小孔，当然要把那张纸剪开，使得小小孔能贴近些(AutoCAD 不需要"剪开")，这便能在一张图上表现不同的比例。因为有可以表现不同比例的作用，所以，中文版把图纸空间又称为"布局"。在 CAD 中作图，模型空间是经常使用的，打开 CAD 就可以直接进入，在这里，可以定制不同大小的空间，按照自己的意向作图，也可以使用不同的比例出图。

2. 图纸空间和模型空间的功能说明

布局空间(也称为图纸空间)更好地解决了出图比例的问题,带来了更大的方便。

"模型"选项卡可获取无限的图形区域。在模型空间中,按 1∶1 的比例绘制,最后的打印比例交给布局来完成。

如果模型有几种视图,则应当考虑利用图纸空间。虽然图纸空间是为 3D 打印要求而设计的,但对 2D 布局也是有用的。例如,如果想以不同比例显示模型的视图,图纸空间是不可缺少的。图纸空间是一种用于打印几种视图布局的特殊的工具。它模拟一张用户的打印纸,而且要在其上安排视图。用户借助浮动视口安排视图。

■ 9.2.2 建立布局的步骤 ·······

在图纸上绘图要先考虑比例和布局,而在 CAD 中绘图没有必要先考虑比例和布局,只需在模型空间中按 1∶1 的比例绘图,打印比例和如何布置图纸交由最后的布局设置完成。在模型空间中绘好图之后就可以进行布局的设置了。

CAD 中有两个默认的布局,单击"布局"按钮首先弹出一个页面设置的窗口,设置需要的打印机和纸张,打印比例设置为 1∶1,单击确定后即自动生成一个视口,视口应单独设置一个图层,以便以后打印时可以隐藏视口线。

建立视口时 CAD 默认显示所有的对象最大化,之后开始调整比例。双击进入视口(也可单击最下边的状态栏上的图纸/模型来切换),在命令行里输入"z",按 Enter 键,输入比例因子,此图的比例为 1/4xp,按 Enter 键,然后可以用"平移"命令移动到合适的位置。这里要注意,一定要在输入比例的后边加上"xp"才是要打印的比例。

视口调整完之后,开始使用打印样式,编辑打印样式表。一般用颜色来区分线的粗细和打印颜色,并不需要在图层中设置线的宽度,保存自己的打印样式表以备以后继续使用。这样,打印前的准备都已完成,只要以后改图时不整体移动图,那么这个布局就永远不会变,每次打印的图纸都和第一次打印的模式一样。

■ 9.2.3 布局中的几个特殊控制 ·······

1. 不打印视口线的两种办法

(1)隐藏视口线图层。

(2)可以将视口线的颜色设置为 255 号颜色,在打印时是无色的。

2. PSLTSCALE 变量控制图纸空间的线型比例

无特殊线型比例。按"PSLTSCALE"命令设置的全局比例因子进行缩放。模型中的虚线长度与视口中的虚线长度一样。

视口比例决定线型比例。

3. 视口中图层的控制

如果需要在当前视口不打印某一图层,如在当前视口不打印标注尺寸层,具体设置方法:双击当前视口进入图纸空间中的模型空间(一定要进入视口,否则无法控制当前视口图层),打开图层特性管理器,选中要在当前视口中冻结的图层,在"在当前视口中冻结"。这样就可以实现只在当前视口冻结图层的目的,而不影响其他视口,也不影响模型空间的图层冻结。这一功能对于一个文件要打印出几种不同表现图来说非常有用,要比打印一次冻结某层,再冻结其他层再打印来说要方便多了。

■ 9.2.4 三维消隐打印功能 ··

选中要消隐打印的视口（单击视口线），打开特性管理器，选择选项"消隐出图"中的"是"即可消隐出图。

在布局中还有其他的设置，例如，可以建立多边形视口；在一个布局里可以建立多个视口从不同的观察角度打印出 3D 的模型。

■ 9.2.5 绘图操作方法 ··

(1)绘制图形：在模型空间按零件实际尺寸绘制图形。

(2)绘制图框及标题栏：双击 TILE 区域，切换到图纸空间，以 1∶1 的比例绘制图框及标题栏等。

(3)建立视区：输入命令"MVIEW"，输入矩形视区的对角两点坐标，此时，视区中将显示出零件图形。

(4)设置视区比例：输入命令"MVSETUP"，选择 S 比例，单击视区边框选择视区再按 Enter 键，输入图纸空间单位 1，输入模型空间单位 10，按两次 Esc 键，此时，已将视区的比例设置为 1∶10。

(5)视区调整：如视区中的零件位置偏左或偏右，可移动视区位置，也可进入视区模型状态进行平移。任意标注一个尺寸再删除，系统自动产生 Defpoints 层，将视区放在此层上，打印时边框自动隐去。

(6)尺寸标注：

1)在图纸空间标注：需设置视区的比例因子，输入命令"DIMLFAC"，输入 10（否则尺寸将是图纸尺寸）；

2)在视区模型状态标注：需在标注样式中设定"Scale to Paper Space"选项，再进行尺寸标注，否则标注线及文字会与零件图一样按比例缩放而失真。此过程中要注意不能用拖动法调整显示比例，否则设置的比例将丢失。

(7)输出图形：切换到图纸空间，以 1∶1 比例输出图形，完成绘图。

(8)注意事项：在图纸空间绘制视区后，模型空间的图最好不要进行整体移动，模型空间与视区模型中显示的是同一图形，改变是同步的。同时，在图纸空间可建立多个视区，设置各自的比例，命令"MVSETUP"的其他选项可进行多个视区中图形的对齐等操作。

教学提示：布局空间可以与模型空间一样保存单独的页面设置，打印时选择保存后的设置就行。在一个文件中可建立多个布局，通过视图底部的布局名称在布局间进行切换，如布局 1、布局 2。因此，也不必在布局空间排过多的图纸，一张就可以，这样管理和查看也很方便，打印输出时操作也简便，批量打印通过发布可以完成，而管理布局用图纸集就可以。

项目 9.3 图形的输出与打印

教学要求：通过本项目的学习，学生应掌握图形的输出和打印的基本方法。

教学要点：

教学重点：图形的输出。

教学难点：图形的打印。

在 AutoCAD 中，如果所有的绘图工作是基于二维图样的设计，则无须进行图纸布局，图形的打印输出可以直接在模型空间中完成。

■ 9.3.1　命令访问

(1)菜单栏。在菜单栏执行"文件(F)"→"打印(P)"命令。

(2)工具栏。在"标准"工具栏单击"打印"按钮⊜。

(3)命令行。在命令行输入"PLOT"。

(4)组合键。Ctrl＋P。

■ 9.3.2　命令提示

执行"打印"命令后，AutoCAD 将显示"打印"对话框。从模型空间打印时，打印对话框的标题会显示"打印—模型"，如图 9-3 所示。

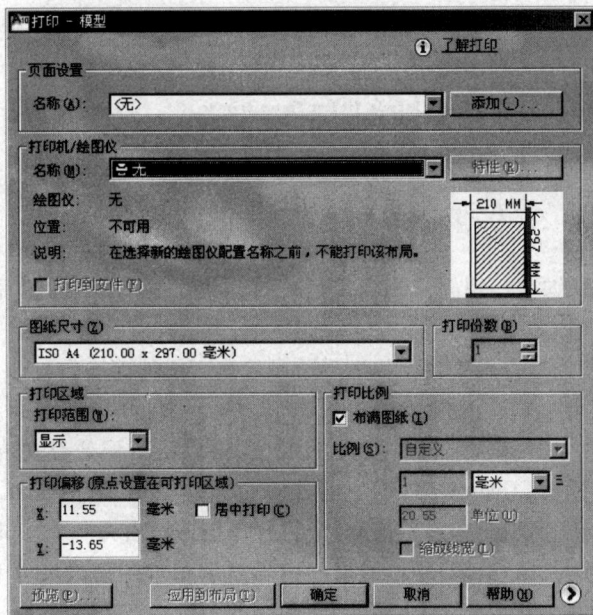

图 9-3　"打印—模型"对话框

■ 9.3.3　选项和参数说明

"打印—模型"对话框包含以下内容。

1. 页面设置

"名称"列表显示所有已保存的页面设置，可从中选择一个页面设置并启用其中保存的打印设置，或者保存当前的设置作为以后从模型空间打印图形的基础。

如需保存当前打印对话框中的相关设置，单击"添加"按钮，AutoCAD 将显示"添加页面设置"对话框，如图 9-4 所示。

在"添加页面设置"对话框中，在"新页面设置名"文本框中输入设置名称，单击"确定"按钮，即可将当前"打印"对话框中所有设置的内容保存至新页面设置中。

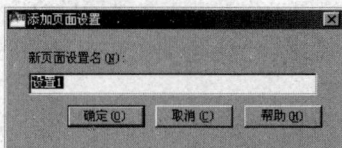

图 9-4 "添加页面设置"对话框

2. 打印/绘图仪设置

在"打印—模型"对话框中，"打印/绘图仪"栏目中显示可供使用的打印机或绘图仪名称及其相关信息，并以局部预览的形式精确显示相对于图纸尺寸和可打印区域的有效打印区域。

(1)"名称"下拉列表：列出可用的 pc3 文件或系统打印机，可以从中进行选择，以打印当前布局。设备名称前面的图标样式可以区别选用的设备是 pc3 文件还是系统打印机，如图 9-5 所示。当前默认的打印可以在"选项"对话框中指定。

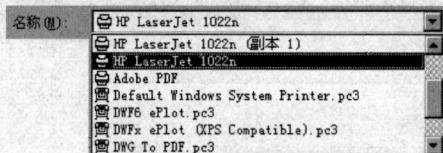

图 9-5 "名称"下拉列表框

(2)"特性"按钮 特性(R)... ：用于修改当前可用打印设备的"打印机配置"。选择"提示"，将显示指定打印设备的信息。

(3)"打印到文件"复选框：用于控制将图形打印输出到文件而不是打印机。当与打印机相连的计算机没有安装 AutoCAD 软件时，CAD 数据文件是无法打开和打印的。这种情况下可在事先已安装 AutoCAD 软件的计算机上创建一个打印文件，以便不受是否安装有 AutoCAD 软件的限制，可随时随地打印输出。AutoCAD 创建的打印文件以". plt"为扩展名。勾选"打印到文件"选框，并指定文件的名称和保存路径，打印时会将打印任务输出为一个". plt"文件。

(4)局部预览区：在"打印/绘图仪"栏的右侧精确显示相对于图纸尺寸和可打印区域的有效打印区域。

3. 打印设置

打印设置主要包括图纸尺寸、打印区域、打印比例、打印偏移选项的设置。各选项含义如下：

(1)"图纸尺寸"下拉列表框：显示所选打印设备可用的标准图纸尺寸，实际的图纸尺寸由宽(X 轴方向)和高(Y 轴方向)确定。如果未选择绘图仪，将显示全部标准图纸尺寸的列表以供选择。如果所选绘图仪不支持布局中选定的图纸尺寸，将显示警告，用户可以选择绘图仪的默认图纸尺寸或自定义图纸尺寸。在"打印/绘图仪"栏中可以实时显示基于当前打印设备所选的图纸尺寸仅能打印的实际区域。如果打印的是光栅图像(如 BMP 或 TIFF 文件)，打印区域大小的指定将以像素为单位而不是英寸或毫米为单位。

(2)"打印区域"下拉框：用于指定图形要打印的部分，包括以下内容：

1)图形界限：打印由图形界限所定义的整个绘图区域。通常情况下，将图形界限的左下角点定义为打印的原点。只有选择"模型"选项卡时，此选项才可用。

2)范围：该选项强制将包含所有对象的矩形和/或当前图形界限的左下角点作为打印的原点。这与执行"ZOOM—范围缩放"命令相似，当前空间中的所有几何图形都将被打印，包括绘制在图形界限外的对象。

3)显示：打印当前屏幕中显示的图形，当前屏幕显示的左下角点为打印的原点。

4)视图：打印以前通过"VIEW"命令保存的视图。如果图形中没有保存过的视图，此选项不可用。

5)窗口：选择屏幕上一个窗口，并打印窗口内的对象。窗口的左下角点是打印的原点。

(3)"打印比例"栏：用于控制图形单位与打印单位之间的相对尺寸。

1)"布满图纸"复选框：以缩放形式打印图形并布满所选图纸尺寸，在"比例""英寸＝"和"单位"框中显示自适应的缩放比例因子。

2)"比例"栏：用于以选择或输入的方式来定义打印的精确比例。"自定义"可定义用户定义的比例。可以通过输入与图形单位数等价的英寸(或毫米)数来创建自定义比例。

(4)"打印偏移"栏：可以定义打印区域偏离图纸左下角的偏移值。布局中指定的打印区域左下角位于图纸页边距的左下角。可以输入一个正值或负值以偏离打印原点。打开"居中打印"开关，则自动将打印图形置于图纸正中间。

4．打印设置的扩展选项

在"打印—模型"对话框中，单击右下角的"更多选项"按钮⊙，可以将"打印—模型"对话框展开，显示更多的打印设置选项，如图9-6所示。当单击"更少选项"按钮时，可以将对话框折叠，返回初始状态。

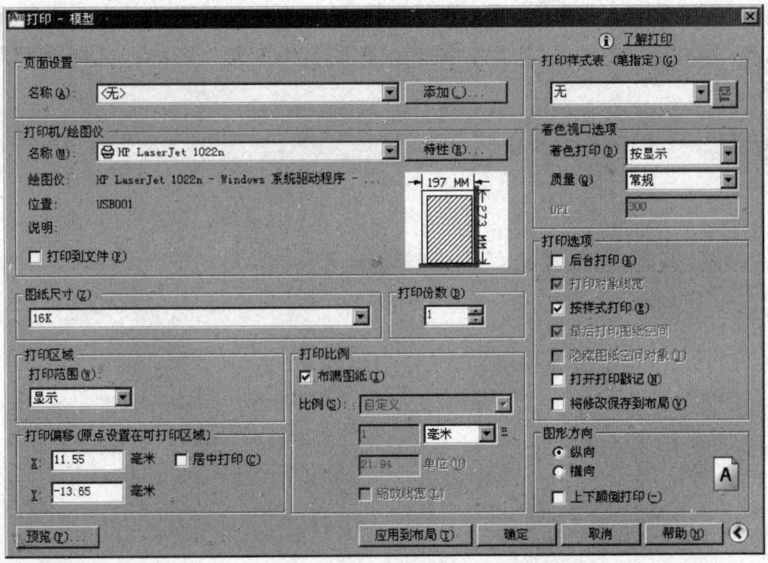

图9-6 "打印—模型"对话框中的更多选项

"打印—模型"对话框中各选项含义如下：

(1)"打印样式表"栏：用于设置、编辑打印样式表或者创建新的打印样式表。通过打印样式表的设置可以控制如何将图形中的对象输出到打印机，可以替代对象原有的颜色、线型和线宽，可以指定端点、连接和填充样式，也可以指定抖动、灰度、笔指定和淡显等输出效果。另外，通过打印样式还可以控制打印机如何对待图形中的每个单独的对象。注意：在工程图打印时，必须选择相应的样式，一般采用"颜色相关"的打印样式，根据工程图样绘制时，图层或图线颜色的设置不同打印出图样所需的粗细线型。

(2)"着色视口选项"栏：用于指定着色和渲染视口的打印方式，并确定它们的分辨率大小和每英寸点数（DPI）。

(3)"打印选项"栏：指定线宽、打印样式、着色打印和对象的打印次序等选项。

(4)"图形方向"栏：为支持纵向或横向的绘图仪，指定图形在图纸上的打印方向；图纸图标代表所选图纸的介质方向；字母图标代表图形在图纸上的方向。

(5)"预览"按钮：按图纸中打印出来的样式显示图形。

完成上述设置后，单击"打印—模型"对话框中的"确定"按钮 确定 ，即可打印任务。

教学提示：图形的打印和输出是绘图成果展示的重要环节，方便高效地输出需要的图形格式，可以让 CAD 软件的适用范围更广。

课后练习

打开模块 8 绘制的建筑施工图，完成以下操作：

(1)调整平面图、立面图、剖面图在模型空间的位置，使其放置规范、间距合理；

(2)新建布局"平立剖 A2 出图"，设置成 A2 尺寸，将建筑平、立、剖面图放置在该布局中，设置好相关参数；

(3)新建"平面图 A3 出图""立面图 A3 出图""剖面图 A3 出图"3 个布局，均设置成 A3 尺寸，将建筑平面图、立面图、剖面图分别放置在相应的布局中，设置好相关参数；

(4)虚拟打印"平立剖 A2 出图"布局，要求以布局名作为文件名称，文件类型为 PDF 格式；

(5)虚拟打印"平立剖 A2 出图"布局，要求以布局名作为文件名称，文件类型为 JPG 格式。

模块 10　绘制和编辑三维模型

知识目标：理解视点和三维图形的表现方法，学习建立用户坐标系，掌握三维实体的观察方法；掌握三维实体的创建方法；通过认识实体编辑菜单了解三维图形编辑的方法，用布尔运算编辑三维图形；使用实体编辑工具栏编辑三维实体；使用三维旋转、阵列、镜像等命令编辑三维对象。

技能目标：通过上机熟练使用中望 CAD 软件；能够运用所学命令进行实体造型，并能够制作完成简单的三维模型；综合运用所学知识灵活创建三维实体，运用分组教学法，培养学生创建三维模型的能力。

素质目标：在学习过程中培养学生团结协作的能力，加强学生的团队精神；注重培养学生的创新能力；注重培养学生具有清晰的逻辑思维和科学严谨的工作态度。

项目 10.1　三维坐标系

教学要求：通过本项目的学习，学生应了解三维坐标系的基本内容，熟悉世界坐标系和用户坐标系的区别，掌握用户坐标系建立及变换的基本方法。

教学要点：

教学重点：用户坐标系（UCS）及世界坐标系（WCS）的区别。

教学难点：用多种方法变换 UCS 坐标。

■ 10.1.1　三维坐标系 ···

AutoCAD 2014 使用的是笛卡尔坐标系，其使用的直角坐标系有两种类型：一种是世界坐标系（WCS）；另一种是用户坐标系（UCS）。为了方便创建三维模型，AutoCAD 2014 允许用户根据需要设定坐标系，即用户坐标系（UCS），合理地创建 UCS，可以方便地创建三维模型。

1. 世界坐标系

AutoCAD 2014 中世界坐标系是固定坐标系。

2. 用户坐标系

可移动的用户坐标系对于输入坐标、建立绘图平面和设置视图非常有用。改变 UCS 并不改变视点，只会改变坐标系的方向和倾斜度。

WCS 和 UCS 常常是重合的，即它们的轴和原点完全重叠在一起。无论如何重新定向 UCS，都可以通过使用"UCS"命令的"世界"选项使其与 WCS 重合。

AutoCAD 2014 中当 UCS 的 X、Y、Z 3 个点的值都为 0 时，就像这个坐标系落在了某个房子里的墙角，这个墙角是由 3 个墙面构成，在这个房子里放的任何东西，都以这个坐标系为参照。

■ 10.1.2　变换 UCS 坐标系 ………………………………………………………

在绘制三维图形时设置用户坐标系尤其重要，学习设置准确的用户坐标系是绘制好三维图形的关键。因为，我们必须在 X、Y 平面上绘制图形，绘图时要根据绘制图形的要求不断设置和变更用户坐标系，就是要重新确定坐标系新的原点和新的 X 轴、Y 轴、Z 轴方向。用户可以按照需要定义、保存和恢复任意多个用户坐标系。

原点 UCS 的含义：通过定位新原点，可以使坐标输入与图形中的特定区域或对象相关联。例如，可以将原点重新定位在某一建筑的角点上，或者将其作为地图上的参考点。如果创建了三维长方体，则可以通过编辑时将 UCS 与要编辑的每一条边对齐，来轻松地编辑 6 条边中的每一条边。

10.1.2.1　坐标系设置

可以利用相关命令对坐标系进行设置，具体方法如下。

1. 命令访问

(1)菜单栏。在菜单栏执行"工具(T)"→"命名 UCS(U)"命令。

(2)工具栏。在"UCS Ⅱ"工具栏中单击"命名 UCS"按钮 。

(3)命令行。在命令行输入"UCSMAN(UC)"。

2. 命令提示

执行上述操作后，系统打开如图 10-1 所示的"UCS"对话框。

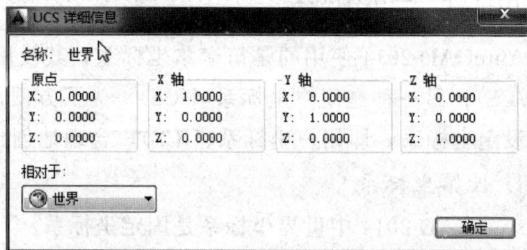

3. 选项和参数说明

(1)"命名 UCS"选项卡。该选项卡用于显示已有的 UCS、设置当前坐标系，如图 10-1 所示。

在"命名 UCS"选项卡中，用户可以将世界坐标系、上一次使用的 UCS 或某一命名的 UCS设置为当前坐标，具体方法：从列表中选择某一坐标系，单击"置为当前"按钮。可以利用选项卡中的"详细信息"按钮了解制定坐标系相对于某一坐标系的详细信息，其具体步骤：单击"详细信息"按钮，系统打开如图 10-2 所示的"UCS 详细信息"对话框，该对话框详细说明用户选坐标系的原点及 X、Y、Z 轴的方向。

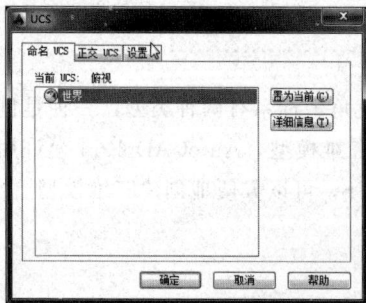

图 10-1　"UCS"对话框　　　　　　　图 10-2　"UCS 详细信息"对话框

(2)"正交 UCS"选项卡。该选项卡用于将 UCS 设置成某一正交模式，如图 10-3 所示。其中，"深度"一列用来定义用户坐标系 X、Y 平面上的正投影与通过用户坐标原点平行平面之间的距离。

(3)"设置"选项卡。该选项卡用于设置 UCS 图标的显示形式、应用范围等，如图 10-4 所示。

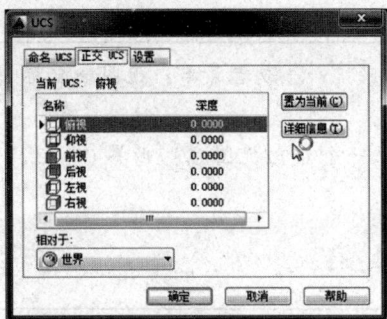

图 10-3 "正交 UCS"选项卡　　　　图 10-4 "设置"选项卡

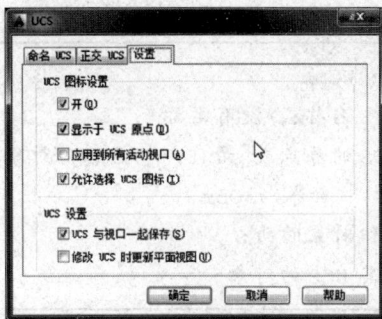

10.1.2.2　创建坐标系

在三维绘图过程中,有时根据操作的要求,需要转换坐标系,这时就需要新建一个坐标系来取代原来的坐标系,具体操作如下。

为长方体定义一个新的坐标原点和坐标系。图 10-5(a)所示为世界坐标系,A 面与 X、Y 平面平行,通过变换 UCS 坐标使 B 面与 X、Y 平面平行。

可以用以下 4 种方法来变换 UCS 坐标:

(1)使用面 UCS 变换坐标,如图 10-5(b)所示。

```
命令行:UCS↙                                     或者菜单:视图→坐标→面 UCS
当前 UCS 名称:*俯视*                                        命令行提示
指定 UCS 的原点或[面(F)/命名(N)/对象(OB)/上一个(P)/视图(V)/世界(W)/3 点(3)/X/Y/
Z/Z 轴(ZA)]〈世界〉:F↙
选择实体对象的面:                                            点选 B 面
输入选项[下一个(N)/X 轴反向(X)/Y 轴反向(Y)]〈接受〉:↙
```

(2)使用三点变换坐标,如图 10-5(c)所示。

```
命令行:UCS↙                                       或者菜单:视图→坐标→三点
当前 UCS 名称:*俯视*                                        命令行提示
指定 UCS 的原点或[面(F)/命名(N)/对象(OB)/上一个(P)/视图(V)/世界(W)/3 点(3)/X/Y/
Z/Z 轴(ZA)]〈世界〉:3↙
指定新原点〈0,0,0〉:                                         指定 b 点
在正 X 轴范围上指定点〈1.0000,0.0000,0.0000〉:                指定 c 点
在 UCS XY 平面的正 Y 轴范围上指定点〈0.0000,1.0000,0.0000〉:   指定 a 点
```

(3)使用旋转 UCS 变换坐标。

```
命令行:UCS↙                                      或者菜单:视图→坐标→旋转 UCS
当前 UCS 名称:*俯视*                                        命令行提示
指定 UCS 的原点或[面(F)/命名(N)/对象(OB)/上一个(P)/视图(V)/世界(W)/3 点(3)/X/Y/
Z/Z 轴(ZA)]〈世界〉:X↙
指定绕 X 轴的旋转角度〈90〉:↙
```

(4)使用对象 UCS 变换坐标,如图 10-5(d)所示。

命令行:UCS↙   或者菜单:视图→坐标→对象 UCS

当前 UCS 名称:*没有名称*   命令行提示

指定 UCS 的原点或[面 (F)/命名 (N)/对象 (OB)/上一个 (P)/视图 (V)/世界 (W)/3 点 (3)/X/Y/Z/Z 轴 (ZA)]〈世界〉:OB↙

选择实体对象的面: 点选 B 面

选择对其 UCS 的对象: 选择 e 边

(a)   (b)   (c)

(d)

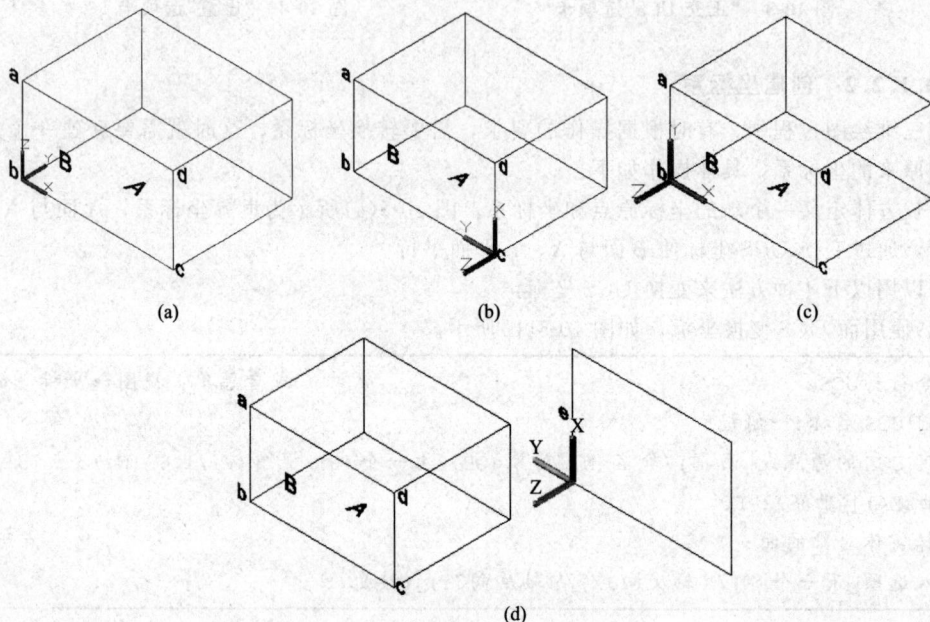

图 10-5　用多种方法变换 UCS 坐标

(a)X、Y 平面与 A 面平行;(b)使用面 UCS 变换坐标;(c)使用三点变换坐标;(d)使用对象 UCS 变换坐标

教学提示:想要退出 UCS 用户坐标系、还原为原坐标系时,可按以下方式操作:

(1)使用 UCS 工具栏中的"上一个 UCS"按钮还原为上一个坐标系,可连续使用;

(2)使用 UCS 命令中的"世界(W)"子项,直接回到绘图前系统默认的世界 UCS 坐标系状态。

项目 10.2　三维视图和相机

教学要求:通过本项目的学习,学生应了解三维视图和相机的基本概念,熟悉三维视图的命令,掌握在绘图过程中使用三维观动态观察的方法。

教学要点:

教学重点:三维视图及相机的概念。

教学难点:在绘图过程中熟练使用三维视图。

AutoCAD 2014 大大增强了图形的观察功能，在增强原有的动态观察功能和相机功能的前提下，又增加了控制盘和视图控制器等功能。

■ 10.2.1　三维视图(3DORBIT) ···

在绘制与编辑三维图形时，经常需要从不同角度、不同方位全面细致地观察对象。使用动态观察工具可以方便直观地观察对象。

1. 命令访问

(1)菜单栏。在菜单栏执行"视图(V)"→"动态观察(B)"→"受约束的动态观察(C)/自由动态观察(F)/连续动态观察(O)"命令。

(2)工具栏。在"动态观察"工具栏单击"受约束的动态观察"，或"自由动态观察"，或"连续动态观察"按钮👆🔊🔊。

(3)命令行。在命令行输入"3DORBIT(3DO)"。

2. 命令提示和说明

命令执行后，光标变成三维动态观察光标图标。

如果水平拖动光标，相机将平行于世界坐标系(WCS)的 X、Y 平面移动。如果垂直拖动光标，相机将沿 Z 轴方向移动。

执行上述操作后，视图的目标保持静止，而视图围绕目标移动。但是，从用户的视点来看就像三维模型正在随着光标的移动而旋转，用户可以此方式指定模型的任意视图。如图 10-6 所示，图 10-6(a)所示为初始观察角度观察到的对象效果，图 10-6(b)所示为观察角度产生变化后观察到的对象效果。

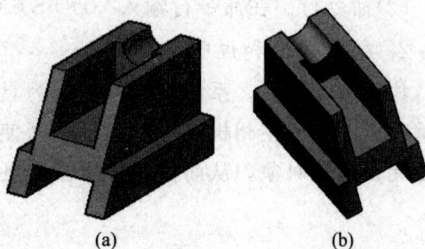

(a) (b)

图 10-6　受约束的三维动态观察
(a)原始图像；(b)拖动光标后观察角度产生变化

■ 10.2.2　相机(CAMERA) ···

相机是 AutoCAD 2014 提供的另一种三维动态观察功能。相机与动态观察不同之处在于：动态观察使视点相对对象位置发生变化，相机观察使视点相对对象位置不发生变化。

10.2.2.1　创建相机

1. 命令访问

(1)菜单栏。在菜单栏执行"视图(V)"→"创建相机(T)"命令。

(2)工具栏。在"视图"工具栏单击"创建相机"按钮📷。

(3)命令行。在命令行输入"CAMERA(CAM)"。

2. 命令提示

```
命令：CAMERA↙
当前相机设置：高度＝0 焦距＝50 毫米
指定相机位置：
指定目标位置：
输入选项[？/名称(N)/位置(LO)/高度(H)/坐标(T)/镜头(LE)/剪裁(C)/视图(V)/退出(X)]
〈退出〉：
```

3. 选项和参数说明

创建完毕后，界面出现一个相机符号，表示创建了一个相机。其参数说明如下：

(1)位置(LO)：指定相机的位置。

(2)高度(H)：指定相机的高度。

(3)坐标(T)：指定相机的坐标。

(4)镜头(LE)：更改相机的焦距。

(5)剪裁(C)：定义前后剪裁平面并设置它们的值。

(6)视图(V)：设置当前视图以匹配相机设置。

10.2.2.2　调整焦距

1. 命令访问

(1)菜单栏。在菜单栏执行"视图(V)"→"相机(C)"→"调整视距(A)"命令。

(2)命令行。在命令行输入"3DDISTANCE"。

2. 命令提示和说明

执行该命令后，系统将光标更改为具有上箭头和下箭头的直线。按下鼠标左键并向屏幕顶部垂直拖动光标使相机靠近对象，从而使对象显示得更大；按下鼠标左键并向屏幕底部拖动光标使相机远离对象，从而使对象显示得更小。相机及其相应的预览如图 10-7 所示。

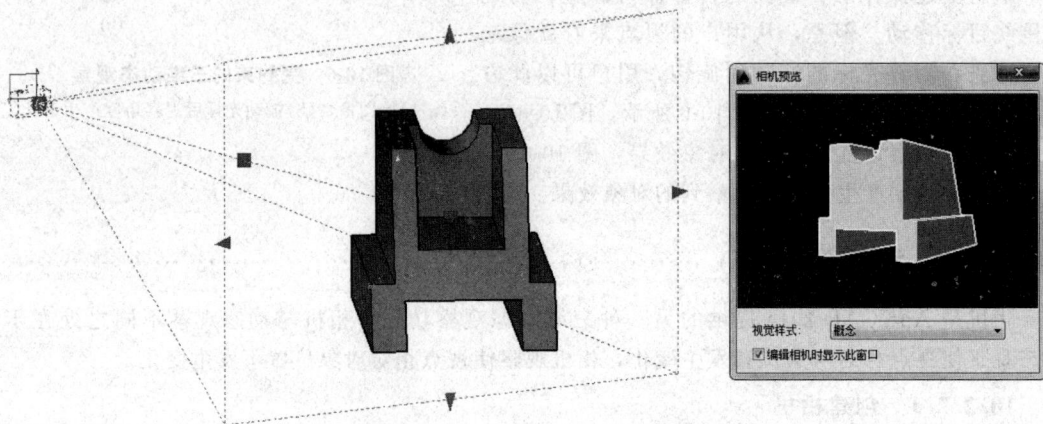

图 10-7　相机及其对应的相机预览

教学提示：想要设置一个新的三维视图相机，关键要设置好以下几个要素：

(1)位置。定义要观察三维模型的视线起点。

(2)目标。通过指定视图中心的坐标来定义要观察的点和对象。

(3)焦距。定义相机镜头的比例特性。焦距越大，视野越窄，观察到的对象显示越大。

(4)前向和后向剪裁平面。指定剪裁平面的位置可以定义或剪裁视图的边界。在相机视图中，将隐藏相机与前向剪裁平面之间的所有对象，以及隐藏后向剪裁平面与目标之间的所有对象。

项目 10.3 视觉样式

教学要求：通过本项目的学习，学生应了解三维视图和相机的基本概念，熟悉三维视图的命令，掌握在绘图过程中使用三维观动态观察的方法。

教学要点：

教学重点：三维视图及相机的概念。

教学难点：在绘图过程中熟练使用三维视图。

通过改变不同的视觉样式，可以更快地编辑图形，找到所需要的点。

1. 命令访问

(1)菜单栏。在菜单栏执行"视图(V)"→"视觉样式(S)"命令。

(2)命令行。在命令行输入"SHADEMODE"。

命令执行完成后，表示设置当前视口的视觉样式。

2. 命令提示

针对当前视口，可进行以下操作来改变视觉样式，改变后的视觉效果如图 10-8 所示。

命令：SHADEMODE↙

输入选项[二维线框(2)/线框(W)/消隐(H)/真实(R)/概念(C)/着色(S)/带边缘着色(E)/灰度(G)/勾画(SK)/X射线(X)/其他(O)]〈二维线框〉：↙

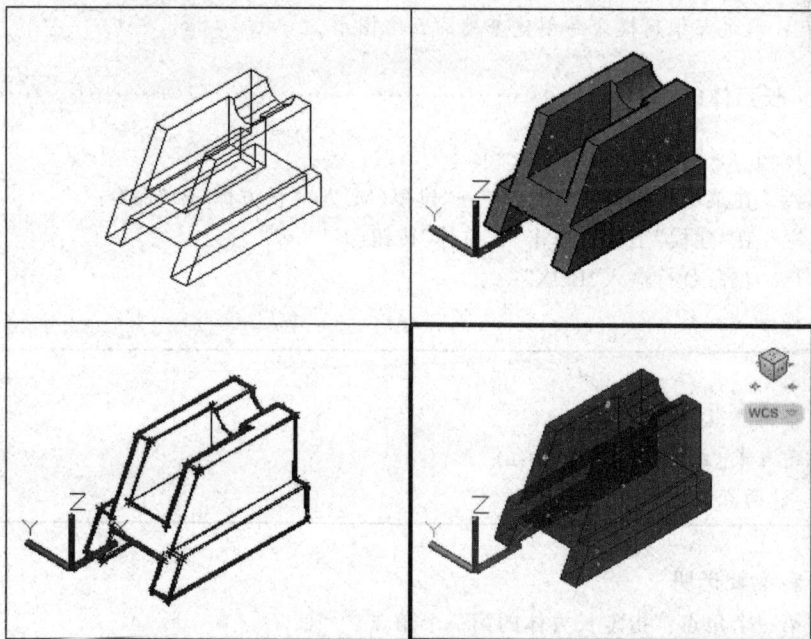

图 10-8　视觉样式示意

3. 选项和参数说明

(1)二维线框(2)：构成模型的最基本的二维线条效果。

(2)线框(W)：显示用直线和曲线表示边界的对象。

(3)消隐(H)：显示用线框表示可视表面，并隐藏表面后不可视的对象轮廓。

(4)真实(R)：每个面具有的真实颜色。

(5)概念(C)：最简单显示的效果。

(6)着色(S)：有材质在模型上的真实显示效果。

(7)带边缘着色(E)：显示边缘的材质效果。

(8)灰度(G)：只有轮廓，没有着色。

(9)勾画(SK)：收回效果。

(10)X 射线(X)：半透明效果，显示内部线条。

教学提示：真实(R)、概念(C)、着色(S)、带边缘着色(E)均能够反映实体的颜色和材质，但四者在表现效果上稍有区别。使用者可以创建不同形状、颜色的实体，在不同的视角观察它们，选择不同情况下最合适的视觉效果。

项目 10.4　通过三维建模命令创建三维模型

教学要求：通过本项目的学习，学生应了解三维建模的基本概念，熟悉三维建模的基本方法，掌握通过三维建模命令创建基础三维图形的方法。

教学要点：

教学重点：三维建模命令。

教学难点：通过三维建模命令创建基础的三维图形。

■ 10.4.1　长方体(BOX)

1. 命令访问

(1)菜单栏。在菜单栏执行"绘图(D)"→"建模(M)"→"长方体(B)"命令。

(2)工具栏。在"建模"工具栏单击"长方体"按钮 ▢。

(3)命令行。在命令行输入"BOX"。

2. 命令提示

```
命令：BOX↙
指定第一个角点或[中心(C)]：
指定其他角点或[立方体(C)/长度(L)]：
指定高度或[两点(2P)]：
```

3. 选项和参数说明

(1)指定第一个角点：指定长方体的第一个角点。

(2)中心(C)：通过指定长方体的中心点绘制长方体。

(3)立方体(C)：创建长、宽、高均相等的立方体。

(4)长度(L)：通过指定长方体的长、宽、高来创建三维长方体。

(5)两点(2P)：给定长方体底面的长度和宽度。给定两个点，以这两点间距离作为长方体的高度。

4. 绘制任务和绘制示例

【例10-1】 创建边长都为10的立方体，如图10-9所示。

图10-9 用"BOX"命令绘制立方体

绘图步骤、命令行提示及步骤说明如下：

```
命令行：BOX↙
指定长方体的角点或[中心(C)]⟨0, 0, 0⟩：                        点取一点
指定角点或[立方体(C)/长度(L)]：@ 10, 10↙
长方体高度：10↙
```

☆注：若输入的长度值或坐标值是正值，则以当前UCS坐标的X、Y、Z轴的正向创建立体图形；若为负值，则以X、Y、Z轴的负向创建立体图形。

■ 10.4.2 球体(SPHERE)··

1. 命令访问

(1)菜单栏。在菜单栏执行"绘图(D)"→"建模(M)"→"球体(S)"命令。

(2)工具栏。在"建模"工具栏单击"球体"按钮◯。

(3)命令行。在命令行输入"SPHERE"。

2. 命令提示

```
命令：SPHERE↙
指定中心点或[三点(3P)/两点(2P)/切点、切点、半径(T)]：
指定半径或[直径(D)]：
```

3. 选项和参数说明

(1)半径(T)：绘制基于球体中心点和球体半径的球体对象。

(2)直径(D)：绘制基于球体中心点和球体直径的球体对象。

4. 绘制任务和绘制示例

【例10-2】 创建半径为10的球体，如图10-10所示。

绘图步骤、命令行提示及步骤说明如下：

图 10-10　用"SPHERE"命令创建球体

```
命令：SPHERE↙
指定中心点或［三点(3P)/两点(2P)/切点、切点、半径(T)］：                点取一点
指定半径或［直径(D)］：10↙
```

☆**注**：绘制三维球体对象时，默认情况下球体的中心轴平行于当前用户坐标系（UCS）的 Z 轴，纬线与 X、Y 平面平行。

■ 10.4.3　圆柱体(CYLINDER) ···

1. 命令访问

（1）菜单栏。在菜单栏执行"绘图(D)"→"建模(M)"→"圆柱体(C)"命令。

（2）工具栏。在"建模"工具栏单击"圆柱体"按钮▣。

（3）命令行。在命令行输入"CYLINDER"。

2. 命令提示

```
命令：CYLINDER↙
指定底面的中心点或［三点(3P)/两点(2P)/切点、切点、半径(T)/椭圆(E)］：
指定底面半径或［直径(D)］：
指定高度或［两点(2P)/轴端点(A)］：
```

3. 选项和参数说明

（1）底面的中心点：通过指定圆柱体底面圆的圆心来创建圆柱体对象。

（2）椭圆(E)：绘制底面为椭圆的三维圆柱体对象。

4. 绘制任务和绘制示例

【**例 10-3**】　创建半径为 10、高度为 10 的圆柱体，如图 10-11 所示。

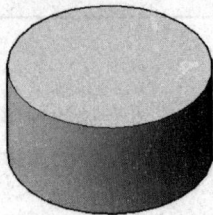

图 10-11　用"CYLINDER"命令创建圆柱体

绘图步骤、命令行提示及步骤说明如下：

命令：CYLINDER↙
指定底面的中心点或[三点(3P)/两点(2P)/切点、切点、半径(T)/椭圆(E)]：点取一点
指定底面半径或[直径(D)]：10↙
指定高度或[两点(2P)/轴端点(A)]：10↙

☆**注**：若输入的高度值是正值，则以当前 UCS 坐标的 Z 轴的正向创建立体图形；若为负值，则以 Z 轴的负向创建立体图形。

■ 10.4.4　圆锥体(CONE) ··

1. 命令访问

(1)菜单栏。在菜单栏执行"绘图(D)"→"建模(M)"→"圆锥体(O)"命令。

(2)工具栏。在"建模"工具栏单击"圆锥体"按钮△。

(3)命令行。在命令行输入"CONE"。

2. 命令提示

命令：CONE↙
指定底面的中心点或[三点(3P)/两点(2P)/切点、切点、半径(T)/椭圆(E)]：
指定底面半径或[直径(D)]〈45.0174〉：
指定高度或[两点(2P)/轴端点(A)/顶面半径(T)]〈75.4147〉：

3. 选项和参数说明

(1)底面的中心点：指定圆锥体底面的中心点来创建三维圆锥体。

(2)椭圆(E)：创建一个底面为椭圆的三维圆锥体对象。

(3)高度：指定圆锥体的高度。输入正值，则以当前用户坐标系统 UCS 的 Z 轴正方向绘制圆锥体，输入负值，则以 UCS 的 Z 轴负方向绘制圆锥体。

4. 绘制任务和绘制示例

【例 10-4】　创建底面半径为 10、高度为 20 的圆锥体，如图 10-12 所示。

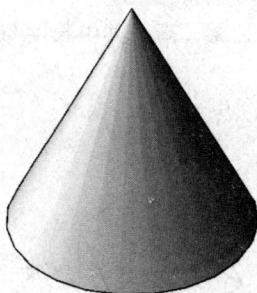

图 10-12　用"CONE"命令创建圆锥体

绘图步骤、命令行提示及步骤说明如下：

```
命令：CONE↙
指定圆锥体底面的中心点或[椭圆(E)]〈0，0，0〉：                                    点取一点
指定圆锥体底面半径或[直径(D)]：10↙
指定圆锥体高度或[顶点(A)]：20↙
```

■ **10.4.5 楔体(WEDGE)** ··

1. 命令访问

(1)菜单栏。在菜单栏执行"绘图(D)"→"建模(M)"→"楔体(W)"命令。

(2)工具栏。在"建模"工具栏单击"楔体"按钮▧。

(3)命令行。在命令行输入"WEDGE"。

2. 命令提示

```
命令：WEDGE↙
指定第一个角点或[中心(C)]：
指定其他角点或[立方体(C)/长度(L)]：
指定高度或[两点(2P)]〈-84.7914〉：
```

3. 选项和参数说明

(1)第一个角点：指定楔体的第一个角点。

(2)立方体(C)：创建各条边都相等的楔体对象，如图 10-13 所示。

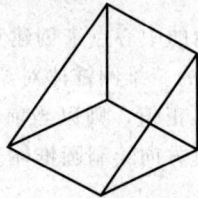

图 10-13 各条边相等的楔体

(3)长度(L)：分别指定楔体的长、宽、高。其中长度与 X 轴对应，宽度与 Y 轴对应，高度与 Z 轴对应。如图 10-14 所示。

(4)中心点(CE)：指定楔体的中心点。

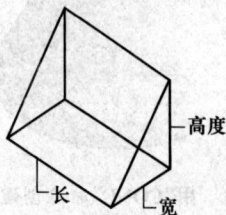

图 10-14 楔体的长宽高示意

4. 绘制任务和绘制示例

【例 10-5】 任意建立一个楔体，如图 10-15 所示。

绘图步骤、命令行提示及步骤说明如下：

```
命令：WEDGE↙
指定楔体的第一个角点或[中心点(C)]〈0，0，0〉：                                        点取一点
指定角点或[立方体(C)/长度(L)]：                                                 点取对角点
楔高：                                          点取一点，该点到 XOY 面的距离为楔高
```

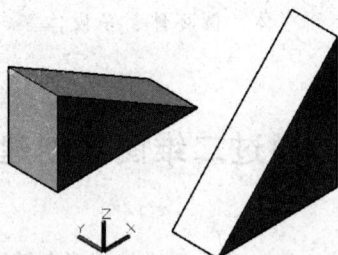

图 10-15 用"WEDGE"命令创建楔体

■ 10.4.6 圆环(TORUS) ···

1. 命令访问

(1)菜单栏。在菜单栏执行"绘图(D)"→"建模(M)"→"圆环体(T)"命令。

(2)工具栏。在"建模"工具栏单击"圆环体"按钮◎。

(3)命令行。在命令行输入"TORUS"。

2. 命令提示

```
命令：TORUS↙
指定中心点或[三点(3P)/两点(2P)/切点、切点、半径(T)]：
指定半径或[直径(D)]〈62.6277〉：
指定圆管半径或[两点(2P)/直径(D)]：
```

3. 选项和参数说明

(1)半径(T)：指定圆环体的半径(从圆环体中心到圆管中心的距离)。

(2)直径(D)：指定圆环体的直径。

(3)圆管半径/直径：指定圆管半径/直径。

4. 绘制任务和绘制示例

【例 10-6】 创建一个圆管半径为 10、圆环半径为 20 的圆环，如图 10-16 所示。

绘图步骤、命令行提示及步骤说明如下：

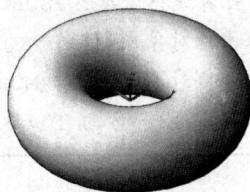

图 10-16 用"TORUS"命令创建圆环

```
命令：TORUS↙
圆环体中心：〈0，0，0〉                                              点取一点
指定圆环体的半径或[直径(D)]：20↙
指定圆管的半径或[直径(D)]：10↙
```

☆**注**：圆环由两个值定义；管状物的半径；圆环中心到管状物中心的距离。

若指定的管状物半径大于圆环的半径，即可绘制无中心的圆环，即自身相交的圆环。自交圆环体没有中心孔。

教学提示：本项目直接执行三维实体命令创建相应种类的三维实体。创建常用的几何实体如长方体、楔体、圆锥体、球体、圆柱体、圆环体、多段体等，使用该类方法快捷方便。

项目 10.5　通过二维图形创建三维模型

教学要求：通过本项目的学习，学生应了解二维图形创建三维模型的理论，熟悉并掌握三维模型的基本结构，掌握二维图形创建三维模型的基本方法。

教学要点：

教学重点：二维图形创建三维模型的基本方法。

教学难点：通过二维图形创建三维模型。

AutoCAD 2014 除可以通过实体绘制命令绘制三维实体外，还可以通过拉伸、旋转二维对象创建出形状复杂的三维实体模型，是三维实体建模中非常有效的手段。

■ 10.5.1　拉伸(EXTRUDE) ···

以指定的路径或指定的高度值和倾斜角度拉伸选定的对象来创建实体。

1. 命令访问

(1)菜单栏。在菜单栏执行"绘图(D)"→"建模(M)"→"拉伸(X)"命令。

(2)工具栏。在"建模"工具栏单击"拉伸"按钮▣。

(3)命令行。在命令行输入"EXTRUDE(EXT)"。

2. 命令提示

```
命令：EXTRUDE↙
EXTRUDE 当前线框密度：ISOLINES＝4，闭合轮廓创建模式＝实体
选择要拉伸的对象或[模式(MO)]：
选择要拉伸的对象或[模式(MO)]：
指定拉伸的高度或[方向(D)/路径(P)/倾斜角(T)/表达式(E)]〈69.9771〉：
```

3. 选项和参数说明

(1)选择对象：选择要拉伸的对象。可进行拉伸处理的对象有平面线框、封闭多段线、多边

形、圆、椭圆、封闭样条曲线、圆环和面域。

(2)指定拉伸高度：为选定对象指定拉伸的高度，若输入的高度值为正数，则以当前 UCS 的 Z 轴正方向拉伸对象，若为负数，则以 Z 轴负方向拉伸对象。

(3)拉伸路径(P)：为选定对象指定拉伸的路径，在指定路径后，系统将沿着选定路径拉伸选定对象的轮廓并创建实体，如图 10-17 所示。

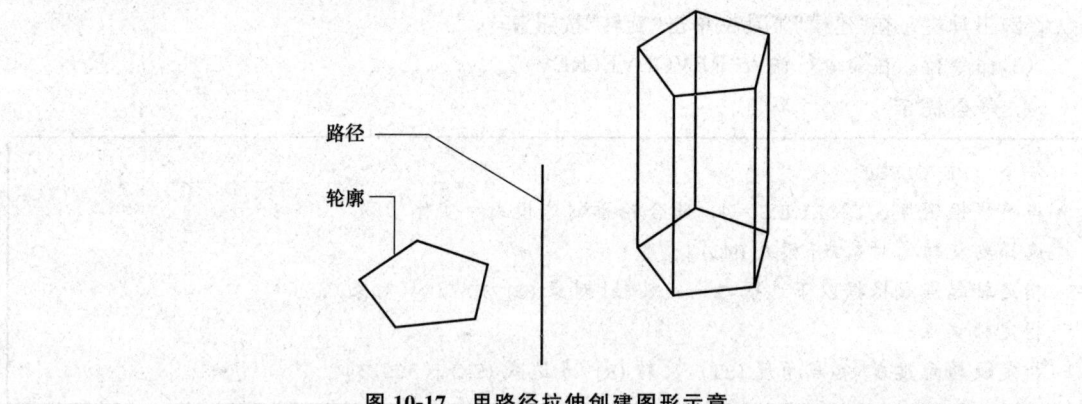

图 10-17　用路径拉伸创建图形示意

4. 绘制任务和绘制示例

【**例 10-7**】　对图 10-18(a)中的图形进行拉伸，拉伸高度为 20，倾斜角为 30°。

绘图步骤、命令行提示及步骤说明如下：

```
命令：EXTRUDE↙
当前线框密度：ISOLINES＝4，闭合轮廓创建模式＝实体
选择要拉伸的对象或[模式(MO)]:                              选择对象
找到 1 个
选择要拉伸的对象或[模式(MO)]:↙
指定拉伸的高度或[方向(D)/路径(P)/倾斜角(T)/表达式(E)]〈30.0000〉：T↙
指定拉伸的倾斜角度或[表达式(E)]〈0〉：30↙
指定拉伸的高度或[方向(D)/路径(P)/倾斜角(T)/表达式(E)]〈30.0000〉：20↙
```

结果如图 10-18(b)所示。

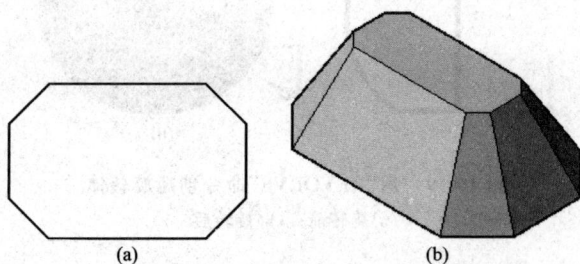

图 10-18　用"EXTRUDE"命令拉伸图形

(a)拉伸前；(b)拉伸后

■ 10.5.2 旋转(REVOLVE) ∙∙

将选取的二维对象以指定的旋转轴旋转，最后形成实体。

1. 命令访问

(1)菜单栏。在菜单栏执行"绘图(D)"→"建模(M)"→"旋转(R)"命令。

(2)工具栏。在"建模"工具栏单击"旋转"按钮🗗。

(3)命令行。在命令行输入"REVOLVE(REV)"。

2. 命令提示

命令：REVOLVE↙

当前线框密度：ISOLINES＝4，闭合轮廓创建模式＝实体

选择要旋转的对象或[模式(MO)]：

指定轴起点或根据以下选项之一定义轴[对象(O)/X/Y/Z]〈对象〉：

指定轴端点：

指定旋转角度或[起点角度(ST)/反转(R)/表达式(EX)]〈360〉：

---

3. 选项和参数说明

(1)轴起点：通过指定旋转轴上的两个点来确定旋转轴，轴的正方向为第一点指向第二点。

(2)对象(O)：以选定的直线或多段线中的单条线段为旋转轴，接着围绕此旋转轴旋转一定角度，形成实体。

(3)X/ Y /Z：轴(X)/ 轴(Y)/ 轴(Z)：以当前用户坐标系统 UCS 的 X 轴/Y 轴/Z 轴为旋转轴，旋转轴的正方向与 X 轴/Y 轴/Z 轴正方向一致。

(4)旋转角度：指定旋转角度值。

4. 绘制任务和绘制示例

【例 10-8】 对图 10-19(a)中的图形进行 360°旋转。

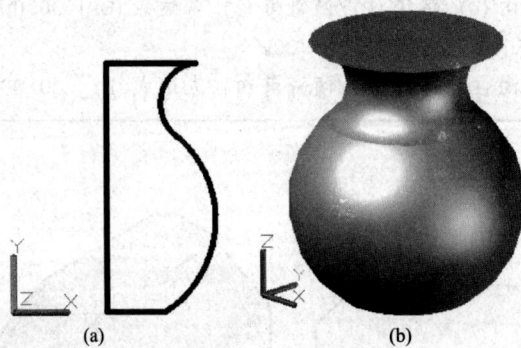

(a)   (b)

图 10-19 用"REVOLVE"命令创建旋转体

(a)旋转前；(b)旋转后

绘图步骤、命令行提示及步骤说明如下：

```
命令：REVOLVE↙
当前线框密度：ISOLINES＝4，闭合轮廓创建模式＝实体
选择要旋转的对象或[模式(MO)]：  找到 1 个                            选择对象
选择要旋转的对象或[模式(MO)]：↙
指定轴起点或根据以下选项之一定义轴[对象(O)/X/Y/Z]〈对象〉：            点选轴端点
指定轴端点：                                                   点选轴上另一个点
指定旋转角度或[起点角度(ST)/反转(R)/表达式(EX)]〈360〉：360↙
命令：正在重生成模型。
```

结果如图 10-19(b)所示。

教学提示：使用"EXTRUDE"命令拉伸图形时，倾斜角度的值可为－90～＋90 的任何角度值，若输入正的角度值，则从基准对象逐渐变细地拉伸，若输入的为负角度值，则从基准对象逐渐变粗地拉伸。角度为 0 时，表示在拉伸对象时，对象的粗细不发生变化，而且是在其所在平面垂直的方向上进行拉伸。当用户为对象指定的倾斜角度和拉伸高度值很大时，将导致对象或对象的一部分在到达拉伸高度之前就已经汇聚到一点。

项目 10.6 使用布尔运算

教学要求：通过本项目的学习，学生应了解布尔运算的相关内容，熟悉布尔运算的基本方法，掌握运用布尔运算法则编辑三维图形的方法。

教学要点：

教学重点：用布尔运算编辑三维图形。

教学难点：用布尔运算编辑三维图形。

■ 10.6.1 并集(UNION)

通过两个或多个实体或面域的公共部分将两个或多个实体或面域合并为一个整体。得到的组合实体包括所有选定实体所封闭的空间，得到的组合面域包括子集中所有面域所封闭的面积。

1. **命令访问**

(1)菜单栏。在菜单栏执行"修改(M)"→"实体编辑(N)"→"并集(U)"命令。

(2)工具栏。在"实体编辑"工具栏单击"并集"按钮⊕。

(3)命令行。在命令行输入"UNION(UNI)"。

2. **命令提示**

```
命令：UNION↙
选择对象：找到 1 个
```

3. **绘制任务和绘制示例**

【例 10-9】 图 10-20(a)中两个圆柱体垂直相交，用"并集"命令将这两个实体合为一个整体。

绘图步骤、命令行提示及步骤说明如下：

```
命令：UNION↙
选择对象：找到 1 个                                        点选一个圆柱体
选择对象：找到 1 个，总计 2 个                              点选另一个圆柱体
选择对象：↙
```

结果如图 10-20(b)所示。

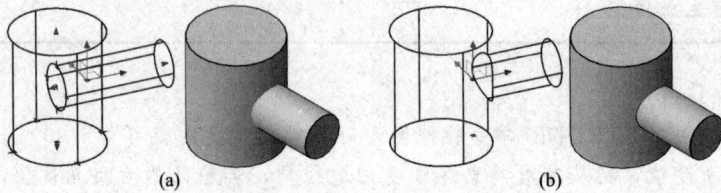

图 10-20　用"UNION"命令将实体合并

(a)合并前；(b)合并后

■ 10.6.2　差集(SUBTRACT)

将多个重叠的实体或面域对象通过"减"操作合并为一个整体对象。

1. 命令访问

(1)菜单栏。在菜单栏执行"修改(M)"→"实体编辑(N)"→"差集(S)"命令。

(2)工具栏。在"实体编辑"工具栏单击"差集"按钮◎。

(3)命令行。在命令行输入"SUBTRACT(SUB)"。

2. 命令提示

```
命令：SUBTRACT↙
选择要从中减去的实体、曲面和面域...
选择对象：
选择对象：选择要减去的实体、曲面和面域...
选择对象：
```

3. 绘制任务和绘制示例

【例 10-10】　图 10-21(a)中大的圆柱体和小的圆柱体相交，利用"差集"命令，将大圆柱体减去小圆柱体，达到在大圆柱体上打孔的效果。

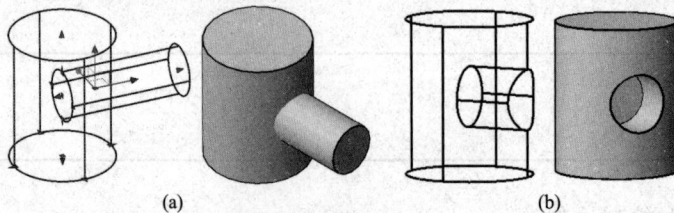

图 10-21　用"SUBTRACT"命令将大圆柱体打孔

(a)差集前；(b)差集后

绘图步骤、命令行提示及步骤说明如下：

```
命令：SUBTRACT↙
选择要从中减去的实体、曲面和面域……
选择对象：找到 1 个                                          选择大圆柱体
选择对象：↙  选择要减去的实体、曲面和面域……
选择对象：找到 1 个                                          选择小圆柱体
选择对象：↙
```

结果如图 10-21(b)所示。

■ 10.6.3 交集(INTERSECT) ·····································

1. 命令访问

(1)菜单栏。在菜单栏执行"修改(M)"→"实体编辑(N)"→"交集(I)"命令。

(2)工具栏。在"实体编辑"工具栏单击"交集"按钮◎。

(3)命令行。在命令行输入"INTERSECT(INT)"。

2. 命令提示

```
命令：INTERSECT↙
选择对象：·
```

3. 绘制任务和绘制示例

【例 10-11】 将图 10-22(a)中两实体相交，利用"交集"命令，使两实体相交部分形成新的实体，并删除多余部分。

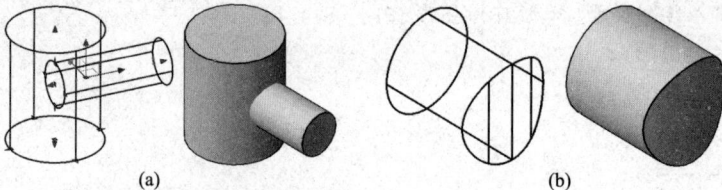

图 10-22 用"INTERSECT"命令留下实体相交的部分
(a)交集前；(b)交集后

绘图步骤、命令行提示及步骤说明如下：

```
命令：INTERSECT↙
选择对象：找到 1 个                                          点选一个圆柱体
选择对象：找到 1 个，总计 2 个                                点选另一个圆柱体
选择对象：↙
```

结果如图 10-22(b)所示。

教学提示： 用户可以通过创建长方体、圆锥体、圆柱体、球体和圆环实体模型来创建三维对象，然后对这些对象进行并集、差集或者交集，灵活运用 3 种布尔运算，生成更为复杂的实体。

项目 10.7 使用三维操作命令

教学要求：通过本项目的学习，学生应了解三维图形编辑的方法，熟悉使用实体编辑工具栏编辑三维实体，掌握三维旋转、阵列、镜像等命令。

教学要点：

教学重点：三维实体图形编辑与修改的基本操作。

教学难点：运用所学命令进行实体造型。

在 AutoCAD 2014 中，用户可以使用三维编辑命令在三维空间对对象进行复制、镜像、删除和移动等操作，也可以进行布尔运算，还可以剖切实体，获取实体截面，也可以编辑它们的体、面或边以及三维操作。

■ 10.7.1 三维阵列(3DARRAY)

1. **命令访问**

(1)菜单栏。在菜单栏执行"修改(M)"→"三维操作(3)"→"三维阵列(3)"命令。

(2)命令行。在命令行输入"3DARRAY(UNI)"。

2. **命令提示**

(1)矩形阵列。

```
命令：3DARRAY↙
选择对象：                                    选择要阵列的对象
选择对象：输入阵列类型[矩形(R)/环形(P)]〈R〉：R↙
输入行数(---)〈1〉：
输入列数(|||)〈1〉：
输入层数(...)〈1〉：
指定行间距(---)：
指定列间距(|||)：
指定层间距(...)：
```

(2)环形阵列。

```
命令：3DARRAY↙
选择对象：                                    选择要阵列的对象
输入阵列类型[矩形(R)/环形(P)]〈矩形〉：P↙
输入阵列中的项目数目：
指定要填充的角度(+ =逆时针,- =顺时针)〈360〉：
旋转阵列对象？[是(Y)/否(N)]〈Y〉：
指定阵列的中心点：
指定旋转轴上的第二点：
```

3. 选项和参数说明

(1)矩形(R)：矩形阵列，对象以三维矩形(列、行和层)样式在立体空间中复制。一个阵列必须具有至少两个行、列或层。

(2)环形(P)：环形阵列，按指定的项目数、填充角度、中心点、旋转轴复制对象。

4. 绘制任务和绘制示例

【例10-12】 已知如图10-23(a)中边长为10的立方体，将该立方体按3行3列3层进行矩形阵列，行间距、列间距、层间距均为15。

绘图步骤、命令行提示及步骤说明如下：

命令：3DARRAY↙
选择对象：找到1个   选择立方体
选择对象：↙
输入阵列类型［矩形(R)/环形(P)］〈R〉：R↙
输入行数(－－－)〈1〉：3↙
输入列数(｜｜｜)〈1〉：3↙
输入层数(...)〈1〉：3↙
指定行间距(－－－)：15↙
指定列间距(｜｜｜)：15↙
指定层间距(...)：15↙

结果如图10-23(b)所示。

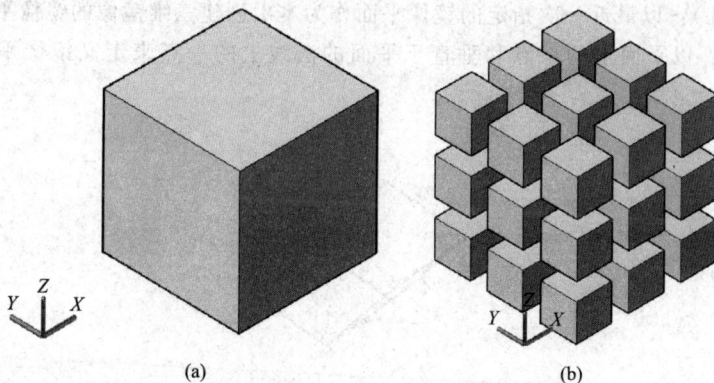

图10-23 用"3DARRAY"命令进行三维阵列

(a)三维阵列前；(b)三维阵列后

■ 10.7.2 三维镜像(MIRROR3D)

以一平面为基准，创建选取对象的反射副本。

1. 命令访问

(1)菜单栏。在菜单栏执行"修改(M)"→"三维操作(3)"→"三维镜像(D)"命令。

(2)命令行。在命令行输入"MIRROR3D"。

2. 命令提示

```
命令：MIRROR3D↵
选择对象：
指定镜像平面(三点)的第一个点或[对象(O)/最近的(L)/Z轴(Z)/视图(V)/XY平面(XY)/YZ
平面(YZ)/ZX平面(ZX)/三点(3)]〈三点〉：
```

3. 选项和参数说明

(1)三点(3)：通过指定三个点来确定镜像平面。

(2)对象(O)：以对象作为镜像平面创建三维镜像副本，如图 10-24 所示。

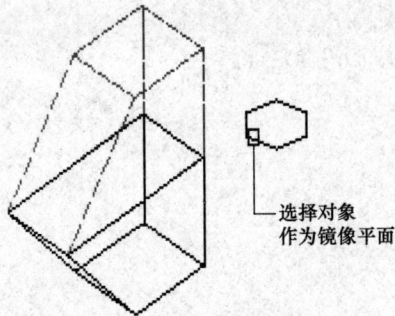

选择对象
作为镜像平面

图 10-24　用选择对象方式确定镜像面

(3)最近的(L)：以最近一次指定的镜像平面作为本次创建三维镜像的镜像平面。

(4)Z轴(Z)：以平面上的一点和垂直于平面的法线上的一点来定义镜像平面，如图 10-25
所示。

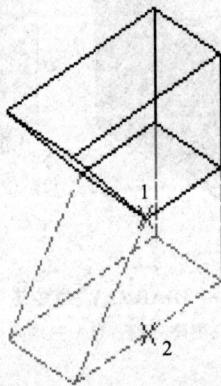

图 10-25　用法线方式确定镜像面

(5)视图(V)：以当前视图的观测平面来镜像对象。

(6)$X-Y$ 面、$Y-Z$ 面、$Z-X$ 面：以 XY、YZ 或 ZX 平面来定义镜像平面。

4. 绘制任务和绘制示例

【例 10-13】　将图 10-26(a)中的实体按端面部分进行镜像，使之成为一个对称的管路。

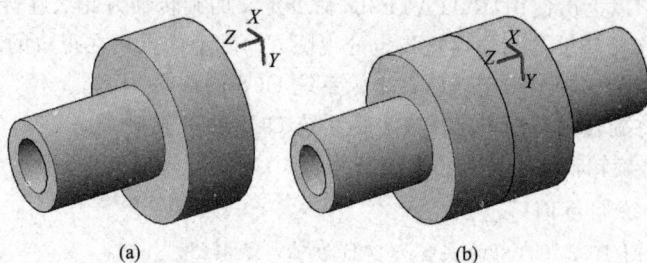

图 10-26 用"MIRROR3D"命令进行三维镜像

(a)编辑前；(b)编辑后

绘图步骤、命令行提示及步骤说明如下：

```
命令：MIRROR3D↙
选择对象：找到 1 个                                              选择实体
选择对象：↙
确定镜面平面：对象 (E)/上次 (L)/视图 (V)/Z 轴 (Z)/X- Y 面 (XY)/Y-Z 面 (YZ)/Z-X 面 (ZX)/
〈3点面 (3)〉：↙                                          单击实体端面圆心
面上第二点：                                        单击实体端面的一个象限点
面上第三点：                                        单击相邻的另一个象限点
删除原来对象？〈否 (N)〉↙
```

结果如图 10-26(b)所示。

■ 10.7.3 三维旋转(ROTATE3D) ···

在模块 3 二维平面编辑中，已经学习过"ROTATE"命令，该命令中对象只能绕着 Z 轴旋转。"三维旋转"命令(ROTATE3D)可指定任意三维的轴，对象可以绕着指定的三维轴旋转。

1. 命令访问

(1)菜单栏。在菜单栏执行"修改(M)"→"三维操作(3)"→"三维旋转(R)"命令。

(2)命令行。在命令行输入"ROTATE3D"。

2. 命令提示

```
命令：ROTATE3D↙
当前正向角度：ANGDIR＝逆时针 ANGBASE＝0
选择对象：
指定轴上的第一个点或定义轴依据[对象 (O)/最近的 (L)/视图 (V)/X 轴 (X)/Y 轴 (Y)/Z 轴
(Z)/两点 (2)]：
指定旋转角度或[参照 (R)]：
```

3. 选项和参数说明

(1)两点(2)：通过指定两个点定义旋转轴。

(2)对象(O)：选择与对象对齐的旋转轴。

(3)最近的(L)：以上次使用"ROTATE3D"命令定义的旋转轴为此次旋转的旋转轴。

(4)视图(V)：将旋转轴与当前通过指定的视图方向轴上的点所在视口的观察方向对齐。

(5)X 轴(X)：将旋转轴与指定点所在坐标系统 UCS 的 X 轴对齐。

(6)Y 轴(Y)：将旋转轴与指定点所在坐标系统 UCS 的 Y 轴对齐。

(7)Z 轴(Z)：将旋转轴与指定点所在坐标系统 UCS 的 Z 轴对齐。

4. 绘制任务和绘制示例

【例 10-14】 将图 10-27(a)中的实体以 AB 为轴，旋转 30°。

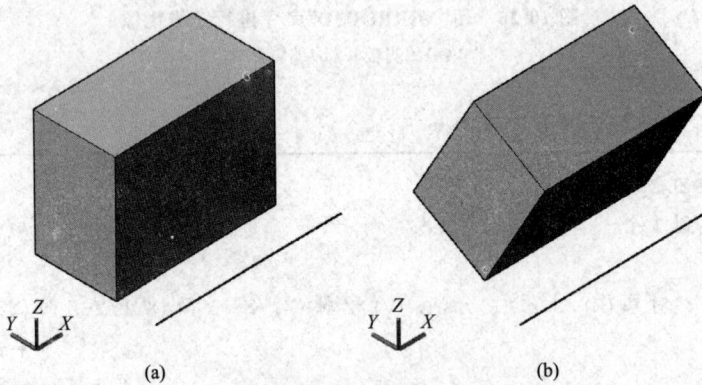

(a)   (b)

图 10-27 用"ROTATE3D"命令进行三维旋转

(a)编辑前；(b)编辑后

绘图步骤、命令行提示及步骤说明如下：

```
命令：ROTATE3D↙
当前正向角度： ANGDIR＝逆时针 ANGBASE＝0
选择对象：找到 1 个                                    选择长方体
选择对象：↙
指定轴上的第一个点或定义轴依据[对象 (O)/最近的 (L)/视图 (V)/X 轴 (X)/Y 轴 (Y)/Z 轴
(Z)/两点 (2)]：2↙
指定轴上的第一点：                                    点选点 A
指定轴上的第二点：                                    点选点 B
指定旋转角度或[参照 (R)]：30↙
```

结果如图 10-27(b)所示。

■ 10.7.4 对齐(ALIGN)

在二维和三维选择要对齐的对象，并向要对齐的对象添加源点，再向要与源对象对齐的对象添加目标点，可使之与其他对象对齐。

1. 命令访问

(1)菜单栏。在菜单栏执行"修改(M)"→"三维操作(3)"→"对齐(L)"命令。

(2)命令行。在命令行输入"ALIGN（AL）"。

2. 命令提示

命令：ALIGN↙
选择对象：
指定第一个源点：
指定第一个目标点：
指定第二个源点：
指定第二个目标点：
指定第三个源点或〈继续〉：
指定第三个目标点：

3. 选项和参数说明

（1）第一个源点/第一个目标点：当只选择一对源点和目标点时，选定对象将在二维或三维空间中从源点移动到目标点。

（2）第二个源点/第二个目标点：当选择两对源点和目标点时，选定对象将在二维或三维空间中从源点一和源点二相连直线对齐到目标点一和目标点二相连直线，在移动对象的同时，根据两条直线的尺寸和方向将对象进行比例缩放和旋转。

（3）第三个源点/第三个目标点：当选择三对源点和目标点时，选定对象将在三维空间中移动和旋转，使对象和由第一、二、三目标点组成的虚拟三维位置对齐。

4. 绘制任务和绘制示例

【例 10-15】 将图 10-28(a)中的四棱锥对齐到立方体上。

绘图步骤、命令行提示及步骤说明如下：

命令：ALIGN↙
选择对象：找到 1 个   选择锥体
选择对象：↙
指定第一个源点：   点选点 A
指定第一个目标点：   点选点 A'
指定第二个源点：   点选点 B
指定第二个目标点：   点选点 B'
指定第三个源点或〈继续〉：   点选点 C
指定第三个目标点：   点选点 C'

结果如图 10-28(b)所示。

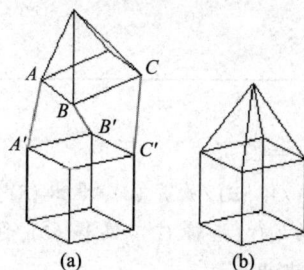

(a)   (b)

图 10-28 用"ALIGN"命令让两实体对齐

(a)编辑前；(b)编辑后

教学提示："对齐"命令在二维绘图时也可以使用。要对齐某个对象，最多可以给对象添加 3 对源点和目标点。

【例 10-15】中采用的是添加三对源点和目标点进行对齐，图 10-29 和图 10-30 所示分别为添加 1 对、2 对源点和目标点的对齐结果，以和图 10-28 做对比。

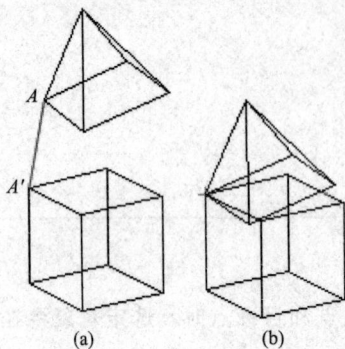

图 10-29　选择 1 对点的情况
(a)编辑前；(b)编辑后

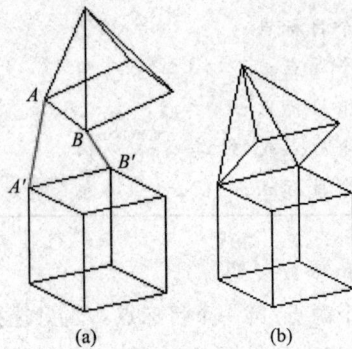

图 10-30　选择 2 对点的情况
(a)编辑前；(b)编辑后

项目 10.8　使用实体编辑命令

教学要求：通过本项目的学习，学生应了解实体编辑的相关方法，熟悉实体编辑工具栏编辑三维实体，掌握相关实体编辑命令并运用到制图中。

教学要点：

教学重点：三维实体图形编辑与修改的基本操作。

教学难点：运用所学命令进行实体造型。

"SOLIDEDIT"命令是包含了一系列实体编辑命令的命令组合，可以拉伸、移动、旋转、偏移、倾斜、复制、删除面，为面指定颜色以及添加材质；可以复制边以及为其指定颜色；可以对整个三维实体对象(体)进行压印、分割、抽壳、清除，以及检查其有效性。

1. 命令访问

(1)菜单栏。在菜单栏执行"修改(M)"→"实体编辑(N)"命令。

(2)命令行。在命令行输入"SOLIDEDIT"。

2. 命令提示

(1)实体编辑的面编辑。

```
命令：SOLIDEDIT↙
实体编辑自动检查：SOLIDCHECK＝1
输入实体编辑选项[面(F)/边(E)/体(B)/放弃(U)/退出(X)]〈退出〉：F↙
输入面编辑选项[拉伸(E)/移动(M)/旋转(R)/偏移(O)/倾斜(T)/删除(D)/复制(C)/颜色
(L)/材质(A)/放弃(U)/退出(X)]〈退出〉：
```

(2)实体编辑的边编辑。

命令：SOLIDEDIT↙
实体编辑自动检查：SOLIDCHECK＝1
输入实体编辑选项[面(F)/边(E)/体(B)/放弃(U)/退出(X)]〈退出〉：E↙
输入边编辑选项[复制(C)/着色(L)/放弃(U)/退出(X)]〈退出〉：

(3)实体编辑的体编辑。

命令：SOLIDEDIT↙
实体编辑自动检查：SOLIDCHECK＝1
输入实体编辑选项[面(F)/边(E)/体(B)/放弃(U)/退出(X)]〈退出〉：B↙
输入体编辑选项[压印(I)/分割实体(P)/抽壳(S)/清除(L)/检查(C)/放弃(U)/退出(X)]〈退出〉：

3. 选项和参数说明

(1)面(F)：编辑三维实体的面。

1)拉伸(E)：将选取的三维实体对象的面拉伸指定的高度或按指定的路径拉伸。

2)移动(M)：以指定的距离移动选定的三维实体对象的面，如图10-31所示。

图10-31　用"SOLIDEDIT"命令移动面示意

(a)编辑前；(b)编辑后

3)旋转(R)：将选取的面围绕指定的轴旋转一定角度，如图10-32所示。

图10-32　用"SOLIDEDIT"命令旋转面示意

(a)编辑前；(b)编辑后

4)偏移(O)：将选取的面以指定的距离偏移，如图 10-33 所示。

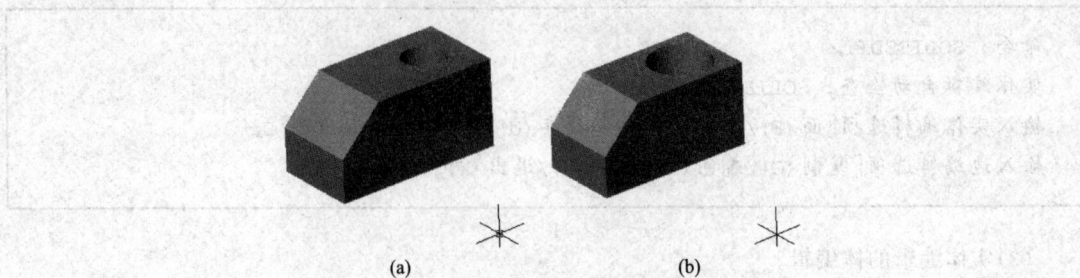

图 10-33　用"SOLIDEDIT"命令偏移孔示意

(a)编辑前；(b)编辑后

5)倾斜(T)：以一条轴为基准，将选取的面倾斜一定的角度，如图 10-34 所示。

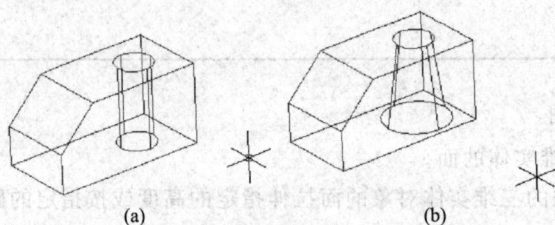

图 10-34　用"SOLIDEDIT"命令倾斜孔示意

(a)编辑前；(b)编辑后

6)删除(D)：删除选取的面，如图 10-35 所示。

图 10-35　用"SOLIDEDIT"命令删除斜面示意

(a)编辑前；(b)编辑后

7)复制(C)：复制选取的面到指定的位置，如图 10-36 所示。

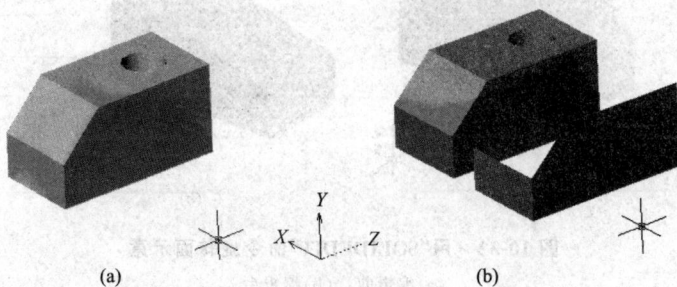

图 10-36　用"SOLIDEDIT"命令复制面示意

(a)编辑前；(b)编辑后

8)颜色(L)：为选取的面指定线框的颜色。

9)材质(A)：为选取的面添加材质。

(2)边(E)：编辑或修改三维实体对象的边。

1)复制(C)：复制选取的边到指定的位置。

2)着色(L)：为选取的边指定线条的颜色。

(3)体(B)：对整个实体对象进行编辑。

1)压印(I)：选取一个对象，将其压印在一个实体对象上，如图 10-37 所示。但前提条件是，被压印的对象必须与实体对象的一个或多个面相交。可选取的对象包括圆弧、圆、直线、二维和三维多段线、椭圆、样条曲线、面域、体及三维实体。

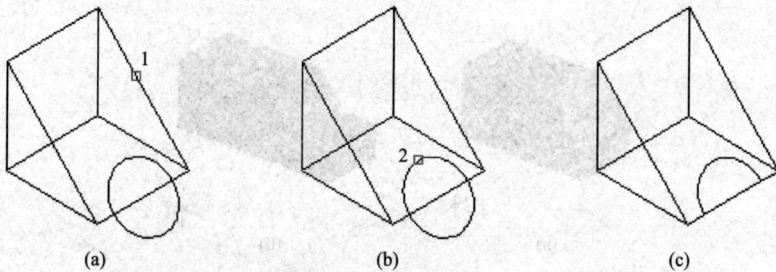

图 10-37　用"SOLIDEDIT"命令压印示意
(a)选择实体；(b)选择要压印的对象；(c)结果

2)分割实体(P)：将选取的三维实体对象用不相连的体分割为几个独立的三维实体对象。注意，只能分割不相连的实体，分割相连的实体用"剖切"命令。

3)抽壳(S)：以指定的厚度创建一个空的薄层。抽壳时输入的偏移距离，若距离值为正，则从外开始抽壳，若为负，则从内开始抽壳，如图 10-38 所示。

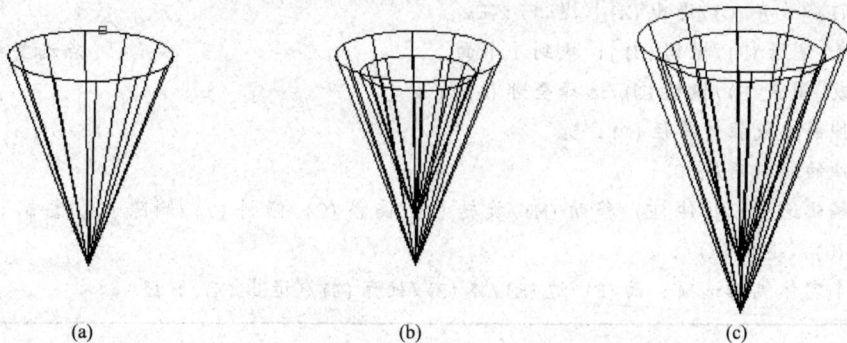

图 10-38　用"SOLIDEDIT"命令抽壳示意
(a)选定对象；(b)抽壳距离为 10 时；(c)抽壳距离为—10 时

4)清除(L)：删除与选取的实体有交点的，或共用一条边的顶点。删除所有多余的边和顶点、压印的，以及不使用的几何图形，如图 10-39 所示。

4.绘制任务和绘制示例

【例 10-16】　将图 10-40(a)中实体的一个面进行拉伸，要求结果如图 10-40(b)所示。

绘图步骤、命令行提示及步骤说明如下：

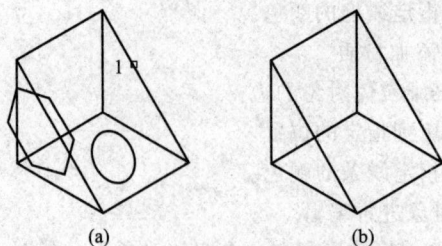

图 10-39 用"SOLIDEDIT"命令清除多余对象示意

(a)选定实体；(b)清除后的实体

图 10-40 用"SOLIDEDIT"命令拉伸实体的一个面

(a)编辑前；(b)编辑后

```
命令：SOLIDEDIT↙
实体编辑自动检查：SOLIDCHECK＝1
输入实体编辑选项[面(F)/边(E)/体(B)/放弃(U)/退出(X)]〈退出〉：F↙
输入面编辑选项[拉伸(E)/移动(M)/旋转(R)/偏移(O)/倾斜(T)/删除(D)/复制(C)/颜色
(L)/材质(A)/放弃(U)/退出(X)]〈退出〉：E↙
选择面或[删除(R)/撤销(U)]：找到1个面                          点选要拉伸的面
选择面或[删除(R)/撤销(U)/选择全部(A)]：↙
指定拉伸高度或拉伸路径(P)：5↙
指定拉伸的倾斜角度〈0〉：0↙
输入面编辑选项：拉伸(E)/移动(M)/旋转(R)/偏移(O)/倾斜(T)/删除(D)/复制(C)/着色
(L)/放弃(U)/〈退出(X)〉：↙
输入一个实体编辑选项：面(F)/边(E)/体(B)/放弃(U)/〈退出(X)〉：↙
```

☆**注**：不能对网格对象直接使用"SOLIDEDIT"命令。

教学提示："SOLIDEDIT"命令包含的内容有面、边、体三大部分，其中，对面的编辑最为常用，也最为复杂，使用者要仔细体会每个子命令的作用和使用要点。

图 课后练习

一、填空题

1.三点定义 UCS，第一点为_____，第二点为_____，第三点为_____。

2.Z 轴矢量定义 UCS，第一点为_____，第二点为_____。

二、选择题

1. 将两个或更多的实心体合成一体用的命令是（　　　）。

    A. SLICE   B. UNION

    C. SUBTRACTION   D. INTERFERENCE

2. 执行"ALIGN"命令后，选择两对点对齐，结果（　　　）。

    A. 物体只能在 2D 或 3D 空间中移动

    B. 物体只能在 2D 或 3D 空间中旋转

    C. 物体只能在 2D 或 3D 空间中缩放

    D. 物体在 3D 空间中移动、旋转、缩放

三、专项练习

完成图 10-41 所示图形的三维建模。

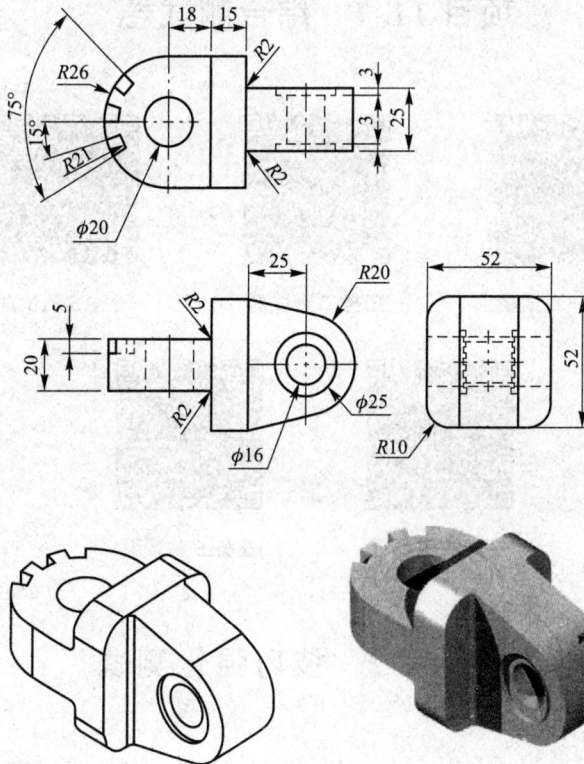

图 10-41　练习图

模块 11 综合测试题

项目 11.1 综合测试卷

任务一测试题

任务二测试题

任务三测试题

任务四测试题

任务五测试题

项目 11.2 技巧强化测试

任务六技巧强化测试

附　录

附录 1 AutoCAD 菜单汇总

附件 2 AutoCAD 常用命令汇总

参 考 文 献

[1] 刘耀芳，张阿玲. 建筑 CAD 应用教程[M]. 大连：大连理工大学出版社，2011.

[2] 曾刚. AutoCAD 2012 建筑绘图教程[M]. 北京：高等教育出版社，2013.

[3] 邱玲，张振华，于淑莉. 建筑 CAD 基础教程[M]. 北京：中国建材工业出版社，2013.

[4] 马永志，郑艺华，贺素艳. AutoCAD 中文版建筑制图习题精解[M]. 北京：人民邮电出版社，2011.

[5] 巩宁平，陕晋军，邓美荣. 建筑 CAD[M]. 5 版. 北京：机械工业出版社，2019.

[6] 中华人民共和国住房和城乡建设部，中华人民共和国国家质量监督检验检疫总局. GB/T 50104—2010 建筑制图标准[S]. 北京：中国建筑工业出版社，2011.

[7] 中华人民共和国住房和城乡建设部. GB/T 50001—2017 房屋建筑制图统一标准[S]. 北京：中国建筑工业出版社，2017.

[8] 郑益民. 土木工程 CAD[M]. 北京：机械工业出版社，2014.

[9] 董祥国. AutoCAD 2014 应用教程[M]. 南京：东南大学出版社，2014.